LES FEMMES DANS LA SOCIÉTÉ FRANÇAISE AU 20e SIÈCLE

Christine BARD

LES FEMMES DANS LA SOCIÉTÉ FRANÇAISE AU 20e SIÈCLE

ARMAND COLIN

COLLECTION U • HISTOIRE

Document de couverture : création de Valérie Caillon
d'après photo de Caroline Lespinasse

ISBN 2-200-26496-8

ARMAND COLIN • 21, RUE DU MONTPARNASSE • 75006 PARIS

Sommaire

Introduction

1 POURQUOI UNE « HISTOIRE DES FEMMES » ?

L'EXPRESSION A L'AVANTAGE de désigner clairement un groupe (une « minorité paradoxale[1] » car majoritaire numériquement) dont le rôle historique a longtemps été nié, négligé, ou déformé par les préjugés. Nié parce que les femmes n'avaient pas de place dans la « grande Histoire » politique et militaire, l'histoire nationale de l'école positiviste, pas plus que dans l'histoire économique et sociale développée par le courant novateur des *Annales*. Négligé, car on considérait que leur rôle, supposé essentiellement familial, était marginal. Déformé, car souvent leur influence était jugée néfaste, génératrice de violence et d'excès, trop révolutionnaire selon les uns, trop conservatrice, selon les autres. Il existe bien des « femmes célèbres », mais elles sont traitées comme des exceptions qui confirment la règle.

Se proposer d'écrire une histoire des femmes, c'est d'abord refuser ces préjugés et découvrir la vie des femmes du passé dans toute sa diversité. Cependant, il ne s'agit pas de couper leur histoire de celle des hommes, car seule une histoire comparative permet de dégager les différences et les points communs. Et puis le rapport hommes-femmes est bien au cœur de notre sujet. Comment ignorer les hommes qui détiennent les leviers du pouvoir politique, économique, culturel ? C'est bien souvent à travers eux — leur regard, leurs écrits, leurs actes — que nous avons accès aux informations sur les femmes. Il s'agit d'un rapport de domination que les féministes ont dénoncé dans leurs analyses du système « masculiniste » ou « patriarcal ». L'un des aspects les plus visibles de ce système est le monopole masculin du pouvoir, ou plutôt des pouvoirs : État, armée, police, justice, mais aussi contre-pouvoirs (partis d'opposition, syndicats...), pouvoir médical, pouvoir intellectuel, jusqu'aux pouvoirs que le code civil de 1804 a garantis aux pères et aux maris, dans la vie quotidienne. Ce système fonctionne en attribuant aux deux sexes des rôles précis dans des sphères distinctes : public/privé. Et pour les femmes, le rôle maternel est prépondérant. L'opinion dominante présente ces différenciations sous le jour d'une complémentarité voulue par la « Nature » et garante de l'ordre social. Mais ces rôles sont contestés, au point, parfois, de créer des crises d'identité sexuelle, qui provoquent régulièrement des évolutions et des adaptations du système patriarcal.

1 Pour reprendre la formule pertinente de l'historienne Catherine Marand-Fouquet.

2 UNE HISTOIRE DU GENRE

Ces différences sociales et culturelles n'ont en effet rien de « naturel » : elles sont historiquement construites ; c'est ce que l'on appelle depuis quelques années le « genre ». Cette précision est essentielle dans les sociétés occidentales où un conditionnement fort fait coïncider le sexe (biologique) et le genre (social) dans un système rigide où « le genre traduit le sexe » et où « la différence des sexes est conçue comme fondatrice de l'identité personnelle, de l'ordre social et de l'ordre symbolique[2] ». On peut aussi pousser plus loin l'interrogation sur le sexe biologique, ce noyau dur du « naturel ». De la biologie, nous n'avons que des perceptions dépendantes de la culture, et notamment d'une culture scientifique héritée de l'anthropologie physique du XIXe siècle qui a voulu créer une différence radicale entre le féminin et le masculin. Par exemple, la force et la faiblesse sont liées au sexe sans considérer l'influence du milieu (activités physiques, alimentation, soins, efforts de conformation aux normes esthétiques) sur la constitution des individus de l'un ou l'autre sexe.

La démystification de la « nature » et la mise en évidence du genre (construction sociale de la féminité et de la masculinité) vont de soi pour qui cherche à comprendre l'histoire des femmes. Ce qui n'annule pas l'étude des perceptions des différences entre les sexes. Pour la mener à bien, nous disposons de nombreux textes normatifs sur ce qu'est la « nature » féminine ou masculine. Les contestataires (c'est-à-dire surtout les féministes) ne remettent pas toujours en cause ce modèle dominant. Il est en effet très difficile d'attaquer des préjugés tellement enracinés qu'ils participent à la constitution psychique des individus. Au début du XXe siècle, Madeleine Pelletier, doctoresse et féministe, contestait la hiérarchie des sexes établie par ses collègues scientifiques, qui aboutissait, par exemple, à l'affirmation que les cerveaux des femmes étaient plus petits que ceux des hommes, et donc inférieurs. Mais l'attaque la plus marquante contre le naturalisme est celle de Simone de Beauvoir (« On ne naît pas femme, on le devient », *Le Deuxième Sexe*, 1949). L'histoire est un des moyens dont nous disposons pour le démontrer. Simone de Beauvoir, dans cette formule célèbre, signalait que la biologie n'est pas un destin et que c'est la socialisation qui forme notre identité sexuelle (genre), à travers l'éducation, le travail, la culture, la famille…

Le genre est aussi un outil d'analyse, qui permet de réenvisager nos catégories de pensée habituelles. Prenons l'exemple de la « classe ouvrière » : son sujet est implicitement masculin, c'est en réalité de l'ouvrier et non de l'ouvrière dont il est question dans les sources et dans la plus grosse partie de l'historiographie sur le sujet. En se demandant si la classe ouvrière est genrée, non seulement on fait apparaître le rôle dominant qu'y jouent les hommes jusque dans l'imaginaire, mais on parvient à montrer la diversité de sa composition, on rend visibles les ouvrières, les ménagères, les femmes en grève, les militantes syndicalistes…

2 Nicole-Claude Mathieu, *L'Anatomie politique. Catégorisations et idéologies du sexe*, Côté-femmes, 1991, p. 232 (quand le lieu d'édition n'est pas précisé, il s'agit de Paris).

3 FEMMES AU PLURIEL

Si nous employons le pluriel — « histoire des femmes » — c'est non seulement pour éviter le piège du stéréotype, du mythe, de La Femme, de « l'éternel féminin[3] », mais aussi pour suggérer la diversité : il nous faut à la fois montrer ce que les femmes ont en commun et ce qui les différencie les unes des autres. L'ouvrière et la rentière, la suffragiste et la religieuse, l'infirmière et la banquière, la paysanne et la femme de lettres : grandes sont les différences entre femmes. Les clivages sociaux sont fondamentaux. Autre clivage : celui qui sépare les femmes « célèbres » de la multitude des femmes. Pour une Colette ou une Marie Curie, combien de silencieuses anonymes? Exceptionnelles ou ordinaires, elles méritent une égale attention.

Histoire des « femmes dans la société française » et non « histoire des Françaises », ce qui serait dépourvu de sens dans un pays d'immigration et une puissance coloniale tels que la France. Le statut national est de plus un élément fort de différenciation entre femmes de France. Les migrations et le racisme gagnent à être éclairés par l'analyse genrée. L'Empire, qui s'est désagrégé au début des années 1960, ne rentre pas dans le cadre de notre étude sur la société française. Cette restriction est contestable, en particulier pour les départements algériens où la France a tenté le peuplement et pour les départements et territoires d'Outre-Mer. Les frontières de la République sont-elles les mêmes que celles de la société? Sans doute pas. La notion de « société française » peut de toute façon être soupçonnée, elle nage entre réalité et fiction puisqu'elle tend à écraser des sociétés plus réduites (région, village pourquoi pas, cadres de vie parfois plus déterminants que celui de l'hexagone) et à exagérer une autonomie de plus en plus douteuse à l'heure de l'Europe et de la mondialisation. La présente synthèse, tributaire de l'état actuel de la bibliographie, privilégie la norme nationale.

4 LA PROBLÉMATIQUE DE L'ÉMANCIPATION

Tout travail historique repose une problématique. Celle qui s'impose pour les femmes du XXe siècle en France est une réflexion sur leur émancipation. En un siècle, même si ces progrès n'ont pas été continus, les rapports entre les sexes ont connu des bouleversements tels que le mot « révolution » s'impose pour en rendre compte. Le combat féministe pour l'égalité des sexes marque le XXe siècle. À quelles transformations a-t-il conduit? Comment évaluer l'écart entre le principe (l'égalité des sexes figure dans la constitution depuis 1946) et la réalité?

3 « Le mot femmes s'oppose à la femme (la Femme) qui induit l'idée d'une nature féminine immuable, d'un éternel féminin par définition hors histoire. Le nom commun pluriel institue les femmes comme groupe social capable de dynamique » (Marie-France Brive, dans Irène Corradin, Jacqueline Martin dir., *Les Femmes sujets d'histoire*, Toulouse, PUM, 1999, p. 335).

Émancipation, promotion, libération : les féministes, selon leurs tendances et les époques, ont utilisé ces mots. Ils appellent diverses interprétations et suscitent des controverses toujours actuelles. Ils s'appliquent en tout cas à tous les domaines de la vie et supposent un examen attentif du Droit, des mentalités, du fonctionnement de la vie politique, des normes mais aussi des pratiques sociales.

Nous nous écarterons parfois de cette problématique nécessaire, stimulante, mais qui peut s'avérer réductrice et quelque peu surplombante (l'experte jugeant avec le recul commode du temps) car elle n'épuise pas toutes les perceptions que les femmes ont eues de leur être au monde individuel et collectif.

L'émancipation suppose évidemment un écart par rapport à l'identité féminine traditionnelle, formée autour des rôles d'épouse et de mère. Nous nous interrogerons donc sur l'accès des femmes à une identité propre qui ne soit ni celle de leur père, ni celle de leur mari, à leur « devenir-sujet », à leur « autonomisation ». Une tension en résulte au niveau personnel que traduit souvent la littérature qui trouve un beau sujet dans ce « moi » clivé[4]. Cette ambivalence, nous la retrouvons dans l'analyse historique : les progrès sont rarement univoques.

L'histoire des femmes, qui se propose de croiser l'histoire économique, sociale, politique, culturelle, est une histoire totale, en toute immodestie[5]. La découper en chapitres est un véritable casse-tête et l'usage de ce livre qui peut servir de manuel nous a poussée vers un découpage thématique et chronologique classique : nous avons accepté la normativité de ce découpage par souci pédagogique, mais aussi pour démontrer que l'histoire des femmes pourrait, quel que soit le sujet traité, être intégrée facilement dans les cours et les manuels. Ici ou là, apparaîtront des lacunes, qui résultent soit de la négligence de l'auteure, soit de l'absence d'études sur certains thèmes, soit de choix délibérés imposés par l'effort de synthèse.

---

4 « J'ai décrit les femmes telles que je les voyais et les vois encore : divisées » écrit Simone de Beauvoir dans *La Force des choses* (1963), citée par Annik Houel, *L'Adultère au féminin et son roman*, Armand Colin, 1999, p. 96.

5 Voir Françoise Thébaud, *Écrire l'histoire des femmes*, Fontenay-aux-Roses, ENS Saint-Cloud, 1998. Pour une synthèse sur l'ensemble du monde occidental, voir Michelle Perrot, Georges Duby dir., *Histoire des femmes en Occident*, Plon, 1991-1991 en cinq volumes, de l'Antiquité à nos jours. Voir plus particulièrement le volume IV, sous la direction de Michelle Perrot et de Geneviève Fraisse et le volume V, sous la direction de Françoise Thébaud.

Simone de Beauvoir ou la rupture épistémologique

Les femmes d'aujourd'hui sont en train de détrôner le mythe de la féminité; elles commencent à affirmer concrètement leur indépendance; mais ce n'est pas sans peine qu'elles réussissent à vivre intégralement leur condition d'être humain. Élevées par des femmes, au sein d'un monde féminin, leur destinée normale est le mariage qui les subordonne encore pratiquement à l'homme; le prestige viril est encore loin d'être effacé : il repose encore sur de solides bases économiques et sociales. Il est donc nécessaire d'étudier avec soin le destin traditionnel de la femme. Comment la femme fait-elle l'apprentissage de sa condition, comme l'éprouve-t-elle, dans quel univers se trouve-t-elle enfermée, quelles évasions lui sont permises, voilà ce que je chercherai à décrire. Alors seulement nous pourrons comprendre quels problèmes se posent aux femmes qui, héritant d'un lourd passé, s'efforcent de forger un avenir nouveau. Quand j'emploie les mots « femmes » ou « féminin », je ne me réfère évidemment à aucun archétype, à aucune immuable essence; après la plupart de mes affirmations il faut sous-entendre « dans l'état actuel de l'éducation et des mœurs ». Il ne s'agit pas ici d'énoncer des vérités éternelles mais de décrire le fond commun sur lequel s'enlève toute existence féminine singulière.

On ne naît pas femme : on le devient. Aucun destin biologique, psychique, économique ne définit la figure que revêt au sein de la société la femelle humaine; c'est l'ensemble de la civilisation qui élabore ce produit intermédiaire entre le mâle et le castrat qu'on qualifie de féminin.

Le Deuxième Sexe, t. II, *L'Expérience vécue*, Gallimard, 1949, p. 9-13.

Que les personnes qui ont lu, commenté et participé à l'amélioration de ce livre soient remerciées : Jack et Jacqueline Bard, Sylvie Chaperon, Célia Chauvin, Laurent Ferron, Catherine Gonnard, Françoise Gaspard, Slava Liszek, Jean-Luc Marais, Brigitte Rollet, Geneviève Sellier. Ma reconnaissance va aussi aux historiennes et tout particulièrement à Michelle Perrot, Yvonne Knibiehler, Rita Thalmann et Françoise Basch, qui défendent l'histoire des femmes depuis plus de trente ans en France, ainsi qu'aux féministes passées et présentes, sans qui ce livre n'existerait tout simplement pas. Le jour n'est pas encore venu où l'évidente légitimité de ce sujet rendra superflue cette précision. Je remercie la Bibliothèque Marguerite Durand (BMD) pour m'avoir gracieusement confié la majorité des documents iconographiques de cet ouvrage.

Je remercie également Valérie Caillon, photographe, qui a imaginé l'illustration de couverture.

Chapitre 1

Les effets de la Grande Guerre

LE XXe SIÈCLE COMMENCE-T-IL avec la Première Guerre mondiale? Cette convention adoptée par beaucoup d'historiens correspond en tout cas à un grand repère dans la mémoire collective : qui ignore que les femmes ont été essentielles aux champs, dans les usines et les services, les secours aux blessés? Hélas, une vision manichéenne s'est vite imposée : celle d'un avant-1914 où elles auraient été confinées au foyer, celle d'un après où elles auraient, « en remplaçant les hommes », commencé leur émancipation. Certes, comme nous allons le voir, l'entrée en guerre a bien affecté la vie des femmes, mais de nombreux changements étaient en cours depuis plusieurs années. Au recensement de 1906, les femmes forment déjà plus du tiers de la population active. Des mouvements féminins chrétiens et laïques existent en très grand nombre et parmi eux, les groupes féministes revendiquent l'égalité des droits civils et politiques. Les députés entament le débat sur le droit de vote. Sur le plan culturel, on ne peut plus parler d'une exclusion radicale des femmes : elles accèdent à l'instruction primaire, une minorité fréquente les lycées et même l'université. La Belle Époque est parfois qualifiée d'« âge d'or du féminisme[1] »; en effet, à travers le roman, le théâtre, la presse et l'action militante, la situation des femmes est devenue l'enjeu d'un grand débat public. On se demandera donc quel rôle a joué la guerre dans un processus déjà en marche d'émancipation. Le terme d'intégration — employé pour des populations marginalisées socialement

1 Laurence Klejman et Florence Rochefort, *L'Égalité en marche. Le féminisme sous la Troisième République*, Presses de la Fondation nationale des sciences politiques et éditions Des femmes, 1989.
Le mot « féminisme » suppose un militantisme en faveur de l'égalité entre les sexes. Le « féminisme de la première vague » désigne le mouvement associatif né (en France) à la fin du Second Empire (1868) qui s'est amplifié sous la IIIe République et a ensuite décliné jusque dans les années 1960. La « seconde vague » fait référence à la période postérieure à 1970 (naissance du MLF). L'invention du mot « féminisme » est attribuée à tort dans les dictionnaires au socialiste Charles Fourier (1837). C'est en réalité l'écrivain Alexandre Dumas-fils qui l'utilise pour la première fois comme adjectif en 1872. Il reprend un terme du vocabulaire médical qui décrit la féminisation pathologique de sujets masculins. C'est surtout Hubertine Auclert qui l'emploie la première pour se qualifier en 1882. Le premier congrès autodésigné comme féministe date de 1892. L'idée de « défense des droits des femmes » a donc précédé l'invention du mot. « Féminisme » est souvent associé à un adjectif qui en précise l'esprit, la tendance politique, les objectifs ou les méthodes d'action. Il faut souligner cette diversité qui rend le pluriel « féminismes » très tentant. L'antiféminisme a contribué à brouiller le sens du mot et s'est efforcé de le tourner en ridicule ou de le diaboliser. À noter : la confusion fréquente entre mouvement féminin et mouvement féministe. Un mouvement féminin (non mixte) peut être ou non féministe. Le mouvement féministe, lui, n'est pas toujours féminin (il existe des associations mixtes et des hommes féministes).

tels les ouvriers, ou politiquement tels les catholiques après la séparation de l'Église et de l'État — convient-il également pour les femmes? Le contexte de guerre et la réalisation de l'Union sacrée enclenchent en effet un processus de « nationalisation » des femmes[2]. Cependant « intégration » et « nationalisation » ne riment pas nécessairement avec « émancipation ». L'inégalité des sexes est profonde, ancienne, et la guerre a pu dans certains domaines l'entretenir, voire la renforcer.

1 LE CIVISME FÉMININ

1.1 Les femmes ont une patrie

« Femmes de notre terre et de notre race, nous consentons à tous les sacrifices qui nous sont demandés. Par le don que nous faisons sans faiblir de ceux qui nous sont plus chers que nous-mêmes, nous voulons être des semeuses de courage[3] », écrit Julie Siegfried, présidente du Conseil national des femmes françaises. Marguerite de Witt-Schlumberger, présidente de l'Union française pour le suffrage des femmes, estime, plus brutale, que « toute femme qui, à l'heure présente, ébranlerait chez l'homme le sens du devoir envers la patrie serait une criminelle[4] ». Dès le premier jour de la guerre, les féministes rejoignent l'Union sacrée dont elles reprennent l'argumentation : la France mène une guerre défensive, une « guerre du Droit », ce qui leur permet de ne pas renier totalement l'idéal de concorde internationale qu'elles avaient affirmé avant 1914. Cet élan est spontané dès le premier jour de la guerre. Il exprime un patriotisme que l'on découvre aussi vif chez les hommes que chez les femmes. Cette spontanéité n'exclut pas des mobiles propres aux féministes qui apparaissent au fil du temps : la guerre offre une occasion majeure de prouver au pouvoir le civisme des Françaises, leurs capacités d'organisation et leur rôle essentiel à l'arrière, c'est-à-dire d'accélérer l'avènement du droit de vote. D'où l'équivalence, très présente dans leurs discours, entre les sacrifices du front et de l'arrière, entre les souffrances des uns et des autres, d'où aussi la militarisation de leur lexique militant (« armée féminine », par exemple, pour désigner le bénévolat dans toutes les œuvres destinées au front ou à l'arrière). La guerre rapproche les féministes des pouvoirs publics : la mobilisation de l'arrière, organisée de manière privée par d'innom-

2 L'expression est de Françoise Thébaud. Employée habituellement pour des biens économiques, elle semble suggérer que les femmes sont objets à « nationaliser » plus que sujets de cette nationalisation. Dans quelle mesure les femmes sont-elles actrices de ce processus? C'est un débat. *Cf.* Françoise Thébaud, « La Grande Guerre. Le triomphe de la division sexuelle », Georges Duby, Michelle Perrot dir., *Histoire des femmes en Occident*, t. V : *Le XXe siècle*, sous la dir. de Françoise Thébaud, Plon, 1992, p. 31-74.

3 Cité par Christine Bard, *Les Filles de Marianne. Histoire des féminismes 1914-1940*, Fayard, 1995, p. 50.

4 *Id.*, p. 17.

brables associations, anciennes ou nouvelles, est largement subventionnée par l'État. L'expérience philanthropique des féministes réformistes trouve à s'employer de manière plus vaste et bénéficie pour la première fois d'une reconnaissance officielle. Les problèmes sont multiples : ils concernent les familles dispersées et les réfugiés venus des départements envahis, les travailleuses au chômage à cause de la désorganisation de l'économie pour lesquelles on crée ouvroirs et bureaux de placement, les conditions de travail et de salaires dans les usines de guerre où l'on organise cantines, crèches et chambres d'allaitement, les épouses de mobilisés, les orphelins de guerre, la misère qui s'accroît, l'essor de la prostitution mais aussi l'accroissement des maladies vénériennes, l'alcoolisme. Les soins des blessés près de la ligne du front ou à l'arrière et le soutien du moral des soldats — dont se chargent les fameuses marraines de guerre — sont évidemment essentiels[5].

Affiche de l'Union des Françaises contre l'alcool (vers 1916) (BMD)

Une dimension importante de la lutte (féminine) contre l'alcoolisme (masculin) : les violences qu'il engendre au sein des familles.

Le patriotisme féminin s'exprime aussi dans le souci nataliste. « Le premier devoir après la guerre sera d'avoir beaucoup d'enfants pour combler les vides[6] », déclare Cécile Brunschvicg, de l'Union française pour le suffrage des femmes. Dénonçant la « stérilité volontaire », la présidente de cette association, Marguerite de Witt-Schlumberger voit la relance de la natalité comme une question vitale pour le pays. Ces féministes réformistes sont également très engagées dans la lutte contre l'alcool (fondation d'une Union des Françaises contre l'alcool en 1916). Leur campagne contre le développement de la prostitution a moins d'écho. La guerre démontre enfin que les femmes peuvent exercer tous les métiers, y compris les plus rudes : les féministes ne manquent pas de le souligner.

5 *Cf.* Françoise Thébaud, *La Femme au temps de la guerre de 14*, Stock, 1986.

6 Christine Bard, *Les Filles de Marianne…*, *op. cit.*, p. 64.

Les femmes sont désormais pleinement intégrées dans la nation. Il est un autre gage de bonne conduite patriotique qu'elles donnent pendant le conflit : l'opposition systématique au pacifisme, alors assimilé au « défaitisme ». La question est marginale encore en 1914, mais dès le premier semestre 1915, elle est posée publiquement. Chez certaines, c'est un chauvinisme débridé qui s'exprime : la propagande sur la « barbarie » allemande y incite fortement.

1.2 Citoyennes par la guerre?

Lorsque Hubertine Auclert, la première suffragiste française, meurt en 1914, le vote des femmes est devenu la priorité des féministes. Il apparaît désormais comme la clé de voûte de l'ensemble des réformes espérées pour les femmes. Certes les Françaises refusent en général les méthodes énergiques et audacieuses des suffragettes britanniques devenues le symbole mondial du radicalisme féministe. « Suffragette » : ce terme ironique et péjoratif inspire de multiples pamphlets et caricatures. Pour s'en distancier, les féministes se dénomment « suffragistes ». L'impulsion décisive est donnée en 1904 par la création de l'Association internationale pour le suffrage des femmes. Déjà, la participation des femmes à la vie politique est une réalité en Nouvelle-Zélande, en Australie, dans quelques États des États-Unis et en Finlande. En 1914, l'Union française pour le suffrage des femmes (fondée en 1909) rassemble 12 000 personnes, rayonne sur tout le territoire national, notamment grâce aux institutrices. Les meetings font salle comble. Les pétitions affluent. Des féministes se présentent aux élections, recueillant en moyenne 4 % des voix, bien évidemment comptées pour nulles. Certaines demandent — en vain — d'être inscrites sur les listes électorales. En 1914, des féministes, aidées par le quotidien *Le Journal*, organisent un « vote blanc » : un demi-million de bulletins déclarant « je désire voter » sont déposés dans les urnes. Le 5 juillet, la première grande manifestation de rue suffragiste rassemble environ 6 000 personnes qui se rendent des Tuileries à la statue de Condorcet, quai de Conti. Cette mobilisation en faveur du suffrage est servie par *La Fronde*, unique dans l'histoire de la presse car il s'agit d'un quotidien féministe et, de la directrice (Marguerite Durand) aux coursières, tout le personnel est féminin. Paru en 1897, le premier numéro s'est vendu à plus de 200 000 exemplaires. Mais d'autres journaux, hebdomadaires ou mensuels, occupent le terrain, en particulier *La Française*, dirigée par Jane Misme. Mobiliser l'opinion publique, c'est chose faite en 1914. Reste à convaincre les parlementaires. À la veille de la guerre, 300 d'entre eux seraient acquis à la cause grâce, entre autres, à l'action de la Ligue des électeurs pour le suffrage des femmes fondée en 1911. En 1901, le député radical modéré Gautret dépose la première proposition de loi sur le vote des femmes, vote qui serait réservé à celles qui n'ont pas de mari pour les représenter. En 1906, le député catholique libéral Dussausoy propose le droit de vote municipal (sans l'éligibilité), mis à l'étude au sein de la commission du suffrage universel. Ferdinand Buisson élabore un rapport sur *Le vote des femmes*. Mais en 1914, la déclaration de guerre arrête net cette activité parlementaire et l'essor des suffragistes.

« Et le suffrage ? Nous le réclamons plus que jamais », écrit Cécile Brunschvicg en 1916, mais « il ne serait pas convenable et utile pour notre cause d'entreprendre une ardente campagne suffragiste [...] au moment où notre patrie lutte contre un ennemi barbare[7] ». Certains parlementaires y songent pourtant. L'écrivain nationaliste Maurice Barrès propose que le droit de vote des soldats morts pour la France soit transmis à sa veuve, s'il était marié, à son père s'il était célibataire, et en cas de décès du père, à sa mère, proposition vivement rejetée par les féministes. D'autres propositions concernent le vote familial (qui donnerait le droit de vote aux femmes célibataires ou chefs de famille) auquel les féministes sont opposées (une femme, en se mariant, perdrait ses droits), ou bien le suffrage féminin au niveau municipal dont les féministes les plus modérées se contenteraient bien en attendant mieux. L'exemple de la Grande-Bretagne qui donne aux femmes de plus de 30 ans le droit de vote en février 1918 encourage les suffragistes françaises dans leur stratégie : le civisme féminin est récompensé.

1.2.1 « L'héroïsme » des Françaises

« Croix de guerre », « légion d'honneur », « médaille de la reconnaissance française », « médaille des épidémies » : beaucoup de femmes sont distinguées pour leurs mérites exceptionnels pendant le conflit. De nombreux ouvrages leur rendent hommage, comme celui, monumental, de Léa Bérard, somme de 10 000 portraits. Aucune n'a eu la possibilité de prendre les armes (la France, contrairement à d'autres pays en guerre, s'y oppose ; les demandes des aviatrices sont déboutées) : du moins, officiellement, car des femmes ayant adopté l'identité masculine combattent sans doute en France.

Peu d'héroïnes de guerre se sont mêlées directement au combat. La division sexuelle des rôles est respectée. Il est fait une large place aux femmes à la fois victimes, résistantes, parfois martyres dans les régions occupées : des institutrices, des employées des postes qui s'improvisent maires, menant les discussions avec les Allemands ; des receveuses des postes, des téléphonistes qui continuent leur travail sous une pluie d'obus ; et celles qui appartiennent à un réseau d'évasion ou de renseignement. Héroïnes de tous âges et de tous milieux sociaux. La plus connue est Edith Cavell car l'annonce de son exécution en 1915 a soulevé une vive émotion chez les Alliés et aux États-Unis. Britannique installée à Bruxelles où elle dirige une école d'infirmières, elle aide des soldats à s'échapper, obéissant à ce qu'elle ressent comme son devoir de chrétienne. Louise de Bettignies, Lilloise âgée de 34 ans, fervente catholique, disposant d'une solide éducation, travaille pour l'Intelligence Service. Avec Léonie Van Houtte, elle développe un vaste réseau de renseignement et d'évasion. L'équipe dirigeante est arrêtée en 1915 : les peines de mort sont commuées en travaux forcés à perpétuité à la prison de Siegburg. Louise de Bettignies y continue la résistance, engageant les prisonnières à ne pas fabriquer les têtes de grenade. Punie par le cachot où elle attrape une pleurésie purulente, puis opérée sans

7 *Id.*, p. 82.

stérilisation, elle meurt le 27 septembre 1918[8]. La propagande de guerre ne néglige pas les religieuses, dont le dévouement auprès des blessés est unanimement salué.

La culture de guerre fait aussi une large place aux enfants héroïques qui deviennent de véritables légendes[9]. Parmi eux, seulement une dizaine de filles pour plus de 80 garçons. Elles ne vont pas au feu et quand elles prennent les armes, c'est pour assurer leur autodéfense. L'histoire d'Émilienne Moreau correspond à ce schéma minoritaire, elle est d'ailleurs la seule « Croix de guerre » parmi ces filles héroïques dont on n'exige pas de capacités guerrières. Émilienne, à l'âge imprécis (16-17 ans), future institutrice, a tenu tête aux Allemands dans sa ville de Loos, près de Lille. Puis elle a tué cinq soldats lors de la reprise de la ville par les Alliés. L'histoire de Denise Cartier (10-13 ans) victime d'un bombardement aérien à Paris et amputée d'une jambe montre une forme d'héroïsme plus passif : souffrir gaiement grâce à l'ardeur patriotique.

Les espionnes sont beaucoup trop troubles pour devenir héroïnes : la gloire autoproclamée de Marthe Richard est postérieure aux prouesses qu'elle revendique dans *Ma vie d'espionne au service de la France* (1936). Celles dont on parle sont accusées d'avoir travaillé pour l'ennemi : plusieurs passent devant le peloton d'exécution, et parmi elles se trouvent sans doute des innocentes, car l'espionnite est à son comble et la justice militaire peut être expéditive. Mata-Hari, d'origine hollandaise, est la plus connue; elle passait avant la guerre pour « une star de l'érotisme mondain » et c'est sur l'oreiller qu'elle obtient plus tard de précieux renseignements auprès d'officiers français. Elle n'aurait en fait rien livré de très intéressant aux Allemands, mais aurait en revanche renseigné les Français bien qu'elle fût appointée par Berlin comme l'agent H 21. Elle n'est cependant pas officiellement agent double, et sa réputation sulfureuse lui nuit. Elle est exécutée le 15 octobre 1917.

Les injonctions patriotiques envahissent l'espace culturel, religieux et social. Y échapper est très difficile. Ainsi, on l'a vu, les filles comme les garçons se voient proposer des images héroïques de l'enfance en guerre. Les lectrices de *La Semaine de Suzette* suivent Bécassine mobilisée, tandis que *Fillette* montre l'espiègle Lili faire la guerre. Le patriotisme est aussi imposé dans les écoles : dans celles des filles, on augmente les heures de travail manuel pour fabriquer des vêtements et des colis pour les soldats[10]. À cette jeunesse on apprend la haine de l'ennemi, et, pour les catholiques, l'acceptation d'une épreuve voulue par Dieu, et qui doit fortifier la foi. Les écoles catholiques de filles poussent loin les offrandes patriotiques : jeûnes, prières interminables; les religieuses de la Visitation lancent une « croisade des enfants », armée de la prière placée sous le patronage de Marie et de Jeanne d'Arc. Un mot marquera cette génération : « servir » (autrui).

8 Antoine Rédier, *La Guerre des femmes*, éd. de la vraie France, 1924.

9 Stéphane Audouin-Rouzeau, *La Guerre des enfants 1914-1918*, Armand Colin, 1993, p. 134-135 et suiv.

10 *Id.*, p. 164.

1.2.2 Les infirmières au secours des blessés

La figure dominante de l'héroïsme féminin est bien celle de l'infirmière : la Croix-Rouge compte des centaines de décorées (dont des dizaines à titre posthume). Pour le féministe Léon Abensour, en 1917, « quiconque pense à la femme française de 1914 se représente une jeune infirmière drapée dans le voile blanc ou bleu, sémillante malgré la coiffe monastique où brille une croix de sang[11] ». En 1918, le Service de santé militaire peut compter sur 120 000 femmes dont 30 000 salariées, 70 000 bénévoles, 10 000 religieuses et 10 000 visiteuses. Elles prennent en charge 3 millions de blessés et hospitalisés, sans compter les soldats malades atteints par le typhus, la tuberculose et le choléra. Les bénévoles appartiennent à la Croix-Rouge qui compte alors 250 000 adhérentes et sont membres d'une de ses trois sociétés : la Société de secours aux blessés militaires (née en 1864), l'Union des femmes de France (1879) et l'Association des dames françaises (1881). Les infirmières travaillent pour l'essentiel à l'arrière, soit dans les hôpitaux militaires, soit dans les hôpitaux civils réquisitionnés, soit dans les hôpitaux auxiliaires dirigés par la Croix-Rouge et alimentés par des dons car ils sont peu subventionnés. Elles ne sont admises sur le front qu'à partir de 1915. Certaines dans les équipes des « auto-chir », salles d'opération ambulantes et exposées (74 infirmières sur 850 y laissent leur vie). Marie Curie organise les voitures radiologiques et prend la direction des services de radiologie de l'armée. Les « petites curies » permettent de repérer sur les blessés grâce aux rayons l'emplacement des projectiles. L'aviatrice Jeanne Pallier organise le Club féminin automobile pour le transport des gares d'évacuation aux hôpitaux. Des infirmières rejoignent également les navires-hôpitaux. Ces initiatives améliorent un service de santé mal organisé. Les blessés sont évacués de la zone des combats et transportés parfois pendant de longs jours vers les hôpitaux de l'arrière où ils arrivent épuisés, avec des plaies infectées, des pansements collés (les infirmières ne sont pas admises dans les trains sanitaires, car on juge indécente leur proximité avec tant d'hommes).

Les tâches des infirmières sont encore mal définies, mais il est bien entendu, que, sauf cas d'urgence, elles ne peuvent se substituer aux médecins (parmi eux, peu de femmes, rarement agréées par les services de santé). Elles sont presque toutes formées, qu'elles soient salariées ou bénévoles, et savent donc préparer les opérations, changer les pansements, observer l'état des blessés et signaler les complications. Mais elles doivent aussi prodiguer un réconfort moral et effectuer des tâches domestiques. Or le « nursing » n'est pas perçu comme un savoir acquis ; il exploite, pense-t-on, les ressources de la « nature » féminine. La femme est « l'infirmière-née » dit un médecin.

Le travail des infirmières est abondamment commenté. Le discours louangeur domine. Comment ne pas être frappé par la ruée des candidates vers les formations de la Croix-Rouge et les postes à prendre, y compris les plus risqués? L'offre des bénévoles est bien supérieure à la demande des Services de santé. L'expression de leurs motivations patriotiques et religieuses conforte l'Union sacrée. Beaucoup

11 Cité par Françoise Thébaud, *La Femme au temps de la guerre de 14…*, *op. cit.*, p. 83. Ce passage résume l'apport de son chapitre 3 sur « Les anges blancs ».

parlent de « sacrifice », de don de soi, comme cette comédienne qui déclare « je me dois, car tous se donnent pour nous toutes ». Des critiques se font jour néanmoins et il faut les considérer, à l'instar des louanges, avec précaution, car s'y glissent des préjugés philogynes ou misogynes habituels. Les anticléricaux notent les abus commis par les dévotes qui exploitent la misère physique et morale pour faire du prosélytisme. Les bien-pensants s'en prennent aux séductrices ou aux jeunes filles en mal de fiancés qui cherchent l'âme sœur sur les lits d'hôpitaux. Le snobisme des mondaines exhibant leur uniforme de la Croix-Rouge est vivement critiqué. Un reproche paraît justifié : celui qui est fait aux autorités d'avoir exclu des secours les femmes des milieux populaires. Les sociétés de la Croix-Rouge sont en effet dirigées par des dames de l'aristocratie et de la haute bourgeoisie et leurs bénévoles doivent pouvoir subvenir à leurs besoins. Les salariées des services militaires viennent, elles, de catégories intermédiaires où le travail féminin est légitime, parfois nécessaire (célibataires). Leurs rapports avec les bénévoles semblent tendus. Enfin, les volontaires des milieux populaires prêtes à aider sont écartées par les autorités, injustice qu'elles ressentent douloureusement.

Le Poilu permissionnaire

L'amour occupe une place méconnue dans l'effort de guerre : l'attente impatiente des permissions inspire de nombreuses cartes postales représentant comme ici les différentes facettes du « repos du guerrier ».

D'une manière très nouvelle, la culture de guerre donne aux femmes une place importante, dans le prolongement de leur « rôle » féminin. Les cartes postales intensément utilisées pour les correspondances entre le front et l'arrière montrent bien à quel point le couple et la famille occupent les esprits. Cette propagande charmeuse jouant sur divers registres du religieux au grivois ne peut qu'accentuer la dichotomie des genres : la virilité du poilu, la douceur de sa « blonde »[12].

12 *Cf.* le livre magnifiquement illustré de Marie-Monique Huss, *Histoires de famille. Cartes postales et culture de guerre,* Noesis, 2000.

2 « LES FEMMES REMPLACENT LES HOMMES »

Le travail des femmes ne commence pas, comme on le croit trop souvent, avec la guerre. En 1914, les femmes représentent 36,7 % de la population active. Leur emploi est en augmentation dans les bureaux, les commerces, mais aussi dans l'industrie à la faveur du développement du machinisme, de l'évolution des techniques de travail et de l'accroissement de la production. Les employeurs profitent largement de cette main-d'œuvre moitié moins payée que la main-d'œuvre masculine (en moyenne, mais aussi sur des postes de travail identiques). Leurs offres ne suffisent pas à répondre aux demandes des femmes.

La loi de 1907 qui donne aux femmes mariées la libre disposition de leur salaire prend acte de leur salarisation de plus en plus massive. Mais le mari peut légalement s'opposer au travail de son épouse. Et c'est toujours en fonction de la famille que l'on pense le travail : l'homme, chef de famille, est censé pourvoir à ses besoins. La femme n'apporte quand elle travaille qu'un salaire complémentaire, un salaire « d'appoint ». Cette répartition des rôles est menacée par la guerre, en raison du départ des mobilisés et du nombre de femmes qui sont dans l'obligation de gagner leur vie et celle des leurs. Après avoir mesuré l'ampleur du changement, nous examinerons les réactions qu'il provoque.

2.1 L'essor du travail féminin

Le conflit de 1914-1918, première guerre totale mobilisant aussi bien le front que l'arrière, constitue pour le travail des femmes une période d'exception. Habituellement dénigré, il est désormais salué par les plus hautes autorités. Il apparaît en effet comme une manifestation de patriotisme. Les féministes y voient une chance d'accéder plus rapidement à l'égalité civique et civile. En réalité, l'augmentation de l'offre d'emplois suffit à expliquer la hausse du travail féminin. En raison de l'interruption des recensements, il faut se contenter d'une estimation : 6 femmes sur 10 en âge de travailler en 1917[13].

Les munitionnettes sont l'image la plus forte de la participation des femmes à l'activité industrielle, dans le secteur jusque-là très masculin de la métallurgie. Leur recrutement ne commence que fin 1915. Il est le dernier recours après le recrutement des civils non mobilisables, des coloniaux, des étrangers et des ouvriers spécialisés rappelés du Front. L'État intervient pour organiser leur embauche (Comité du travail féminin rattaché au sous-secrétariat d'État à l'Artillerie et aux munitions, créé en 1916), avec l'aide de plusieurs associations féminines. Une aubaine pour les travailleuses réduites au chômage depuis 1914, et pour les ménagères qui ne peuvent survivre sans le salaire de leur époux mobilisé. Les hauts salaires offerts tentent aussi de nombreuses bonnes et couturières. En dépit des réserves des moralistes (sur la mixité des ateliers) et des hygiénistes (sur la pénibilité du travail), les femmes dans les usines de guerre sont applaudies : les circonstances

13 Selon Jean-Louis Robert, cité par Françoise Thébaud, *La Femme…*, *op. cit.*, p. 189.

expliquent ce retournement complet des réactions… sauf à la CGT qui, il est vrai, tend à se dissocier de l'Union sacrée. Alphonse Merrheim, dirigeant la fédération des Métaux et partisan de la paix, s'exclame en 1916 : « Ne livrons pas la femme en holocauste[14] ! » On s'étonne des capacités des munitionnettes — qui démontrent l'égalité des sexes — mais on s'alarme aussi, parfois, de la « masculinisation » des femmes. Dans ces usines, les ouvrières occupent les emplois peu qualifiés, la fabrication des munitions, essentiellement. Elles apprennent sur le tas : la guerre ne permet pas un relèvement des qualifications féminines et enclenche au contraire la rationalisation du travail et une extrême division des tâches qui se généraliseront quelques années plus tard. Leur expérience inspire des commentaires sur les qualités et les défauts spécifiques de la main-d'œuvre féminine : patiente, supportant la monotonie, mais incapable d'inventivité ou de prise de décision. Les salaires féminins restent constamment inférieurs aux salaires masculins (7,50 francs à 12 francs par jour contre 8,50 à 18 francs en juillet 1918), mais ils sont élevés par rapport aux autres secteurs de l'industrie et augmentent grâce aux tarifs fixés par l'État. Les conditions de travail sont très éprouvantes : la réglementation du travail est suspendue, les journées s'étirent jusqu'à 14 heures, le travail de nuit est autorisé et les accidents du travail sont légion.

Des initiatives publiques et privées tentent d'améliorer cette situation, sans parvenir à toucher la majorité des ouvrières. Ainsi, des féministes fondent l'école des surintendantes d'usine (mars 1918) qui voudrait améliorer le bien-être physique et moral de l'ouvrière en servant d'intermédiaire avec le patron. La baisse de la natalité et l'effet de la pénibilité du travail sur les fonctions génératrices des femmes cristallisent les inquiétudes : la loi du 5 août 1917 exige la création des chambres d'allaitement et autorise l'absence pour allaiter deux fois par jour sur le temps de travail. La Maternité ouvrière de Levallois-Perret et la pouponnière Citroën sont des créations spectaculaires. Mais les crèches d'usine restent très peu nombreuses et beaucoup disparaissent dès la fin de la guerre.

Dans l'administration aussi, la guerre bouleverse les habitudes : un millier de femmes professent dans les établissements d'enseignement secondaire masculin ; 12 000 employés des Postes sont remplacés par des femmes. Plus de 1 400 hôpitaux militaires ont été dirigés par des femmes. Dans les campagnes, l'effort fourni par les femmes est également remarqué : on les voit, maniant la charrue ou sur la faucheuse, effectuer les travaux des champs dans des conditions particulièrement difficiles, à cause de la réquisition des chevaux. Elles sont 850 000 à assurer aussi la direction des exploitations à la place de leurs maris mobilisés qui suivent de loin par la correspondance le travail réalisé. 300 000 épouses d'ouvriers agricoles doivent assurer les revenus de leur famille. Au total, les femmes ont en charge plus du tiers des familles agricoles[15]. Elles

14 Cité par Mathilde Dubesset, Françoise Thébaud, Catherine Vincent, « Les munitionnettes de la Seine », *1914-1918 — L'autre Front*, études coordonnées par Patrick Fridenson, cahier du *Mouvement social*, n° 2, Éditions ouvrières, 1977, p. 194. Cette sous-partie résume leur article (p. 188-219).

15 Georges Duby, Armand Wallon dir., *Histoire de la France rurale*, t. 4 : *La fin de la France paysanne de 1914 à nos jours* (par Michel Gervais, Marcel Jollivet et Yves Tavernier), Le Seuil, 1976, p. 172.

sont perçues comme les « garantes de la continuité », « gardiennes » plus que femmes « émancipées ».

2.2 La méfiance traditionnelle persiste

L'hostilité au travail des femmes s'atténue mais ne disparaît pas pendant la guerre. On la justifie au nom de la natalité, au nom de la famille, parfois — plus franchement — au nom des intérêts masculins, ou au nom de la « nature ».

2.2.1 Le souci démographique

Les inquiétudes démographiques, avivées par la guerre, ne peuvent qu'entretenir la crainte du travail féminin. Au tournant du siècle, la fécondité s'est effondrée dans les classes laborieuses. La régulation des naissances est désormais pratiquée à une très grande échelle. On peut l'expliquer en partie par l'influence du mouvement néo-malthusien dont les leaders anarchistes sont proches de la CGT anarcho-syndicaliste[16] : leur propagande privilégie l'antimilitarisme et incite les femmes à refuser d'enfanter de la « chair à canon ». C'est le thème d'une chanson de Montéhus en 1905 : « La grève des mères. » Plus puissant est sans doute le désir de vivre mieux avec des enfants moins nombreux et en meilleure santé. Le « coût » de l'enfant a d'ailleurs augmenté puisqu'il reste plus longtemps à la charge de ses parents avant de travailler (l'école est obligatoire et la loi interdit désormais l'emploi des enfants). Si le taux de mortalité infantile tend à baisser, il se maintient néanmoins à un niveau élevé et le travail des mères se trouve mis en accusation.

La guerre stoppe les progrès de la protection du travail féminin. « Protection » : le terme est ambigu. Il recouvre, par exemple, les mesures destinées aux mères. En 1909, les travailleuses ont obtenu la garantie de retrouver leur travail après les huit semaines de repos prévues au moment de l'accouchement. En 1913, la loi Strauss crée une indemnité pour les salariées pendant la durée du congé de maternité[17]. Ces lois sont tardives et timorées, mais prennent acte d'une réalité : le travail des mères.

La loi de 1892 prétend également protéger le travail féminin. Elle interdit pour les femmes le travail de nuit (de 21 h à 5 h) et le travail au fond de la mine. Il s'agit essentiellement d'une mesure de protection de la *fécondité* (c'est la future mère, ou la mère, que l'on veut « protéger »). Le Droit, par sa valeur symbolique générale, rappelle les femmes à leurs féconds devoirs et prive de légitimité leur activité salariée[18]. La loi de 1892, assouplie en 1904, supporte de toute façon de nombreuses dérogations. Elle est aussi combattue et contournée

---

16 Francis Ronsin, *La Grève des ventres. Propagande néo-malthusienne et baisse de la natalité en France XIXe-XXe siècles*, Aubier, 1980.

17 Anne Cova, *Maternité et droits des femmes en France (XIXe-XXe siècles)*, Anthropos, 1997.

18 Michelle Zancarini-Fournel, « Archéologie de la loi de 1892 en France », Leora Auslander, Michelle Zancarini-Fournel dir., *Différence des sexes et protection sociale (XIXe-XXe siècles)*, Saint-Denis, Presses universitaires de Vincennes, 1995, p. 75-92.

par le patronat. Notons que les syndicalistes sont favorables aux lois dites protectrices. Les féministes aussi, dans l'ensemble : seule une minorité d'entre elles analyse la loi de 1892 comme une mesure de protection du travail *masculin*. La Convention internationale de Washington donnera raison à la France en 1919.

2.2.2 Le respect des « lois naturelles »

Depuis le XIXe siècle, il est admis que le travail salarié des femmes viole les « lois de la nature » qui destinent la femme à la maternité et aux travaux domestiques[19]. Le modèle de pensée dominant idéalise l'entreprise familiale rurale où les tâches masculines et féminines sont bien distinctes et où les femmes peuvent interrompre leur travail pour s'occuper du mari et des enfants. L'industrialisation à la française permet à de nombreuses femmes de travailler à domicile, et ce jusqu'au milieu du XXe siècle[20]. La machine à coudre permet la fabrication à domicile pour la confection et la chaussure. Il n'y a pas pire exploitation : journées interminables, salaires dérisoires, syndicalisation inexistante. Philanthropes et féministes s'en alarment et à la suite d'une grande campagne de mobilisation de l'opinion publique, une loi est votée en 1915 qui oblige à fixer des salaires minima. Le travail à domicile apparaît néanmoins comme une heureuse solution pour concilier le rôle maternel et domestique et la nécessité de « gagner sa vie ». « L'électricité peut aider à reconstruire les foyers détruits par la vapeur[21] », espère un syndicaliste chrétien.

Le courant catholique social ouvrier et patronal prône le retour de la mère au foyer, estimant que le salariat des femmes est un véritable « fléau social » qui explique le nombre important d'avortements, la faiblesse de la fécondité, la gravité de la mortalité infantile et la délinquance juvénile. Ce courant s'inspire de la première encyclique sociale, *Rerum Novarum* (1891), de Léon XIII : « Par sa nature même, la femme est destinée aux ouvrages domestiques. » L'attribution d'un « juste salaire » devrait permettre à l'homme de pourvoir seul aux besoins de sa famille. Dans cette analyse, le travail féminin apparaît comme une des preuves les plus scandaleuses de l'immoralité du libéralisme économique. Les syndicats chrétiens et les associations catholiques sociales qui partent à la reconquête de la classe ouvrière insistent particulièrement sur ce thème. Mais les pouvoirs publics y sont pour le moment assez indifférents.

2.2.3 La méfiance du mouvement ouvrier

Le mouvement ouvrier est lui aussi très attaché à l'idéal de la femme au foyer, car « le maintien de la famille a pu constituer une bouée de sauvetage, une forme d'autodéfense, de résistance aux atteintes de l'industrialisation. [...] le combat ouvrier [...] n'est pas pure reproduction du discours dominant; il a ses finalités

19 Joan W. Scott, « "L'ouvrière, mot impie, sordide"... Le discours de l'économie politique française sur les ouvrières 1840-1860 », *Actes de la recherche en sciences sociales*, n° 83, juin 1990, p. 2-15.

20 Madeleine Guilbert, Viviane Isambert-Jamati, *Travail féminin et travail à domicile*, CNRS, 1956.

21 Louis Blain, « L'avenir de la famille ouvrière », *Le Nord Social*, 25 mars 1923.

propres : la défense d'une identité, d'une autonomie, d'un espace, d'une intimité, d'un chez soi (d'un quant-à-soi) soustraits à la vie de travail, au contrôle de l'usine[22] ». « L'homme à l'atelier, la femme au foyer » : les syndicats approuvent la complémentarité des rôles sexuels. Leur « éloge de la ménagère » masque leur hostilité au travail féminin, perçu comme une concurrence « déloyale ». Ils défendent avant tout les intérêts matériels des travailleurs masculins : la lutte contre l'avilissement des salaires[23]. Contre ce danger réel, ils pourraient revendiquer fermement l'égalité des salaires, mais le slogan « à travail égal, salaire égal » n'est défendu que du bout des lèvres. Le syndicalisme, qui va jouer un rôle décisif dans l'intégration de la classe ouvrière dans la société, n'intègre que les hommes, à qui il donne une identité forte fondée sur des valeurs viriles[24]. Cette virilité du travailleur musclé aux manches retroussées qui commence à envahir les affiches syndicales au début du siècle s'impose pour longtemps[25], remplaçant la mixité des foules. À la pointe de ce combat s'illustre le syndicat lyonnais de la fédération du Livre CGT qui fait grand bruit en 1914 en excluant une typote (travaillant pourtant au tarif syndical), Emma Couriau, ainsi que son mari, coupable de l'avoir laissée travailler. Cette affaire, pour représenter une situation extrême, n'en est pas moins révélatrice d'une hostilité au travail des femmes et à leur syndicalisation assez répandue. D'autres fédérations, comme celle des Ports et docks, n'ont accepté les femmes que quelques années avant la guerre.

Il serait injuste de ne pas mentionner les voix minoritaires qui se sont élevées pour défendre le droit au travail des femmes, car elles montrent qu'il est possible de penser d'une manière non-traditionnelle. Par exemple le socialiste Jules Guesde tente d'expliquer que le mal est dans le surprofit que les capitalistes tirent des bas salaires féminins, et non dans leur travail en lui-même : « La place de la femme n'est pas plus au foyer qu'ailleurs. Comme celle de l'homme, elle est partout [...] où son activité peut et veut s'employer. Pourquoi, à quel titre, l'enfermer, la parquer dans son sexe, transformé [...] en profession pour ne pas dire en métier[26] ? »

2.3 Grève et syndicalisation

2.3.1 Des grévistes remarquées

Apportant un démenti à l'image de « jaunes » qu'elles ont dans le mouvement ouvrier, les femmes se font remarquer par des grèves importantes pendant la

22 Michelle Perrot, « L'éloge de la ménagère dans les discours des ouvriers français au XIXe siècle », *Romantisme*, n° 13-14, 1976, p. 118.

23 Marie-Hélène Zylberberg-Hocquard, *Féminisme et Syndicalisme en France*, éditions Anthropos, 1978 et *Femmes et féminisme dans le mouvement ouvrier français*, Éditions ouvrières, 1981.

24 Charles Sowerwine, « Workers and Women in France before 1914 : The debate over the Couriau Affair », *The Journal of Modern History*, 55, sept. 1983, p. 411-441.

25 Cette tendance remarquable dans l'iconographie n'est pas spécifique à la France. *Cf.* Éric Hobsbawm, « Sexe, symboles, vêtements et socialisme », *Actes de la recherche en sciences sociales*, n° 23, sept. 1978, p. 2-18.

26 Madeleine Guilbert, *Les Femmes et l'organisation syndicale avant 1914*, éd. du CNRS, 1966, p. 174.

guerre. La grève est pourtant perçue comme un acte viril. Il est vrai que la place des femmes dans les grèves n'est pas proportionnelle à leur place dans la population active. Comment expliquer la sous-utilisation de ce moyen de défense essentiel ? D'une part, leurs conditions d'emploi les fragilisent, soit parce qu'elles sont isolées (travailleuses à domicile), soit parce qu'elles occupent des postes non qualifiés où elles peuvent être facilement remplacées par plus dociles qu'elles. D'autre part, leur faible taux de syndicalisation les prive de la logistique nécessaire (caisses de grèves, leaders). Ces entraves expliquent une réputation de passivité, au demeurant injuste car les femmes se montrent, par exemple, très actives dans les mouvements contre la cherté de la vie. Les grèves féminines se distinguent par des traits spécifiques : elles sont brèves, spontanées et défensives. Leur principale préoccupation est de contrer les baisses de salaires[27]. La faible utilisation de la grève n'indique pas chez les travailleuses une orientation politique plus conservatrice : elle montre tout simplement combien l'élan de la protestation est freiné dans les catégories les plus opprimées de la classe ouvrière.

La guerre crée cependant des conditions particulières. C'est vrai surtout de la métallurgie. Pour y éviter les grèves, le décret Albert Thomas (janvier 1917) y a prévu l'élection de délégués et des procédures d'arbitrage, tout en interdisant formellement la grève aux soldats mobilisés et à la main-d'œuvre étrangère. Ce qui va donner un rôle de tout premier plan aux munitionnettes. L'évolution de la fédération des Métaux est significative : elle s'efforce dès lors d'intégrer les femmes et revendique « à travail égal, salaire égal ». En 1915-1916, on dénombrait à Paris 77 grèves d'hommes et 18 grèves de femmes ; en 1917, le rapport s'inverse à la faveur d'une radicalisation et d'une explosion de mécontentement : 85 contre 106, en 1918 : 39 contre 27 (ce qui est encore beaucoup)[28]. Concluons qu'il faut une situation vraiment critique pour que les travailleuses utilisent ce moyen de pression. Critique, la situation l'est à l'arrière, mais aussi sur le front où le désespoir engendre des mutineries. Alors que l'Union sacrée se disloque, la grève prend une couleur pacifiste.

2.3.2 Les limites de la syndicalisation féminine

L'activité syndicale, ralentie par la mobilisation et les compromis de l'Union sacrée, ne reprend que progressivement et se trouve confrontée à une nouvelle donne : l'augmentation du travail féminin suivie de nouvelles adhésions. Avec 89 364 adhérentes (8,70 % du total de leurs membres), la place des femmes dans les syndicats ouvriers n'est pas brillante en 1914[29]. Dans leur immense majorité, elles rejoignent la CGT, dans les fédérations les plus concernées par le travail féminin : textile, confection, alimentation… Une alternative se dessine cependant avec le développement de syndicats féminins chrétiens.

27 Michelle Perrot, *Les Ouvriers en grève. France* 1871-1890, Mouton, 1974, p. 318-330.

28 Jean-Louis Robert, *Ouvriers et mouvement ouvrier parisiens pendant la Grande Guerre*, thèse, Université de Paris I, 1989, p. 462.

29 Madeleine Guilbert, *Les Femmes et l'organisation syndicale…, op. cit.*, p 29. Cette étude n'a pour le moment pas été prolongée au-delà de 1914.

Le droit de se syndiquer, obtenu pour les deux sexes en 1884, reconnaît une forme de citoyenneté sociale très importante, qui n'a pas encore pour les femmes son équivalent politique. Mais l'autorisation du mari est nécessaire pour se syndiquer. Les femmes ne sont éligibles aux prud'hommes que depuis 1908. Les contraintes pesant sur les travailleuses sont telles que le droit acquis en 1884 ne produit pas d'effets spectaculaires. Cette sous-syndicalisation est pour une part liée à la nature du syndicalisme français : il paraît élitiste (le taux de syndicalisation n'est que de 5 % en 1914. Or, comme le montre l'exemple allemand, un syndicalisme de masse est aussi un syndicalisme qui parvient à recruter efficacement des femmes). Il est aussi très « politique » : Jeanne Bouvier rapporte dans ses mémoires qu'il était toujours question dans les réunions de révolution, de grève générale, d'expropriation et de suppression du salariat et avoue qu'elle n'y comprenait rien[30]. Il est par ailleurs bien difficile pour les femmes de consacrer du temps et de l'argent au syndicat (la cotisation syndicale des femmes est d'ailleurs inférieure à celle des hommes). Et beaucoup d'entre elles n'envisagent pas leur activité dans la durée, soit parce qu'elles songent à arrêter de travailler une fois mariées ou après une naissance, soit parce qu'elles changent souvent d'emploi. L'adhésion syndicale suppose déjà formée la conscience d'être une « travailleuse » à part entière.

Les mouvements revendicatifs pendant la guerre provoquent une augmentation de la syndicalisation féminine. Il faudrait étudier de plus près les responsabilités que les militantes ont été amenées à prendre, en raison du départ de camarades mobilisés : Hélène Brion a ainsi pris la tête de la Fédération des instituteurs et institutrices de France et des colonies, affiliée à la CGT. Pourtant, les mentalités évoluent-elles? Exemple parmi bien d'autres, en juin 1918, le congrès de la CGT du Havre déclare que « fidèle à ses conceptions d'émancipation sociale, il considère que la place de la femme est au foyer ». L'égalité des salaires « quand la femme exécute le même travail que l'homme » est exigée; en revanche « pour les travaux ressortissant exclusivement des aptitudes féminines », il n'est question que « d'un salaire suffisamment rémunérateur » pour la femme et sa famille[31]. L'augmentation du travail féminin, des grèves féminines et de la syndicalisation féminine n'a donc rien changé à cette vision sexuée inégalitaire du travail et du salaire. On peut se demander si c'est le souci de justice qui pousse à revendiquer des salaires égaux (pour la minorité de femmes concernée) ou, plus égoïstement, la crainte de la mise en concurrence des sexes dans les industries jusque-là plutôt masculines.

2.3.3 Le travail émancipateur?

Pour la plupart des syndicalistes, l'émancipation ne passe donc pas pour les femmes par le travail. Ce dernier n'est jamais qu'une malheureuse obligation. Des voix s'élèvent pour défendre leur droit au travail : les féministes les plus radi-

30 Jeanne Bouvier, *Mes Mémoires ou 59 années d'activité industrielle, sociale et intellectuelle d'une ouvrière 1876-1935*, rééd. de Daniel Armogathe et Maïté Albistur, La Découverte/Maspéro, 1983.

31 Cité par John Barzman, *Dockers, métallos, ménagères. Mouvements sociaux et cultures militantes au Havre 1912-1923*, Presses universitaires de Rouen et du Havre, 1997, p. 147.

cales analysent l'hypertrophie du rôle familial des femmes comme un piège et les limitations du travail des femmes mariées comme un danger pour l'ensemble des femmes, et particulièrement pour celles qui sont dans l'obligation absolue de gagner leur vie : célibataires, divorcées ou veuves qui doivent se contenter de « salaires d'appoint ». Proches des milieux syndicalistes, socialistes, libertaires, elles revendiquent l'égalité des salaires, l'indépendance économique des femmes, s'opposent aux réglementations spécifiques du travail féminin et dénoncent le droit de cuissage. Elles montrent que les travailleuses sont face à deux exploitations : l'une découle du système capitaliste, l'autre du système masculiniste, et accusent le mouvement ouvrier d'antiféminisme. On leur doit des enquêtes remarquablement documentées sur l'exploitation des travailleuses. Jeanne Bouvier, d'abord ouvrière, puis employée, militante syndicaliste et féministe est reconnue comme une spécialiste du travail féminin, en particulier du travail à domicile. Les féministes réformistes, accaparées par la bataille suffragiste, peuvent paraître moins attentives aux travailleuses. Adoptant le point de vue des républicains progressistes, elles abordent la question par l'assistance, la protection, le développement du travail social[32].

L'indépendance économique et la satisfaction apportée par une activité professionnelle choisie sont des thèmes féministes portés dans la littérature et au théâtre (voir le succès de *Une Maison de poupée*, d'Ibsen, dont l'héroïne Nora, qui ne supporte plus l'oisiveté et la dépendance de son statut de femme au foyer, abandonne sa famille pour trouver sa dignité dans le travail). Ces revendications impliquent une reconnaissance de la femme comme individu ayant ses aspirations, ses besoins propres : le féminisme accompagne l'essor de l'individualisme. Elles suscitent des débats et bien des oppositions, on l'a vu.

3 SOUFFRANCES DE GUERRE

Il a été fait peu de publicité, pendant la guerre, des souffrances ressenties par la population, qu'il s'agisse de celle, extrême, des soldats, qu'il s'agisse, aussi, de celle des civils et particulièrement de celle des femmes en charge de leur famille. La censure veille à ce que rien, dans la presse ou dans les correspondances, ne contribue à la « démoralisation » de la nation. L'autocensure est également forte, pour ne pas inquiéter les êtres aimés.

3.1 Les violences

Échappent à la loi du silence les violences subies par les femmes en Belgique et dans les régions du Nord-Est de la France envahies. Les rumeurs d'abord, puis la presse et des campagnes d'opinion leur donnent un grand écho. Les viols commis par les

32 Christine Bard, *Les Filles de Marianne…, op. cit.*

soldats (allemands) en 1914 s'inscrivent dans une tradition plus que millénaire. Pourtant, la nature même du premier conflit mondial en change la signification. Du côté français, ces viols sont présentés comme l'illustration de la barbarie de l'envahisseur. Neuf mois après l'invasion, « l'enfant du viol » devient un débat national[33]. Faut-il admettre l'avortement, l'infanticide? Les féministes prônent une attitude compréhensive et en général recommandent l'acquittement, mais les plus réformistes continuent à considérer l'avortement comme un crime. Plus que la souffrance des victimes, c'est le sort des enfants nés des viols qui monopolise l'attention en 1915. Et ce débat public révèle la montée en puissance d'une définition biologique, « raciale », de la nationalité qui pousse certains nationalistes à excuser l'avortement, l'infanticide et l'abandon des nouveau-nés au sang « impur », et ce en contradiction avec les convictions religieuses qu'ils ont coutume de mettre en avant. Prendre en compte ces victimes civiles permet de démontrer que le conflit a désormais l'allure d'une guerre totale et non plus seulement celle d'une confrontation militaire, et que la violence atteint un paroxysme inédit.

Le débat sur les viols peut être considéré comme un des indices de la « nationalisation » des femmes en cours. Une femme de France, c'est en quelque sorte, une partie du territoire national (des femmes comme des territoires on dit qu'ils sont violés). Les femmes appartiennent et se doivent à leur pays, elles appartiennent et se doivent aussi à leur mari. Aussi leur infidélité est-elle considérée comme une faute plus lourde encore en temps de guerre : si leur mari est au front, elles risquent la prison (sinon, une simple amende). Si le mari permissionnaire jaloux et trompé commet un crime dit « passionnel », il est acquitté par les tribunaux sous les applaudissements du public[34].

3.2 Le deuil

1,4 M de morts (17 % des 8 M de mobilisés; 10 % de la population active masculine; 3 % de la population française) : la guerre a bouleversé la vie de nombreuses mères, épouses et fiancées, que l'on appelle les « veuves blanches ». Pourtant « le deuil reste privé et mal connu car il donne rarement lieu à des mises en scène collectives[35] ». Certes, pour certains écrivains, il est la « forme principale de l'héroïsme des femmes » qui supportent stoïquement la douleur. On reste frappé aussi par l'égalité des classes face au drame. La douleur des mères ne suscite aucune polémique, mais celle des veuves est perçue de manière ambivalente. L'idéal serait que la veuve sacrifie sa vie au souvenir du défunt, c'est-à-dire, surtout, qu'elle ne se remarie pas. Mais elle est aussi une « femme seule » et, à ce titre, provoque une certaine peur. L'épreuve n'est pas forcément vécue de manière solitaire : l'entourage apporte son aide, la religion son secours, l'État sa solidarité (loi du 27 juillet 1917 instituant les pupilles de la nation : ils

33 Stéphane Audoin-Rouzeau, *L'Enfant de l'ennemi. 1914-1918*, Aubier, 1995.

34 Recherche en cours de Jean-Yves Le Naour, Université de Toulouse Le Mirail.

35 Françoise Thébaud, « La guerre et le deuil chez les femmes françaises », Jean-Jacques Becker *et al.* dir., *Guerre et cultures 1914-1918*, Armand Colin, 1994, p. 105.

seront un million), et des associations se forment : en 1917, le Comité d'entente des œuvres s'occupant des mères, des veuves et des orphelins de la guerre regroupe 14 d'entre elles, la plus importante étant l'Association d'aide aux veuves de militaires de la Grande Guerre créée en 1915, qui s'occupe de 10 000 veuves et de 15 000 orphelins. En 1933, on dénombre au total 700 000 veuves de guerre, dont 262 500 sont remariées. Le deuil sera pour beaucoup exceptionnellement long et parfois interminable, en raison, surtout de la censure de la douleur. Le deuil des héros est toujours plus difficile, car ils sont idéalisés, vénérés, il s'agit aussi de montrer un courage égal au leur. Or cette souffrance qu'il est difficile de faire partager (on note par exemple une diminution du deuil ostentatoire « sous l'impact du massacre de masse[36] ») est refoulée. Sans doute se mêle-t-elle à la culpabilité des survivant(e)s, particulièrement pour les personnes âgées chez qui l'on note une surmortalité liée au deuil.

3.3 Les difficultés quotidiennes

La hausse des prix et les pénuries rendent très difficile la vie quotidienne, d'autant que les salaires, au début de la guerre, n'augmentent pas (leur hausse à partir de 1916 ne suit pas celle de l'inflation). Ces difficultés sont accrues pour les femmes qui sont privées du salaire du mari et doivent se débrouiller pour nourrir leur famille. L'État donne une allocation d'1,25 francs par jour aux femmes de mobilisés, plus 50 centimes par enfant de moins de 16 ans, mais c'est nettement insuffisant. Le paiement des loyers est suspendu par un moratoire. Les bureaux de bienfaisance municipaux accordent des aides d'urgence. Des initiatives privées voient le jour : soupes populaires par exemple. Mais les privations sont importantes. Il y a d'abord des rationnements, en particulier pour le charbon, mais aussi pour l'alimentation. Les rations de pain sont plus importantes pour les hommes (et parmi eux plus importantes encore pour les travailleurs de force) que pour les femmes et les enfants. Des femmes se mobilisent contre la vie chère : une lutte contre les commerçants commence, en raison des profits importants qu'ils réalisent comme le montre l'écart entre prix de gros et prix de détail. Mais le contrôle des prix est inefficace; la mauvaise volonté politique est évidente et pendant les trois premières années de la guerre, l'Union sacrée limite les possibilités de contestation. Celle des mères, des ménagères n'en est que plus remarquable. Elle paraît spontanée, mais dans certaines villes ouvrières, il existe cependant une tradition de lutte contre la vie chère (peu avant la guerre, l'Union des syndicats du Havre avait ainsi accepté un syndicat des ménagères — bien qu'elles ne fussent pas salariées — actif sur les marchés et surveillant les marchands « accapareurs[37] »). Il s'agit souvent de défilés inorganisés qui se rendent vers la mairie. L'inflation gonfle le mécontentement, surtout à partir de 1917. Affaiblis par la mobilisation d'une partie de leur personnel, les services publics ne peuvent plus assurer toute leur mission : les mères ont le souci de leurs enfants placés dans des classes bondées, ou

36 Stéphane Audoin-Rouzeau, Annette Becker, *14-18, retrouver la guerre*, Gallimard, 2000, p. 206.

37 John Barzman, *Dockers..., op. cit.*, p. 59.

fugueurs. Beaucoup de petits garçons et de petites filles, en particulier dans les régions occupées, quittent l'école avant la fin de l'obligation scolaire. La pauvreté augmente l'offre prostitutionnelle, répondant à une demande importante des soldats et des travailleurs isolés. L'État autorise (encourage?) la création de bordels de guerre non loin du front. Les «occasionnelles» sont plus nombreuses, échappent à tout contrôle. Surexposées au risque de syphilis, elles transmettent à leur tour la maladie.

Lettre de Pauline à son député
(Ferdinand Bougère, élu du Maine-et-Loire)

Pauline écrit au nom des femmes d'ouvriers artisans de Denée, à quinze kilomètres d'Angers. Elle a le certificat d'études, tient un commerce et a trois enfants. Son mari mobilisé lui a interdit d'aller à Angers faire l'apprentissage d'un métier. Elle tente alors d'obtenir la création d'un atelier pour les 22 femmes de son village intéressées, avec l'aide de la marquise de Seihlac, sans succès[38].

Juillet 1917

Monsieur le Député,

Voyant les injustices trop souvent réitérées autour de nous, nous avons résolu, nous femmes de mobilisés, de venir vous prier de prendre en main notre cause, près de qui de droit, pour obtenir une augmentation des allocations.

Nous sommes fatiguées de notre vie de misère et de privation. La situation devient grave et n'est plus tenable quand il s'agit de priver nos enfants du plus strict nécessaire. Vous, Monsieur le Député, pourriez-vous vivre avec 1,25 francs par jour et faire vivre vos enfants avec la modique somme de 75 centimes. Non seulement il faut les nourrir, mais il faut les vêtir, les chauffer, etc.

Vous me répondrez sans doute : Il faut travailler. Je vous attends là Monsieur le Député! Mais une mère de famille avec trois ou quatre petits enfants, n'a-t-elle pas assez à faire avec ses petits, pour quiconque ne tient pas à élever ses enfants dans la rue? Et combien hélas, n'ont plus la santé pour faire un lourd travail à la suite des privations continuelles subies depuis trois ans. D'autre part, beaucoup de mères de famille qui ont des enfants plus âgés et qui ont quelques heures de libres pour travailler, n'ont pu, après maintes recherches, trouver du travail à Angers, même sur la demande de Mme la Marquise de Seihlac. On a répondu purement et simplement : Pas de travail pour la campagne. Donc toutes les femmes d'ouvriers, ouvrières elle-même, sont réduites à la pire des misères, vu la cherté toujours croissante des vivres.

Le moral de nos maris sur le front est des plus déprimés, pourquoi? Tout simplement parce qu'ils savent que leurs familles sont vouées à la misère et aux pires privations. Notre moral à nous est encore plus déprimé que le leur et nous ne pouvons plus longtemps cacher notre situation. Pas d'argent, pas de crédit, nous nous verrons sous peu dans l'obligation de se livrer au pillage pour vivre, si on ne nous vient pas en aide. [...] Nous demandons 2 francs pour les mères de famille et 1 franc de majoration pour les enfants. Et encore cette somme ne nous fera pas connaître l'aisance d'avant-guerre, toutes nos positions pour la plupart d'entre nous sont brisées à tout jamais.

Monsieur le député, nos maris vous ont donné leur confiance pour les intérêts du pays, veuillez prendre en considération nos trop justes réclamations et insistez pour nous les obtenir, car c'est une dérision qu'une mère de famille, ayant trois enfants, puisse vivre avec 3,50 francs par jour à l'heure actuelle.

38 Lettre manuscrite, archives privées de Louis Thareaut, Angers.

4 LES DISSIDENTES PACIFISTES

Le 28 avril 1915 s'ouvre à La Haye un Congrès international des femmes pour la paix qui tente de renouer les liens déchirés depuis le 1er août 1914[39]. Les sections nationales des pays non belligérants y sont bien représentées — celles des États-Unis en particulier, très actives pour maintenir la neutralité de leur pays. Des militantes pacifistes allemandes et anglaises s'y rendent également. Aucune Française : toutes les associations ont refusé d'y participer et en ont fait une large publicité. Jeanne Mélin, une suffragiste des Ardennes, a quand même envoyé une adhésion individuelle. Puis seize dissidentes françaises ont envoyé un manifeste de soutien. C'est à partir de ce noyau que se forme peu après la section française du Comité international des femmes pour une paix permanente fondé à l'issue du congrès de La Haye. Il s'installe à Paris, rue Fondary, chez Gabrielle Duchêne qui a été démise de ses responsabilités de présidente de la section Travail du Conseil national des femmes françaises. Le comité attire peu de femmes, une centaine au maximum, des militantes déjà connues comme féministes et socialistes telles que Jeanne Bouvier, Jeanne Halbwachs, Marthe Bigot, Louise Bodin, Marcelle Capy. Dans des conditions difficiles en raison de la censure et de la surveillance policière, il publie clandestinement une brochure, *Un devoir urgent pour les femmes*, pacifiste, mais ne réclamant pas une paix immédiate.

Fin 1917, le pacifisme féministe défraie avec plus d'éclat la chronique. Une institutrice, Hélène Brion, est arrêtée et emprisonnée pour avoir diffusé des brochures pacifistes. Militante dans plusieurs associations féministes, elle dirige une fédération de la CGT très active dans l'opposition à l'Union sacrée, ce que plusieurs de ses militant(e) s paient par des blâmes et des révocations. La dislocation de l'Union sacrée et l'arrivée au pouvoir de Clemenceau expliquent la répression accrue dont Hélène Brion est une des victimes les plus célèbres. En mars 1918, son procès en conseil de guerre offre en effet, paradoxalement, une tribune aux pacifistes. Mais c'est surtout en féministe qu'Hélène Brion conçoit sa défense : « Je suis ennemie de la guerre parce que féministe : la guerre est le triomphe de la force brutale, le féminisme ne peut triompher que par la force morale et la valeur intellectuelle. Il y a antinomie absolue entre les deux[40]. » L'occasion est belle aussi de rappeler, comme Olympe de Gouges sous la Révolution (« La femme a le droit de monter sur l'échafaud; elle doit avoir également celui de monter à la tribune »), que les femmes peuvent être accusées de délits politiques tout en étant privées de droits politiques. Le jugement est plutôt clément : après quatre mois à la prison de Saint-Lazare, Hélène Brion est condamnée à trois ans de prison avec sursis. L'afflux de témoignages en sa faveur, mais surtout son éloquence, comparée à celle de Louise Michel, peuvent expliquer le verdict, de même que la crainte de fabriquer une « victime » trop

39 Christine Bard, *Les Filles...*, *op. cit.*, p. 89-124.

40 *Id.*, p. 105.

populaire. Institutrice syndicaliste, pacifiste et féministe, comme Hélène Brion, Lucie Colliard a moins de chance. Accusée sans preuves d'avoir tenu des propos défaitistes, elle est condamnée par le conseil de guerre de Grenoble à deux ans de prison.

Parmi les femmes qui ont « sauvé l'honneur » comme le diront un peu plus tard les pacifistes, il faut mentionner aussi Louise Saumoneau, qui dirige le minuscule Groupe des femmes socialistes. Elle figure parmi les premiers pacifistes en France. Alors que la cinquantaine d'adhérentes de son groupe approuve la participation de la SFIO à l'Union sacrée, elle décide de se rendre à titre personnel en mars 1915 à Berne, en Suisse, où se tient la Conférence internationale des femmes socialistes, organisée par la militante allemande Clara Zetkin qui demande une paix immédiate et le droit des peuples à disposer d'eux-mêmes. Les deux mois qu'elle passe en prison à son retour en France ne la découragent pas ; elle continue à produire des tracts et des brochures fidèles aux principes internationalistes du mouvement ouvrier[41].

Montée du pacifisme, premiers échos de la Révolution russe, mutineries, grèves : l'agitation sociale et politique à partir de 1917 favorise le développement d'un féminisme radical, révolutionnaire et pacifiste. Deux nouveaux groupes, l'Action des femmes et le Comité d'action suffragiste, se forment, mais aussi à partir d'octobre 1917 l'hebdomadaire *La Voix des femmes* où Louise Bodin et Colette Reynaud réunissent les plumes talentueuses de Séverine, Madeleine Pelletier, Hélène Brion, Magdeleine Marx mais aussi de Romain Rolland, l'auteur de *Au-dessus de la mêlée*, de Henri Barbusse, l'auteur du *Feu*... Marcelle Capy, qui avait publié en 1916 *Une voix de femme dans la mêlée*, lance avec son compagnon un autre journal pacifiste et féministe, *La Vague*.

Le 11 novembre 1918, pour faire place aux poilus de retour, la démobilisation des femmes dans l'industrie est brutale : licenciées et très souvent sans indemnités, beaucoup se trouvent alors dans une grande détresse. N'étant pas considérées comme chômeuses, elles redeviennent des « ménagères ». Même sous-estimé, le chômage des femmes (9,3 %) reste en 1921 supérieur à celui des hommes (6,4 %). Les plus démunies s'en remettent à la bienfaisance, aux secours d'urgence, ou recherchent des travaux de couture, à domicile ou dans des ouvroirs. Une minorité garde le privilège d'avoir un emploi, les veuves surtout. La guerre n'a pas modifié les structures de l'emploi féminin. A-t-elle fait évoluer les mentalités ? Des déclarations exagérément optimistes le laissent penser : « Beaucoup ont été surpris de voir, depuis la guerre, les femmes exercer des métiers, occuper des emplois, diriger des entreprises auxquels les hommes seuls, jusqu'alors avaient accès. Beaucoup ont été surpris, beaucoup ont été hostiles, puis les préjugés ont disparu devant la nécessité. Les femmes font ce que, par fausse éducation, elles se croyaient parfois elles-mêmes incapables de faire[42] » écrit une féministe. Beaucoup de femmes ont effectivement

41 Charles Soweswine, *Les Femmes et le socialisme*, Presses de la FNSP, 1978.

42 Marguerite Billot-Thulard, *Le Petit Courrier*, quotidien angevin, 16 avril 1918.

prouvé leurs capacités. Elles n'ont pas pour autant gagné des droits nouveaux. La guerre « remet chaque sexe à sa place. Dans son principe et dans son domaine, elle est profondément conservatrice[43] ». Les issues entrouvertes se referment. On peut parler, à rebours du cliché, d'« effets antiféministes[44] » de la guerre qui vont marquer les décennies suivantes.

43 Michelle Perrot, « Sur le front des sexes : un combat douteux », *Vingtième siècle,* n° 3, juillet 1984, p. 76.

44 *Cf.* Françoise Thébaud et Christine Bard, « Les effets antiféministes de la Grande Guerre », Christine Bard dir., *Un siècle d'antiféminisme,* Fayard, 1999, p. 149-166.

Chapitre 2

Les reines du foyer de l'entre-deux-guerres

LA « REINE DU FOYER » est à la fois épouse, mère et ménagère. L'expression, très en vogue entre les deux guerres, indique bien la glorification de ce rôle présenté comme un « pouvoir ». « Si l'homme fait les lois, la femme fait les mœurs » dit-on souvent. C'est un « destin », une « mission » sublime, voulue par la nature et à laquelle l'éducation doit préparer les filles. L'abondance des sources imprimées sur ce sujet révèle un discours normatif de plus en plus pesant et s'adressant à un public de plus en plus large. L'organisation de la vie privée prend un caractère public : l'État intervient désormais pour relancer la natalité, protéger la maternité, améliorer l'état sanitaire de la population. Les pressions à la fois traditionnelles et nouvelles, conservatrices ou progressistes, qui pèsent sur les femmes ne sont pas univoques. Elles sont exercées par des hommes qui détiennent le pouvoir politique, juridique, médical, mais aussi par des femmes qui de manière plus marginale disposent d'un certain pouvoir, comme celui d'agir auprès de l'opinion, de se professionnaliser dans les carrières éducatives, sanitaires et sociales. Comment les femmes réagissent-elles à ces pressions ? Intériorisent-elles les nouvelles normes ? Tentons donc de confronter l'idéal de la reine du foyer au quotidien des tâches féminines dans la sphère domestique, et essayons de comprendre les changements qui caractérisent cette période[1].

1 Dans sa thèse d'État, (*Chrysalides. Femmes dans la vie privée. XIXe-XXe siècles*, 2 vol., Publications de la Sorbonne, 1996), Anne-Marie Sohn a étudié les comportements privés à travers les archives judiciaires, les saisissant à travers les notations recueillies à l'occasion de l'instruction de crimes et délits pour la plupart banals. Son enquête révèle ainsi mentalités et pratiques très répandus mais en général ignorés ou déformés par les sources livresques plus faciles d'accès généralement utilisées. Il n'est pas certain que ses statistiques et ses conclusions soient représentatives de la majorité de femmes non bourgeoises (4 sur 5) car la source utilisée majore le poids des jeunes femmes de milieu populaire et citadines. Le travail mené par Anne-Marie Sohn est cependant d'une richesse inouïe pour l'entre-deux-guerres et il est largement utilisé et cité dans cette partie.

1 EN ATTENDANT LE MARIAGE

1.1 La prédestination sociale des filles

En règle générale, on n'attend pas des filles des performances scolaires qui leur donneraient un métier et une vie indépendante. Elles sont préparées dès l'enfance à privilégier les relations familiales. Le trousseau en donne un bon exemple. Les mères prévoyantes s'en occupent dès la communion de leur fille. Le trousseau restera propriété de la femme dans le mariage. Sa composition varie d'une famille à l'autre, d'une région à l'autre, d'un milieu à l'autre. Il est composé de meubles : la mariée apporte « la chambre » (lit, table de toilette, tables de nuit, armoire), mais surtout le linge, notamment les draps. Le trousseau crée un lien symbolique entre la mère et la fille : c'est l'argent maternel qui sert à acheter les draps. Les mères veillent aussi au marquage des draps, brodés au point de croix avec un fil rouge traditionnel ou, plus chic, blanc. À partir de 15 ans, les filles commencent à coudre leurs vêtements. L'ensemble du trousseau aura pour longtemps un caractère quasi sacré : on le préserve, souvent en laissant les draps immaculés dans l'armoire jusqu'au soir de sa vie, comme un témoin du temps de la jeunesse, comme preuve de l'apport individuel dans le mariage. Le trousseau est source de créativité, de plaisir et d'une certaine fierté. Comme le tricot, occasion d'une leçon de maintien, la réalisation du trousseau permet de contrôler les jeunes filles. « À l'âge où en bande, les garçons rôdent dans le village la nuit comme le jour, à l'âge où ils explorent par les activités de chasse les confins de l'espace sauvage, les jeunes filles cousent le dos courbé les yeux fixés sur les fils à compter, l'attention retenue par l'ouvrage[2]. » Les travaux d'aiguille dressent le corps et l'esprit et participent fortement au conditionnement social des femmes, depuis longtemps[3]. L'œuvre du trousseau prépare les filles à leur « destin » social, le mariage. La fête de la rosière est une autre illustration du rôle prescrit aux futures femmes. Issue de la tradition villageoise, elle est acclimatée dans les villes, jusque dans la banlieue rouge. Le couronnement d'une jeune fille lors de la Pentecôte, clou des réjouissances populaires, récompense la vertu : la virginité (elle est habillée de blanc à la façon d'une mariée), mais de plus en plus aussi, le mérite (origine modeste, qualités morales). Couverte de cadeaux, la rosière peut, ainsi dotée, se trouver un mari[4]. Ce n'est plus l'Église, mais la municipalité qui organise la cérémonie.

2 Agnès Fine, « À propos du trousseau : une culture féminine ? », Michelle Perrot dir., *Une histoire des femmes est-elle possible ?,* Rivages, 1984, p. 175-176.

3 Nicole Pellegrin, « Les vertus de l'ouvrage. Recherches sur la féminisation des travaux d'aiguille (XVIe-XVIIIe siècles) », *Revue d'histoire moderne et contemporaine,* t. 46, n° 4, octobre-novembre 1999, p. 745-764.

4 Martine Segalen, « Du village à la ville. La fête de la rosière à Nanterre », *Ethnologie française,* t. 12, n° 2, avril-juin 1982, p. 185-194.

1.2 La sexualité juvénile

La communauté villageoise s'est longtemps chargée du contrôle sexuel des jeunes. La tradition du maraîchinage persiste dans des villages vendéens où dès l'âge de 15 ans, garçons et filles peuvent s'embrasser et se « manuéliser » à condition de rester non loin d'autres couples du même âge. Les jeunes filles de bonne famille demeurent sous l'œil vigilant de leur mère ou d'un chaperon. Les occasions de flirter sont rares. Elles bénéficient néanmoins d'une liberté plus grande, participant à des « matinées » et même à des « surprises-parties », liberté dont elles ne doivent évidemment pas abuser. Il en va tout différemment dans les milieux populaires dans lequel les jeunes filles quittent généralement vers 12-13 ans l'école pour travailler. 13 ans : c'est l'âge de la majorité sexuelle. Comment les préserver? Les milieux laïques animent depuis le début du siècle des œuvres post-scolaires[5] qui proposent en cours du soir une formation morale, sociale, professionnelle et ménagère. Les catholiques réagissent en créant leurs propres œuvres d'encadrement. On peut douter de leur efficacité dans la prévention des expériences sexuelles précoces.

C'est moins la peur du péché que la peur de la grossesse non désirée qui contient la sexualité des jeunes filles. Être « fille mère » est un drame. Cependant, 11 à 17 % des jeunes femmes auraient eu des relations sexuelles avant le mariage. Le nombre de grossesses préconjugales n'est pas négligeable : 12 à 13 % des mariées sont enceintes le jour de leurs noces[6]. Enfin, dans les milieux populaires du Nord, de l'Est et du Bassin parisien, l'inconduite des jeunes qui perdent leur pucelage est rarement condamnée moralement. En cas de grossesse, les audacieuses ont recours plus que les autres femmes à l'avortement et parfois à l'infanticide (qui connaît toutefois une diminution notable).

Sans doute dans les milieux conservateurs considère-t-on encore l'éducation sexuelle des vierges comme une « profanation ». Mais l'opinion évolue. Le terme même d'éducation sexuelle (au contenu fluctuant) est couramment utilisé depuis 1914[7]. Les méfiances restent vives, ne serait-ce qu'en raison des informations qu'une telle éducation pourrait donner sur les moyens d'éviter les naissances. Elles s'estompent cependant sous la poussée des féministes qui dénoncent les conséquences de l'ignorance des jeunes filles, mais surtout sous l'effet de la campagne de la Société de prophylaxie sanitaire et morale. Le Dr Pinard estime en 1918 qu'il y va de « l'avenir de la race », allusion à la recrudescence de la syphilis que l'on ne parvient pas à guérir. La prophylaxie (on parle aujourd'hui de prévention) devrait, idéalement, commencer dès l'école. Les Groupes féministes de l'enseignement laïque débattent de l'éducation sexuelle en 1924. L'année suivante, la doctoresse Germaine Montreuil-Strauss fonde le Comité d'éducation féminine de la Société de prophylaxie.

5 Agnès Thiercé, « "De l'école au ménage". Le temps de l'adolescence féminine dans les milieux populaires (Troisième République) », *Clio*, n° 4, 1996, p. 75-90.

6 Le sondage et l'enquête démographique sont cités par Edward Shorter, *Naissance de la famille moderne XVIIIe-XXe siècle*, Points Seuil, 1977, p. 140.

7 Yvonne Knibiehler, « L'éducation sexuelle des filles au XXe siècle », *Clio*, n° 4, 1996, p. 139-160.

Présentation du Comité d'éducation féminine de la Société française de prophylaxie sanitaire et morale

La Société française de prophylaxie sanitaire et morale, se rendant compte de la difficulté qu'éprouvent les jeunes filles et les femmes à s'instruire d'une façon saine et scientifique des questions se rapportant à l'hygiène féminine et à la maternité, a créé un COMITE D'ÉDUCATION FÉMININE destiné à répandre par des conférences et des brochures cette indispensable éducation.

Actuellement, en effet, la jeune fille, qu'elle appartienne à la classe aisée ou à la classe ouvrière, ignore tout des organes et de la fonction qui lui permettent de connaître les joies de la maternité. Lorsqu'elle se marie, elle est désarmée non seulement devant les dangers matériels (infection puerpérale, maladies vénériennes) qui la menacent, elle et ses enfants, mais encore devant les erreurs et les préjugés qui naissent toujours d'une ignorance entretenue systématiquement.

Pour être préparée dans son rôle d'épouse et de mère, la jeune fille devrait connaître l'existence et la constitution des organes féminins, leur fonctionnement normal (puberté ou formation, menstruation, grossesse, ménopause ou âge critique) les dangers qui peuvent les atteindre (infections vénériennes, puerpérales, cancéreuses) les grandes lois de l'hérédité, les soins qu'elle doit prendre pour reste saine et avoir des enfants sains.

A côté de cette indispensable éducation préparatoire au mariage s'ajoute pour l'adolescente, obligée de s'adonner à un travail rémunérateur, livrée aux dangers de la rue, à toutes les promiscuités de l'usine et de l'atelier, l'utilité d'une éducation préservatrice.

Mise en contact journalier avec les tristesses et les grossièretés de l'existence moderne par la presse, le théâtre, les cinémas, les journaux illustrés, les affiches, les propos de la rue, sans parler des conversations d'atelier et de bureau, comment la jeune fille peut-elle lutter contre leur influence déprimante ou avilissante si ce n'est par une juste compréhension de sa vie sexuelle.

Autant que le jeune homme, plus que le jeune homme, peut-être, la jeune travailleuse a besoin d'éclaircissements sur sa vie génitale, sur la responsabilité de ses actes, les répercussions possibles de ses fautes. En effet, pour elle, la moindre défaillance peut entraîner des conséquences individuelles et sociales les plus graves, puisqu'elle peut la rendre mère.

L'homme, grâce à la propagande éducative militaire organisée dans notre pays, est mis en garde contre le péril vénérien et le danger des tares héréditaires. Pour la femme, rien d'officiel n'a encore été tenté dans cet ordre d'idée, et, adolescente, dans la famille comme à l'école, le silence trop souvent répond à ses questions et à ses préoccupations légitimes.

Pourtant, dans la famille, c'est la femme qui supporte les plus lourdes responsabilités physiologiques.

Aider la jeune fille à se conserver pure et saine, la préparer à son rôle de mère et d'épouse, tel est le but que se propose le Comité d'éducation féminine.

Le Comité d'éducation féminine, subventionné par le ministère de l'Hygiène, se met à la disposition des œuvres scolaires et post-scolaires, des associations féminines, syndicats professionnels, patronages, foyers sociaux, etc., pour leur fournir des conférencières, des brochures éducatives, leur indiquer des livres d'enseignement. […]

La présidente :
Dr MONTREUIL-STRAUSS
75, rue de l'Assomption PARIS-XVIe

La secrétaire générale
Dr HARTMANN-COCHE
6, rue d'Astorg PARIS-VIIIe

Face à ces initiatives laïques, les catholiques réagissent. L'abbé Viollet défend une éducation pour les jeunes des deux sexes qui éviterait toutefois les descriptions physiologiques. De son côté, l'École des parents, fondée en 1929, estime que cette éducation doit se faire dans le cadre familial. Malgré de nombreuses publications qui leur proposent une aide dans cet effort nouveau de dialogue avec l'enfant, beaucoup de parents restent muets et délèguent de fait cette instruction à un professeur, un médecin ou un prêtre. En réalité, l'éducation se fait « sur le tas » ou bien demeure inexistante.

1.3 L'expérience précoce de la violence masculine

Honte, déshonneur de perdre sa virginité, peur : les jeunes filles qui subissent des violences sexuelles, le plus souvent, se taisent. Salariées agricoles, servantes, souvent dépourvues de soutien familial : telles sont les principales victimes de viol, selon les sources judiciaires[8]. On imagine le violeur célibataire, vagabond, pourtant, dans un cas sur deux, il s'agit d'un homme marié. Il est souvent un familier, parfois un parent. Le viol par inceste n'est pas rare, il est souvent répété. Les viols collectifs souvent commis par de jeunes hommes à la sortie d'un bal ou d'une fête sont jugés avec une grande mansuétude. Si certains hommes estiment légitime d'imposer un rapport sexuel (en vertu de leur autorité paternelle par exemple), la plupart savent qu'ils commettent un acte répréhensible mais comptent sur l'impunité que procure la rareté des plaintes. En effet, le recours à la justice ne va pas de soi. Il arrive encore dans les campagnes que la famille de la victime négocie avec le violeur une réparation financière en demandant au maire ou au curé une médiation. L'anonymat des dénonciations et le nombre important de retraits de plaintes montrent la difficulté d'assumer jusqu'au bout une démarche difficile, surtout quand le violeur appartient à un rang social supérieur. Par découragement, par crainte d'un non-lieu ou de représailles, beaucoup de victimes renoncent à porter plainte. Enfin, et ce dès les premiers interrogatoires et les expertises médicales, la parole de la victime est *a priori* suspecte. Lorsque les preuves de la violence ne sont pas suffisamment éclatantes, la victime est facilement transformée en coupable, accusée de masquer son consentement et son immoralité, ou de régler un conflit personnel avec l'homme dénoncé. Le viol, dans le miroir de la justice, apparaît comme un crime de pauvres, commis sur des pauvres. La bourgeoisie protège-t-elle mieux ses filles? N'est-ce pas plutôt son honneur qu'elle préserve par des secrets mieux gardés? La criminalité sexuelle des classes dominantes est en tout cas sous-représentée dans les archives judiciaires. D'une manière générale, la répression du viol est rare, sauf lorsqu'il est commis sur un(e) enfant[9].

8 Anne-Marie Sohn, « Les attentats à la pudeur sur des fillettes et la sexualité quotidienne en France (1870-1939) », *Mentalités*, n° 3, 1989, p. 71-112.

9 Laurent Ferron, *La Répression pénale des violences sexuelles. L'exemple du ressort de la Cour d'appel d'Angers au XXe siècle*, thèse, Université d'Angers, 2000.

1.4 Celles qui ne se marieront pas

Entre les deux guerres, une femme sur dix est célibataire. La crainte de ne pas trouver un époux est généralement vive. Rester célibataire est une anomalie à la campagne où le travail repose sur un partage des tâches dans la famille. C'est aussi subir la méfiance (« Vieux garçon, vieux cochon »), ou le mépris (« Vieille fille, vieille guenille »). Éviter de « coiffer sainte Catherine » (et de porter le petit bonnet prévu à cet effet) est donc un souci largement partagé, car à partir de 25 ans il devient effectivement difficile de se marier. Des jeunes filles inquiètes prient sainte Catherine, leur patronne, et participent à des pèlerinages le jour de sa fête, le 25 novembre[10]. D'anciennes superstitions (porter l'épingle d'une mariée ou placer sur son cœur une feuille de lierre) se mêlent aux rites catholiques. La crainte de ne pas se marier est-elle plus forte qu'avant? On peut le supposer, en raison de l'importance du débat de l'entre-deux-guerres sur les femmes aimablement appelées « surnuméraires ». Les malheureuses n'ont pas choisi leur situation; il y a moins d'hommes à marier. Les jeunes filles issues de familles « déclassées », sans dot ou trop faiblement dotées peuvent également craindre le célibat définitif.

Faire contre mauvaise fortune bon cœur? Il est difficile d'affronter les préjugés très durs à l'encontre des « vieilles filles », dans une société qui glorifie la maternité pour des raisons natalistes. « Le célibat n'est pas une aspiration de la nature », écrit en 1933 l'antimoderne abbé Grimaud dans un ouvrage au titre révélateur, *Les Non-mariées*, qui crée une identité par défaut. « Madame ou mademoiselle? » Question décisive. La journaliste Louise Weiss rapporte que lorsqu'elle se marie en 1934, du jour au lendemain, sa « situation sociale s'adoucit. La société de l'époque ne tolérait pas les femmes seules[11] ». Il y a bien des tentatives pour réhabiliter ces mal aimées[12]. On encourage chez elles les vocations de l'apostolat laïc. Mais si la célibataire peut éviter la solitude en cultivant l'amitié et l'altruisme, elle n'a pas droit à l'amour. Enfin, le célibat vaut toujours mieux qu'une mésalliance. Les parents en sont bien convaincus quand ils tiennent à leur rang social, et les filles paraissent plus exigeantes dans leur choix. Naturellement, il est des femmes qui refusent le mariage : celles qui ont une vocation religieuse et celles qui désirent mener une vie indépendante. La célibataire, à partir de 21 ans, est en effet une femme majeure (contrairement à la femme mariée). Le célibat peut être un choix de vie féministe : Madeleine Pelletier en a fait l'apologie, le libertinage, l'union libre et le mariage ne représentant à ses yeux que des degrés différents d'esclavage sexuel, l'état de virginité étant le seul garant d'une véritable indépendance.

10 Martine Segalen, *Amours et mariages dans l'ancienne France*, Bibliothèque Berger-Levrault, 1981.

11 *Combats pour les femmes* (1946), rééd. Albin Michel, 1980, p. 16.

12 Lya Berger, *Le Vaste champ du célibat féminin*, Avignon, Aubanel aîné, 1936. Sur l'histoire du célibat, voir Arlette Farge et Christiane Klapisch-Zuber dir., *Madame ou Mademoiselle. Itinéraires de la solitude féminine*, Arthaud-Montalba, 1984.

1.5 Cupidon est endogame

Que le mariage consacre l'union d'un homme et d'une femme qui s'aiment est une conception relativement neuve. L'intérêt matériel a longtemps prédominé et reste une préoccupation importante. De cette union, les femmes attendent du bonheur. Rares sont celles qui échappent à ces fortes attentes sentimentales, car l'environnement culturel idéalise fortement le couple conjugal. Parents méfiants face aux emballements du cœur, mères compréhensives soucieuses d'éviter à leur fille ce qu'elles ont connu : on croise les deux attitudes. Le consentement des parents est en tout cas nécessaire pour les moins de 25 ans. Bien des moyens de pression existent, le refus de la dot, par exemple. La dépendance à l'égard des parents reste donc forte dans la paysannerie et dans la bourgeoisie. En ville, dans les milieux populaires, l'indépendance est plus grande, mais dans une certaine mesure seulement, car la loyauté familiale joue beaucoup et la cohabitation des jeunes couples avec les parents est fréquente.

Les élans du cœur doivent peu au hasard. L'homogamie est la règle. Certes elle procède désormais moins des exigences des parents que de facteurs plus subtils et souvent inconscients. L'homogamie est spatiale, car la mobilité géographique est faible en France. On se marie entre « pays ». L'exode rural des jeunes femmes qui vont chercher à la ville une vie meilleure traduit aussi l'espoir de trouver un citadin à leur goût. L'homogamie sociale s'organise selon des interdits explicites pour les classes supérieures, mais aussi en fonction des définitions du « bon mari » propres à chaque milieu social. Qu'il soit sobre et travailleur préoccupe particulièrement les femmes des classes populaires. Vue du côté masculin, l'épouse modèle est aussi « travailleuse », économe, courageuse, aimante et fidèle. Les petites annonces du *Chasseur français* révèlent les critères de sélection et d'élection dans la petite bourgeoisie provinciale. On y découvre l'importance de l'avoir (économies plus que profession exercée), des preuves d'honorabilité, de bonne moralité. Une annonceuse se doit d'être affectueuse, sérieuse, femme d'intérieur. La description physique est désormais valorisée pour les femmes comme pour les hommes[13]. On se marie « entre gens du même monde ». Dans la haute société, « le sentiment amoureux est rarement évoqué comme déterminant du choix » qui doit être rationnel[14]. Quitte à évoluer : entre les deux guerres, la noblesse accepte plus facilement le mariage de ses filles avec un bourgeois, c'est moins vrai des garçons qui perpétuent le précieux patronyme.

Toutes les confessions veillent au respect de l'homogamie religieuse. Pour les catholiques, un mariage mixte est particulièrement scandaleux : il réduit la cérémonie à une bénédiction nuptiale dans la sacristie, sans publications de bancs dans le cas d'un mariage avec un protestant et uniquement si l'évêque a accordé une dispense contre la promesse d'élever les enfants dans la religion

---

13 Marc Martin, « Images du mari et de la femme au XXe siècle : les annonces de mariage du *Chasseur français* », *Revue d'histoire moderne et contemporaine*, avril-juin 1980, p. 295-311.

14 Cyril Grange, *Les Gens du Bottin mondain (1903-1987) : y être, c'est en être*, Fayard, 1996, p. 143.

catholique, et pour l'épouse, de pratiquer librement son culte. En revanche, le mariage avec un « israélite » (terme employé alors) ou un musulman est formellement interdit par l'Église et les dispenses sont rares. C'est cet interdit religieux qui vient au premier rang des mésalliances pour la haute société.

L'hygiène du mariage apporte un point de vue « scientifique » sur le choix des conjoints. La fin de la croissance se situe pour la jeune fille à 25 ans. À 30 ans, l'accouchement pour une primipare peut présenter des difficultés. L'âge légal du mariage est de 16 ans (18 ans pour les garçons). Il n'y a pas d'examen prénuptial et l'on néglige trop, aux dires des médecins, les incompatibilités physiques entre époux et les maladies, chroniques, héréditaires ou non dont ils peuvent être atteints. La différence d'âge est la règle et l'homme se marie plus tard que la femme. Il doit déjà avoir une situation professionnelle bien établie. Dans la haute société, les filles se marient entre 20 et 24 ans.

Les protocoles de fiançailles sont variés : un certain flou existe sur leur durée, qui va de deux mois à un an. La déclaration officielle donne toujours l'initiative au garçon qui se rend dans la famille de sa future fiancée pour demander sa main à son père. Une bague de fiançailles et l'envoi de fleurs marquent l'événement, ainsi qu'un repas des deux familles, parfois une messe. Les fiancées doivent rester chastes, mais la littérature dépeint des jeunes filles averties par leurs lectures ou des discussions avec des femmes plus âgées et aux sens éveillés par le flirt : on les appelle (en reprenant le titre d'un roman de Marcel Prévost) les « demi-vierges ». La vigilance règne dans les milieux catholiques pratiquants. Des jeunes, inquiets, se demandent ainsi si le baiser sur la bouche est autorisé aux fiancés. Les jeunes filles doivent arriver vierges au mariage (leur fiancé aussi, mais leur initiation avec des filles de petite vertu est largement tolérée). Les milieux les plus progressistes voient également d'un mauvais œil celles qui prennent un acompte sur les joies du mariage. Ils estiment qu'apprendre à discipliner ses appétits sexuels est un gage de bonheur durable. Cette morale laïque préconise notamment les pratiques sportives pour aider les jeunes filles à écouler leur trop-plein d'énergie. Les mères se refusent à parler de la nuit de noces. Leurs pleurs au moment du mariage peuvent être interprétés comme un sombre présage.

2 LE MARIAGE

2.1 « Le plus beau jour de la vie d'une femme »

Le jour du mariage est considéré comme le plus beau jour de la vie d'une femme. Une photographie de noces, rituelle depuis la fin du XIXe siècle, l'immortalise. La date a sans doute été choisie par les parents de la jeune fille. La période entre le 8e et le 15e jour après les règles est recommandée. On ne lésine pas sur la dépense pour organiser une fête mémorable : des tablées de centaines de personnes en Bretagne, une assistance nombreuse dans la haute société, entre 50 et 100 personnes pour les noces ordinaires. Depuis peu, le blanc s'est généralisé pour la robe de la mariée. Il est l'indice de sa pureté. À travers une grande diversité régionale, des traditions anciennes se perpétuent dans le monde rural. En plus de la cérémonie religieuse, bien plus importante que le mariage civil, toute la communauté et notamment le groupe d'âge des mariés, s'implique dans une fête d'autant plus appréciée qu'elle interrompt le rythme des « travaux et des jours ». L'épouse passe de la maison de son père à celle de son mari (« maison » ayant un sens plus large que « famille »). Une riche symbolique permet à la communauté de participer à l'entrée du couple dans la vie sexuelle licite (cette absence d'intimité permet de vérifier la virginité de l'épouse et la virilité de l'époux); d'exprimer des vœux de fécondité de l'union, et aussi de conjecturer sur le rapport de forces au sein du couple : qui portera la culotte? Que l'époux se rassure, s'il passe facilement l'alliance jusqu'à la base du doigt de sa femme, son autorité sera respectée. En ville, le mariage est moins communautaire, plus indépendant de la parenté, plus privé. Les rites nuptiaux sont appauvris, plus sobres. On y pratique encore le vol de la jarretière, dont les rubans sont mis aux enchères. Seuls les milieux aisés peuvent s'autoriser une grande fête, qui se termine par un voyage de noces.

2.2 La sexualité conjugale

La « nuit de noces » est souvent angoissante pour la jeune vierge et délicate pour son partenaire, entre peur, imprégnation alcoolique et violence. L'époux seul est censé avoir un rôle actif. Les avis des médecins sont contradictoires : certains engagent l'homme à forcer rapidement leur partenaire, d'autres recommandent au contraire douceur, compréhension et patience. La littérature romanesque présente depuis le XIXe siècle ce premier contact sexuel comme un « viol » légal. Ceci est sans doute encore vrai entre les deux guerres. Comment s'étonner dès lors de la fréquence de la frigidité féminine? Elle est considérée comme normale, et l'on juge qu'elle sied aux épouses convenables. Qu'il soit un fardeau ou un plaisir, le coït est pour l'épouse un « devoir conjugal ». Mais dans quelles limites? Les catholiques les plus pratiquant(e)s s'interrogent : les lettres envoyées à l'abbé Viollet, animateur de l'Association du mariage chrétien, constituent une source exceptionnelle pour comprendre leurs cas de conscience et connaître leurs pratiques sexuelles[15]. Si la finalité de l'acte sexuel est la reproduction, les rapports inféconds constituent-ils un péché? « La réponse des théologiens moralistes est pourtant formelle et rassurante : dès lors que les époux n'agissent pas pour les rendre inféconds, les rapports conjugaux sont légitimes[16] », le mariage ayant pour fin secondaire l'apaisement de la concupiscence. Mais les femmes plus que les hommes ont des scrupules et s'interrogent sur le degré de « privautés » admis. En effet, la « fraude » (dans le langage populaire) ou l'onanisme (dans celui de l'Église) commence dès lors que la « semence » est répandue hors du « vase féminin ». Les époux sont appelés à avoir plus de respect pour leur femme et à refreiner leurs ardeurs. Certaines épouses souffrent de

15 Martine Sévegrand, *L'Amour en toutes lettres. Questions à l'abbé Viollet sur la sexualité (1924-1943)*, Albin Michel, 1996.

16 *Id.*, p. 74.

s'imposer la continence; d'autres se demandent si jouir est un péché; mais pour un très grand nombre, elles disent leur dégoût pour l'acte sexuel et l'extrême fatigue des grossesses répétées. L'abbé Viollet leur répond que l'acte est voulu par Dieu et que l'accomplissement de ce devoir est un gage de bonne entente conjugale. Les médecins qui s'intéressent à « l'hygiène du mariage » balaient ce sentiment de culpabilité et introduisent d'autres normes. La doctoresse Houdré, par exemple, estime qu'un rythme de 1 à 3 coïts par semaine est raisonnable.

2.3 La dépendance de l'épouse : statut légal et réalité sociale

Le mariage est fondateur d'identité pour les femmes, beaucoup plus que pour les hommes, comme le montre l'adoption du nom de l'époux qui n'est pourtant pas exigée par la loi. Il crée aussi des contraintes spécifiques : le code Napoléon (1804) en vigueur prive la femme mariée de sa capacité juridique, elle devient mineure et dépendante de son époux à qui elle doit l'obéissance. Aucun acte, aucune vente, aucun emprunt, aucun don ne peut être fait sans sa permission tacite et parfois écrite. L'épouse ne peut ester en jugement. Lorsque le couple n'a pas fixé devant notaire son régime matrimonial, celui qui s'applique automatiquement est celui de la communauté. Le mari est alors administrateur des biens communs, sans que sa femme ait voix au chapitre. Il peut partir brusquement, avec l'argent commun, laissant sa femme sans le sou. La femme abandonnée se trouve en tort : elle quitte le « domicile conjugal » si elle ne suit pas son époux. Inégalité successorale enfin : le mari peut par testament destituer sa femme de la tutelle des enfants mineurs. Pour obtenir un passeport, l'autorisation est nécessaire. Chose impossible si le mari est absent ou parti à l'étranger. Le droit de contrôle du mari s'étend à la correspondance de sa femme ou à ses fréquentations. Les féministes combattent ce code inégalitaire. En 1907, elles obtiennent la libre disposition par l'épouse de son salaire, à l'exception de sa contribution aux charges du ménage. La guerre de 1914-1918 qui prouve la capacité des femmes à agir en « chefs de famille », contre toute attente, n'accélère pas la réforme du code civil. En 1927, la femme mariée peut conserver sa propre nationalité. En 1938, une réforme plus importante l'émancipe partiellement : elle peut jouir désormais de sa pleine capacité en droit, mais le mari reste le « chef de famille », choisit la résidence du ménage, peut toujours s'opposer à l'exercice d'une profession par son épouse... Il détient seul l'autorité parentale.

Le code civil impose une loi patriarcale dans les classes possédantes; mais que représente-t-il pour la masse des femmes? Il est, semble-t-il, largement ignoré et contourné. Les femmes se croient les égales de leur conjoint. Elles travaillent sans leur autorisation, qui est très rarement demandée par l'employeur. Elles jouissent de leurs revenus et gèrent les biens de la communauté. La notion de chef de famille est largement récusée, tout comme l'obligation d'entretien incombant au mari. Le code pénal ne semble pas influencer les comportements, par exemple l'adultère n'est pas perçu comme un délit. On peut parler d'une indifférence populaire au discours des élites; particulièrement marquée dans les milieux qui connaissent la misère et que l'on évalue à 10 % de la population.

Affiche de la Ligue d'action féminine pour l'obtention immédiate du suffrage (1927) (BMD)

Les féministes dénoncent, ici avec humour, le code civil de 1804. Elles obtiendront sa réforme partielle en 1938.

Mais la tradition suffit — pour qui ignorerait le code civil — à conforter chez certains maris la légitimité de leur autorité sur l'épouse, d'autant plus dépendante qu'elle est ménagère, ouvrière à domicile ou commerçante. Ils se donnent ainsi le droit de la corriger : par les coups, ils rappellent « qui est le maître ». L'écart d'âge fréquent insinue un rapport de domination « paternel ». La brutalité peut cependant être dénoncée par le voisinage; elle est une cause fréquente de divorce. Les tyrans domestiques et les jaloux violents jusqu'au crime appartiennent à tous les milieux. Même si l'imaginaire social donne une grande place au paysan qui exploite sans vergogne son épouse ou à l'ouvrier ivre qui bat sa femme les jours de paye. Ces violences quotidiennes créent une domination finalement plus grave que les contraintes du code civil. La soumission féminine, dictée par la peur et le manque de recours, est la plus fréquente. Les épouses qui « portent la culotte » sont les exceptions qui confirment la règle.

3 LA MATERNITÉ

3.1 Donner la vie

Pour la plupart des femmes, la grossesse n'est pas une période spécifique. Phénomène « naturel », elle ne nécessite pas un suivi médical[17]. Les malaises et

17 Françoise Thébaud, *Quand nos grands-mères donnaient la vie. La maternité en France dans l'entre-deux-guerres*, Lyon, PUL, 1986.

les nausées ne sauraient justifier un arrêt de travail, ni la prise d'un médicament. Dans l'attente de l'« heureux événement », l'anxiété n'est pas absente : l'épreuve sera sans nul doute douloureuse. La vision doloriste de l'accouchement est profondément ancrée non seulement dans l'esprit des parturientes, mais aussi chez les médecins et les sages-femmes qui voient la souffrance comme normale et inévitable. L'analgésie et l'anesthésie sont donc exceptionnelles et les accoucheurs cherchent surtout à assurer la sécurité de la mère et de l'enfant. La peur de mourir en donnant la vie semble moins présente. La mortalité maternelle régresse fortement grâce à la diminution des infections puerpérales et à la prévention. Cependant les médecins, quand ils ont à choisir entre la vie de la mère et celle du futur enfant, sacrifient encore souvent la mère. Il n'est pas d'avortement thérapeutique possible pour les tuberculeuses, dont la maladie s'aggrave pourtant avec la maternité.

La médicalisation progresse rapidement entre les deux guerres, bousculant les coutumes et les habitudes de pudeur et de négligence. Les citadines et les femmes aisées sont les premières à en bénéficier. Les maternités hospitalières sont plus nombreuses. La maison d'accouchement Baudelocque, à Paris, devenue maternité au tournant du siècle, sert de modèle. Elle est dirigée par le professeur Adolphe Pinard qui y expérimente l'obstétrique moderne et développe l'enseignement et la recherche. Les maternités imposent des règles d'hygiène, de discipline, la dépersonnalisation, l'anonymat, la solitude (le droit de visite est limité). À Paris, c'est en 1927 que les naissances en maternité franchissent le cap des 50 %. Les sages-femmes, malgré leurs associations de défense professionnelle, subissent une rude concurrence avec le développement du milieu hospitalier et d'autres professions féminines : infirmières et assistantes sociales.

À la campagne au contraire perdure l'accouchement à domicile. L'intervention d'une sage-femme n'est pas systématique. Les « bonnes dames » officient, fortes de leur expérience de mères de famille nombreuse ou des informations reçues en ville auprès d'une sage-femme[18]. Si l'accouchement en milieu rural est moins hygiénique, il est psychologiquement plus facile à vivre dans un environnement familier et féminin. Comme à la ville, les hommes n'y assistent pas, soit qu'ils ne le souhaitent pas, soit que cela paraît tout simplement impensable. Rarissimes sont les pères partageant cette expérience et s'occupant des tout-petits, tâche exclusivement féminine.

3.2 Une acculturation des mères?

Les mères ont davantage de chances d'accoucher d'un enfant vivant et de voir grandir leur nouveau-né. La mortalité infantile baisse de moitié entre 1901 (142 ‰) et 1938 (66 ‰). De fortes pressions médicales s'exercent sur les mères pour qu'elles allaitent : le sein, paré de toutes les vertus (méthode naturelle,

18 Giordana Charuti, Claudine Favre-Vassas, Agnès Fine, *Gestes d'amont. Les femmes du pays de Sault racontent le travail*, Villelongue d'Aude, Atelier du Gué, 1980, p. 30 et suiv.

meilleure pour l'enfant, gratifiante pour la mère) est donné pendant une longue période, jusqu'à deux ans parfois. Une prime d'allaitement a même été créée, mais elle est trop dérisoire pour avoir un effet quelconque. Malgré l'intense propagande en faveur de l'allaitement maternel qui réduit effectivement la mortalité infantile[19], le biberon s'impose. Le lait, vanté par la publicité, est de mieux en mieux commercialisé et facilite la vie des nombreuses femmes au travail qui délèguent la surveillance et l'alimentation du nourrisson à leur entourage ou à une nourrice. Les contraintes de l'allaitement et ses conséquences parfois douloureuses ou inesthétiques semblent moins bien supportées. On constate donc une résistance silencieuse aux injonctions des élites qui n'hésitent pas à accuser d'infanticide les mères qui refusent de donner le sein.

Les difficultés matérielles et l'influence des médecins et des moralistes peuvent favoriser un rapprochement de la mère et de l'enfant. La coûteuse mise en nourrice se fait rare (20 % des petits Parisiens dans les années 1920, 10 % après 1935), et elle est plus culpabilisante qu'autrefois. Les salariées préfèrent confier leur nourrisson en journée à une voisine, à leur mère ou à la fille aînée. Les soins dispensés aux bébés s'inspirent encore des conseils prodigués par l'entourage féminin, mais aussi de plus en plus dans les maternités et les consultations de nourrissons. Contre les traditions, le vent de la modernisation pousse les mères à se transformer en puéricultrices, mais l'acculturation s'effectue à des rythmes différents selon les régions et les milieux sociaux. La connaissance des règles d'hygiène alimentaire est très inégale : il faut apprendre à utiliser du lait stérilisé, à faire bouillir le biberon, et adapter l'alimentation à l'âge, mais — pour ne donner qu'un exemple qui attire particulièrement l'attention — on continue parfois à donner de l'eau de vie, du cidre ou du café aux bébés.

Autre bataille d'importance, la propreté. Les enfants de l'entre-deux-guerres sont dans l'ensemble bien habillés. Les mères sont de plus en plus fières d'avoir des enfants « bien tenus ». Mais sous le maillot des nourrissons et sous la robe des jeunes enfants, la crasse s'accumule. Il est difficile de faire reculer les habitudes populaires. Ainsi, le conseil des médecins de changer les langes à chaque tétée n'est pas suivi. On n'ose pas laver les bébés de peur de les enrhumer. La crasse, pense-t-on, préserve la santé; la vermine et les poux aussi. Les enfants sont à l'image des adultes qui ne se lavent que les mains, le visage et parfois les pieds. L'école et les progrès de l'alimentation en eau potable permettent des changements, plus longs à venir à la campagne. Les assistantes sociales ont pour mission d'aider les mères à soigner leurs enfants. Elles leur apprennent à analyser les symptômes, à donner les premiers soins, à savoir quand consulter un médecin. Les dispensaires et le remboursement des frais médicaux par les assurances sociales améliorent la santé des enfants. L'acculturation maternelle est bien en cours, à des vitesses notoirement différentes en ville et à la campagne. Mais le changement est parfois mal vécu. L'intervention extérieure empiète sur

19 Catherine Rollet-Echalier, *La Politique à l'égard de la petite enfance sous la IIIe République*, PUF/INED Cahier n° 127, 1990.

le libre arbitre des mères et peut se faire coercitive : la menace de la déchéance parentale plane sur celles et ceux qui ont des revenus insuffisants[20].

Les mères ont une responsabilité écrasante lorsque leurs enfants ont moins de 2 ans et la charge reste lourde jusqu'à 7 ans, l'école maternelle, faute de place, n'accueillant qu'un enfant sur 7. Le temps consacré aux enfants (entre 1 heure et 2 heures par jour) est en augmentation, ne serait-ce que grâce à l'allégement du temps de travail. Avec plusieurs enfants en bas âge, les mères sont donc souvent contraintes d'arrêter leur activité salariée, sauf si elles travaillent à la campagne ou à domicile. Les plus pauvres décident parfois de les placer dans leur famille, dans des institutions de bienfaisance ou à l'Assistance publique. Les pères se mêlent peu de l'éducation des enfants, rôle réservé aux femmes. Après un divorce, les mères ont la garde dans 80 % des cas, car les juges les estiment « mieux qualifiées » que les pères pour bien élever les enfants : leur réaction contredit le Code qui confie au père seul la puissance parentale. L'amour maternel (mais aussi paternel) s'exprime avec moins de réserve qu'avant.

3.3 La France malthusienne

Entre les deux guerres, les familles nombreuses sont de plus en plus rares, la naissance du premier enfant se fait plus tardive. Paris donne le ton à la France malthusienne. Le contrôle des naissances est assez efficace. Le moyen le plus courant est le coït interrompu : le retrait masculin fait évidemment peser la réussite de la contraception sur l'homme et indique dans la plupart des cas que la décision de ne pas avoir d'enfants est prise par les deux partenaires. Le préservatif (seul contraceptif autorisé parce qu'il limite les maladies vénériennes) est assez cher, difficile à trouver et finalement peu utilisé. Rares sont les femmes se faisant des injections ou utilisant des éponges spermicides et des pessaires. L'abstinence périodique préconisée par la méthode Ogino s'est popularisée dans les années 1931-1934. Les autorités catholiques ne l'ont pas franchement condamnée, car elle respecte le cycle naturel de la femme. Mais elle révèle tout au plus l'intention de contrôler les naissances, car la méthode est peu fiable.

L'avortement est largement pratiqué en dépit de ses risques[21]. Celles qui par malchance se retrouvent face à la Justice expliquent souvent qu'elles avaient déjà trop d'enfants, que leurs grossesses étaient trop rapprochées, ou qu'elles étaient dans l'impossibilité matérielle d'élever un enfant de plus. C'est une affaire de femmes qui se « débrouillent », avec l'aide d'amies ou de connaissances qui leur indiquent les moyens de les « débarrasser ». La décision est prise rapidement, souvent dès le constat du retard de règles, rarement après le 3e mois. Les moyens utilisés sont variés, certains sont inefficaces (les bains, les cataplasmes ou les breuvages aux plantes) et dangereux (coups pour décrocher le fœtus). Dans un cas sur quatre, il s'agit d'un auto-avortement pratiqué avec canule ou avec

20 Anne-Marie Sohn, *Chrysalides..., op. cit.*, p. 336.

21 Ce passage s'appuie sur l'enquête réalisée par Anne-Marie Sohn à partir des sources judiciaires concernant les procès pour avortement (*Chrysalides..., op. cit.*, p. 828-908).

n'importe quelle tige rigide. Les avortées, peu sujettes à la culpabilité, doivent en revanche affronter la douleur physique, les déchirures, les hémorragies, les infections. Le recours à des « professionnel(le)s » est majoritaire : sages-femmes, médecins, infirmières agissent parfois dans un esprit malthusien militant (modulation du prix, voire gratuité de l'acte), parfois par appât du gain (il existe des arnaques exploitant la détresse et l'urgence). « La peur du gendarme n'a aucun effet dissuasif. La loi est soit inconnue, soit récusée[22]. » Parfois, le gendarme arrive, à la suite d'une dénonciation, souvent anonyme, qui peut avoir pour cause la vengeance du voisinage, un règlement de compte familial ou l'hostilité morale à l'avortement. L'augmentation des procès ne prouve pas une augmentation effective des avortements, mais permet de mesurer le durcissement de la répression. Les estimations de l'époque sont sujettes à caution, car elles servent à dénoncer l'avortement comme un « fléau social » : on parle ainsi de 500 000 à 1 million d'avortements annuels avant la guerre de 1914 et en 1938, l'Alliance nationale contre la dépopulation dénonce le « massacre » de « 400 000 petits Français qu'on tue chaque année ». Les évaluations récentes proposent des chiffres bien inférieurs : 60 000 en 1914, et pour l'entre-deux-guerres environ 120 000[23].

La limitation des naissances traduit la volonté de s'enrichir pour les uns, d'éviter la paupérisation pour les autres. Le malthusianisme est surtout lié aux difficultés matérielles éprouvées par le plus grand nombre. À l'heure où il se généralise dans les pays occidentaux, il cesse d'être une exception française. Des îlots géographiques ou sociaux de forte fécondité subsistent cependant. L'Alsace-Lorraine et le Nord-Est se distinguent. La ferveur catholique est incitative comme le vérifie une enquête de 1924 : la descendance finale des couples qui comptent au moins un enfant rentré en religion est comprise entre 6,6 et 6,9 enfants[24]. Dans la haute société, la transmission du patrimoine implique des familles nombreuses : 4,2 en 1936 quand la moyenne nationale est de 2,05. La noblesse a-t-elle anticipé le baby boom[25] ?

4 LA MÉNAGÈRE « ANGE DU FOYER »

L'entre-deux-guerres vante une nouvelle image de la ménagère. Elle est, de préférence, une femme qui se consacre entièrement à son foyer, de préférence, une mère attentive à l'éducation, au bonheur, à la réussite de ses enfants; une épouse, on l'a vu, qui doit contribuer à l'épanouissement du couple. Dans un

22 Anne-Marie Sohn, *Chrysalides…*, *op. cit*, p. 887.

23 *Id.*, p. 906-907.

24 Cité par Philippe Ariès, *Histoire des populations françaises et de leurs attitudes devant la vie depuis le* XVIIIe *siècle*, Points Le Seuil, 1979, p. 318.

25 Hypothèse proposée par Cyril Grange, *Les Gens du Bottin mondain…*, *op. cit.*, Fayard, 1996.

premier temps, ce modèle est bourgeois. Ses origines remontent au XIXe siècle, mais deux raisons ont pu le renforcer : il tente sans doute de briser l'émancipation des jeunes bourgeoises qui prennent le goût de l'étude, du travail et parfois de la contestation féministe; il prend acte également de la « crise de la domesticité[26] ». Le nombre de bonnes logées à domicile passe de 688 000 en 1906 à 422 000 en 1936. Cette diminution n'est pas compensée par l'augmentation du nombre de femmes de ménage (96 000 en 1906, 153 000 en 1936) qui effectuent de toute façon un travail différent. Berthe Bernage assure qu'une femme du monde peut désormais faire la cuisine, les provisions et une partie du ménage sans déchoir. L'oisiveté qui caractérise l'image des femmes de la haute société ne correspond pas toujours à la réalité. Ainsi une étude montre-t-elle les bourgeoises du Nord fort occupées par des maternités nombreuses, la surveillance de leurs domestiques, les achats et les comptes pour tenir son rang et être à la mode, sans oublier les œuvres charitables[27]. Mais elles sont des « maîtresses de maison » plus que des « ménagères ».

Le travail domestique apparaît sous un jour plus flatteur : dans les années 1920 naissent des revues spécialisées dans les arts ménagers[28]. Paulette Bernège, qui se fait l'avocate de la taylorisation (organisation scientifique du travail) domestique, présente la ménagère comme une véritable « professionnelle[29] ». Les jeunes filles des classes moyennes et supérieures reçoivent dans les lycées un enseignement ménager. Des cours sont également destinés à celles des classes populaires. Les magazines féminins, les manuels hygiénistes, les assistantes sociales diffusent largement de nouvelles normes draconiennes pour les ménagères. Mais « on voit mal comment une femme mariée pourrait ne pas y consacrer sa journée entière, surtout en y ajoutant l'éducation des enfants. En fait, il s'agit d'un idéal inconnu pour la plupart, totalement inapplicable pour les nombreuses Françaises qui travaillent et inaccessible financièrement en ce qui concerne le ménage scientifique[30] ». Ainsi le réfrigérateur, qui évite le ravitaillement quotidien, coûte 7 000 francs quand le salaire annuel d'une domestique est de 4 500 francs[31]. La croisade antimicrobienne des hygiénistes porte-t-elle ses fruits ? Il est difficile de répondre tant les situations sont variées d'une région à l'autre. Il semble que l'on change de linge de corps une fois par semaine et de draps une fois par mois. À la campagne, la « grande lessive » annuelle mobilise les femmes pendant plusieurs jours. En ville, faute de place, la lessive est plus

26 Anne Martin-Fugier, *La Place des bonnes*, Grasset, 1979; Geneviève Fraisse, *Femmes toutes mains. Essai sur le service domestique*, Le Seuil, 1979.

27 Bonnie Smith, *Les Bourgeoises du Nord*, Perrin, 1981.

28 Françoise Werner, « Du ménage à l'art ménager : l'évolution du travail ménager et son écho dans la presse féminine de 1919 à 1939 », *Le Mouvement social*, n° 129, oct.-déc. 1984, p. 61-87.

29 Martine Martin, « Ménagère : une profession ? Les dilemmes de l'entre-deux-guerres », *Le Mouvement social*, n° 140, juill.-sept. 1987, p. 89-106.

30 Anne-Marie Sohn, *Chrysalides…*, *op. cit.*, p. 128.

31 *Id.*, p. 124.

régulière et plus facile, grâce à la lessiveuse qui permet de faire bouillir le linge. Le prix des produits détergents, eau de javel notamment, est abordable.

À la campagne ou à la ville, les tâches domestiques passent après le travail directement productif. Certaines sont déléguées aux enfants, surtout aux filles. La participation des hommes est variable, mais partout réduite : il est des tâches perçues comme dévirilisantes, comme l'entretien du linge. Mais on peut voir dans le Nord des ouvriers faire les courses et cuisiner. La pénibilité n'influence pas dans la répartition sexuelle : ce sont les femmes qui portent les lourds seaux d'eau remplis à la fontaine ou les sacs de bois et de charbon. La préparation des repas dont la qualité fait « l'honneur de la ménagère » a une importance particulière et vient au premier rang des attentes du mari et des causes de disputes. C'est une tâche bien pesante à la campagne où sont préparés 4 à 5 repas par jour faits de soupes, bouillies, crêpes, ragoûts. Très ritualisée dans certaines régions où les femmes servent les hommes et mangent debout. Mais le travail domestique des campagnardes évolue, la part d'autoproduction diminuant pour le linge et l'alimentation.

Les citadines compriment le travail domestique : elles n'hésitent pas à acheter plus souvent des vêtements qu'elles n'ont pas le temps de raccommoder. Beaucoup d'ailleurs ne savent pas coudre. Certaines refusent nettement d'être la « servante » de leur époux — alors qu'à la campagne, c'est encore souvent le cas. Leur zèle domestique paraît lié à l'intensité de leurs sentiments et se réduit en cas de mésentente. Malgré les problèmes de logement, l'attachement à la maison est manifeste et se traduit par le souci de la meubler et de la décorer avec soin.

5 VIEILLIR

L'amélioration du niveau de vie, de l'hygiène, de l'alimentation, de la médecine change la perception de l'existence : la mortalité continue à décroître et l'espérance de vie augmente jusqu'à 54 ans pour les hommes, 59 ans pour les femmes à la fin des années 1920. Ce progrès n'enthousiasme pas les démographes qui s'alarment du vieillissement de la population : la proportion des plus de 60 ans dans la population passe de 12,8 % en 1911 à 16 % en 1946. France vieillissante, France décadente, peuplée de vieilles en noir : ce discours idéologique (nataliste et souvent misogyne) n'est pas étayé par les faits qui montrent une faible augmentation de l'espérance de vie à 60 ans : 15,07 % en 1920; 15,26 % en 1938 (stagnation à 13,5 pour les hommes)[32]. C'est en réalité la baisse de la mortalité infantile qui a fait augmenter l'espérance de vie. On admet alors que la vieillesse des femmes commence beaucoup plus tôt que celle des hommes : on est encore « vert » à 65 ou 70 ans; mais pour les femmes, le « retour d'âge »

32 Ce passage sur le vieillissement s'inspire de l'article d'Élise Feller, « Les femmes et le vieillissement dans la France du premier XXe siècle », *Clio*, n° 7, 1998, p. 199-222.

annonce le déclin dès 45-50 ans. La ménopause est considérée comme une « maladie » entraînant de graves troubles physiques et psychiques. L'emphase sociale sur la fécondité y est pour beaucoup : une femme devenue incapable de procréer est-elle encore une femme? Beaucoup la jugent virilisée, et ayant perdu tout attrait sexuel. Rares sont les médecins qui dédramatisent l'événement, expliquant qu'une femme saine ayant de bonnes habitudes alimentaires, physiques, morales n'a rien à craindre. Cependant, si des problèmes de santé surviennent, rien ne vient les soulager. Certaines femmes sont jugées vieilles bien avant cet événement biologique : les célibataires et les veuves.

L'âge paraît être un facteur d'exclusion accrue pour les femmes, plus nombreuses que les hommes à se retrancher du monde dans les maisons de retraite (si elles en ont les moyens). L'hospice pour les plus pauvres est répulsif : c'est un mouroir que les femmes semblent plus à même d'éviter que les hommes grâce aux services domestiques qu'elles peuvent rendre à leurs proches. Beaucoup de femmes survivent à leur époux (dans les années 1930, l'espérance de vie à 20 ans est de 48,6 années pour les femmes et de 43,6 années pour les hommes). Les convenances imposent des règles précises pour le deuil plus contraignantes pour la veuve que pour le veuf; elles s'accommodent mal d'une vie « active ». Le deuil dure deux ans. La première année, les sorties sont très restreintes et les plaisirs prohibés, jusqu'à la musique[33], explique Berthe Bernage, gardienne des traditions catholiques nationales. La symbolique des couleurs marque le temps qui passe : le « grand deuil » exige le noir absolu, le « deuil » et le « demi-deuil » autorisent le gris, le mauve et le noir et blanc. Légalement, une veuve ne peut se remarier qu'après 300 jours (pas de contrainte pour un veuf, mais les convenances fixent une durée de six mois). Beaucoup de veuves, surtout à la campagne, gardent en réalité le noir jusqu'à la fin de leurs jours. Leur présence est massive dans les églises : la mère de l'écrivain Marcel Jouhandeau, rentière à Guéret âgée de 71 ans en 1931 décrit bien la fonction consolatrice de la religion : « Que j'ai bien fait de retrouver le chemin de l'église ! Cela me fait vivre. On noue des connaissances et on se sent moins seule[34]. » La mort bien apprivoisée n'est pas toujours triste parce que la séparation n'est que temporaire : « il est avec le Bon Dieu qui l'a appelé, mais c'est nous qui irons le rejoindre à notre tour » (explique-t-elle à ses petits enfants qui se demandent quand ils reverront leur grand-père) et le souvenir rend moins pénible l'absence. Certaines veuves ne sont pas mécontentes d'être débarrassées d'un époux exigeant et apprécient de pouvoir vivre à leur propre rythme. Toutes découvrent une tranquillité qui n'est pas forcément synonyme d'ennui. À la campagne, l'observation des animaux, des plantes et des saisons est un spectacle passionnant pour qui sait l'observer et les travaux d'aiguille sont très appréciés. Sans parler des brodeuses expertes, le simple raccommodage des bas peut être agréable : « au moins je reste assise et je pense » écrit Marie Jouhandeau. Droit de rester

33 *Le Savoir-vivre...*, *op. cit.*, p. 326.

34 Citée par Françoise Cribier, « Vieillir à Guéret dans les années trente », *Pénélope*, n° 13, automne 1985, p. 78-80.

assise et liberté de penser seraient-ils les privilèges de la vieillesse? Certes ce témoignage est celui d'une femme qui sait avoir le « goût du bonheur » et il est bien sûr des vieilles femmes accablées de misère matérielle et physique qui perdent le goût de vivre.

Dans les cas les plus heureux, l'âge mûr est un facteur de libération. Les associations féminines en donnent un bel exemple, où les femmes âgées sont beaucoup plus nombreuses que les femmes d'âge intermédiaire qui ne disposent pas de temps libre, sauf dans les milieux les plus aisés. À la campagne, les « vieilles » ont un rôle social important — elles aident les accouchées, elles s'occupent des défunts — et elles peuvent enfin profiter de certaines libertés, comme celle de circuler ou de bavarder longuement. Les associations de veuves qui se créent pendant la guerre rassemblent beaucoup de femmes en réalité jeunes. Elles sont un remède à la solitude pour leurs adhérentes et servent évidemment à défendre leurs droits. La vieillesse provoque en tout cas une « recomposition de l'identité féminine », autour du rôle de grand-mère. Un rôle de plus en plus important, auprès des enfants dont les mères n'ont pas toujours la possibilité de s'occuper. Dans les milieux populaires, il s'agit d'un échange : leur travail gratuit facilite l'activité du couple et permet d'accepter le gîte et le couvert sans se sentir à charge. Les retraites dérisoires des femmes permettent en effet difficilement une vie autonome.

6 L'INTERVENTION DE L'ÉTAT

6.1 Du natalisme aux politiques familiales

L'idéologie nataliste conquiert entre les deux guerres une position dominante. Les milieux républicains et laïques étant déjà acquis à la cause, restait à convaincre l'opinion catholique. Or l'Église a toujours suspecté la fécondité luxuriante, indice d'une activité sexuelle sans doute excessive. Et par ailleurs, elle défendait la supériorité de l'état de chasteté. Mais les inquiétudes démographiques produisent une évolution importante. En 1918, l'abbé Jean Viollet crée l'Association du mariage chrétien pour préparer les jeunes catholiques au mariage et « rétablir les lois de la morale conjugale », puis, l'année suivante, la Confédération générale des familles. L'épiscopat français publie une lettre collective invitant à « combler les vides faits par la mort, si l'on veut que la France reste aux Français et qu'elle soit assez forte pour se défendre et prospérer[35] ». La fécondité est désormais valorisée et, en 1930, l'encyclique *Casti Conubii* qui condamne solennellement les pratiques anticonceptionnelles concrétise cette évolution[36]. Ce natalisme est également intimement lié à une

35 Martine Sévegrand, *L'Amour…, op. cit.*, p. 89.

36 Martine Sévegrand, *Les Enfants du bon Dieu. Les catholiques français et la procréation au XXe siècle*, Albin Michel, 1995.

campagne en faveur des « bonnes mœurs ». Paul Bureau développe dans *L'Indiscipline des mœurs* (1919) les thèses de la Ligue française pour le relèvement de la moralité publique : supprimer le célibat, le concubinage, l'égoïsme des jeunes mariés, et surtout le travail de la femme dans l'industrie et le commerce.

Mais le ralliement le plus étonnant à ces thèses est bien celui des féministes (à l'exception des plus radicales qui défendent la « libre maternité »). Elles partagent ce souci de la « survie de la race française » et stigmatisent, elles aussi, « l'égoïsme des célibataires ». La famille est à leurs yeux l'indispensable cellule de base de la société, le nombre des enfants atteste sa réussite. Puritanisme ? C'était l'opinion des militants révolutionnaires et anarchistes, hostiles au féminisme « bourgeois ». Leur puritanisme doit pourtant être nuancé puisqu'elles dénoncent la prostitution réglementée par l'État et contestent avec leur slogan « Une seule morale pour les deux sexes » l'hypocrisie d'une double morale dont les femmes sont les éternelles victimes. Ce sont les protestantes qui s'illustrent dans ce combat, y compris en France, où elles impriment leur marque au féminisme réformiste. Elles conjuguent leur foi et leur volonté d'émancipation des femmes à un engagement républicain et laïc sans failles. Il n'empêche que leur combat a l'allure d'une croisade morale, moins conservatrice que celle de catholiques qui rejoignent les associations féministes modérées dans les années 1920.

L'attitude de la majorité des féministes s'explique en partie par la force de l'idéologie dominante. Le discours nataliste a d'abord force scientifique, grâce à la démographie naissante, très liée au pouvoir politique. Autre vecteur du discours nataliste : le corps médical. Le professeur Pinard en devient le chantre et termine sa carrière au parlement. Enfin, le lobby nataliste s'appuie sur une puissante association, l'Alliance nationale pour l'accroissement de la population française, dirigée par Jacques Bertillon[37]. Fondée en 1896, reconnue d'utilité publique en 1913, elle exige une intervention de l'État : les femmes deviennent l'enjeu des politiques repopulatrices[38].

Les premières mesures relèvent d'initiatives privées. Dans l'Est et le Nord de la France, des patrons catholiques accordent à leurs employés prolifiques des sursalaires. Selon le vœu du directeur de la Samaritaine est créé en 1920 le prix Cognacq-Jay qui récompense les familles nombreuses. L'État hésite à s'engager financièrement. À noter, cependant, la création en juillet 1914 de l'impôt progressif sur le revenu qui comporte un dégrèvement pour les familles nombreuses. Même si le groupe parlementaire de la famille et de la natalité est fondé par Adolphe Landry dès 1911, la politique réclamée par les natalistes ne se

37 Françoise Thébaud, « Le mouvement nataliste dans la France de l'entre-deux-guerres : l'Alliance nationale pour l'accroissement de la population française », *Revue d'histoire moderne et contemporaine*, avril-juin 1985, p. 276-301.

38 Le rôle des hommes n'est cependant pas négligé, comme le montrent l'existence de la Ligue des pères de familles nombreuses, la revendication d'un vote familial pour le père prolifique, ou encore l'assimilation, fréquente chez les natalistes, du devoir paternel au devoir militaire.

met en place qu'après la guerre. La politique d'incitation à la natalité comporte deux volets : l'un est fondé sur l'incitation, l'autre sur la répression.

La pression nataliste obtient donc ses premiers résultats convaincants à l'issue de la guerre. La droite victorieuse aux élections prend une série de mesures inspirées des propositions du premier Congrès de la natalité organisé en 1919. Le 27 janvier 1920 est créé le Conseil supérieur de la natalité dirigé par Auguste Isaac, président de l'association La plus grande famille. Le Conseil (qui ne compte que deux femmes sur trente et un membres) s'engage à « rechercher toutes les mesures susceptibles de combattre la dépopulation, d'accroître la natalité, de développer la puériculture et de protéger et d'honorer les familles nombreuses ». Il dépend du tout nouveau ministère de l'Hygiène, de l'Assistance et de la Prévoyance sociale, appelé à jouer un grand rôle. Le 30 avril 1920, la décision est prise de créer des primes à la natalité versées par les départements et les communes, aidés par l'État, pour les familles de trois enfants et plus. Le 26 mai 1920 est instituée la médaille de la famille française (au moins cinq enfants légitimes) qui est toujours distribuée de nos jours. La loi du 22 juillet 1923 sur l'encouragement national aux familles nombreuses prévoit une allocation annuelle à partir du 4e enfant. La fête des mères est officiellement créée en 1926.

Inspirée des propositions des catholiques sociaux, la loi du 11 mars 1932 crée les allocations familiales, une mesure pionnière en Europe. Jusque-là, des allocations étaient versées par des caisses de compensation patronales et ne concernaient que la moitié des travailleurs. Le but avoué du projet de loi Poincaré est d'encourager la natalité et de favoriser le retour des femmes au foyer. La loi généralise les allocations au profit des salariés du commerce et de l'industrie et des personnes exerçant une profession libérale (elles sont étendues aux professions agricoles en 1936). Elles sont indépendantes du revenu et excluent les enfants illégitimes. L'encouragement à la natalité prend d'autres formes, telles que des propositions parlementaires en faveur de l'instauration d'un vote familial. Citons, entre autres, celle de l'abbé Lemire en 1920 pour donner deux voix à l'électeur marié, trois voix s'il est le père d'au moins 4 enfants. Ou encore, en 1923, celle d'Henry Roulleaux-Dugage qui associe le suffrage des femmes au vote familial exercé par le père. La crise des années 1930 exaspère les pressions des natalistes et des familialistes qui mènent une campagne sans précédent pour le retour des mères au foyer. Les associations catholiques sociales, en plein essor, glorifient la « sublime mission » maternelle.

À l'approche de la guerre, les préoccupations démographiques s'intensifient. En juillet 1939, le Code de la famille est adopté; il entre en vigueur le 1er janvier 1940. Il résulte des combats natalistes et familialistes et réalise une « union sacrée », comme le montre la déclaration des cardinaux français sur « le terrible danger de la dénatalité » (avril 1939). Il donne des primes à la première naissance, généralise les allocations familiales et accroît la politique répressive pour limiter l'avortement. Les associations féministes, sans le désapprouver totalement, signalent l'iniquité et le taux dérisoire de la prime à la première naissance. Elles déplorent également l'absence d'aide aux filles mères.

6.2 La protection de la maternité

Une politique de la natalité suppose une politique de la maternité, disent les féministes qui réclament pour les mères, non plus la charité, mais un véritable droit à l'assistance. Leurs vœux ne sont que très partiellement exaucés. La loi Strauss (1913) sur le repos des femmes en couches est un premier pas. Décisive également, l'assurance maternité, qui prend acte du fait que de nombreuses mères exercent une activité salariée. Elle est instituée dans le cadre de la loi sur les assurances sociales promulguée en 1928. Elle permet la prise en charge forfaitaire du remboursement des fournitures pharmaceutiques, des honoraires de la sage-femme ou du médecin accoucheur, du paiement partiel des frais de séjour à la maternité, au cours de la grossesse et des six mois suivant l'accouchement. Il existe une assurance spéciale pour les femmes au foyer. L'assurée perçoit pendant 12 semaines une indemnité journalière compensant la moitié de sa perte de salaire. Cette loi tardive par rapport aux pays voisins, mal appliquée est aussi sévèrement critiquée : on juge l'indemnité trop faible; la participation de l'assurée aux frais de l'accouchement paraît discutable; la mère non salariée et non mariée à un salarié est désavantagée. L'assurance maternité reste cependant « un grand pas en faveur de la protection de la maternité[39] ». Le Front populaire prolonge cette politique familiale en augmentant les allocations de maternité. Un sous-secrétariat à l'Enfance, confié à l'institutrice Suzanne Lacore, est créé. Cécile Brunschvicg, au ministère de l'Éducation nationale, organise les cantines scolaires.

La puériculture se développe entre les deux guerres. Une doctoresse féministe, Germaine Montreuil-Strauss, défend l'éducation maternelle au sein du Comité de prophylaxie sanitaire et morale. L'hygiène sociale devient une « science » popularisée par les femmes qui embrassent les nouvelles carrières sociales. Les efforts portent sur l'allaitement maternel, moyen de lutter contre la mortalité infantile, forte pendant la première année, à cause des gastro-entérites. « Le lait de la mère appartient à l'enfant » déclare Adolphe Pinard, dont la formule est reprise comme parole d'évangile. La loi du 24 octobre 1919 accorde aux mères qui bénéficient de la législation des femmes en couches une indemnité supplémentaire si elles allaitent leur enfant au sein pendant les 12 premiers mois. De leur côté, les féministes militent pour les chambres d'allaitement qui pourraient être « de vraies écoles populaires de puériculture contre les préjugés et l'ignorance » (*La Française*, 16 avril 1921). Des maisons maternelles sont créées par des institutions privées et des municipalités afin d'offrir un asile aux femmes avant, pendant et après leur accouchement, en leur donnant la possibilité d'accoucher anonymement, mais leur généralisation, défendue par des propositions parlementaires, n'aboutit pas.

Sur les « filles mères » pèse en effet une grande réprobation sociale. Pourtant, face à l'augmentation du nombre d'enfants naturels, la législation s'est assouplie en 1907 en autorisant la légitimation par mariage subséquent des enfants adulté-

39 Anne Cova, *Maternité et droits des femmes en France (XIXe-XXe siècles)*, Anthropos, 1997, p. 517.

rins. La loi de 1912 autorise la recherche en paternité selon une procédure minutieuse : les filles mères ne sont dès lors plus considérées comme les seules responsables de la conception de leurs enfants. Elle reste impossible en cas d'inconduite notoire de la mère pendant la période de conception et d'impossibilité physique pour le père prétendu d'être le père de l'enfant. Si la loi crée le statut d'enfant naturel reconnu, les mères célibataires subissent encore le déshonneur. Cependant, la tolérance grandit au moment même où leur nombre diminue. Même dans les milieux catholiques, par souci d'éviter le recours à l'avortement, s'élabore une vision moins réprobatrice. De leur côté, les féministes et la Ligue des droits de l'Homme demandent qu'il ne soit fait pour la maternité aucune distinction d'origine quant aux circonstances de la conception. La pression nataliste explique la création de maisons maternelles et d'institutions spécialisées, privées et publiques, qui assistent ces femmes, le plus souvent jeunes et pauvres.

6.3 La répression de la contraception et de l'avortement

Les mesures incitatrices de l'entre-deux-guerres sont accompagnées par un volet répressif. Le 31 juillet 1920, les députés, à une large majorité, adoptent une loi qui punit plus sévèrement l'avortement et interdit la propagande néo-malthusienne ainsi que la vente des moyens contraceptifs, à l'exception du préservatif, utile dans la lutte antivénérienne. Elle est modifiée en 1923 par une loi qui correctionnalise l'avortement pour que les peines soient appliquées plus systématiquement et plus uniformément, sans que soient prises en compte les circonstances atténuantes qui pourraient émouvoir un jury de cour d'assises. Le nombre de condamnations augmente alors considérablement. Les féministes réformistes approuvent ces mesures qu'elles demandaient depuis plusieurs années, mais demandent que l'on considère la « criminelle » également comme une « victime », victime de la réprobation morale qui frappe les filles mères et victime de la pauvreté qui pousse au « crime ». La prévention devrait, selon elles, être développée, et la responsabilité du partenaire masculin prise en compte.

En 1939, le Code de la famille accroît la répression de l'avortement en punissant de 5 à 10 ans de prison l'avorteur et de 6 mois à 2 ans de prison l'avortée. Les féministes ne contestent pas la sévérité de la répression, mais souhaitent que se développe une politique préventive. Elles déplorent surtout que le Code ait été élaboré sans elles. Leurs reproches pèsent cependant peu face à la satisfaction exprimée par des femmes catholiques (de l'Union féminine civique et sociale ou de la Ligue d'action catholique féminine) qui connaissent alors un succès croissant.

Le climat repopulateur qui marque la France depuis la fin de la Grande Guerre limite l'influence du mouvement néo-malthusien[40], alors que le *birth control* progresse en Europe. Pour les néo-malthusiens français, l'abrogation de la loi de 1920 est une priorité. Mais leur combat reste marginal. La Ligue

40 Francis Ronsin, *La Grève des ventres*, Aubier Montaigne, 1980.

mondiale pour la réforme sexuelle ne parvient pas réellement à s'implanter en France malgré les efforts d'Eugène Humbert relayés par l'Association d'études sexologiques (1931) et soutenus par Victor Basch, président de la Ligue des droits de l'Homme. Berty Albrecht s'y investit, mais sa revue, *Le Problème sexuel*, disparaît assez vite faute de lecteurs. *La Grande Réforme*, mensuel d'Eugène Humbert, paraît cependant régulièrement de 1931 à 1939. Seule une minorité de féministes milite pour la « libération sexuelle ». Souvent libres penseuses, révolutionnaires, antimilitaristes, elles combattent à plusieurs titres le « lapinisme » clérical et nationaliste et veulent la « libre maternité », le « droit de disposer librement de nos flancs » (Nelly Roussel). Du natalisme, elles dénoncent le mythe fondateur, celui de la « dépopulation » (la population française stagne certes, mais ne régresse pas : 41,5 M en 1911 ; 39,1 en 1921 ; 41,5 M en 1936[41]). Elles voient la surpopulation mondiale comme un « redoutable fléau ». Elles dénoncent aussi les conséquences de la politique nataliste : mortalité féminine à la suite d'avortements clandestins ou de grossesses à répétition, limitation du droit au travail et enfermement domestique.

Le combat néo-malthusien présente évidemment certains risques. En 1921, Eugène et Jeanne Humbert sont condamnés respectivement à cinq et deux ans d'emprisonnement[42]. Des institutrices des Groupes féministes de l'enseignement laïque sont inculpées en 1927 pour avoir publié *La Maternité, fonction sociale*, un rapport favorable au contrôle des naissances. Elles sont acquittées après une importante campagne de soutien. Madeleine Pelletier, qui avait publié en 1913 le premier plaidoyer féministe pour le droit à l'avortement, paie un lourd tribut à la cause. Car ce droit, elle l'exerce dans son cabinet médical pour aider des femmes en détresse. Dénoncée en 1939, elle est arrêtée et placée dans un asile où elle meurt six mois plus tard dans l'indifférence générale[43]. Les rigueurs de la loi de 1920 ne suffisent pas à expliquer la faiblesse du mouvement néo-malthusien, privé des soutiens qu'il espérait trouver à gauche. Certes en 1933, le PC demande (en vain) l'abrogation des lois de 1920 et de 1923, ainsi que la légalisation de l'avortement sous certaines conditions. Mais un an plus tard, opérant un retournement spectaculaire, Maurice Thorez dénonce la dénatalité comme « un des fléaux les plus redoutables[44] ». Le Front populaire ne modifie pas la loi de 1920. Les socialistes ne tiennent pas à briser le consensus idéologique sur cette question. Apparaît donc un clivage important entre la classe politique (voire les élites en général) et la population qui, elle, reste malthusienne.

41 Agnès Fine et Jean-Claude Sangoï, *La Population française au XXe siècle*, PUF, Que sais-je ?, 1998, p. 5.

42 Roger-Henri Guerrand et Francis Ronsin, *Le Sexe apprivoisé. Jeanne Humbert et la lutte pour le contrôle des naissances*, La Découverte, 1990.

43 Charles Sowerwine, Claude Maignien, *Madeleine Pelletier, une féministe dans l'arène politique*, Éditions ouvrières, 1992.

44 François Delpla, « Les communistes français et la sexualité (1932-1938) », *Le Mouvement social*, n° 91, avril-juin 1975, p. 121-152.

Face aux nouvelles contraintes (le poids croissant de la conjugalité, le rôle de l'épouse-mère-ménagère, le contrôle accru de la sexualité dans une perspective nataliste) apparaissent des résistances silencieuses. Inaugurent-elles la modernisation des relations qui sera plus visible dans les années 1960[45] ? Ou sont-elles au contraire le vestige de temps plus libres soumis à une autre forme de régulation sexuelle (communautaire et non étatique, moins tatillonne, du côté de l'Église)[46] ? Le modèle familial que cherchent à imposer les élites de l'entre-deux-guerres commence à être intériorisé, mais dans quelle mesure ? Nécessité fait loi pour de nombreuses femmes indifférentes aux injonctions de la loi, de la morale ou des médecins[47]. Loin d'être « reines du foyer », elles ont une « vie dure » marquée par le travail.

« Mamans, sachez vous reposer »

1) D'abord, ne faites rien d'inutile.

2) Vous parlez trop : la parole ne peut que vous être nuisible ; elle trouble le rythme respiratoire et le rend superficiel.

3) Je ne signale ici que pour mémoire les bavardages inutiles qui vous font perdre les trois quarts de votre temps.

4) Quand vous recherchez un repos complet, observez un silence absolu.

5) Modifiez les formes de travail : le raccomodage repose du ménage, éplucher les légumes repose des soins donnés aux tout-petits ; la tenue des comptes est apaisante après la lessive, etc.

6) Étendez vos jambes chaque fois que vous en aurez la possibilité. Il est tant de travaux que vous pouvez faire allongée soit sur une chaise longue, soit sur un fauteuil prolongé par un escabeau, soit même sur deux chaises ! Coudre, lire, écrire, préparer ses repas, dorloter les tout-petits, etc.

7) Enfin, s'arrêter le matin, le soir et même dans le milieu de la journée en un simple recueillement de quinze minutes, dix minutes, soit pour lire quelque bonne page, soit pour élever son âme dans une prière. Et c'est bien là le meilleur repos, lequel, tout en renouvelant vos forces physiques, donnera un élan merveilleux à votre énergie morale.

Le Nord Social, organe des syndicats chrétiens du Nord de la France, 23 mars 1930.

45 Anne-Marie Sohn, *Du premier baiser à l'alcôve. La sexualité des Français au quotidien (1850-1950)*, Aubier, 1996.

46 Jean-Louis Flandrin, *Le Sexe et l'Occident. Évolution des attitudes et des comportements*, Points Le Seuil, 1981.

47 Anne-Marie Sohn insiste à juste titre sur cette autonomie des femmes, poussant peut-être trop loin son constat d'un « triomphe de l'individu-femme » sous la Troisième République (*Chrysalides…*, *op. cit.*, p. 1009).

Chapitre 3

Femmes au travail entre les deux guerres

Le taux d'activité féminine reste élevé entre les deux guerres, même si s'amorce à partir du milieu des années 1920 un infléchissement. Un actif sur trois est une active. C'est une caractéristique du développement économique français d'avoir recours à une importante population active féminine. Mais le parcours professionnel des femmes reste fonction de leur rôle dans la famille. Il est donc nécessaire d'associer à l'étude du travail féminin celle de la pression familialiste et nataliste[1]. Et de distinguer, d'un côté les discours qui légitiment ou non l'activité professionnelle des femmes et, de l'autre, les réalités vécues — contraintes matérielles, mais aussi désirs satisfaits ou frustrés. Le travail féminin, comme par le passé, se caractérise par une exploitation spécifique : faiblesse des salaires, emplois non qualifiés, fortes contraintes physiques et morales sur le lieu de travail... Cette discrimination sexuelle s'exprime dans le déni du droit au travail des femmes que la crise économique des années 1930 va renforcer. Pourtant, l'entre-deux-guerres annonce aussi la reconnaissance professionnelle des femmes. Le syndicalisme féminin, la participation des salariées aux grandes luttes sociales y contribuent, comme, mais de manière plus ambiguë, la volonté de « protéger » le travail féminin. L'enseignement secondaire, l'ouverture des professions libérales, l'essor des secteurs éducatif, sanitaire et social créent des carrières féminines valorisées. Mais qu'entend-on exactement par « travail féminin » ? Les contemporains le confondent avec l'« emploi des femmes mariées à l'extérieur de leur foyer ». Les jeunes filles, les célibataires, les veuves sont dès lors moins visibles dans les discours sur le travail. Subjectivité des discours qui n'étonne pas, mais les données statistiques ne donnent pas accès à une réalité plus objective.

1 La *familialisation* peut être définie comme le résultat de diverses contraintes et pressions politiques, économiques, sociales, culturelles, conduisant les individus à former des familles si possible selon le modèle dit « bourgeois » (mariage et plusieurs enfants). Le *familialisme* désigne l'idéologie et le mouvement associatif militant dans ce sens et insistant à la fois sur des objectifs natalistes (purement quantitatifs) et moraux (la famille, cellule de base de la société et garante de son bon ordre).

1 LES ÉVOLUTIONS DANS LES TROIS SECTEURS DE PRODUCTION

1.1 Le volume officiel de l'activité féminine

Les recensements effectués tous les cinq ans sont la source principale des études quantitatives sur le travail. Ils sous-estiment gravement l'activité féminine en général et l'activité professionnelle féminine en particulier. Certains traits de l'économie préindustrielle, ce que l'on appellerait aujourd'hui l'économie informelle (échange de biens et de services contre de l'argent liquide ou un paiement en nature), échappent en effet à la statistique[2]. Or les femmes sont au cœur de ce type de travail volontairement non rémunéré (bénévole) ou payé, mais non déclaré (au noir); elles sont aussi chargées du travail domestique et de différents services fournis au voisinage. Nombreuses sont celles qui travaillent occasionnellement, par intermittence, à temps partiel, sans se déclarer actives. Le travail à domicile, qui occupe officiellement en 1936 250 000 personnes, en grande majorité des femmes, paraît grandement sous-estimé (il concernerait en réalité 1 million de personnes). Le nombre de domestiques baisse pendant cette période, mais combien de femmes effectuent du ménage, de la lessive, du repassage, de la couture pour les autres? Combien d'aides familiales non déclarées, filles et épouses d'indépendants? Les ménagères ne sont plus depuis la fin du XIXe siècle considérées comme actives. On a vu pourtant dans le chapitre précédent la lourdeur, la technicité, la pénibilité des tâches qu'elles effectuent. Leur productivité est niée, sauf par les marxistes expliquant qu'elles reproduisent et entretiennent la force de travail à moindre coût dans le système capitaliste. Elles sont pourtant classées comme improductives à l'instar des jeunes enfants et des vieillards (des deux sexes et moins « inactifs » qu'on ne l'imagine). Enfin, précisons que le chômage féminin est gravement sous-estimé pour une raison simple : les chômeuses dont le mari ou les parents travaillaient n'avaient pas droit à des indemnités et n'étaient donc pas recensées. Or les personnes à la recherche d'un emploi sont comptées dans la population active. Nous allons donc utiliser des statistiques qui ne reflètent pas avec exactitude la réalité.

On confond trop souvent les différents modes d'appréciation de l'activité féminine. Le *pourcentage de femmes dans la population active totale* permet de mesurer leur apport à la production. 7,2 M de travailleuses sont recensées en 1921; 7 M en 1931, 6,5 M en 1936[3]. Le nombre d'actifs masculins diminue également pendant les années 1930 (13,4 M en 1931; 12,5 en 1936). Mais la part des femmes est en légère régression : 36,14 % en 1921; 34,25 % en 1931; 34,08 % en 1936.

Le *taux d'activité féminine* est calculé par rapport à l'ensemble de la population féminine. Il passe de 35,5 % en 1921 à 30,6 % en 1936, mais le taux de

2 Les éléments de cette critique s'inspirent du chapitre 4 de Siân Reynolds, *France between the Wars. Gender and Politics*, London and New York, Routledge, 1996.

3 Olivier Marchand, Claude Thélot, *Deux siècles de travail en France*, INSEE Études, 1991, p. 68.

l'activité masculine diminue lui aussi. L'écart à la moyenne le plus important se situe en 1931. Ce taux est difficile à interpréter si l'on ne dispose pas de l'équivalent masculin et de la moyenne pour les deux sexes (grosso modo : le taux d'activité global est de 50 % par rapport à la population totale). Surtout, on en tire hâtivement des conclusions sur l'emploi, alors que la non-activité peut révéler les progrès de la scolarisation féminine et la dissymétrie des espérances de vie : les femmes âgées accroissent le taux d'inactivité. C'est pourquoi il est plus pertinent d'utiliser le *taux d'activité féminine par rapport à la population en âge de travailler* ou, mieux, *la population des 15 à 64 ans*. On trouve alors un rapport d'une sur deux. Et une légère diminution : 51,7 en 1921; 48,4 en 1931; 46, 7 % en 1936. Mais le taux d'activité moyen décline depuis le début du siècle.

700 000 travailleuses de moins en quinze ans : c'est un infléchissement que tous les indicateurs reproduisent. La crise économique n'en est pas entièrement responsable car la baisse est nette dans l'industrie avant 1931. C'est plutôt le début d'un nouveau régime du travail féminin marqué par un taux d'activité moins important pendant une quarantaine d'années. Mais pour les contemporains, l'infléchissement n'est pas perceptible, c'est au contraire l'impression que les femmes sont partout depuis la guerre qui domine.

Date	Population active population totale			Population active population en âge de travailler			Population active population de 15 à 64 ans		
	Hommes	Femmes	Ensemble	Hommes	Femmes	Ensemble	Hommes	Femmes	Ensemble
1911	66,9	36,2	51,3	86,8	46,3	66,1	101,3	55,1	77,8
1921	69,3	35,5	51,6	86,9	43,4	63,8	102,3	51,7	75,6
1931	67,4	32,8	49,5	86,7	41,1	62,8	99,6	48,4	73,1
1936	63,9	30,6	46,6	82,2	38,4	59,1	97,7	46,7	71,2

Date	Population active			Inactifs		
	Hommes	Femmes	Ensemble	Hommes	Femmes	Ensemble
1911	12 879	7 217	20 096	6 375	12 721	19 096
1921	12 776	7 231	20 007	5 669	13 122	18 791
1931	13 411	6 986	20 397	6 500	14 331	20 831
1936	12 650	6 542	19 192	7 147	14 844	21 991

Source : Olivier Marchand, Claude Thélot, *Deux siècles de travail en France*, INSEE Études, 1991, p. 68-69.

La France atteint entre dans l'entre-deux-guerres l'équilibre entre les trois grands secteurs qui se partagent le monde du travail. Cette répartition de la main-d'œuvre est à peu près identique pour les femmes et les hommes.

1.2 L'agriculture

Les conséquences de la guerre (deuils, invalidité) portent à 13 % la part des femmes parmi les chefs d'exploitation agricole en 1921. Hausse durable puisqu'elles sont encore 11 % en 1936 : il s'agit surtout de mères veuves dont le fils est mort à la guerre et de célibataires. Les jeunes veuves sont attirées vers la ville ou réduites à devenir aides familiales dans une exploitation. Poussé par les anciens combattants, l'État reconnaît leur nouveau rôle dans la loi de 1924 qui crée les chambres d'agriculture : « Sont électrices les femmes âgées de 25 ans, françaises, jouissant de leurs capacités civiles, qui sont chefs d'exploitation agricole; ainsi que celles qui, pendant la dernière guerre, en l'absence de leur mari, père ou frère mobilisé, ont dirigé une exploitation agricole[4]. » Ces évolutions ne modifient pas la règle générale : dans l'agriculture, le chef de famille se confond avec le chef d'exploitation, or, peu de femmes sont « chefs de famille ». Être agricultrice n'est pas une profession mais un état matrimonial au regard du droit. N'ont un statut professionnel que les salariées de l'agriculture (journalières, domestiques ou ouvrières dont la condition est généralement misérable) qui sont encore nombreuses : 340 000 en 1926; 302 000 en 1931 (les salariés agricoles sont eux 1,45 puis 1,36, les agriculteurs exploitants sont environ 3 M)[5].

« Une femme doit tout faire », note l'anthropologue Yvonne Verdier, observant la vie paysanne traditionnelle à Minot, village de 360 habitants situé dans le Châtillonnais, non loin de Dijon[6]. En tout cas, jusque dans les années 1960. Le poids des charges n'entraîne pas de différenciation sexuelle : les femmes portent de lourds fagots, participent à la fenaison, ramassant ce que les hommes ont fauché. Le sort des paysannes est rude en effet. La bonne épouse est celle qui « travaille comme un homme ». Elle a cependant son domaine réservé, indépendant du domaine mixte de l'extérieur. Cuisiner, coudre et laver sont des savoir-faire féminins, clés d'une vision du monde qui rythme la vie par des rites de la naissance à la mort. Le jardin, la basse-cour, la traite et la laiterie, la vente au marché reviennent le plus souvent aux femmes. Pour la récolte et les vendanges, leur contribution est indispensable. Les tâches qui leur sont dévolues varient selon les régions. Dans le pays de Sault, elles accomplissent une multiplicité de tâches à l'intérieur et à l'extérieur, de jour comme de nuit. Le chanvre, cultivé par les hommes, est traité et transformé en fil par les femmes pendant l'hiver[7]. Le maniement de la quenouille et du fuseau a cessé d'être transmis au début du XXe siècle : fil et coton sont désormais achetés. Au village, les filles sont initiées au crochet, au tricot, à la couture et à la broderie. Dans les campagnes pauvres, les filles travaillent jeunes et s'absentent de l'école, comme les garçons, par exemple pour garder les vaches. Un petit bagage scolaire permet cependant à une minorité d'échapper à la terre, sinon au village : l'infirmière à domicile et la factrice receveuse ont une situation enviée.

4 Cité dans « Femme et Terre », *Pénélope*, n° 7, automne 1982, p. 126.

5 Olivier Marchand, Claude Thélot, *Deux siècles de travail…*, *op. cit.*, p. 115.

6 Yvonne Verdier, *Façons de dire, façons de faire. La laveuse, la couturière, la cuisinière*, Gallimard, 1979.

7 Giordana Charuti, Claudine Favre-Vassas, Agnès Fine, *Gestes d'amont. Les femmes du pays de Sault racontent le travail*, *op. cit.*

1.3 L'industrie

1,9 M de femmes travaillent dans l'industrie en 1921, 1,6 M en 1936 (hommes : 4,2 et 4,1). Les branches très féminisées et archaïques de la couture (dentellières, raccommodeuses, couturières à domicile, blanchisseuses et repasseuses, etc.) déclinent. L'industrie de la confection, elle, se développe, mais ne propose plus aux femmes que des métiers déqualifiés[8]. Les ouvrières sont également plus nombreuses dans les industries traditionnellement masculines (métallurgie, mécanique, électricité et chimie notamment). Dans ce secteur emblématique de la seconde industrialisation, on peut donc parler d'une relative féminisation. Le *Journal d'usine* de la philosophe Simone Weil témoigne de la pénibilité des conditions de travail à l'heure de la rationalisation. Dans les grandes usines, les femmes sont nombreuses à être embauchées comme manœuvres pour la fabrication de série standardisées (soudure, presses) : les explications habituelles ne paraissent pas suffisantes. Certes, la force mécanique remplace la force physique et les faibles salaires sont avantageux pour le patronat, mais moins sans doute que l'adaptabilité de la main-d'œuvre féminine qui se plie aux nouvelles méthodes de travail induites par le taylorisme et qui ne présente qu'un faible risque protestataire (sous-syndicalisation). « Il fallait une main-d'œuvre nouvelle qui ne soit pas l'héritière des traditions syndicales : des femmes ou des immigrés[9]. » Cependant, pour beaucoup d'ouvrières, « la rationalisation signifie moins une déqualification qu'une ouverture de l'offre d'emploi, un accès à la professionnalisation et à des conditions salariales meilleures. La place des femmes dans les secteurs dynamiques se trouve ainsi consolidée[10] ». Leur sort est effet plus enviable que celui des isolées travaillant à domicile.

1.4 La féminisation du tertiaire

Jusqu'à la Première Guerre mondiale, les femmes étaient plus nombreuses parmi les ouvriers que parmi l'ensemble des employés et cadres. C'est l'inverse à partir de l'entre-deux-guerres. En 1926, 33 % des employés de l'industrie sont des femmes, 40 % des employés du commerce, des banques, et s'occupant des « soins personnels », 40 % des employés du service public[11]. Contrairement à l'industrie qui offre aux femmes des emplois plus que des métiers, le tertiaire a une image positive. Selon une enquête menée à Saint-Étienne, les seuls vrais métiers féminins admis et socialement reconnus sont ceux de la sage-femme et

8 Madeleine Guilbert, *Les Fonctions des femmes dans l'industrie*, Mouton, 1966. Pour un exemple régional, Helen Harden-Chenut, *La Construction sociale des métiers masculins et féminins dans la bonneterie troyenne, 1900-1939*, Paris, CNRS, 1987.

9 Sylvie Zerner, « De la couture aux presses : l'emploi féminin entre les deux guerres », *Le Mouvement social*, juill.-sept 1987, p. 23 [tiré d'une thèse de doctorat, *Travail domestique et force de travail. Ouvrières et employées entre la Première Guerre et la grande crise*, Université de Paris X, 1985].

10 Catherine Omnès, *Ouvrières parisiennes. Marchés du travail et trajectoires professionnelles au XXe siècle*, École des Hautes études en sciences sociales, p. 334.

11 Sylvie Zerner, article cité.

de l'institutrice[12]. Donner la vie et éduquer sont des métiers qui prolongent les rôles féminins de la sphère privée. Autrement dit, « les métiers féminins sont des métiers qui érigent la "féminité" en qualité professionnelle[13] ». À l'échelle de la France, la gamme de ces métiers féminins bien acceptés est plus étendue, mais il est vrai que tous font appel à des « qualités » féminines, c'est-à-dire, en réalité, à des compétences acquises par les filles et les jeunes filles, mais non reconnues comme qualités professionnelles. Les emplois subalternes du commerce (vendeuse, caissière) sont traditionnellement ouverts aux femmes et enviés par les ouvrières (malgré des conditions de travail difficiles : heures supplémentaires nombreuses, station debout prolongée malgré la « loi des sièges », ou dehors, à l'étalage, dépenses pour être « chic[14] »).

Ce qui est nouveau, en revanche, c'est l'entrée massive des femmes dans les bureaux où elles sont dactylographes, sténotypistes, mécanographes, facturières, calqueuses, tireuses[15]... Le progrès est important car elles accèdent à des emplois qui ne sont pas au bas de l'échelle sociale. Cependant, dans la catégorie « employées », elles forment une masse dont les qualifications ne sont pas reconnues, sans véritables perspectives de carrière, et n'accèdent pas aux niveaux supérieurs (cadres, ingénieurs, techniciens). Elles n'ont en général que le certificat d'études (contrairement aux employés qui, eux, ont le brevet et sont plus qualifiés). Preuve s'il en est besoin de la différence entre l'employé et l'employée, ils ne se marient guère ensemble, l'employée s'unira plutôt avec un ouvrier[16].

Plus que la dactylo de plus en plus anonyme dans un pool soumis à des normes de vitesse et rémunéré au rendement, la secrétaire incarne la féminité au travail. Avec son patron, elle donne l'image de la complémentarité hiérarchisée des sexes. La formation est délivrée dans le privé, par les écoles Pigier et des fabricants de machines de bureau. Les ministères commencent à recruter des femmes à partir de 1900, parmi les diplômées des écoles primaires supérieures et des lycées, qui aspirent à une vie indépendante. Le premier concours de dames dactylographes est ouvert en 1901 : alors que deux dactylos font le travail qu'effectuaient trois expéditionnaires, les traitements des premières sont inférieurs et leur statut d'auxiliaire les prive de la retenue pour la retraite[17].

La Poste est à l'avant-garde de la féminisation avec, dès 1921, 52 % d'employées assurées d'avoir un salaire convenable[18]. Pourtant, comme aux

12 Mathilde Dubesset, Michelle Zancarini-Fournel, *Parcours de femmes. Réalités et représentations. Saint-Étienne 1880-1950*, Presses Universitaires de Lyon, 1993.

13 Josiane Pinto, « Une relation enchantée », *Actes de la recherche en sciences sociales*, n° 84, 1990.

14 Françoise Parent-Lardeur, *Les Demoiselles de magasin*, Éditions ouvrières, 1969.

15 Delphine Gardey, « Du veston au bas de soie : identité et évolution du groupe des employés de bureau (1890-1930) », *Le Mouvement social*, n° 175, avril-juin 1996, p. 55-77.

16 Delphine Gardey, *Un monde en mutation, les employés de bureau en France 1890-1930*, thèse, Université de Paris VII, 1995. Voir aussi Cécile Dauphin, Pierrette Pézerat dir., *Femmes au bureau, Pénélope*, n° 10, printemps 1984.

17 Guy Thuillier, *Les Femmes dans l'administration depuis 1900*, PUF, 1988.

18 Susan Bachrach, « La féminisation des PTT au tournant du siècle », *Le Mouvement social*, n° 140, juill.-sept. 1987, p. 69-88.

Téléphones, des discriminations subsistent : beaucoup d'employées sont embauchées comme auxiliaires et le restent parfois plus de dix ans, ce qui les prive de la sécurité de l'emploi, du droit à la retraite et aux congés. Parmi les titulaires faisant le même travail on distingue les « dames employées » et les « commis ». Mieux payés, ces derniers peuvent espérer faire carrière. Cette situation provoque des conflits entre 1924 et 1930. L'employeur maintient que les femmes, manquant d'autorité et d'initiative, ne peuvent être admises aux échelons supérieurs[19].

2 LES PARAMÈTRES DE L'ACTIVITÉ FÉMININE

2.1 Une formation insuffisante, un apprentissage inadapté

La IIIe République a développé en priorité la formation élémentaire : les lois Ferry (1881-1882) instituant la gratuité, l'obligation et la laïcité au niveau primaire ne font pas de différence de sexe et profitent plus encore aux filles qu'aux garçons. Elles ont permis de retarder l'âge de la mise au travail et donnent à (presque) toutes et tous les rudiments du lire-écrire-compter. Elles créent aussi une méritocratie républicaine, la formation initiale peut en principe permettre une ascension sociale. Mais l'inégalité des chances perdure et dans les milieux populaires, les rares chances pour échapper à la condition des parents sourient plus aux garçons qu'aux filles, volontiers « sacrifiées ». L'école est obligatoire jusqu'à 13 ans, sauf si le certificat d'études primaires a été obtenu avant. En 1936, l'obligation est repoussée jusqu'à 14 ans. Un tiers des ouvrières parisiennes de l'entre-deux-guerres a quitté l'école avant 13 ans, moins d'une sur cinq a prolongé sa scolarité au-delà. Une grosse majorité n'a obtenu aucun diplôme et devra se contenter de métiers manuels et d'emplois de service, renonçant plus tard aux opportunités de reconversion professionnelle. L'inégalité des chances s'est jouée très tôt puisqu'elle est fortement corrélée au milieu socioprofessionnel des parents. Les natives de la région parisienne sont favorisées par rapport aux provinciales. Les plus désavantagées sont les filles issues du milieu agricole, viennent ensuite les filles d'ouvriers dont la mère est restée au foyer, puis les filles de couples ouvriers, enfin, les filles d'employés, d'artisans et de commerçants qui accèdent plus souvent à un apprentissage[20].

Les plus jeunes peuvent bénéficier de la loi Astier qui crée en 1919 des apprentissages professionnels post-scolaires. Mais ces derniers mènent surtout vers les métiers traditionnels et déclinants de la couture, de la mode. La formation professionnelle « contribue donc à figer les rôles respectifs des hommes et des femmes sur le marché du travail alors que les mutations industrielles les

19 Françoise Battagliola, *Histoire du travail des femmes*, La Découverte, 2000, p. 64-68.

20 *Id.*, p. 285-288.

ébranlaient depuis la Première Guerre mondiale. À ce titre, elle constitue un frein à la fois à la modernisation de l'économie française et à une modification du statut des femmes dans la société française[21] ». Les carences du système de formation, mais aussi le rôle féminin dans la famille, enferment les travailleuses dans les emplois peu qualifiés.

2.2 La familialisation des classes populaires

En ville comme à la campagne, beaucoup d'efforts ont été déployés pour que les classes populaires adoptent un mode de vie familial inspiré de celui des classes aisées, cantonnant les femmes dans un rôle maternel et domestique. La familialisation de la classe ouvrière fut au départ imposée par un patronat soucieux de stabiliser la main-d'œuvre. Il parvint à fixer, discipliner et contrôler les salariés des deux sexes, en offrant aux couples mariés des avantages tels que l'attribution de logement, les sursalaires et autres primes. L'exode rural, qui est majoritairement féminin, pose aussi la question de la survie du mode de production familial. Comment réduire l'aversion des femmes pour des travaux trop rudes et une vie trop contraignante? La littérature qui stigmatise celles qui rêvent d'épouser un citadin n'a aucune influence. Le développement de l'enseignement ménager agricole en a davantage. En 1922, la comtesse de Kéranflech-Kernezne fonde l'Union centrale des associations rurales féminines qui essaie de retenir les femmes dans les campagnes, en redorant l'image de leur travail et de leur rôle dans la gestion de la maison. L'idéal féminin qu'elle défend est particulièrement conservateur puisqu'il promeut « l'absorption totale du moi dans le service de Dieu, de la famille et de la maison[22] », formule révélatrice qui gomme le travail productif. L'objectif de la mystique terrienne consiste surtout à freiner l'exode vers les villes considérées comme des lieux de perdition et à repeupler les campagnes. Moins conservatrice, plus « sociale », la Jeunesse agricole chrétienne (JAC), mouvement influent et pépinière de cadres politiques et syndicaux, contribue fortement au processus de familialisation des milieux agricoles[23]. Lorsque sa branche féminine se forme en 1933, son objectif est de légitimer l'agricultrice comme mère, travailleuse et militante. Elle lutte contre le modèle de la « paysanne-servante » pour promouvoir celui de la « gardienne du foyer-collaboratrice ». « La femme qui refuse son rôle au foyer déserte comme un soldat en temps de guerre » (*Jeunesse agricole féminine*, février 1936). Ce « droit au foyer » correspond à l'idéal du catholicisme social, mais prend des couleurs modernes : le travail ménager et éducatif se « professionnalise » grâce à un apprentissage (la transmission traditionnelle de mère en fille ne suffit plus).

21 *Id.*, p. 283.

22 Dans *La Femme à la campagne*, Spes, 1933 cité par Juliette Caniou, « La fermière idéale dans l'enseignement ménager agricole (1860-1960) », *Pénélope*, n° 7, automne 1982, p. 81.

23 Martyne Perrot, « La jaciste : une figure emblématique », Rose-Marie Lagrave dir., *Celles de la terre*, École des hautes études en sciences sociales, 1987, p. 33-60.

La pression en faveur de la familialisation est relativement efficace même si elle n'a pas les effets escomptés sur le taux de natalité. Durant l'entre-deux-guerres, la classe ouvrière adopte l'idéal de la femme au foyer. C'est « moins le résultat d'un embourgeoisement des ouvriers que la formulation des réalités de leur expérience de classe[24] », c'est-à-dire de leurs conditions d'emploi, de travail et de salaire. Beaucoup d'ouvriers se font un devoir d'éviter la fatigue de l'usine à leur femme. Ils privilégient la famille, microcosme protecteur et réparateur, qui donne à ses membres des identités légitimes (identité sexuelle, identité parentale, normalité sociale)[25]. La famille est aussi une unité économique puisque les gains sont mis en commun pour les dépenses essentielles de l'alimentation et du loyer. C'est le système de la « famille solidaire » qui suppose pour son bon fonctionnement un équilibre entre salariés et consommateurs, ainsi qu'un chef responsable de la gestion, la mère. Dans les foyers ouvriers, la mère est nourricière et blanchisseuse, mais aussi « ministre des finances », gérant la paye du mari et des enfants dépendants. L'ouvrier se laisse en effet « gouverner » dans ce domaine par sa mère puis par sa femme à qui il délègue son pouvoir. Les soucis d'argent et les efforts faits pour les surmonter pèsent donc lourdement sur la mère, responsable de la réussite ou de la faillite familiale.

Épouses et mères dans les familles ouvrières font passer leurs « devoirs » avant leurs aspirations personnelles. Ainsi, le travail domestique n'est pas partagé, malgré la diminution du temps de travail décidée en 1919 (8 heures par jour, 48 heures par semaine). Quand les ouvrières du vêtement ont obtenu en 1917, un peu avant les autres, la semaine anglaise, on l'a aussitôt baptisée « le samedi du balai ». L'idéalisation de la mère ouvrière exprime une forme de reconnaissance pour ces « sacrifices » constants. Certes, le niveau de vie de la classe ouvrière s'améliore, ce qui desserre quelque peu les contraintes, et les loisirs ouvriers se développent, mais les femmes en profitent moins que les hommes et différemment[26].

Le travail des femmes dépend des besoins de la famille. Les jeunes filles travaillent par nécessité, surtout dans le milieu rural où elles sont ainsi amenées très jeunes à quitter leur famille pour aller travailler en usine (l'alternative, moins prisée, étant la domesticité). Le travail de la femme mariée est donc fréquent, il décline certes pour les femmes ayant des enfants en bas âge, mais il est une obligation dans les familles les plus pauvres ou bien quand le mari est malade ou au chômage ou encore en période de crise. Les veuves enfin ne peuvent y échapper. Le taux d'activité des femmes par tranche d'âge dessine une courbe en forme de « U », le creux indiquant l'arrêt d'activité (souvent temporaire) des mères de jeunes enfants. Cette discontinuité cantonne beaucoup de salariées dans des emplois peu qualifiés et sans espoirs de carrière. Le retour sur le marché du travail est aussi cause de difficultés, souvent de chômage.

24 Louise Tilly, Joan Scott, *Les Femmes, le travail et la famille*, trad. de l'anglais, Rivages, 1987, p. 226.

25 Olivier Schwarz, *Le Monde privé des ouvriers, hommes et femmes du Nord*, PUF, 1990.

26 Alain Corbin, *L'Avènement des loisirs 1850-1960*, Aubier, 1995.

2.3 La conjoncture de crise économique

N'exagérons pas l'impact de la conjoncture économique sur l'emploi féminin : il faut se méfier de l'image réductrice de l'« armée de réserve », sollicitée ou évincée selon les besoins du moment. « L'allocation des postes de travail entre les hommes et les femmes ne se fait pas de façon indifférenciée. Aux femmes sont attribués les postes manuels ou à dominante manuelle requérant dextérité, rapidité, cadence et répétitivité. Aux hommes reviennent les postes d'intervention sur machines, les postes exigeant force, résistance physique et qualification. Aussi les phénomènes de substitution des femmes aux hommes ou des hommes aux femmes dans les fluctuations conjoncturelles sont-ils relativement rares car ils impliquent souvent une réorganisation complète du procès de travail[27]. » Les femmes nées avant 1914 ont pu avoir des carrières longues même si elles ont été cantonnées dans les emplois ouvriers. Mais la génération suivante, victime d'une conjoncture défavorable, a des carrières plus courtes et sous l'effet des politiques familiales a tendance à se replier sur le foyer.

La pression contre le travail féminin se renforce avec la crise économique qui commence en France en 1931. Les premiers articles hostiles paraissent dans la presse à cette date. Les associations catholiques sociales sont à la pointe du combat dans une conjoncture favorable : le chômage et les craintes démographiques. Elles s'appuient sur la déclaration de Pie XI qui reprend les conceptions développées dans *Rerum Novarum* : « C'est à la maison avant tout ou dans les dépendances de la maison et parmi les occupations domestiques qu'est le travail des mères de famille. C'est donc par un abus néfaste, et qu'il faut à tout prix faire disparaître que les mères de famille, à cause de la modicité du salaire paternel, sont contraintes de chercher hors de la maison une occupation rémunératrice, négligeant les devoirs tout particuliers qui leur incombent, avant tout l'éducation des enfants » *(Quadragesimo Anno*, 1931).

Plusieurs congrès ont lieu à Paris en 1933 pour revendiquer le retour au foyer. L'un de ses plus ardents défenseurs est un industriel, Philippe Leclecq. Président de l'association Pour la femme au foyer, il estime que si les deux millions de salariées mariées se consacraient à leurs enfants, il y aurait du travail pour les 500 000 hommes au chômage[28]. Mais comment opérer un tel transfert dans un monde du travail fortement ségrégé en fonction du sexe? Reconvertir les mineurs en sténodactylos? Les métallurgistes en couturières? Les hommes pourraient-ils accepter les salaires féminins de l'industrie textile, inférieurs de 25 % aux leurs, et même de 50 % pour les jeunes de 13 à 16 ans? Marguerite Thibert remet un rapport au Bureau international du Travail qui démontre l'incohérence économique des propos démagogiques sur le « retour au foyer ».

Et comment faire rentrer les femmes au foyer? Faut-il que la loi les y contraigne? Ou est-il préférable de les y inciter? Précisons que ce sont les femmes mariées en âge d'avoir des enfants ou déjà mères qui sont au cœur du

27 Catherine Omnès, *Ouvrières parisiennes…*, *op. cit.*, p. 334.

28 Dans *Le Nord social*, décembre 1939.

débat. Mais l'illégitimité qui pèse sur leur activité a des répercussions négatives pour l'ensemble des travailleuses.

À l'étranger, dans les dictatures (Allemagne, Italie) mais aussi dans les démocraties (États-Unis, entre autres), des interdictions et des quotas ont limité le travail féminin. La France se singularise par une politique modérée à l'égard de la main-d'œuvre féminine. Les étrangers des deux sexes, reconduits aux frontières en grand nombre dès 1932, sont les boucs émissaires de la crise, plus que les femmes françaises. En 1935, le gouvernement Laval décide le licenciement des employées des services publics mariées à des fonctionnaires. Plus discrètement, des concours administratifs sont désormais, de fait, réservés aux hommes. L'interdiction légale du travail des femmes mariées suscite cependant de fortes réticences chez les familialistes. Le remède serait en effet, selon eux, pire que le mal pour différentes raisons : il ne s'attaque pas aux causes psychologiques et économiques du travail féminin; la loi serait sans doute contournée par le développement de l'union libre; enfin, l'État et le patronat affaibliraient la « magistrature domestique ». En revanche, l'idée d'une allocation pour la mère au foyer fait son chemin. En 1921, la première proposition formulée en ce sens par l'abbé Lemire, député du Nord, proposait une allocation de 360 francs par enfant de moins de 16 ans à toute mère de famille qui abandonnerait son emploi. En 1935 et 1936, des députés familialistes formulent de nouvelles propositions, mais n'ont pas gain de cause. Le Front populaire s'est en effet engagé en 1936 à défendre le travail féminin. La crise a finalement une incidence limitée sur l'emploi des femmes. En effet, la dépression affecte surtout les secteurs industriels masculins. De plus, la loi sur les 40 heures en 1936 favorise l'embauche de femmes, moins rémunérées que les hommes. Le chômage est néanmoins plus élevé pour les femmes que pour les hommes (5,6 % contre 5,4 en 1936). L'opinion est alors persuadée du contraire, ce qui relance la campagne des familialistes.

La politique familiale mise en place entre les deux guerres a une influence limitée sur la natalité et n'atteint pas son autre objectif : la diminution du travail féminin. C'est pourquoi, à l'approche de la guerre qui intensifie les préoccupations natalistes, les pouvoirs publics prennent des mesures plus ambitieuses. Les décrets-lois du 11 novembre 1938 étendent les allocations familiales à toute la population active, elles sont harmonisées dans leurs taux et majorées quand la mère est au foyer. Le 29 juillet 1939, par un nouveau décret-loi, le Code de la famille, la majoration est transformée en allocation de la mère au foyer et son montant est doublé. L'allocation lorsque l'enfant est unique est supprimée. Mais en septembre, l'entrée en guerre impose à nouveau la mobilisation économique des femmes : leur nombre triple dans les usines d'armement.

2.4 Rapport des femmes au travail

Choix ou contrainte? C'est l'alternative que posent les commentaires de l'époque sur le travail féminin, souvent pour conclure qu'« hélas », les femmes n'ont pas le choix et que leur salaire est nécessaire pour équilibrer les budgets familiaux. Le choix serait un luxe de bourgeoise. Ces commentaires adoptent explicitement ou non l'idéologie de la femme au foyer, la question n'est posée qu'aux femmes… Ils dessinent le stéréotype d'une travailleuse subissant son sort et peu attachée à son activité. D'autres sources apportent une vision différente du rapport des femmes au travail. Une étude sur les ouvrières parisiennes montre qu'elles accordent au travail des valeurs qui modèlent leur trajectoire professionnelle[29]. Naturellement le travail est pour elles une source de revenus, mais seule une minorité ne l'envisage que sous cet angle instrumental. La plupart d'entre elles y trouvent une source de satisfaction affective, d'identification sociale et de légitimation[30]. À l'atelier ou à l'usine, elles apprécient la camaraderie et l'entraide, une sociabilité féminine enrichie de petits cadeaux, de partages à la cantine, de discussions sur leur quotidien familial, etc. Le travail les rattache à la communauté des travailleurs manuels mais aussi à une communauté professionnelle (parfois très affirmée, pour les couturières par exemple) et à une communauté d'entreprise. Les hommes n'ont pas le monopole de l'attachement à l'instrument de travail : le respect des machines est mixte. Ces ouvrières tirent de leur bilan professionnel une certaine fierté : au moins ont-elles « tenu bon ». Mais leur vie est dure : « Une enfance pauvre et souvent bouleversée par la mort prématurée du père ou de la mère, une vie conjugale souvent brisée par l'alcoolisme ou par une sexualité bridée, des sentiments maternels frustrés par la surmortalité infantile, par la limitation nécessaire des naissances ou par l'obligation de confier son enfant à une nourrice ou à une mère éloignée, voilà les traits récurrents du tableau misérabiliste qui se dégage des récits de vie recueillis auprès des ouvrières nées avant 1914[31]. »

3 LA SUREXPLOITATION DES TRAVAILLEUSES ET LES LUTTES SYNDICALES

3.1 Facettes de la surexploitation des femmes au travail

Les salaires féminins sont inférieurs de plus du tiers aux salaires masculins. Cette discrimination est justifiée par la notion de « salaire d'appoint », complément apporté aux parents par la jeune fille, au mari, plus tard. Elle permet à l'homme de rester le principal pourvoyeur des ressources du ménage, ce qui conforte sa position de pouvoir. Elle ne présente également que des avantages pour les entrepreneurs qui réalisent de substantiels profits en employant des femmes. Ainsi, les ouvrières sont souvent payées à la pièce tandis que les ouvriers le sont à la journée. Logique patriarcale et logique capitaliste se confortent : dans certaines usines de l'entre-deux-guerres, l'ouvrière dont le mari travaille également dans l'entreprise touche moins que ses collègues femmes. La faiblesse des salaires

29 Catherine Omnès, *Ouvrières parisiennes…, op. cit.*, chapitre 11 « La valeur du travail ».

30 Anne-Marie Sohn, *Chrysalides…, op. cit.*, p. 138.

31 *Id.*, p. 327.

féminins est souvent justifiée par l'absence de qualification des ouvrières. Le cas des ouvrières de l'entre-deux-guerres travaillant dans les grandes usines qui pratiquent la rationalisation du travail est à cet égard révélateur. En réalité, ces femmes ont une formation. La plupart ont appris la couture, ont une expérience du travail ménager et du travail répétitif à l'usine qui leur donne ces fameuses qualités présentées comme « naturelles » : minutie, dextérité, discipline, rapidité, patience[32]. En 1936, les milliers de conventions collectives négociées après les accords Matignon officialisent des doubles grilles qui distinguent les salaires masculins et les salaires féminins, et précisent même sur d'identiques postes de travail le salaire de base selon le sexe. Les écarts sont variables : dans la métallurgie parisienne, le salaire horaire est de 7,20 francs pour un soudeur avec licence et de 6 francs pour une soudeuse avec licence. Les aides comptables de l'aéronautique pour un travail strictement identique touchent 1 930 francs mensuels (hommes) ou 1 600 francs (femmes). Les salariées fortement investies dans les grèves ont-elles craint de revendiquer l'égalité des rémunérations qui aurait pu nuire à leur emploi en période de chômage ? Il est utile de préciser qu'il n'y a pas de différence de rendement. Des femmes employées à partir de la guerre dans les Ardoisières de Trélazé comme fendeuses peuvent dépasser les hommes en productivité. De même, l'appréciation de la pénibilité du travail est tributaire de certains préjugés. Ainsi, une ouvrière travaillant chez un fabriquant de coffres-forts où elle découpe des pièces au chalumeau explique : « Je faisais le travail d'un homme, mais je trouvais ça bien moins fatigant que les ménages[33]. »

L'usure au travail en usine est d'ailleurs supérieure pour les femmes avant 30 ans[34]. Ce sont en effet de jeunes femmes que les employeurs recherchent en priorité (tandis qu'ils préfèrent les hommes dans la force de l'âge) et leur taux de mortalité est supérieur à celui des hommes de leur âge. Ainsi, dans le textile où les ouvrières sont majoritaires, les affections chroniques des voies respiratoires sont très fréquentes. Les problèmes de santé découlent, non seulement de l'insalubrité des ateliers mais aussi du surmenage physique et d'une alimentation insuffisante, conséquence des bas salaires. La discontinuité du travail des ouvrières que l'on explique généralement par la volonté de s'occuper des enfants en bas âge est donc sans doute aussi liée à l'usure précoce des jeunes femmes. Cet arrêt d'activité leur fait gagner quelques années d'espérance de vie au moment où pour les hommes commence la phase d'usure intensive qui raccourcira la leur.

La pénibilité du travail prend des formes spécifiques pour les femmes. Elles subissent des règlements très stricts destinés à contrôler la coiffure, l'habillement, les postures, les besoins naturels et les déplacements. Les formes du travail domestique se perpétuent à l'usine, comme le nettoyage de la machine, de l'atelier et des toilettes, non payé et en dehors des heures de travail, ou la

32 Sylvie Zerner, « De la couture aux presses : l'emploi féminin entre les deux guerres », *Le Mouvement social*, juill.-sept. 1987, p. 23.

33 Citée par Michelle Perrot, « Sur le front des sexes… », art. cit., p. 71.

34 Alain Cottereau, « Usure au travail. Destins masculins et destins féminins dans les cultures ouvrières en France au XIXe siècle », *Le Mouvement social*, n° 124, juill.-sept 1983, p. 71-112.

réalisation du costume de travail (seul le tissu est fourni). Les femmes sont (avec les apprentis) particulièrement exposées aux violences, à des punitions, des grossièretés. Beaucoup de jeunes filles rêvent de travailler dans les petits ateliers de couture où l'encadrement est féminin : la protection qu'elles y trouvent contre les agressions masculines est une de leurs motivations.

Le « droit de cuissage[35] » est pratiqué dans tous les milieux professionnels : les bonnes y sont particulièrement exposées, mais aussi les filles de ferme, les employées de bureau, les ouvrières... Il s'agit d'une réalité impossible à quantifier, mais dont l'importance est attestée par les faits divers (infanticides, suicides, procès criminels), les enquêtes sur les ouvrières, les chansons, la presse... Cette pratique est facilitée par l'impunité des patrons, et dans une moindre mesure des contremaîtres (objets de dénonciations plus fréquentes). Les réactions ouvrières sont rares. Elles ne se font pas au nom d'une solidarité de classe, mais au nom de la protection de l'enfance, de l'honneur familial et/ou viril (l'affaire est alors réglée « entre hommes », souvent par un accrochage violent). Les ouvriers confrontés à des agressions qui touchent une épouse ou une sœur, éprouvent sans doute une rage impuissante face à la concurrence sexuelle exercée par plus fort qu'eux socialement et vivent comme une humiliation le fait de ne pas pouvoir entretenir leur femme au foyer, d'être incapable de la protéger. Beaucoup doivent se résoudre à cette dépossession relative de « leurs » femmes. À partir du début du siècle, des grèves, des charivaris, des articles dans la presse syndicale dénoncent les abus sexuels dont sont victimes les ouvrières. Indice de la fréquence des mauvais traitements qu'infligent les employeurs aux étrangères, des comités départementaux d'aide et de protection aux femmes immigrantes sont mis en place à la fin des années 1930. Leur efficacité est cependant limitée, entre autres en raison du tout petit nombre d'inspectrices.

Pour les femmes seules, avec ou sans enfants, la faiblesse des salaires est synonyme de pauvreté, parfois de misère. La possibilité qu'ont les ouvrières de vendre leur corps (le plus souvent hors du système de la prostitution réglementée) justifie la persistance du « salaire d'appoint » appelé à être complété par d'autres revenus. Certaines féministes, comme Nelly Roussel, étendent la notion de prostitution au concubinage ou au mariage « de nécessité ». Venu l'âge de la retraite, la pauvreté est plus grande encore. Peu de femmes retraitées bénéficient de la pension des fonctionnaires (moitié d'un salaire modeste). La loi de 1910 sur les retraites ouvrières et paysannes est discriminante pour les femmes car peu d'entre elles ont cotisé pendant trente ans, et rares sont celles qui peuvent payer le supplément demandé aux assurés facultatifs. Celles qui collaborent à l'activité professionnelle de leur mari à la ferme, à la boutique, à l'atelier, sans percevoir de salaire, n'ont aucun droit à la retraite. La veuve ne reçoit que la moitié de la pension du défunt... si elle ne se remarie pas. Pour beaucoup de femmes, le seul recours est l'assistance obligatoire aux vieillards indigents (instituée en 1905), ce qui place la vieillesse des femmes « sous le signe de la dépendance et de l'assistance[36] ».

35 Marie-Victoire Louis, *Le Droit de cuissage. France, 1860-1930*, L'Atelier, 1994.

36 Élise Feller, « Les femmes et le vieillissement dans la France du premier XXe siècle », *Clio. Histoire, femmes et sociétés*, n° 7, 1997, p. 217.

3.2 Femmes et syndicalisme

Les syndicats permettent-ils aux travailleuses de lutter pour améliorer leur sort? La loi du 12 mars 1920 donne aux femmes la liberté d'adhérer à un syndicat sans l'autorisation maritale. Le taux de syndicalisation des femmes est alors en progression : il y a en 1920 239 000 syndiquées. Mais bien des obstacles (déjà expliqués, chapitre 1) demeurent. La défense du droit au travail féminin, l'égalité des salaires ne sont pas des priorités pour le mouvement syndical qui préfère parler de « protection du travail féminin ». Précisons cependant que la logique égalitaire qui s'oppose à toute réglementation du travail spécifique en fonction du sexe n'est défendue que par une minorité de féministes. Ces dernières se font entendre à partir de 1929 dans une nouvelle association, l'Open Door International, qui s'oppose à la ligne dite protectrice de l'Organisation internationale du travail, qu'elle voit comme un moyen détourné de limiter l'emploi féminin.

L'écrasante majorité des syndiquées appartient à la CGT ou, entre 1922 et 1936, à l'une des deux CGT puisque la révolution russe en 1917, la contestation pacifiste pendant la guerre, puis la fondation du Parti communiste en 1920 ont provoqué la division syndicale entre la vieille CGT désormais réformiste et la nouvelle CGT Unitaire aux ambitions révolutionnaires. Cette dernière apparaît plus ouverte aux femmes et aux revendications féministes : l'élection de Marie Guillot au poste de secrétaire confédérale en 1922 le montre. Marie Guillot, qui est alors secrétaire générale de la Fédération (unitaire) de l'Enseignement, œuvrait depuis plus de dix ans pour la mise en place au sein des syndicats d'une organisation spécifique des femmes qui permettrait à ces dernières d'étudier entre elles leurs revendications et de s'entraîner à les défendre auprès de l'ensemble des militants. C'est ainsi qu'elle venait de créer des Groupes féministes de l'enseignement laïque[37]. Élue au bureau de la CGTU, elle y met en place une Commission féminine confédérale. Les débuts sont difficiles en raison du scepticisme des militants et du manque de militantes assez disponibles pour faire le travail. Les dissensions politiques au sein de la CGTU aggravent encore les problèmes. Les militantes communistes exigent que les membres de la Commission féminine respectent les priorités fixées par le parti. Marie Guillot, attachée à l'indépendance syndicale et convaincue de la nocivité des querelles de tendances donne sa démission[38]. Malgré ce contexte défavorable où les questions politiques occupent le devant de la scène, la Commission féminine va néanmoins continuer à fonctionner et à jouer, à certains moments, un rôle non négligeable.

À la « vieille » CGT, c'est Jeanne Bouvier qui joue les vigiles féministes. Elle peut constater le recul de la participation féminine au fil des congrès confédéraux. « À côté de la CGTU, la CGT est moins rapide, plus réticente à mettre en

37 Anne-Marie Sohn, « Exemplarité et limites de la participation féminine à la vie syndicale : les institutrices de la CGT », *Revue d'histoire moderne et contemporaine*, juill.-sept 1977, p. 391-414.

38 Slava Liszek, *Marie Guillot, De l'émancipation des femmes à celle du syndicalisme*, L'Harmattan, 1994.

place une forme d'organisation plus spécifiquement destinée aux femmes[39]. » En 1929, une commission féminine est néanmoins créée; Jeanne Chevenard est déléguée à la propagande féminine. La propagande insiste sur deux questions : la protection de la maternité et la protection de l'ouvrière à domicile.

Une affiche de la CGT (1934) (BMD)

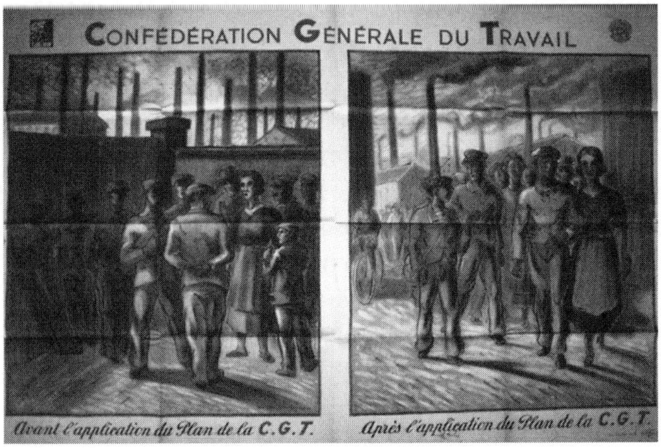

Dans les représentations syndicales de la classe ouvrière, l'usine est un monde d'hommes. À ses portes, une femme, un enfant paraissent extérieurs à cet univers tout en en dépendant : les lois sociales espérées doivent apporter le bonheur aux familles ouvrières.

Jusqu'au Front populaire, la participation des femmes à la vie syndicale, bien qu'en progrès par rapport à l'avant-guerre, reste faible, même dans les fédérations féminisées de l'habillement, du textile et de l'alimentation. On peut noter cependant l'émergence d'un certain nombre de militantes comme Alice Brisset et Martha Desrumeaux dans le textile, Bernadette Cattanéo, des Employés et membre du bureau confédéral de la CGTU en 1931, Georgette Bodineau, membre de ce même bureau en 1933 et future secrétaire générale de la fédération de l'habillement. Les grèves de 1936 améliorent quelque peu la situation : les nouvelles syndiquées sont nombreuses. L'année suivante, on compte 27 femmes au congrès de l'habillement, 10 femmes à celui du textile, 10 à celui de l'alimentation. Trop minoritaires, les femmes ont une faible influence. Leur efficacité est plus grande quand elles prennent en mains leur sort dans des organisations non mixtes, ce que démontrent la lutte des employées des PTT à la fin des années 1920, mais aussi l'expérience du syndicalisme chrétien.

La Confédération française des travailleurs chrétiens (CFTC) s'intéresse beaucoup aux femmes qui constituent, dès sa fondation en 1919, presque la moitié de ses effectifs[40]. Elle bénéficie en effet de l'apport de deux fédérations

39 Françoise Blum, *Féminisme et syndicalisme : les femmes dans la fédération de l'habillement*, maîtrise, Université de Paris I, 1978, p. 106.

40 Christine Bard, « L'Apôtre social et l'Ange du foyer : les femmes et la CFTC à travers le *Nord-Social* (1920-1939) », *Le Mouvement social*, n° 165, oct.-déc. 1993, p. 23-41.

nationales de syndicats féminins nées au tournant du siècle, ainsi que de l'adhésion des Syndicats libres féminins de l'Isère, soit au total 35 000 adhérentes (ce qui représente 15 % de l'ensemble des syndiquées en France). Très minoritaire dans le monde ouvrier, la confédération s'illustre surtout chez les employés dont la fédération compte 63 % de femmes en 1919. Les syndicats libres développent un syndicalisme de services, multipliant les cours du soir, les cours professionnels, les coopératives d'achats, les restaurants féminins, les promenades collectives, les soirées festives, les séances de cinéma « familial ». La CFTC espère convaincre les femmes avec un syndicalisme concret qu'elle oppose au syndicalisme politique de ses concurrents. Son caractère confessionnel attire les femmes : le soutien de l'Église, la prière au début des réunions syndicales ont un caractère familier et rassurant qui contraste avec les rites masculins de la CGT. La non-mixité apparaît également comme un atout majeur. Elle dynamise l'action, facilite l'expression des syndiquées et la prise de responsabilités, bref abolit les difficultés que connaissent les militantes cégétistes. Cette féminisation exceptionnelle peut paraître paradoxale dans une organisation qui mène une vigoureuse campagne pour la femme au foyer. Œuvre réaliste, la syndicalisation des femmes n'apparaît pourtant pas comme une contradiction : les syndicats féminins, tout en réclamant le retour de la « maman » au foyer, défendent le droit des femmes à un « salaire vital » pendant la crise.

4 LES CARRIÈRES FÉMININES

4.1 Une ambition sous surveillance

77 % des femmes appartenant à la génération née entre 1917 et 1924 ont exercé une profession avant 35 ans. Les filles d'ouvriers et d'employés sont les plus actives (81 %), mais les filles des classes supérieures le sont aussi (69 %)[41]. L'une des évolutions les plus importantes de l'entre-deux-guerres est l'accès au travail des femmes de la bourgeoisie, conséquence logique de leur accès à l'enseignement secondaire et supérieur, mais aussi des mutations survenues dans les classes supérieures : les rentiers se sont raréfiés, la dot des filles tend à disparaître. Certaines y sont contraintes par le célibat, le veuvage ou le divorce. D'autres manifestent une ambition nouvelle, s'opposant ainsi au désir de leurs parents comme l'indique Simone de Beauvoir qui obtient l'agrégation de philosophie en 1929 : « Dans mon milieu, on trouvait alors incongru qu'une jeune fille fît des études poussées; prendre un métier, c'était déchoir. Il va de soi que mon père était vigoureusement antiféministe [...] ; il estimait que la place de la femme est au foyer et dans les salons[42]. » C'est aux parents bourgeois que Jules Isaac adresse en 1922 son ouvrage : *Carrières féminines.*

41 Enquête citée par Françoise Battagliola, *Histoire du travail des femmes, op. cit.*, p. 61.

42 *Mémoires d'une jeune fille rangée*, Gallimard, 1958, rééd. Folio, 1978, p. 243-244.

Préface à *Carrières féminines*, par Jules Isaac, 1922.

Vous parlez, en effet, de la douleur que doivent éprouver les parents en présence de la nécessité où peut-être se trouveront leurs filles d'avoir à travailler pour gagner leur vie. Vous dites bien les parents de la bourgeoisie et, en effet, ce sentiment est très bourgeois. Le travail des filles ou des femmes passe pour une déchéance. Pardonnez-moi de vous chercher sur ce point une amicale querelle. [...]

Ne trouvez-vous pas qu'il y a comme une leçon d'égoïsme dans cette faiblesse des parents qui ne veulent pas que leurs filles aient un métier? Le mot est dur; peut être aimeriez-vous mieux profession ou carrière, mais je l'emploie à dessein pour mieux marquer qu'il s'agit de ce qui fait vivre. Une fille qui se désintéresse des charges de la maison, qui en laisse tout le poids sur ses parents, remplit-elle tout son devoir?

Combien de nos filles ne se marieront pas? Combien attendront des années avant de trouver une occasion favorable, un mari digne d'elles, un homme capable de les faire vivre, elles et leurs enfants? À seize ou dix-sept ans au plus, l'éducation d'une fille doit être achevée. Que fera-t-elle avant l'occasion favorable qui se fera attendre plusieurs années, qui ne viendra peut-être jamais? La laisserons-nous prendre l'habitude de remplir sa vie avec ces mille riens qui donnent l'illusion de l'activité et créent des besoins multiples que l'on est point sûr de pouvoir satisfaire plus tard? Ne vaudrait-il pas mieux orienter son existence dans le sens de la participation aux charges de la famille par un travail compris comme s'il devait être la règle de toute la vie? La famille, direz-vous, peut se passer de cet appoint. Tant mieux; mais, dans ce cas, la jeune fille ne peut-elle pas travailler pour elle-même, pour sa dot, pour les frais de sa mise en ménage? [...]

Croyez-vous que la famille ne mérite pas, elle aussi, que l'on se dévoue pour elle et que l'on s'arme de toutes les vertus, que l'on consente tous les sacrifices pour la défendre? [...] En travaillant de leurs mains, nos filles contribueront à réhabiliter le travail manuel dont tant d'enfants des familles ouvrières cherchent à s'échapper pour s'élever à la distinction de l'intellectualisme ou de ce qui prétend s'en rapprocher, et par surcroît leur santé s'en trouvera mieux sans qu'elles aient besoin, pour faire circuler leur sang ou pour affermir leurs muscles de recourir à tous les artifices d'une gymnastique suédoise ou d'un massage scientifique.

Tenir son rang était jadis le conseil que l'on trouvait dans tous les traités d'éducation. Il convenait à une société peu exposée aux bouleversements sociaux que nous voyons aujourd'hui, mais il n'est pas à l'abri des accusations adressées à l'esprit de prudence excessive des parents qui ont limité leur progéniture pour éviter la division du patrimoine. Certains parents se croyaient obligés de laisser à chacun de leurs enfants une fortune égale à celle qu'ils avaient eux-mêmes reçue de leurs ascendants, manière de calculer qui infailliblement conduit à la restriction de la natalité. Éviter de déchoir, tenir son rang ne doit plus se comprendre que dans un sens immatériel. La famille doit se maintenir surtout par sa valeur morale, ses qualités, ses vertus, ses traditions qui lui font une place d'élite dans la société. Il faut qu'elle prenne son parti de subir les inégalités sociales tout en s'efforçant de se relever si la chance ou les talents exceptionnels de ses membres lui en fournissent l'occasion. Dans ces conjonctures, la valeur personnelle est appelée à jouer un rôle de plus en plus grand, nos fils et nos filles vaudront ce que nous les aurons faits par l'éducation et par l'exemple, et plus encore ce qu'ils se seront faits eux-mêmes par le travail, la sagesse et le bon sens. Ceux et celles qui se seront habitués dès leurs jeunes années à l'épreuve, à la souffrance, à la lutte, seront les meilleurs. Ils prendront leur parti d'un monde où le plaisir ne peut pas tenir la plus grande place, ils s'habitueront à regarder au-dessous d'eux, à se comparer non pas aux plus heureux, mais aux moins heureux; ils accepteront de bonne grâce les tâches ingrates et pénibles et quand viendra l'heure de gagner leur vie à la sueur de leur front comme le font tant de millions d'êtres humains, ils ne seront point abattus par leur sort et sauront même trouver dans leur nouvelle carrière ces satisfactions de conscience sans lesquelles ce que les hommes appellent bonheur n'est qu'une vaine et fugitive illusion.

Si l'on commence à admettre que les femmes, risquant le célibat, devront gagner leur vie, les carrières légitimes doivent s'inscrire dans le prolongement du rôle familial dévolu aux femmes et correspondent à l'idée que l'on se fait de la « nature » féminine. « Enseigner, soigner, assister, tels sont tout d'abord les rôles dévolus à la mère de famille. Les formations qui y conduisent pourront mener à l'exercice d'une profession socialement considérée ou être utilisées dans le cadre domestique. Exaltant des vertus socialement construites comme féminines, véritable "maternité symbolique", ces fonctions consacrent l'existence d'un univers féminin à part et contribuent à délimiter les domaines légitimes de la professionnalisation des femmes[43]. »

4.2 L'enseignement secondaire : l'égalité et la différence en jeu

Les lycées de jeunes filles diffèrent sensiblement de ceux des garçons[44]. Ils sont de création récente (loi Camille Sée, 1880); leurs horaires sont allégés; le grec n'y est pas enseigné et le latin est dans le meilleur des cas proposé en formation accélérée pour les élèves qui souhaitent se présenter au baccalauréat. Mais tel n'est pas le but visé par l'institution qui préfère les amener à un diplôme de fin d'études. Ce système différencié permet de faire des économies : les professeurs femmes de ces lycées sont moins payées que leurs collègues masculins.

La contradiction entre les finalités désintéressées de l'enseignement secondaire féminin et le désir d'aller vers le baccalauréat et de trouver un métier a éclaté avant 1914. En 1905, Mathilde Salomon a créé au sein du Collège Sévigné (privé mais laïque) une préparation pour les candidates. Depuis 1902, il existe en effet une section latin-langues dépourvue de grec et avec un programme léger en sciences, l'enseignement dispensé dans les établissements pour jeunes filles y prépare donc assez bien, à condition d'y ajouter des heures en latin. Les établissements privés religieux, longtemps à la traîne, participent à cette évolution au début du siècle. Les féministes et les enseignantes (ces dernières étant nombreuses dans les associations féministes) réclament une formation plus égalitaire et menant à de véritables carrières. Elles constatent d'ailleurs à travers leur propre sort les discriminations à l'encontre des femmes. Ainsi les agrégées forment-elles en 1920 leur société, celle des agrégés fondée en 1914 leur étant fermée, et elles comptent bien « donner plus de forces aux revendications de l'enseignement féminin ». Il s'agit de l'adapter à la réalité. On doit à leur influence le décret de Léon Bérard qui crée en 1924 dans les lycées de filles un enseignement facultatif préparant au baccalauréat et identique à celui des garçons. L'unification n'est pas totale : la préparation au diplôme est maintenue (elle tombera rapidement en désuétude) et l'économie domestique, les travaux d'aiguille et la musique sont rendus obligatoires pour les filles. Les pédagogues

43 Françoise Battagliola, *Histoire du travail…, op. cit.*, p. 68.

44 Cette partie résume l'apport de Françoise Mayeur, *L'Enseignement secondaire des jeunes filles sous la Troisième République*, Presses de la FNSP, 1977.

elles-mêmes y sont très attachées, voulant à la fois l'égalité et la différence. N'est-ce pas incompatible? On peut se le demander, car les heures de couture sont autant d'heures soustraites au programme général. La coéducation, pour reprendre le terme de l'époque désignant la présence de garçons et de filles dans un même établissement scolaire, a alors un parfum franchement révolutionnaire. Elle n'est acceptée, par la force des choses, que dans les villes qui ne possèdent pas d'établissement secondaire féminin. Les lycées de filles conservent donc, même après 1924, une atmosphère particulière qui allie austérité morale et qualité pédagogique. C'est un monde assez clos, exclusivement tourné vers l'enseignement auquel se destinent les meilleures élèves. La tendance à l'égalisation des conditions d'études est cependant dominante. En 1930, le concours général est ouvert aux jeunes filles. Les succès intellectuels des étudiantes de l'entre-deux-guerres (chapitre 5) renforcent ce « féminisme universitaire ».

4.3 Vocations enseignantes

En 1914, on comptait 59 % de femmes parmi les enseignants du primaire public, en 1932 elles sont 66 %[45]. Le recrutement des institutrices s'est élargi grâce aux écoles primaires supérieures. Les jeunes hommes, de leur côté, préfèrent des carrières plus valorisées et plus lucratives : les instituteurs sont issus de milieux plus modestes que leurs collègues féminines. Le métier d'institutrice n'implique plus comme au XIXe siècle le célibat. Au contraire, le mariage entre instituteurs est encouragé et s'avère très commode pour l'administration. L'institutrice s'occupe des plus petits, son image maternelle est renforcée par son statut d'épouse de l'instituteur. C'est une des rares professions où les femmes sont payées à égalité avec les hommes (après une rude bataille syndicale qui a abouti en 1919).

Le professorat (et la direction des établissements) est le principal débouché des diplômées de l'enseignement supérieur. Mais jusque dans les années 1950, ce métier paraît incompatible avec le mariage. Pour concilier travail et famille progresse l'idée du mi-temps. Le professorat n'est en tout cas pas encore perçu comme « un métier de femme » et la réalisation de l'égalité entre les sexes y est plus tardive que dans les établissements primaires (égalité des traitements en 1927, droit de siéger dans les jurys de baccalauréat en 1928, égalité des services en 1932).

Les agrégations sont différenciées en fonction du sexe et organisées dans un esprit différent pour les filles plus orientées vers la pédagogie et pour les garçons poussés vers un niveau scientifique plus exigeant, ce qui crée un bel imbroglio lorsque le décret Bérard de 1924 ouvre aux candidates les concours et les certificats masculins avec un classement unique. Car les agrégations féminines subsistent parallèlement aux agrégations masculines. Contre l'unification des agrégations voulue par les féministes, les résistances sont fortes : les professeurs hommes la voient comme un « prélude à une dangereuse concurrence et à la

45 Françoise et Claude Lelièvre, *Histoire de la scolarisation des filles*, Nathan, 1991.

dépréciation possible de leur propre situation[46] ». On dit les concours masculins trop durs pour les jeunes filles (elles y sont surtout mal préparées, même à Sèvres[47]), et on s'inquiète du risque qu'ils font courir à leur santé de futures mères. Cette hostilité s'est accrue avec la crise. L'agrégation d'histoire, par exemple, se ferme aux candidates en 1938.

4.4 Les carrières sociales

La professionnalisation du travail social marque l'évolution des carrières féminines entre les deux guerres. Le travail social est né à la fin du XIXe siècle de la volonté d'apaiser la lutte des classes : la bienfaisance (par la charité chrétienne) ne suffisait plus, quant à l'Assistance publique, elle supposait de reconnaître aux plus démuni(e) s des droits et d'accepter l'intervention de l'État. Ses promotrices allient donc conservatisme politique et réformisme social. Très vite, le projet prend une tournure professionnelle. L'École normale sociale (catholique) est créée en 1911, l'École pratique de service social (protestante) en 1912[48]. Avant la guerre, des résidences sociales sont créées à Paris et en banlieue. Elles offrent des services aux femmes et aux enfants (garderies, causeries éducatives, consultations morales, formation ménagère, fourniture de travaux à domicile, etc.). L'assistante, bien que formée, est encore une bénévole.

La guerre encourage des spécialistes de l'action sociale à prendre d'autres initiatives. En 1917, Cécile Brunschvicg, Nicole de Montmort, Marie Diémer, Mme Viollet et Marie Routier fondent l'École des surintendantes avec le soutien du ministre du Travail et des subventions patronales[49]. Cette formation de haut niveau s'adresse à des jeunes filles aisées, triées sur le volet. Les efforts privés rejoignent l'impulsion publique donnée en 1920 par la création du ministère de l'Hygiène, de l'Assistance et de la Prévoyance sociale. L'assistante se spécialise et peut désormais travailler pour les entreprises, les caisses de compensation, les HBM (Habitations bon marché) ou encore les caisses d'assurances sociales, selon qu'elle est infirmière-visiteuse, surintendante d'usine, visiteuse-contrôleuse des assurances sociales, assistante polyvalente familiale. En 1933, le diplôme d'assistante sociale est créé[50]. Les infirmières-visiteuses, elles, se rendent au domicile des familles populaires. Leur diplôme d'État est reconnu en 1922. Elles participent à la lutte contre la tuberculose, la mortalité infantile, le dépistage des maladies et des tares et diffusent le message hygiéniste. Elles pratiquent

46 *Id.*, p. 432.

47 Françoise Mayeur, *L'Enseignement...*, *op. cit.*, p. 430. L'École normale supérieure (ENS) de Sèvres, fondée en 1881, est pour les jeunes filles l'équivalent de l'ENS de la rue d'Ulm, plus ancienne.

48 Jeanine Verdès-Leroux, *Le Travail social*, Minuit, 1978; Roger-Henri Guerrand, Marie-Antoinette Rupp, *Brève histoire du service social en France*, Toulouse, Privat, 1978; C. Rater-Garcette, *La Professionnalisation du travail social. Action sociale, syndicalisme, formation 1880-1920*, L'Harmattan, 1996.

49 L. L. Downs, « Les marraines élues de la paix sociale? Les surintendantes d'usine et la rationalisation du travail en France, 1917-1935 », *Le mouvement social*, juill.-sept. 1993, p. 53-76.

50 Yvonne Knibiehler, *Nous les assistantes sociales*, Aubier, 1989.

l'enquête sociale (repérage des familles « relevables » ou « irrelevables »), établissent des diagnostics sociaux (à partir de questions et de leurs observations) et proposent des traitements adaptés aux cas qu'elles rencontrent (alcoolisme, arriération mentale, difficultés de « filles mères », etc.). Les carrières sanitaires et sociales sont clairement désignées comme féminines. Elles exigent « la finesse, le doigté, le sens des nuances, la psychologie avertie qu'on reconnaît volontiers aux femmes[51] ». Soigner est de longue date une tâche féminine, mais ce qui change à partir du début du siècle, c'est la multiplication des écoles qui permet une professionnalisation et une laïcisation de la profession d'infirmière[52]. Le rapport qu'entretient l'infirmière avec le médecin reproduit la hiérarchie et les rôles sexuels. La laïcisation du personnel soignant se fait sans grande rupture avec l'état d'esprit antérieur valorisant le sacrifice, l'abnégation et le dévouement; par leur vêtement, les infirmières ressemblent d'ailleurs aux religieuses.

4.5 Professions libérales et fonction publique

En revanche, les femmes entrent timidement dans les carrières médicales : elles peuvent depuis la Révolution être pharmaciennes, mais elles ne peuvent devenir dentistes ou médecins que depuis 1892. Elles seront jusque dans les années 1960 moins de 10 % des médecins, la dentisterie étant plus accessible (18 % des diplômes en 1933), ainsi que la pharmacie (32,7 % en 1933). Ces pionnières consacrent souvent leur carrière aux femmes et aux enfants. Elles forment une association qui défend leurs droits dans un milieu qui se méfie d'elles.

Diplômées en droit ou en sciences politiques, les femmes se heurtent à des interdictions professionnelles. Jeanne Chauvin après qu'on lui eut refusé de prêter serment s'est battue avec les féministes pour l'ouverture de la profession d'avocat. L'interdiction est levée quelques années plus tard, en 1900. L'année suivante, elles sont 9 (0,1 %), déjà 623 (8,3 %) en 1921, puis 1 432 (18 %) en 1931[53]. Les pionnières souffrent de certains préjugés, leurs collègues sont parfois malveillants et la clientèle hésite, cherchant à mettre toutes les chances de succès de son côté. Le stéréotype enferme très vite les avocates dans un rôle altruiste (au secours de la veuve, de la divorcée et de l'orphelin), conforme à la « nature féminine[54] ». En 1932, le Parlement repousse des propositions de loi qui permettraient aux femmes d'accéder aux fonctions de greffier auxiliaire, de notaire, d'avoué. La magistrature leur reste également fermée.

Dans la haute administration, le ministère du Commerce est le premier en 1919 à ouvrir aux femmes les postes de rédacteurs. En 1926, deux femmes sont sous-chefs de bureau : la romancière antiféministe Colette Yver les caricature

51 Suzanne Cordelier, *Femmes au travail. Étude pratique sur dix-sept carrières féminines*, Plon, 1935, p. 3 citée par Françoise Battagliola, *Histoire du travail des femmes, op. cit.*, p. 72.

52 Yvonne Knibiehler dir., *Cornettes et blouses blanches : les infirmières dans la société française 1880-1980*, Hachette, 1984. Voir aussi *La femme soignante, Pénélope*, n° 5, automne 1981.

53 Christine Bard, *Les Filles…, op. cit.*, p. 178.

54 Anne-Laure Catinat, « Les premières avocates au barreau de Paris », *Mil neuf cent*, n° 16, 1998, p. 43-56.

dans *Madame sous-chef*, avant de ramener son héroïne au foyer où elle « endormira les brûlures de son orgueil rongé ». Le Conseil d'État reconnaît en 1936 que les femmes ont « l'aptitude légale » aux emplois des « administrations centrales des ministères » mais le gouvernement peut néanmoins s'opposer à leur recrutement et à leur avancement pour des raisons d'organisation des services. Ce sont les postes supérieurs qui se trouvent ainsi bloqués pour les femmes. La diplomatie leur reste complètement fermée.

Aux postes moins élevés, le recrutement des femmes dans les services publics permet de faire des économies puisqu'elles sont moins payées et n'obtiennent l'égalité des traitements qu'après des luttes importantes et dont leurs collègues masculins sont rarement solidaires : les institutrices puis les femmes professeurs obtiennent gain de cause entre les deux guerres.

4.6 Aux colonies

Lorsqu'elle fut fondée en 1897, la Société française d'émigration des femmes aux colonies espérait résoudre le chômage féminin. Institutrices, employées, sages-femmes, elles étaient environ 500 à postuler au départ la première année. Il s'agissait aussi de stabiliser sur place colons et fonctionnaires de la métropole en leur permettant de fonder une famille, de moraliser, « civiliser » les mœurs coloniales. L'initiative provoque des commentaires grivois et beaucoup de préventions. Les premières à partir étaient des « filles à soldats », vivandières, cantinières... Bien des colons estimaient que les femmes isoleraient dangereusement le colon du colonisé, qu'elles s'installeraient dans une oisiveté coupable, entourées de *boys*, à l'affût des distractions amoureuses et sexuelles, semant la zizanie parmi les hommes. Entre les deux guerres s'ajoute le souci médical et nataliste, les maladies tropicales risquant d'affaiblir les femmes blanches et leur progéniture. Surtout, les employeurs dédaignent les propositions féminines. À la différence de la Grande-Bretagne, la France est un pays d'immigration, non d'émigration, et les zones qu'elle colonise ne sont pas destinées au peuplement. Une minorité de femmes tente néanmoins l'aventure, une aventure difficile pour les célibataires, même si l'une d'elle estime qu'« une femme arrivant au Tonkin avec un métier est sûre de réussir[55] ». Mais la fortune de Mme de la Souchère, régnant sur un domaine produisant 250 tonnes de caoutchouc par an, construisant un village, une infirmerie, une pagode, une chapelle est évidemment exceptionnelle. Les réalisations culturelles et éducatives de Suzanne Karpélès, première femme membre de l'École française d'Extrême-Orient, au Cambodge sont uniques. Le coût du voyage exclut d'emblée les déshéritées. Les « coloniales » sont le plus souvent mariées et subissent plus qu'en métropole les limitations dues à leur statut d'épouse : impossibilité de travailler, sociabilité réduite et très protocolaire, sans contact avec les indigènes hormis les relations avec les serviteurs. Seules les carrières de l'enseignement et de la santé s'ouvrent aux femmes qui deviennent alors des observatrices privilégiées de la condition

55 Yvonne Knibiehler, Régine Goutalier, *La Femme au temps des colonies*, Stock, 1985, p. 108.

féminine indigène. À travers le prisme de leur culture, elles jugent très sévèrement les coutumes qu'elles découvrent et développent un « maternalisme » qui humanise l'entreprise coloniale. Ceci surtout à travers les initiatives concernant la santé des femmes et des enfants : elles agissent alors dans l'urgence, tentent quand elles le peuvent, quand elles ont appris la langue locale, de transmettre des connaissances, mais le monopole des soins reste aux mains des métropolitaines : il n'y a ainsi aucune Musulmane inscrite dans les cinq écoles d'infirmières qui existent dans le Maghreb entre les deux guerres. Les « coloniales » laïques ou religieuses sont témoins de l'exploitation de la main-d'œuvre locale, aveugle sur le sexe comme sur l'âge. Elles en bénéficient parfois; d'autres au contraire la dénoncent, mais rarement au point de remettre en cause le système colonial. Les États généraux du féminisme consacrés en 1931 aux colonies formulent quelques vœux pieux : scolariser les filles, leur apprendre des métiers rémunérateurs, appliquer dans les colonies la législation du travail française, obtenir des postes d'inspectrices du travail.

Par leur travail domestique, les femmes (la plupart d'entre elles) ont facilité la vie des hommes. Par leur travail rémunéré (fréquent), elles ont contribué au mieux-être de leur groupe familial. Le travail, on l'a vu, est une histoire de famille qui laisse vraiment peu de place à l'individu-femme. Ce que les contemporaines ne peuvent sans doute pas percevoir, c'est que l'emploi des femmes protège les hommes de la déqualification dans les usines et les bureaux, « en leur réservant les filières les plus qualifiées et promotionnelles[56] ». Il est un élément important de la mobilité sociale masculine. Les femmes sont-elles uniquement des flouées dans le monde du travail? Comment mesurer leur (éventuelle) émancipation? L'ouverture de certaines professions indique une évolution importante, considérée comme telle par les féministes qui ont fait campagne dans ce sens. Le mouvement qui amène les rurales à la ville, les travailleuses à domicile à l'usine, et les porte vers les emplois tertiaires constitue-t-il un progrès? Leur niveau de vie augmente, mais elles restent au bas de la hiérarchie sociale avec des statuts souvent précaires. Quant au degré de légitimité du travail féminin, il reste faible. Les travailleuses sont vues comme des travailleuses temporaires, qui se contenteront de salaires modestes, qui n'auront pas d'ambition de carrière, qui ne rejoindront pas les syndicats. Elles sont jugées aussi en fonction de la nature de leur activité : les métiers restent genrés. Enfin, il faut souligner les effets de l'exclusion des femmes de la citoyenneté sur leur statut au travail, d'abord parce que certains concours ne sont accessibles qu'aux « personnes » ayant accompli leurs devoirs militaires, ensuite parce qu'elles ne « comptent » pas comme électrices et ne disposent donc pas du vote comme moyen de pression (quoiqu'on pense de l'efficacité de ce dernier). L'infériorisation sociale des femmes forme un tout, les féministes ne l'oublient pas lorsqu'elles réclament des droits égaux en rappelant que les Françaises travaillent et paient des impôts. La contribution des femmes à l'économie nationale n'est pas le moins fort des arguments suffragistes.

56 Françoise Battagliola, *Histoire du travail…*, *op. cit.*, p. 68.

Chapitre 4

Femmes et politique entre exclusion et engagement (1918-1939)

« FEMMES ET POLITIQUE » mais aussi « Politique et femmes » : c'est une relation double qu'il faut étudier, les femmes étant à la fois actrices et « agies » en politique. Privées du droit de voter et d'être élues jusqu'en 1944, nombre d'entre elles se considèrent pourtant comme des « citoyennes[1] ». Elles ont été de tous les grands moments révolutionnaires, ce qui laisse des traces dans la mémoire collective : « tricoteuses » et « pétroleuses » symbolisent toujours pour les anti-suffragistes de l'entre-deux-guerres les redoutables excès féminins. Pour rendre compte de la diversité de l'investissement politique des femmes avant la Seconde Guerre mondiale, il faut examiner leur place dans les partis, sans négliger leur rôle dans des organisations en marge de la vie politique institutionnelle : un large secteur « parapolitique » où elles se sentent plus à leur aise.

1 FEMMES ET FORMATIONS POLITIQUES : UNE OUVERTURE LIMITÉE, UN BILAN MITIGÉ

Dans les partis qui se forment au début du siècle, les adhérentes et les militantes sont peu nombreuses et souvent discrètes. Leur histoire montre les réticences de la plupart des partis face à la mixité, leur hostilité à la « question féministe », mais aussi leur évolution toute pragmatique à l'égard des femmes, indispensables pour construire des organisations « de masse » et tôt ou tard électrices. Vue du côté des femmes, cette histoire révèle aussi un engagement politique bien avant 1944 ou, si l'on veut, une conscience citoyenne antérieure à l'égalité politique. Dans ces cénacles masculins, codifiés par et pour les hommes, des femmes font leur apprentissage et certaines réalisent déjà leurs ambitions, en attendant mieux : l'éligibilité. Dans une certaine mesure, les sections féminines des partis seront des viviers pour les élues de la IVe République. Ainsi, l'avocate féministe Germaine Poinso-Chapuis, première femme ministre en 1947, a d'abord été une militante du Parti démocrate populaire.

1 Le mot « citoyenne » était d'ailleurs couramment utilisé pendant la Révolution française et les socialistes du début du XXe siècle l'employaient eux aussi.

1.1 À gauche

Le Parti radical qui « incarne » le régime de la IIIe République est aussi, de tous les partis, le plus hostile aux droits politiques des femmes. Il est le principal responsable de l'échec du suffrage des femmes au Parlement : la crainte d'un vote féminin conservateur qui menacerait la République et la laïcité justifie son opposition. De sa fondation (en 1901) à 1924, il est fermé aux femmes. Son antisuffragisme est lié à celui de la franc-maçonnerie, dont les grandes obédiences sont réservées aux hommes depuis le XIXe siècle. Dans cette « République des frères », les femmes n'ont pas de place, comme si leur intrusion portait le risque d'une déstabilisation[2]. Que les femmes soient exclues des loges qui sont des lieux de sélection, de formation et d'entraide voués au service d'un idéal politique progressiste est évidemment lourd de conséquences. Tous les « frères » ne l'acceptent pas : avec le soutien de féministes tels que Léon Richer et Georges Martin, Maria Deraismes a été initiée en 1882. Cette transgression de la règle provoque un schisme et la fondation en 1893 de La Grande loge symbolique écossaise-Le Droit Humain, une obédience mixte, mais qui restera minoritaire. En 1924, le Parti radical ouvre enfin ses portes aux femmes, une décision sans doute destinée à amadouer les suffragistes au moment où il revient au pouvoir. Dès cette date, plusieurs féministes d'envergure, particulièrement les dirigeantes de l'Union française pour le suffrage des femmes, adhèrent avec l'espoir de faire évoluer de l'intérieur les positions de leurs amis politiques. Elles sont à l'origine d'une Fédération des femmes radicales, créée en 1935, mais sans influence. Les structures et le fonctionnement du parti ne facilitent pas leur pression. Certaines d'entre elles délaissent la perspective féministe pour goûter aux jeux du pouvoir, d'autres tentent un périlleux cumul. En 1936, alors que la gauche, majoritaire à la Chambre des députés, est en mesure de former un gouvernement, le Parti radical s'oppose à toute modification du suffrage et obtient gain de cause auprès de ses partenaires du Front populaire.

Au sein de la SFIO, fondée en 1905, les adhérentes sont 500 environ. De tous les partis socialistes européens, cela représente le taux de féminisation le plus faible[3]. C'est un paradoxe car dans le passé, féminisme et socialisme avaient pu se rejoindre dans une analyse commune de l'oppression dans la société bourgeoise. C'est au contraire une concurrence entre les deux mouvements qui s'institua, au désespoir de celles qui n'envisageaient pas de séparer les deux combats. Cette mise en concurrence est facilitée en France par la faiblesse de la pensée socialiste sur l'émancipation féminine. Marx, Engels et Bebel n'étaient guère lus; Flora Tristan était oubliée depuis longtemps, comme Charles Fourier[4]. C'est au moment où le

2 Françoise Gaspard, « Franc-maçonnerie, République et exclusion des femmes », Éliane Viennot dir., *La Démocratie « à la française » ou les femmes indésirables*, Publications de l'Université de Paris VII, 1996, p. 63-76.

3 Charles Sowerwine, *Les Femmes et le socialisme*, Presses de la FNSP, 1978.

4 Maximilien Rubel, « L'émancipation des femmes dans l'œuvre de Marx et d'Engels », Christine Fauré dir., *Encyclopédie politique et historique des femmes*, PUF, 1997, p. 383-404. Sur Bebel, postérieur, voir la réédition de son « classique » *La Femme dans le passé le présent et l'avenir* (1883) (Ressources, Genève, 1979), présenté par Anne-Marie Sohn.

suffragisme devient un mouvement de masse dans de nombreux pays que l'Internationale socialiste impose sa vision critique d'un féminisme bourgeois à la conquête d'un droit — le suffrage — secondaire qui ne motiverait que les femmes des milieux favorisés, impatientes d'accéder au pouvoir et indifférentes au sort des travailleuses ou des bonnes qu'elles emploient. En 1907, la dirigeante du mouvement socialiste féminin allemand, Clara Zetkin, fait adopter le principe de l'incompatibilité entre l'adhésion socialiste et l'engagement féministe. Dans les années suivantes, des militantes d'envergure quittent la SFIO où leurs revendications féministes n'ont plus leur place. Le parti français n'avait d'ailleurs pas été capable de former un véritable mouvement féminin en son sein. Entre les deux guerres, la place des femmes au sein de la SFIO n'évolue pas. Louise Saumoneau reste vigilante pour briser toute tentative féministe au sein du parti. Des militantes de valeur, telle Suzanne Buisson, forment un Comité national des femmes socialistes dans les années 1930. Mais la propagande en direction des femmes ne produit pas d'effets positifs : la SFIO ne compte en 1932 que 2 800 inscrites (2,1 % de l'effectif total), et surtout, c'est avec le consentement de ces militantes que le Front populaire enterre le vote des femmes en 1936.

La situation semble plus favorable pour les femmes au Parti communiste[5]. Dès sa naissance en 1920, il accorde à la propagande parmi les femmes un soin remarquable; il prône l'égalité des sexes, célèbre la journée internationale des femmes le 8 mars, présente des candidates aux élections, vote toutes les propositions suffragistes au parlement, crée des organisations féminines dévouées à la paix, à l'antifascisme, à la formation des jeunes filles, il dénonce l'exploitation spécifique du travail féminin, appelant les travailleuses à se syndiquer, enfin, pendant une dizaine d'années, il s'oppose à la répression de l'avortement et à l'interdiction de la contraception. Il exécute les directives de la IIIe Internationale. « Lénine l'a déclaré : le moment est venu où chaque cuisinière doit apprendre à gouverner l'État. » « Gloire à la révolution russe, qui a réalisé la libération de la femme », s'exclame le journal féminin du parti, *L'Ouvrière,* en 1923.

Certaines féministes, comme Madeleine Pelletier, Hélène Brion et Marthe Bigot, sont actives dans le jeune parti communiste. Leur détermination pacifiste pendant les années de guerre leur donne une belle légitimité, mais elles ne sont qu'une poignée. Leur adhésion est enthousiaste mais aussi vigilante, comme le montre le récit que la doctoresse Pelletier publie en 1922 *Mon voyage aventureux en Russie soviétique*, qui tire un bilan mitigé des expériences russes. Mais la première mise en ordre du parti, fin 1921-début 1922, provoque quelques départs. La seconde vague de départs s'étale entre 1924 et 1927. Après cette date, le parti ne compte plus aucune femme engagée par ailleurs dans une association féministe. La première génération de militantes, celle des « passagères », cède la place à celle des « fidèles » qui déploient leur énergie alors que le parti est

5 Christine Bard, Jean-Louis Robert, « The French Communist Party and Women, 1920-1939 : From "feminism" to "familialism" », ed. by Helmut Gruber and Pamela Graves, *Women and Socialism, Socialism and Women. Europe between the two World Wars,* New York, Oxford, Berghahn Books, 1998, p. 321-347.

au creux de la vague entre 1927 et 1933. Une troisième génération, celle des « héritières » participera au renouvellement et à l'essor du parti pendant le Front populaire[6].

L'évolution du nombre d'adhérentes confirme cette périodisation : elles sont 2 600 (3 à 4 %) en 1924, 964 (1,7 %) en 1926, 200 (0,6 %) en 1929. Le parti ne comptabilise plus leur nombre dans les années 1930, mais il y a sans doute une augmentation sensible pendant le Front populaire. D'une manière constante, de toute façon, il stagne à un niveau particulièrement bas. On pourrait donc presque parler de sur-représentation féminine lors des congrès nationaux où l'on dénombre 15 (6 %) déléguées en 1925, 30 (8,6 %) en 1926, 23 (2,7 %) en 1936. Le comité directeur où siégeaient 15 % de femmes en 1920, n'en compte plus que 6 % en 1922 et devient exclusivement masculin dans les années 1930.

En 1936, le PCF sacrifie la liberté de contraception et d'avortement sur l'autel du Front populaire. Gommant ses aspérités révolutionnaires, il insiste désormais sur son caractère républicain, national, et adapte son discours sur les femmes à sa nouvelle stratégie; la féminité, la maternité et une morale de bon aloi sont dès lors valorisées. Paradoxalement, alors que le PCF est le parti qui accorde le plus d'attention à sa propagande féminine, le nombre de ses adhérentes est particulièrement faible, même si la valeur de ses militantes tend à le faire oublier. C'est que le parti n'est pas simplement une greffe étrangère à la culture française : en s'engageant dans le Rassemblement populaire, il entre dans l'arène de la politique électorale d'où les femmes sont exclues. De plus, sa base, surtout dans les années 1930, reflète les traits culturels d'une classe ouvrière au sein de laquelle la hiérarchie sexuelle est une réalité. À l'heure de sa seconde naissance, comme parti de masse fort d'environ 300 000 membres, il colle à une réalité politique et sociale où le féminisme n'a plus sa place, mais où le souci de recruter des femmes demeure (fondation, en 1936, de l'Union des jeunes filles de France).

Les idées féministes circulent plus facilement dans la mouvance anarchiste, où l'organisation de type « parti » est bannie, ne serait-ce qu'en raison de sa finalité souvent purement électorale. Certes les anarchistes méprisent le droit de vote, ce « chiffon de papier » et, en ce sens, sont antisuffragistes. Mais leur refus viscéral des rapports de pouvoir les rend sensibles, pour certains, à l'oppression des femmes. L'antimilitarisme et le pacifisme qu'ils défendent sont des causes potentiellement populaires chez les femmes, et le néo-malthusianisme crée un terrain d'entente entre certains anarchistes et plusieurs féministes, parmi lesquelles Madeleine Pelletier et Nelly Roussel. Mais malgré l'illustre exemple donné par Louise Michel, les militantes anarchistes ne sont pas nombreuses. Leur histoire reste à écrire, de même que celle des militantes d'extrême gauche qui se sont investies dans les organisations féministes, ultrapacifistes ou encore syndicales. Elles sont présentes dès les débuts du courant trotskiste en France, mais le programme d'action

6 Voir Jacqueline Tardivel, *Des pacifistes aux résistantes, les militantes communistes, en France, dans l'entre-deux-guerres*, thèse, Université de Paris VII, 1993.

qu'elles défendent semble oublier les femmes, ce qui étonne Trotsky en 1935 : « Vous ne dites rien sur les femmes (salaires, travail de nuit, congé pour les accouchées, etc.). Une tendance véritablement révolutionnaire qui veut assurer son avenir ne doit jamais négliger les questions des jeunes ni celles des femmes ni celles des peuples opprimés (rien sur les colonies dans votre programme)[7]. »

Sur les rapports de la gauche avec l'émancipation des femmes, le Front populaire est sans doute l'événement le plus révélateur. Nous l'avons dit, le droit de vote a été exclu du programme du Rassemblement populaire (mais pas le droit au travail des femmes), alliance avec les radicaux oblige. Les autres partenaires ont cédé de bonne grâce. Une motion discutée lors d'un congrès de la SFIO peu avant en dit long, bien qu'elle soit restée minoritaire : tirant les leçons de ce que certains journaux français avaient dit de la victoire électorale d'Hitler obtenue grâce à une majorité de voix féminines — ce qui était faux —, elle présentait le vote des femmes comme un danger pour la démocratie. Fin juin 1936, les députés français adoptent une dernière fois à l'unanimité moins une voix une proposition donnant aux femmes l'intégralité des droits politiques. Mais le gouvernement n'intervient pas et malgré d'ultimes manifestations suffragistes, le Sénat refuse de passer à la discussion. Léon Blum offre aux femmes une compensation symbolique : il nomme trois femmes au gouvernement[8], estimant qu'ainsi, « le parti socialiste a virtuellement réalisé l'égalité des sexes ». Le prix Nobel Irène Joliot-Curie, proche du PC, est nommée sous-secrétaire d'État à la recherche scientifique. Suzanne Lacore, ancienne institutrice et vieille militante socialiste, devient sous-secrétaire d'État à la protection de l'enfance. Cécile Brunschvicg, membre du parti radical et présidente de l'Union française pour le suffrage des femmes, est sous-secrétaire d'État à l'Éducation nationale. Très vite, après la démission d'Irène Joliot-Curie, les femmes au gouvernement ne sont plus que deux. Elles y font du bon travail, mais l'expérience s'arrête dès 1937.

1.2 À droite

C'est dans le camp conservateur anti-républicain et clérical que les femmes sont le plus nombreuses. Le processus de séparation des Églises et de l'État a déclenché de nombreuses initiatives chez les catholiques. Notamment la fondation en 1901 de la Ligue des femmes françaises et en 1902, de la Ligue patriotique des Françaises (LPF) qui connaît un développement exceptionnel : elle revendique 500 000 adhérentes en 1917, 800 000 adhérentes en 1927, 1,5 M en 1932. En 1933, à la demande de Rome, elles fusionne avec la Ligue des femmes françaises pour former la Ligue féminine d'action catholique française qui aurait deux millions d'adhérentes à la veille de la Seconde Guerre mondiale. Tout en se

7 Cité par Michel Dreyfus, « Des femmes trotskystes et pacifistes sous le Front populaire », *Cahiers Léon Trotsky*, n° 9, janvier 1982, p. 59.

8 Siân Reynolds, « Women and the Popular Front in France : The Case of the Three Women Ministers », *French History*, vol. VIII, n° 2, 1994, p. 196-224 et « Trois dames au gouvernement (1936) », Christine Bard dir., *Un siècle d'antiféminisme…*, *op. cit.*, p. 193-204.

prétendant neutres sur le plan politique, ces deux associations sont proches l'une de l'Action française, et l'autre de l'Action libérale populaire et s'engagent lors des élections à faire voter pour les candidats qui défendent la propriété, la patrie, la liberté et la religion.

Activisme politique, prosélytisme religieux, action sociale : tels sont les trois volets de l'intervention publique de la Ligue patriotique des Françaises. Le tout est antiféministe : pour les ligueuses, le féminisme est laïque, libre penseur, révolutionnaire, pacifiste et quand il n'est pas sous l'influence de l'Internationale, il est le fruit d'un complot judéo-maçonnique. L'aspect religieux de cet engagement est très important. Sans être subordonnée à l'Église, la LPF reprend le discours de *La Croix* qui la subventionne. Mais des mobiles d'action proprement féminins sont mis en avant : l'épouse doit combattre le divorce pour sauvegarder son bonheur. Le manuel de la ligueuse invite par exemple à ne jamais saluer des divorcés. La mère de famille doit exercer une influence politique, non pas en votant, mais en défendant par exemple l'éducation de ses enfants et les intérêts de l'école privée. Son action évoluera d'ailleurs avec le temps vers le prosélytisme religieux et la philanthropie. C'est par le biais des services rendus aux adhérentes que la LPF devient une association de masse, mais elle est dirigée par une élite appartenant à la haute bourgeoisie et aux grandes familles nobles : la première présidente est la baronne de Brigode, la deuxième la baronne de Reille.

Les ligueuses, pour qui la politique doit rester une prérogative masculine, sont saluées par la presse de droite comme des militantes politiques efficaces. Idéologiquement, elles n'ont aucune spécificité, mais elles sont assez autonomes dans leur organisation qui est un succès, comme le montre leur bonne implantation, leur force numérique, leur longévité et la variété de leurs initiatives sur le plan caritatif[9]. Leur antiféminisme n'est-il pas dirigé avant tout contre la République laïque plutôt que contre les droits des femmes? Leur apologie de la monarchie et de l'ordre social chrétien peut prendre en effet des accents féministes. Elles défendent la religion qui à leurs yeux préserve la dignité de la femme, un Ancien Régime où les femmes ne manquaient pas d'influence politique, un système économique centré sur la production familiale et la complémentarité des rôles sexuels. Il est toujours possible de prétendre que ces rôles complémentaires ne sont pas hiérarchisés, qu'ils sont non pas égaux mais équivalents, et qu'en définitive, la monarchie était plus « féministe » que la République. La mobilisation des femmes dans le camp conservateur et clérical montre en tout cas que le mouvement féministe a ouvert les voies d'un engagement des femmes dans la Cité, y compris dans un sens qu'il ne soupçonnait pas.

Même l'Action française organise un comité des dames. La plus vieille des ligues nationalistes a sa théoricienne en la personne de Marthe Borély. En 1919,

9 Odile Sarti, *La Ligue patriotique des Françaises 1902-1933. A feminine response to the secularization of French society,* New York and London, Garland Publishing, 1992. Et Anne-Marie Sohn, « Les femmes catholiques et la vie publique en France (1900-1930) », *Stratégies des femmes,* Tierce, 1984, p. 97-120.

dans *L'Appel aux Françaises*, elle expose une véritable doctrine de l'antiféminisme. « Le contre-féminisme, explique-t-elle, se propose de ramener l'esprit public à l'ancienne distribution des travaux et des devoirs, à l'humaine séparation des attributions sociales des sexes, par opposition au féminisme qui veut tout confondre[10]. » Elle voit le féminisme comme une maladie de la modernité : son agent matériel est le machinisme qui a ouvert aux femmes les portes des usines et des bureaux, son agent intellectuel, c'est l'idéal démocratique. Comme l'alcoolisme, il figurera, selon Marthe Borély, comme la rançon que l'époque aura payée au progrès. Le suffrage féminin est inutile car les femmes voteraient comme leurs maris. Le « génie féminin français » ne saurait s'exprimer par le vote démocratique, mais par une influence plus subtile. Le péril le plus grand, c'est l'influence néfaste du féminisme sur la natalité. La maternité doit être le « patriotisme des femmes ». Marthe Borély féminise le fameux slogan de Charles Maurras, l'idéologue de l'Action française : « La France aux Françaises », et exploite le thème de l'immigration : « Sur 44 avocates inscrites en 1917 au barreau de Paris, 40 étaient étrangères ou juives, 4 seulement purement françaises. Mariées, faisant souche en France, elles trouveront dans la politique la gloire que le barreau leur refuse. Ces pâles avocates devenues des politiciennes sont nos futures députées[11]. » L'antisémitisme politique vise également les féministes, versant féminin des élites républicaines. Cécile Brunschvicg, présidente de l'Union française pour le suffrage des femmes devenue sous-secrétaire d'État dans le gouvernement Blum, en sera par exemple victime. Pour l'extrême droite, le féminisme est une « invention juive ».

Le courant catholique social apporte également sa pierre à l'édifice antiféministe, mais d'une manière moins agressive. L'Union féminine civique et sociale (UFCS), fondée par Andrée Butillard en 1925, est une des associations les plus dynamiques de la mouvance du catholicisme social. Elle défend des conceptions familialistes qui s'opposent à l'individualisme féministe. Avec d'autres associations catholiques, elle mène une campagne décisive dans les années 1930 pour le retour des femmes au foyer. Sa pression est avérée lors des négociations préalables à la réforme du statut de la femme mariée en 1938 pour maintenir la puissance paternelle.

2 FORCES ET FAIBLESSES DES FÉMINISTES DE L'ENTRE-DEUX-GUERRES

L'élargissement du mouvement féministe entre les deux guerres a pour contrepartie les divisions politiques et le fractionnement entre trois grandes tendances incapables de faire front commun.

10 Cité par Christine Bard, *Les Filles...*, *op. cit.*, p. 412.

11 *Id.*, p. 405.

2.1 Le féminisme réformiste

Cette tendance, portée par les associations les plus anciennes (l'Union française pour le suffrage des femmes, le Conseil national des femmes françaises, la Ligue française du droit des femmes, pour ne citer que les plus importantes), domine ce mouvement. C'est une tendance républicaine, laïque, radicale ou socialisante, qui s'attache à la conquête de l'égalité juridique (les avocates y sont d'ailleurs fort nombreuses). Sa priorité est le droit de vote qu'elle revendique assez sagement par des pressions auprès des hommes politiques et par une mobilisation de l'opinion publique (des meetings nombreux, qui attirent en moyenne 400 à 600 personnes; mais aussi par la presse). La routine suffragiste est mise en cause de l'intérieur par la plus radicale des associations de cette tendance, la Ligue, animée par deux avocates, Maria Vérone et Andrée Lehmann. Elle est l'organisatrice de manifestations interdites par les autorités devant le sénat. Des suffragistes plus hardies s'aventurent également dans l'hémicycle, pour y crier leurs slogans, distribuer leurs tracts ou s'enchaîner sur les bancs. Ces initiatives d'action directe ou de manifestations de rue répugnent aux autres militantes, attachées à la modération et au légalisme. La journaliste Louise Weiss tente aussi entre 1934 et 1936 d'imposer des méthodes de « suffragettes ». Avec un grand talent médiatique, elle multiplie avec son groupe, La Femme nouvelle, des opérations spectaculaires.

L'image de cette tendance est plutôt bourgeoise. Des dirigeantes d'associations peuvent consacrer tout leur temps au bénévolat; d'autres travaillent, comme l'avocate Maria Vérone, d'origine modeste. La sociologie des adhérentes est plus diversifiée, mais les femmes de milieu populaire y sont rares. Dans l'ensemble, les hommes sont peu nombreux, mais jouent un rôle actif dans certains groupes comme la LFDF qui aime à rappeler que Victor Hugo fut un de ses présidents d'honneur. Les caractéristiques les plus importantes des militantes de cette tendance sont finalement leur niveau d'instruction élevé (elles sont nombreuses à exercer des professions qualifiées; les institutrices sont en majorité) et le fait qu'elles sont presque toutes issues des milieux protestant et juif.

Comme le montrent les États généraux du féminisme organisés à Paris en 1929, autour des grandes associations suffragistes gravitent bien d'autres associations féminines spécialisées et le droit de voter n'y est qu'une revendication, la plus importante certes, parmi d'autres. La tendance réformiste élabore en effet un programme qui envisage ce que pourrait être l'apport spécifique des femmes dans la vie politique : contre la misère et la guerre, contre les fléaux sociaux, puis, dans les années 1930, pour une politique propre, à l'image des maisons que les ménagères savent tenir. Ce projet altruiste, valorisant pour les femmes, car il se présente comme une alternative à la mauvaise gestion masculine, est finalement assez bien accepté par les hommes. À vrai dire, il n'a d'original que son caractère féminin autoproclamé et présente de nombreuses similitudes avec celui des associations d'anciens combattants.

Sa banalité en dit long sur la nature du féminisme réformiste, façonné par une assimilation assez poussée des mœurs politiques masculines et respectueux des autorités politiques et intellectuelles du pays, et enfin, profondément attaché aux valeurs de la République. Assimilation des mœurs masculines : les congrès féministes ressemblent en tous points, dans leur organisation, aux congrès politiques. Respect de la méritocratie républicaine : en 1938 est fondée l'Association des femmes décorées de la légion d'honneur, destinée à prouver le civisme de l'élite féminine du pays. Révérence pour le métier de citoyen : les féministes organisent des cours de droit destinés à former les futures électrices. Attachement à la République : elles croient à ses principes prometteurs pour les femmes. Fidélité enfin à un régime pourtant contesté à gauche comme à droite, et que les féministes se gardent d'accuser, au prix d'une certaine cécité, et dans un grand élan de clémence républicaine.

2.2 La tendance modérée

Le féminisme s'élargit aux femmes catholiques avec la création en 1920 de l'Union nationale pour le vote des femmes. L'association n'est certes pas confessionnelle — le terrain est d'ailleurs déjà occupé — mais son féminisme se veut modéré et ses dirigeantes ne cachent pas leurs sympathies pour les partis de droite (Alliance libérale, Fédération républicaine, voire Jeunesses patriotes). Sa définition de l'identité féminine reste traditionnelle (la femme est « née pour être mère » ; elle réalise sa « mission » dans la famille), ce qui ne l'empêche pas de « demander pour les femmes une partie des droits que les hommes se sont accordés entre eux au cours des siècles, droits juridiques, professionnels, politiques, droit de posséder, de s'instruire, de s'associer, etc.[12] ». Cependant, précise bien la duchesse de La Rochefoucauld, « nous ne voulons en aucune occasion nous départir de la plus haute courtoisie et nous désirons garder à nos actes la modération parfaite qui convient à notre sexe et aux peuples civilisés[13] ». Comme l'indique le titre de l'association, le plus urgent de ces droits est le droit de vote pour lequel elle mène une campagne dynamique, attachée à la formation civique des adhérentes (100 000 déclarées dans les années 1930) et des futures électrices, et à la persuasion des élites masculines du pays. Edmée de La Rochefoucauld, femme de lettres, Mariel Brunhes-Delamarre, géographe, et Marie-Thérèse Moreau, avocate et héroïne de la Grande Guerre, impulsent leur dynamisme à l'association. La déclaration du pape Benoît XV en faveur du suffrage des femmes, en 1919, est sans doute pour beaucoup dans l'engagement suffragiste d'une partie des femmes catholiques entre les deux guerres. La conviction de l'inéluctabilité du vote des femmes amène également les partis de droite à évoluer, en espérant beaucoup de ces futures électrices que l'on suppose plutôt cléricales. Mais la masse des femmes catholiques reste indifférente, voire hostile au féminisme.

2.3 La tendance radicale

Des féministes radicales critiquent vigoureusement ces deux tendances modérée et réformiste. Pour elles, le féminisme va au-delà de l'égalité juridique. Il se doit

12 Edmée de La Rochefoucauld, *La Femme et ses droits*, Flammarion, 1939.

13 Cité par Christine Bard, *Les Filles...*, *op. cit.*, p. 271.

de dénoncer toutes les facettes du masculinisme (système d'oppression des femmes plutôt appelé aujourd'hui patriarcat), en particulier dans la famille et la sexualité. Il est aussi nécessairement anticapitaliste, en raison de l'exploitation spécifique des travailleuses. Les féministes radicales sont en général aussi des révolutionnaires et des pacifistes convaincues, très attachées à l'internationalisme (on l'a vu pendant la Grande Guerre). Elles sont bien évidemment hostiles à la religion, une invention masculiniste accusée de maintenir les femmes dans la servitude et la passivité. Madeleine Pelletier, Hélène Brion, Nelly Roussel ont par leurs conférences, leurs ouvrages, leurs articles dans divers journaux défendu ces idées, relayées par *La Voix des femmes*. Elles influencent également les Groupes féministes de l'enseignement laïque qui se sont formés au sein de la CGTU. L'opposition avec les autres tendances féministes se cristallise sur la loi de 1920 qu'elles combattent et sur le nationalisme explicite ou implicite des grandes associations. La tendance radicale s'affaiblit pour plusieurs raisons. Elle ne s'appuie plus sur des associations, et surtout, disperse ses efforts : certaines militantes sont absorbées par le pacifisme, comme Madeleine Vernet, et surtout Gabrielle Duchêne, qui anime la section française de la Ligue internationale des femmes pour la paix et la liberté (1919). D'autres préfèrent la politique, mais le Parti communiste les déçoit rapidement. Les unes et les autres n'ont pas transmis le flambeau aux plus jeunes. Lucide, Madeleine Pelletier, la théoricienne du féminisme égalitaire, ne s'étonne ni des lenteurs, ni des régressions de la marche vers l'égalité des sexes qu'elle juge néanmoins inéluctable[14]. En attendant le grand soir, la solitude sur le plan politique et personnel est le lot des féministes radicales. Du pouvoir politique, elles n'attendent rien. Elles le voient sous un jour inconnu des réformistes : Hélène Brion et Lucie Colliard ont connu la prison[15] ; Madeleine Pelletier les brimades professionnelles, puis l'arrestation, à la suite d'une dénonciation, pour pratique d'avortement, et finalement l'asile. Dans les années 1930, le féminisme radical n'existe plus, c'est dans les luttes antifascistes ou bien ultrapacifistes que s'investissent les militantes vieillissantes.

3 LE PROGRÈS SOCIAL ET LA PAIX : DES COMBATS FÉMININS

L'exclusion civique explique sans doute en partie l'engouement que les femmes du premier XXe siècle manifestent pour les activités associatives dans tous les domaines. Les plus significatifs sont le pacifisme et l'action sociale. L'action sociale prolongeait assez naturellement le rôle dévolu aux femmes de la bour-

14 Christine Bard dir., *Madeleine Pelletier (1874-1939). Logique et infortunes d'un combat pour l'égalité*, Côté-femmes, 1992.

15 Slava Liszek, *Marie Guillot, de l'émancipation des femmes à celle du syndicalisme*, L'Harmattan, 1994.

geoisie en matière de philanthropie. Au tournant du siècle, une nouvelle génération, forte d'une éducation plus poussée, renonce aux œuvres traditionnelles pour jeter les bases de ce que l'on appellera le travail social, offrant ainsi aux femmes diverses possibilités de formations et de carrières professionnelles. Le cas le plus exemplaire est celui de l'École des surintendantes d'usines, fondée en 1917. Ce monde associatif n'est pas coupé des enjeux politiques : ainsi, la Société des détenues et libérées de Saint-Lazare. Œuvrant pour la réinsertion des femmes à leur sortie de prison, elle a des liens étroits avec l'Union contre la prostitution réglementée. Les prostituées sont, pour la plupart, issues de milieux modestes et tirent un maigre profit de leur activité qu'elles espèrent temporaire. De nombreuses associations de femmes s'occupent de leur « relèvement ». Les monastères du Bon Pasteur accueillent des « pénitentes ». Leur bilan est mitigé : réussite pour certaines, échec pour d'autres qui fuient, insultent les religieuses, voire dénoncent leurs mauvais traitements. Victimes ou débauchées ? L'opinion — pour évacuer la mauvaise conscience ? — pense plutôt débauche et, avec les médecins, adopte la thèse de la faiblesse congénitale des filles perdues, de l'habitude précoce du vice. Minoritaires, des voix plus généreuses les voient comme des victimes, poussées aux dernières extrémités par la misère, le manque d'appuis, l'habitude des violences subies dès l'enfance.

Le système réglementaire de la prostitution est combattu depuis le dernier tiers du XIXe siècle par le mouvement « abolitionniste ». Les féministes protestantes s'y impliquent tout particulièrement. Considérant la prostitution comme une forme d'esclavage, elles demandent que les autorités publiques « abolissent » sa réglementation[16]. Le système réglementaire français est à leurs yeux illégal, immoral et inefficace. « Illégal », car il ne repose sur aucune loi mais sur des règlements municipaux (dans les grandes villes), et confine une catégorie de la population hors du droit commun. « Immoral », car il favorise le « vice » (d'où l'alliance qu'elles nouent avec les ligues de moralité publique). « Inefficace », parce qu'il ne permet pas la surveillance des nombreuses prostituées clandestines ou occasionnelles. La pression militante des abolitionnistes s'accroît entre les deux guerres grâce à des associations telles que l'Union temporaire contre la prostitution réglementée, dirigée par une féministe, Marcelle Legrand-Falco. Mais cette croisade se heurte à un lobby réglementariste efficace, appuyé par de nombreux médecins et influent à droite comme à gauche (trop isolé, le ministre de Santé du Front populaire Henri Sellier échouera dans sa tentative de répression du proxénétisme). Celle-ci, partant d'une protestation morale contre l'esclavage sexuel, finit par critiquer vigoureusement l'État qui l'autorise et en tire des profits. Ces associations demandeuses d'un État-providence exigent une protection spécifique pour les femmes, en particulier pour les travailleuses. Toutes militent aussi pour une politique nataliste et familialiste qui n'oublierait pas l'élémentaire protection maternelle. Rarement reconnues au niveau national, elles trouvent une brèche au niveau municipal. Aussi, lorsque certaines villes décident, dans les années 1930, d'ouvrir leur conseil municipal à

16 Anne-Marie Käppeli, *Sublime croisade. Éthique et politique du féminisme protestant. 1875-1928*, Genève, Zoé, 1990.

une ou plusieurs femmes, nommées ou élues, mais avec un statut spécifique qui ne leur donne qu'une voix consultative, les volontaires ne manquent pas. Leur investissement dans le social les place au cœur d'une des mutations les plus importantes du XXe siècle. Ce secteur qui s'affirme alors en marge de la politique institutionnelle est d'emblée investi par les femmes, sans doute parce que, contrairement aux autres domaines de la vie politique, il ne souffre pas des réactions de défense corporatiste masculines.

« La femme doit voter » (BMD)

Carte postale de propagande éditée dans les années 1920 par la Société pour l'amélioration du sort de la femme. Les slogans résument bien les thèmes mis en avant par le féminisme réformiste.

Le pacifisme ouvre également un vaste champ d'action. À l'instar de l'action sociale, il se marie aux stéréotypes sur la nature féminine, maternelle donc pacifique. Entre les deux guerres, il devient une caractéristique majeure de l'engagement civique des femmes, et en particulier des féministes. Elles font plus qu'épouser l'air du temps : elles le créent. En général, elles minimisent la dimension politique de leur combat qu'elles préfèrent qualifier d'humaniste. Chez certaines l'apolitisme trahit une déconcertante naïveté. Ainsi, la Ligue internationale des mères pour la paix écrit à Hitler pour lui demander poliment de surveiller le contenu trop nationaliste des manuels scolaires allemands… Pour d'autres, l'« esprit » de Genève incarné en France par Aristide Briand inspire une incessante activité associative nationale et internationale, qui ralentit après le constat de l'échec de la Société des Nations. Les féministes d'extrême gauche, pour leur part, ont développé un pacifisme aux enjeux idéologiques mieux définis, prenant pour cible le militarisme, le colonialisme et l'endoctrinement nationaliste. La nébuleuse pacifiste offre aussi un espace de mixité, rendue possible, paradoxalement, par l'existence et le dynamisme de nombreuses associations de femmes. L'influence de Marcelle Capy et Madeleine Vernet pour les ultrapacifistes, et de Gabrielle Duchêne pour les antifascistes, va bien au-delà des associations féminines.

Affiche du Comité mondial contre la guerre et le fascisme, membre du Rassemblement universel pour la paix (septembre 1936) (BMD)

La propagande pacifiste fait exception dans l'imagerie politique, car elle utilise fréquemment une symbolique féminine de l'amour et de la maternité et vise à mobiliser les femmes comme militantes de la paix.

Agir dans des associations est donc pour les femmes privées de citoyenneté un type d'intervention sinon politique du moins civique, l'« apolitisme » ayant les faveurs de la majorité d'entre elles. Il en est d'autres, comme le journalisme, pratiqué désormais d'une manière professionnelle : Andrée Viollis, Louise Weiss ou encore Geneviève Tabouis sont reconnues comme des observatrices lucides de la vie politique. Dans le monde de l'éducation et du travail, les associations féminines se multiplient entre les deux guerres et insistent sur le rôle que les femmes doivent jouer dans la Cité. La voie du syndicalisme permet également un engagement qui n'est jamais bien éloigné des enjeux politiques.

4 EXPLICATIONS SUR LE RETARD FRANÇAIS

4.1 Le blocage politique

Les Françaises auraient dû obtenir leurs droits politiques, comme les femmes de la plupart des puissances occidentales, dans l'immédiat après-guerre. L'égalité politique récompensait officiellement le civisme féminin. Mais à la proposition de loi adoptée par les députés français dès 1919, le Sénat, à majorité radicale, oppose son veto, soit en votant contre la proposition transmise par la Chambre (1922), soit en différant la discussion. Une dernière fois, les députés adoptent en 1936 l'égalité politique, mais le régime s'effondrera avant que les sénateurs en aient commencé la discussion. On serait tenté ici par une première explication : le Sénat a été conçu comme une chambre conservatrice chargée de tempérer les ardeurs des députés. En sus de cette vocation historique, son mode de recrutement en fait effectivement le représentant d'une France rurale attachée aux traditions. La seconde explication est d'ordre politique : ce sont les voix d'une majorité d'élus du Parti radical qui manquent. Beaucoup d'entre eux (environ la moitié) sont francs-maçons. La défense de la laïcité est sans doute le seul lien fort qui les unit sur le plan politique et c'est justement la principale raison avouée de leur opposition au vote féminin. Pourtant, certains francs-maçons sont féministes, et certains radicaux soutiennent le vote des femmes. Les explications purement politiques ou institutionnelles ne sont pas suffisantes. Aucun gouvernement ne prend le risque d'intervenir. Les contemporains suggèrent la duplicité des députés qui sont sûrs du rejet par le Sénat des propositions qu'ils adoptent. Le cas des députés ayant voté suffragiste et qui, devenus sénateurs, votent antisuffragiste dévoile ce jeu hypocrite. Il faut alors admettre un partage plus large des responsabilités dans l'échec du suffrage (vraiment) universel au Parlement et s'efforcer d'en comprendre les raisons, diverses, et parfois inavouées.

L'opposition au vote des femmes montre surtout la crainte d'une émancipation plus générale déjà en marche. Cette crainte est attestée par l'ampleur des résistances opposées à bien d'autres droits des femmes, toujours conquis de haute lutte. Le savoir commence à devenir un pouvoir partagé ; le travail, bon gré mal gré, s'impose comme une nécessité, mais le pouvoir politique est un privilège difficile à partager. L'accès des femmes au gouvernement de la cité est-il plus facile à envisager que leur accès à la représentation ? C'est ce que semble indiquer la nomination des trois femmes sous-secrétaires d'État en 1936, mesure symbolique, mais « platonique ». Les parlementaires les plus misogynes et les adversaires les plus résolus du vote des femmes ne nient pas l'existence de « femmes d'exception », dotées de viriles capacités politiques. S'ils persistent à leur refuser l'exercice du pouvoir, c'est en raison du risque d'extension de ce privilège à l'ensemble des femmes. La nomination ou, selon les cas, l'élection de conseillères municipales ne disposant que d'une voix consultative dans la France des années 1930 a d'ailleurs été favorablement accueillie. Il est plus facile de céder sur l'éligibilité que sur le vote. Ce n'est pas tant la perspective de l'éligibilité des femmes qui suscite les plus grandes oppositions que celle de leur poids électoral.

4.2 Le bêtisier de la République

Le blocage ne s'explique pas uniquement par des calculs politiciens. L'activité politique confère du prestige, des privilèges et crée des habitudes qui risquent de s'altérer au contact d'éléments étrangers. Dans la gauloiserie où certains parlementaires excellent, il y a aussi le mépris des femmes, que nous qualifierions aujourd'hui de sexiste. Ce mépris, reflet d'une certaine peur des femmes ou du féminin, côtoie les préjugés, qui ne s'avouent pas toujours publiquement. Le président de la Ligue des droits de l'Homme, Victor Basch, professeur à la Sorbonne, ne confie qu'en privé, devant ses proches, que les Françaises n'ont pas besoin du droit de vote, puisqu'elles « mènent tout[17] ». Si un homme d'une telle

17 Françoise Basch, *Victor Basch*, Plon, 1994, p. 187.

qualité intellectuelle et morale ne parvient pas à appréhender d'une manière plus rationnelle cette question et se laisse aller à des propos de « café du commerce », que penser de l'immense majorité des hommes politiques? L'idée est largement partagée que « si les hommes font les lois, les femmes font les mœurs » : faut-il dès lors accroître leur pouvoir, déjà immense? En leur donnant la majorité électorale? Car il s'agit aussi d'une crainte arithmétique. Là où le *sex ratio* avantage les femmes, comme dans la France d'après la guerre, les résistances sont très vives. On le constate au Royaume-Uni où la loi de 1918 ne donne le droit de vote qu'aux femmes âgées de plus de 30 ans, ce qui permet aux hommes de garder la majorité dans le corps électoral jusqu'en 1929, date à laquelle la majorité électorale devient la même pour les deux sexes.

L'opposition au vote des femmes reprend aussi pour une part les fantasmes misogynes propagés par les écrivains antiféministes depuis la fin du XIXe siècle[18]. Il s'agit de résister à l'emprise croissante des femmes, à une demande d'égalité qui, une fois satisfaite, se transformerait en domination féminine. Il s'agit de défendre la virilité, déjà bien affaiblie par les valeurs démocratiques et pacifiques, perçues comme féminines. Doucereuse, mais non moins méprisante, la position galante. « La main d'une mère est faite beaucoup plus pour être baisée dévotement et celle d'une fiancée amoureusement que pour porter un bulletin de vote[19] » (Henri Maupoil, radical). « Le vote des femmes est juste, démocratique, c'est possible; mais le geste est laid. Et nous n'en voulons pas[20] » (Gustave Hervé, socialiste). Au chapitre des préjugés, ajoutons l'« argument » de l'infériorité féminine. L'inégalité est voulue par la nature même qui a fait des femmes des êtres faibles physiquement et fragiles psychologiquement, car soumises à des humeurs périodiques. La société patriarcale les « protège » dans leur existence, à condition qu'elles sachent rester à leur place. Si elles sont exclues du forum, c'est pour leur bien. Sinon, gare aux cataclysmes! Si les conjectures sur le vote des futures électrices divergent fortement, chacun y voyant un risque de renforcement du camp adverse, elles communient au moins dans la peur d'un vote irrationnel dont seuls les extrêmes bénéficieraient. À prévoir également, une flambée du divorce (couples ruinés par leurs désaccords politiques), de l'alcoolisme (consolation des hommes éprouvés par leurs citoyennes épouses) ou de la mortalité infantile (les nourrissons seraient abandonnés sans soins les jours de vote). Faut-il donner le droit de vote aux prostituées? Ce bêtisier inscrit au *Journal officiel de la République* a-t-il été suffisamment pris en sérieux? En minimisant la pauvreté navrante et la misogynie ordinaire ou extraordinaire des débats parlementaires, les recherches historiques ont plutôt privilégié les mobiles les plus rationnels du « retard français ».

18 Annelise Maugue, *L'Identité masculine en crise au tournant du siècle*, Rivages, 1987.

19 Cité par Christine Bard, *Les Filles…, op. cit.*, p. 166.

20 Cité dans Christine Bard dir., *Un siècle d'antiféminisme…, op. cit.*, p. 54.

Clément Vautel, « Féminisme vraiment intégral », *Cyrano*, 24 avril 1936

« Dans chaque circonscription — à Paris, du moins — un candidat pour la frime fait bénéficier certaine ligue féministe de l'affichage gratuit sur les panneaux dans lesquels donnent les électeurs. Ainsi sont placardées des proclamations où se détachent, en lettres énormes, ces mots rituels : LA FEMME VEUT VOTER !

Eh bien! non, ce n'est pas vrai, elle ne veut pas voter. Si elle voulait voter, ça se saurait, comme dit l'autre. Sans doute il y a des femmes qui réclament le droit de suffrage, qui exigent des isoloirs pour dames, mais elles sont une infime minorité. Et parmi elles, rares, très rares sont les citoyennes qui seraient prêtes à prouver, autrement que par des paroles, leur volonté d'être électrices. Dans les manifestations féministes, il n'y a jamais que trois pelées et une tondue. Les ligues de militantes ne sont, en réalité, que des cadres, où ne manquent d'ailleurs pas de vieux tableaux. Des cadres sans troupes.

Le féminisme est, en France, une opinion, ou une attitude, d'avocates — juives pour la plupart — de doctoresses, de bas bleus, d'intellectuelles qui, au fond, sont humiliées d'être des femmes. Ce en quoi elles ont bien tort…

Figurent aussi dans ce maigre contingent quelques "grandes dames" qu'approuve et bénit le cardinal-archevêque de Paris, mais à qui il ne confierait pas d'autres fonctions que celles de chaisière si elles lui demandaient un emploi à Notre-Dame. À la gauche du féminisme français figurent les excitées du pacifisme, de l'internationalisme, du socialo-communisme.

Les Françaises moyennes haussent les épaules quand on leur parle des revendications féministes : le droit de suffrage? Elles s'en souviennent comme de leur première combinaison. Quant aux paysannes… Allez donc leur demander : "Voulez-vous voter?" et vous obtiendrez, comme réponse, un éclat de rire ou un coup de balai. Peut-être même les deux.

Sur ces affiches électorales — que les femmes ne lisent pas, que les hommes ne lisent guère — les féministes proclament toujours en caractères énormes, le principe de L'ÉGALITÉ DES SEXES.

Ce principe est faux. La femme n'est pas supérieure à l'homme, elle ne lui est pas inférieure et elle ne sera jamais son égale. La femme est différente de l'homme, et voilà tout. Différente physiquement (Hurrah pour la petite différence! s'écriait l'Anglais de Caran d'Ache); Différente moralement et intellectuellement (c'est si vrai que les mots n'ont pas le même sens pour l'homme et pour la femme, qu'il est vain de discuter entre personnes de sexes différents, que les rapprochements les plus intimes entre "lui" et "elle" n'empêchent "elle" et "lui" d'être séparés sur d'autres points, si j'ose dire, par les plus vastes des espaces interplanétaires. Donc pas d'égalité. La nature ne l'a pas voulu et sans doute a-t-elle ses raisons qui doivent être assez bonnes.

– Nous changerons ce système périmé, disent les avocates, car la loi naturelle et la loi humaine, ça fait deux dans une société vraiment civilisée.

Mais non, il n'est de vraie, de bonne, de juste loi que naturelle, et les constitutions, les codes ne sont faits que pour la préciser et faciliter son application dans les détails. D'ailleurs, pour que la femme puisse revendiquer l'égalité des sexes, — elle y perdra le jour où elle l'obtiendra — il faut que les devoirs soient, comme pour les droits, les mêmes pour les filles d'Ève et pour les fils d'Adam.

– Nous payons l'impôt! dites-vous, citoyennes.

Permettez, il en est un — et c'est le plus lourd — que vous ne payez pas : le service militaire.

– Nous payons, dites-vous encore, l'impôt du sang, à notre manière. Et la maternité… D'ailleurs, tous les hommes n'ont pas été soldats.

Mais toutes les femmes ne sont pas mères non plus. La maternité, fonction naturelle, ne peut d'ailleurs être comparées à une obligation sociale, nationale, comme le service militaire : toujours cette différence…

– Eh bien ! reprenez-vous, nous sommes prêtes à servir sous les drapeaux !

Vraiment, citoyennes, vous passeriez à la caserne deux de vos plus belles années de jeunesse — et je ne parle que du temps de paix — pour obtenir le droit de mettre, tous les quatre ans, un morceau de papier dans une enveloppe, puis de déposer cette enveloppe dans une caisse en bois baptisée urne ? Ah ! décidément, quand une femme a quelque chose dans la tête…

Il est une autre inégalité tout à l'avantage de ces dames et de ces demoiselles. Pour elles, pas de peine de mort, du moins dans la pratique. La plus odieuse des criminelles ne risque pas d'être réveillée par des messieurs très corrects mais peu disposés à lui laisser faire la grasse matinée. Elle coupe à la guillotine, parce que, dans le pays où tant de femmes parfaitement innocentes eurent la tête tranchée au nom de la liberté, de l'égalité et de la fraternité, il est de règle que les pires monstres du beau sexe échappent au châtiment suprême. […]

Vive l'égalité des sexes ! À condition que les femmes et les hommes soient, pour les mêmes motifs, raccourcis de la même façon. »

4.3 Les femmes peuvent-elles être des sujets politiques ?

Si l'exclusion politique des femmes va encore de soi pour bon nombre de parlementaires de l'entre-deux-guerres, c'est aussi en raison de son ancienneté. L'idée que l'électeur « représente » sa famille reste courante. Les propositions de « vote familial » émises par la droite catholique entre les deux guerres, attribuant une ou plusieurs voix supplémentaires au chef de famille selon le nombre de ses enfants, sont envisagées comme un moyen d'éviter ou bien de pondérer le vote féminin[21] ; elles obscurcissent et compliquent toujours les débats parlementaires. Enfin, le statut mineur de l'épouse peut paraître incompatible avec la majorité politique : émancipation civique et civile sont liées, or la réforme du code civil suscite, elle aussi, de grandes oppositions. Il faut attendre 1938 pour que les femmes mariées obtiennent la capacité civile, l'époux conservant cependant son statut de chef de famille. Le retard français est donc double : il implique à la fois les droits civiques et civils. Or les pays où les droits de la femme mariée ont été reconnus dès le XIXe siècle sont aussi ceux où les femmes ont voté le plus tôt.

La femme sous tutelle masculine peut-elle être reconnue comme un individu ? À partir de la Grande Guerre, les propositions de « vote des morts » montrent que non. La Belgique institue en 1918, en même temps que le suffrage universel masculin, le vote des veuves non remariées et des mères des combattants tués par l'ennemi (ainsi que le vote des héroïnes de guerre), cause que Barrès avait défendue en France. C'est donc en tant qu'épouse ou mère et non en tant qu'individus autonomes qu'une minorité accède au vote.

Dépendantes, les électrices potentielles sont aussi considérées comme immatures ; c'est pourquoi dans de nombreux pays, dont la France, on envisage souvent pour elles un apprentissage progressif de la citoyenneté qui débuterait par le droit de vote au niveau municipal. Mais concéder ce suffrage restreint est surtout un moyen de retarder l'avènement de l'intégralité des droits politiques.

21 Robert Talmy, *Histoire du mouvement familial en France (1896-1939)*, Paris, UNCAF, 1962.

En Belgique, les femmes participent aux élections municipales dès 1919, mais doivent attendre 1949 pour leur premier vote législatif et ces trente années d'expérience municipale n'ont pas fait évoluer les objections et les réticences. Les femmes étant jugées insuffisamment éduquées, certaines propositions n'envisagent le vote que pour celles qui sont instruites.

Entre les deux guerres les populations colonisées sont également privées de droits civiques. Il va alors de soi que dans l'ordre des priorités, les Françaises doivent avoir la première place. En 1936, le projet de loi (Blum-Viollette) envisageant de donner les droits civiques aux Algériens est évidemment mal accueilli par les suffragistes. En tout cas, les droits politiques des Françaises et les droits politiques des populations autochtones de l'Empire (et surtout des départements algériens) sont des questions liées, au moins inconsciemment. Elles inspirent la même peur du nombre et de l'inconnu. Sur la question coloniale, comme sur la question des femmes, le consensus républicain se forme autour du *statu quo*. L'immobilisme, en la matière, n'est-il pas simplement un conservatisme?

C'est sans doute aussi tout le modèle républicain français qui fait obstacle à la reconnaissance des femmes comme sujets politiques. Dans le modèle politique britannique, les femmes peuvent être considérées en tant que groupe spécifique. Mais l'universalisme à la française refuse en théorie tout différentialisme[22]. Dans la pratique, le citoyen est de sexe masculin. Les féministes s'adaptent finalement à ce double discours d'une manière habile puisqu'elles défendent à la fois la revendication du droit naturel des individus-femmes à exercer des droits politiques et l'idée que les femmes sont un groupe porteur d'intérêts spécifiques[23].

4.4 Les exceptions françaises

Pour expliquer le retard de la France, la faiblesse de son féminisme est souvent invoquée, mais à tort. Contrairement aux idées reçues, le féminisme français a été un mouvement dynamique, important, diversifié. La méconnaissance de son histoire explique en partie le préjugé tenace sur sa « faiblesse ». Une autre « explication », courante dans l'entre-deux-guerres, est le désintérêt des Françaises pour la politique. Louise Weiss est souvent citée en ce sens : « Les paysannes restaient bouche bée quand je leur parlais du vote. Les ouvrières riaient, les commerçantes haussaient les épaules, les bourgeoises me repoussaient horriblement[24]. » Cette vision négative de l'apathie des Françaises est, quelques

22 Pierre Rosanvallon dans *Le Sacre du citoyen. Histoire du suffrage universel en France*, Gallimard, 1992, estime que le blocage est philosophique. Une thèse contestée par Siân Reynolds, « Le sacre de la citoyenne. Réflexions sur le retard français », Yolande Cohen, Françoise Thébaud dir., *Féminismes et identités nationales. Les processus d'intégration des femmes au politique*, Lyon, Programme Rhône-Alpes de recherche en sciences humaines, 1998, *op. cit.*, p. 71-84.

23 Joan Scott, *La Citoyenne paradoxale. Les féministes françaises et les droits de l'Homme*, Albin Michel, 1998.

24 Louise Weiss, *Ce que femme veut*, Gallimard, 1945, p. 14. Cf. Célia Bertin, *Louise Weiss*, Albin Michel, 1999.

pages plus loin dans ses mémoires, démentie par le récit de l'enthousiasme que ses actions suffragistes provoquent. Quelques remarques nuanceront ce jugement hâtif sur l'indifférence des Françaises. Les partis sont fortement contestés entre les deux guerres par d'autres formes d'intervention politique (ligues, associations, clubs), alors que les partis et la franc-maçonnerie qui avaient assuré l'enracinement de la République se sclérosent. L'engagement partisan reste un phénomène minoritaire pour les hommes. Comment s'étonner qu'il le soit encore plus pour les femmes? L'entre-deux-guerres est, pour les femmes comme pour les hommes, un moment de repli sur soi peu propice à la politisation. Ce refuge dans le privé qui s'accompagne d'une valorisation nouvelle de l'enfant et de la conjugalité est en partie lié au traumatisme de la guerre et à une amélioration assez sensible du niveau de vie dans les milieux populaires.

L'étude comparée de l'accès des femmes au vote dans les pays occidentaux permet-elle d'autres hypothèses sur le retard français? D'abord, il est clair que la France appartient à une Europe du Sud plus lente que l'Europe du Nord dans ce domaine. Les Norvégiennes et les Finlandaises votaient déjà avant 1914. En 1931, l'Espagne est le premier pays latin qui réalise le suffrage universel.

Les pays protestants ont une avance certaine. Cependant des pays catholiques tels que l'Irlande (1928) ou la Pologne (1918) accordent le droit de vote aux femmes relativement tôt. Le fait que le pape Benoît XV approuve le vote féminin en 1919 lève d'ailleurs des obstacles : des mouvements suffragistes catholiques se développent, et des partis conservateurs se rallient à leur cause, entre autres parce qu'ils y voient un rempart utile contre le bolchevisme.

La France se distingue aussi des pays d'Europe du Nord par une culture du vote spécifique : les femmes deviennent plus facilement électrices là où le vote politique n'est pas particulièrement sacralisé et où d'autres formes de vote sont bien ancrées dans les pratiques sociales, professionnelles, scolaires, religieuses. De plus, la méthode réformiste chère aux Anglo-Saxons facilite l'inclusion politique des femmes, de même que le scrutin de liste proportionnel, tandis que la méthode « révolutionnaire » et le scrutin uninominal dessinent les contours d'un univers masculin plus « brutal[25] » (légitimant l'affrontement le plus violent, le duel), et donc plus excluant pour les femmes.

Les changements de régime apparaissent comme des circonstances favorables à l'inclusion politique des femmes : en Russie (1917), en Allemagne (1918), ou en Espagne (1931), les républiques naissantes attestent avec le vote des femmes l'authenticité de leur démocratie. Que la France soit, entre les deux guerres, une « vieille » « démocratie » joue contre le vote des femmes. On observe en effet en Europe que le caractère tardif des élargissements du suffrage censitaire et du droit de vote masculin a facilité l'inclusion des femmes, en donnant aux suffragistes des occasions historiques de peser dans le débat. En France, au contraire, le suffrage masculin est une « vieille affaire »; et le combat suffragiste fait surgir tout le refoulé de 1848 : la précocité du suffrage universel masculin et la leçon

25 Odile Rudelle, « Droits politiques des femmes européennes : bilan des deux guerres mondiales », Christine Fauré dir., *Encyclopédie politique et historique des femmes*, Paris, PUF, 1997, p. 580.

tout aussi précoce pour les Républicains de ses dangers pour la démocratie expliquent en partie le retardement du suffrage des femmes. La France est une aussi une très vieille « nation ». Or il apparaît que les femmes sont plus facilement devenues citoyennes dans les nations jeunes en train de se constituer ou de se défendre comme en Finlande ou en Norvège, ce qui permet aux femmes de « transgresser la traditionnelle séparation des rôles, mais aussi d'acquérir une identité collective et une place dans la communauté imaginaire que constitue la nation[26] ». Dans l'Europe issue de la Première Guerre mondiale, les Allemandes, les Autrichiennes, les Hongroises, les Tchécoslovaques, les Estoniennes, les Lituaniennes accèdent au vote. En Turquie, la jeune république laïque reconnaît l'égalité des droits politiques. Mais il s'agit d'un cas à part au sud de l'Europe, car la Roumanie et le royaume des Serbes, Croates et Slovènes restent indifférents aux revendications suffragistes.

Les femmes engagées politiquement sont communément pensées comme des exceptions; et les plus visibles d'entre elles ne doivent pas leur notoriété aux organisations classiques de la vie politique, mais à un statut marginal[27]. Certaines sont des égéries, amies ou amantes influentes d'hommes politiques en vue, ce qui perpétue le mythe du pouvoir occulte des Françaises[28]. L'Espagnole Dolores Ibarruri si populaire dans les années 1930 révèle un autre modèle de l'exception, celui des « passionarias ». Les événements révolutionnaires en Russie et en Allemagne ont fait une place à une Alexandra Kollontaï, une Rosa Luxemburg. La stabilité des institutions priverait-elle l'hexagone d'héroïnes politiques? On ne trouve pas non plus en France d'épouse de chef d'État qui aurait l'envergure d'une Eleonor Roosevelt aux États-Unis (mais les institutions politiques diffèrent : en France, les présidents du conseil sont des oiseaux de passage et les présidents de la République des inaugurateurs de chrysanthèmes, ce qui ne laisse guère beaucoup de chances aux carrières de leurs épouses. De plus, la République traite avec discrétion la vie privée de ses grands hommes et ne cherche pas à mettre en scène la famille, ce qui aurait des relents monarchistes). Même dans les milieux révolutionnaires et anarchistes, les militantes sont rarement sur le devant de la scène. Seule l'histoire peut offrir quelques rares modèles pour les femmes en politique : Jeanne d'Arc inspire toujours l'enthousiasme au delà des clivages politiques (l'icône des suffragistes est aussi vénérée par les nationalistes); Louise Michel, qui ne peut évidemment prétendre à un tel consensus, demeure un modèle pour la gauche et les anarchistes; la postérité d'Olympe de Gouges, qui écrivit la *Déclaration des droits de la femme et de la citoyenne* en 1791, n'est

26 Florence Rochefort, « L'accès des femmes à la citoyenneté politique dans les sociétés occidentales. Essai d'approche comparative », Yolande Cohen, Françoise Thébaud dir., *Féminismes et identités nationales. Les processus d'intégration des femmes au politique*, Lyon, Programme Rhône-Alpes de recherche en sciences humaines, 1998, p. 39.

27 Christine Bard, « Les femmes et le pouvoir politique dans la France de l'entre-deux-guerres », Armelle Le Bras-Chopard et Janine Mossuz-Lavau dir., *Les Femmes et la politique*, L'Harmattan, 1997, p. 41-56.

28 Marie-Thérèse Guichard, *Les Égéries de la République*, Payot, 1991.

défendue que dans les cercles féministes. L'absence de modèles contemporains constitue un handicap certain pour l'entrée des Françaises en politique.

Les féministes sont également perçues comme des exceptions. Elles n'ont pas pu ou n'ont pas souhaité surmonter ce handicap par des actions d'éclat. Réformistes ou modérées, elles sont à l'image de leurs pères, époux, frères, amis et confrères, partagent leur culture politique et leur vision du monde. Cette attitude qu'elles qualifient de sage et de prudente permet de mesurer la force de leur attachement au régime pourtant fortement ébranlé et à la démocratie alors même qu'elle continue à exclure la moitié de la population. Ce sont ces parias qui, paradoxalement, ont formulé les plus vibrants plaidoyers pour l'idéal républicain. Pour presque toutes, le compromis est la règle. Faut-il pour autant conclure que les femmes ne constituent pas une force politique en France? On peut au contraire insister sur leurs tentatives, même modestes, pour mieux comprendre les raisons complexes de leur « défaite ». Les femmes ne sont pas absentes de la scène politique de l'entre-deux-guerres. Rappelons le débat au parlement et dans l'opinion sur le suffrage féminin, l'activité des associations de femmes, le pacifisme féminin, la participation de trois femmes au gouvernement du Front populaire, le vote de plusieurs lois que les féministes ont contribué à faire adopter — en particulier celle de 1938 qui émancipe sur le plan civil la femme mariée.

Chapitre 5

Changements culturels du premier 20e siècle

L'ÉCOUTE DE LA RADIO, la messe dominicale, les activités sportives, la lecture d'un roman, la création d'une œuvre, la sortie au cinéma, le travail intellectuel, la manière de parler, de s'habiller ou de cuisiner : innombrables sont les pratiques qu'il faudrait observer pour y repérer la très probable différence des sexes. Malgré son essor récent, l'histoire culturelle de la France contemporaine néglige encore beaucoup cette donnée fondamentale. Dans les chapitres précédents, des pratiques culturelles féminines liées à la famille, au travail et à l'engagement politique ont déjà été évoquées. Nous nous concentrerons donc ici sur les enjeux sexués (et souvent sexuels) de changements culturels associés à la modernité et aux controverses qui les accompagnent.

1 CULTURE ET PRATIQUE RELIGIEUSE : LA FÉMINISATION DU CATHOLICISME

Le clergé catholique, contraint de surmonter sa séparation d'avec l'État (1905) et de s'adapter au monde moderne, comprend que la lutte contre la déchristianisation passe par les femmes qui transmettent la foi. Instruments d'une reconquête, ces dernières sont aussi, parfois, des novatrices qui contribuent à l'évolution de l'Église et de l'image de « la femme chrétienne ».

1.1 Saintes femmes et missionnaires

Les femmes jouent un grand rôle dans la religion populaire. Citons la bergère devenue guerrière et héroïne nationale, Jeanne d'Arc, canonisée en 1920 et promue « patronne » de la France par Rome. Ou cette autre femme du peuple, Bernadette Soubirous, morte en 1866, canonisée en 1933 : à Lourdes où elle eut ses visions de la Vierge, les foules accourent dans l'espérance de miracles. Ou encore Thérèse, la carmélite de Lisieux, morte en 1897, béatifiée en 1923, canonisée et faite « patronne principale des missions » en 1925. Son message indique aux croyants la « petite voie » vers Dieu. Qu'il soit porté par une femme est révélateur du lien qui s'établit entre féminité, abandon de soi (jusqu'au sacrifice), amour et simplicité (« s'abandonner comme un enfant dans les bras du bon Dieu »). Invoquée dans le monde entier, sainte Thérèse a un rayonnement exceptionnel. En 1931, sœur Teresa de Calcutta (fondatrice des missionnaires de la charité chrétienne) choisit son nom en religion en son honneur. En 1944, Pie XII fait de sainte Thérèse la patronne secondaire de la France.

Les femmes apportent une contribution de taille au dynamisme missionnaire de l'Église qui atteint son apogée à la fin du XIXe siècle et se maintient à un niveau élevé jusqu'à la baisse des vocations dans les années 1960[1]. La cause est populaire dans les paroisses. L'intérêt pour les lointains exotiques n'y est pas étranger. Sœur Marie-André du Sacré-Cœur (née en 1899) offre l'exemple éloquent de l'évolution de l'Église. D'abord par son parcours initial : c'est avec un diplôme d'infirmière et une thèse de droit en poche sur l'abandon de la famille (soutenue en 1924) qu'elle rejoint les Sœurs blanches de N.-D. d'Afrique. Elle part pour la boucle du Niger où elle étudie la condition féminine, pour mieux christianiser les familles africaines et pour y étendre l'influence française. Ses observations l'amènent à dénoncer le travail forcé des femmes ainsi que le mariage forcé (elle est à l'origine du décret de 1939 qui impose le consentement de la jeune fille et donne à la veuve la libre disposition d'elle-même). Jusqu'à la fin de sa vie, sœur Marie-André du Sacré-Cœur sera à l'ONU comme au Vatican la spécialiste de la question « femmes » en Afrique.

1.2 D'entreprenantes bourgeoises catholiques

« Dame d'œuvre », tel était le rôle au XIXe siècle de nombreuses bourgeoises catholiques qui consacraient quelques heures par semaine ou davantage à la charité pour « leurs » pauvres. Avec les ruptures du début du siècle, l'engagement des catholiques prend une tout autre tournure. Assiégée par l'État laïque et menacée par les progrès du mouvement ouvrier, l'Église se défend et est défendue par des femmes. C'est dans ce contexte de combat que se crée la Ligue patriotique des Françaises dont le rôle politique a déjà été mentionné. Le catholicisme intransigeant marque l'engagement de nombreuses femmes qui partagent avec les hommes de leur milieu l'utopie d'une France refondée sur des bases chrétiennes. Contrairement au catholicisme libéral prêt à composer avec le monde moderne, le catholicisme intransigeant a un goût d'Ancien Régime qui attire de nombreuses aristocrates et grandes bourgeoises. Pour elles, la religion ne doit pas rester bornée à la sphère privée, mais reconquérir l'espace public et pour cela s'ouvrir au social. C'est donc dans un esprit bien différent de celui du XIXe siècle que les bourgeoises désormais vont « au peuple », développant notamment tout le secteur de l'éducation populaire[2]. La présence de la bourgeoisie catholique féminine est aussi intellectuelle et se concrétise par un nombre important de publications, dont les romans, essais et hagiographies de Colette Yver. Aux côtés des nombreuses congrégations féminines qui occupent la butte Montmartre, plusieurs personnalités, comme la duchesse d'Uzès, soutiennent le

1 Élisabeth Dufourcq, *Les Aventurières de Dieu*, Lattès, 1993.

2 Sylvie Fayet-Scribe, *Associations féminines et catholicisme. De la charité à l'action sociale. XIXe-XXe siècles*, Éditions ouvrières, 1990.

centre de vie religieuse qui s'est constitué au Sacré-Cœur de Montmartre, basilique nationale[3]. Elles financent des constructions et en influencent les choix décoratifs. Les femmes qui soutiennent activement l'Église ne sont pas féministes, car cette sensibilité contestataire venue du monde laïque leur est étrangère, mais elles ont des lieux d'expression, d'autonomie et accèdent à des responsabilités importantes.

1.3 L'essor des mouvements de jeunesse

L'encadrement des jeunes filles est une priorité pour les catholiques. Après la guerre, des Fédérations diocésaines de jeunes filles s'organisent[4]. Elles rencontrent un grand succès, sans parvenir toutefois à former l'équivalent de l'Action catholique de la jeunesse française (ACJF) des garçons. L'objectif de cet encadrement est d'éduquer la foi. Des cercles d'études et des retraites fermées forment une élite capable d'animer les offices. La Ligue patriotique des Françaises dispose aussi de ses propres organisations de jeunesse à partir de 1920. Mais dans les années suivantes, elle souffre de la priorité donnée par l'Église à l'Action catholique spécialisée. La JOCF (Jeunesse ouvrière chrétienne féminine) est créée en 1928, un an après la JOC. Pour les jeunes travailleurs, les garçons comme les filles, ce mouvement novateur favorise une promotion individuelle par la formation, l'éducation, l'autonomie : « voir, juger, agir » est sa devise. Il forme de futurs militants syndicalistes, unanimes à saluer l'école que fut la JOC pour des jeunes qui n'avaient que le certificat d'études. Après la JOCF se forment la JECF (étudiante) en 1930, la JACF (agricole) en 1933 et la JICF (indépendante) en 1936.

Venu d'Angleterre, le scoutisme féminin se développe entre les deux guerres. Telle une école parallèle, il prépare ses membres à exercer des responsabilités en tous genres et leur inculque un solide sens civique et humaniste[5]. La Fédération française des éclaireuses (1921) rassemble des sections unionistes (protestantes) et neutres (laïques) rejointes en 1927 par la section israélite. Les Guides de France, catholiques, s'organisent à partir de 1923[6]. Destiné aux adolescentes (mot encore inconnu à l'époque), le mouvement s'élargit aux 7-12 ans avec les Jeannettes (1927) puis aux Guides aînées. En 1939, il compte plus de 20 000 membres, ce qui n'est pas négligeable mais reste bien inférieur aux effectifs anglais. Ceci s'explique-t-il par les résistances des parents? Ou par l'élitisme affiché par les fondatrices qui ne veulent réunir que les « meilleures », future élite chrétienne de la nation? Le guidisme favorise l'épanouissement hors de la

3 Jacques Benoist, *Le Sacré-cœur des femmes de 1870 à 1960*, L'Atelier, 2000.

4 Jacqueline Roux, *Sous l'étendard de Jeanne. Les fédérations diocésaines de jeunes filles 1904-1945*, Le Cerf, 1995.

5 Voir les articles de Geneviève Poujol et d'Anne-Sophie Faullimmel dans le *Bulletin de la Société de l'histoire du protestantisme français* t. 143, juill.-sept. 1997, consacré aux mouvements de jeunesse.

6 Marie-Thérèse Chéroutre, *Scoutisme féminin et promotion féminine 1920-1990*, Pau, éd. des Guides de France, 1990.

famille, et c'est bien là son charme : vie en plein air, en camps, camaraderie, activités physiques et manuelles, veillées près du feu, fêtes, chants. L'image de ces jeunes filles en uniforme de coton bleu, sac au dos paraît très moderne, trop pour certains. La spiritualité guidiste dérange : elle valorise l'optimisme, l'initiative, le dévouement, sans s'attarder sur le péché originel et la mortification. Le guidisme est un mouvement « novateur, sauf en politique[7] ». Il est néanmoins favorable au vote, aux études et au travail des femmes.

1.4 Les femmes, « toujours plus pratiquantes » que les hommes

Tel est le constat que l'on peut faire jusqu'à nos jours[8]. Même si les situations varient d'un diocèse à l'autre, la pratique masculine est toujours inférieure à la pratique féminine. Au milieu du XXe siècle, on compte un homme pour deux femmes parmi les messés, autant en ville qu'à la campagne. Plus la pratique baisse, plus l'écart augmente. On peut donc parler d'une féminisation du catholicisme, qu'il s'agisse des pratiques d'obligation (faire ses pâques, assister à la messe dominicale) ou de dévotion (communier au moins une fois par mois). La sociabilité liée à l'Église n'explique pas à elle seule le dimorphisme sexuel puisque ce dernier marque aussi la pratique intime de la prière (69 hommes pour 100 femmes prient souvent ou quotidiennement en 1952). La pratique religieuse est conformisme social et expression personnelle de la foi. La déprise religieuse masculine remonte au XIXe siècle, elle est contemporaine des progrès du républicanisme anticlérical. Or la politisation à laquelle invite le suffrage universel masculin ne concerne les femmes que de manière marginale. À la fin du XIXe siècle, la religion du progrès et le socialisme se substituent à la foi religieuse dans de larges fractions de la classe ouvrière, mais en discriminant là aussi les sexes, les femmes ne développant pas de la même manière que les hommes une « conscience de classe ». Le dimorphisme s'explique aussi par l'éducation : dans la famille comme à l'école, la pression religieuse est toujours plus forte pour les filles que l'on souhaite « préserver ». Le fait de se sentir en charge de l'harmonie familiale, responsable des enfants mais aussi des parents âgés, conduit-il à une fidélité religieuse plus grande ?

Certains clercs de l'Église estiment que la piété sentimentale pour le « petit Jésus » et la « sainte Vierge » éloigne les hommes de la foi, tandis qu'elle satisfait les femmes. Le sens esthétique que ces dernières sont amenées à développer n'est pas sans rapport avec la fréquentation de l'église. « On pouvait manquer la classe. On ne perdait rien. Mais non la messe qui, même dans le bas de l'église, vous donnait le sentiment, en participant à la richesse, la beauté et l'esprit

7 Aline Coutrot, « La naissance des Guides de France », Françoise Mayeur, Jacques Gadille dir., *Éducation et images de la femme chrétienne en France au début du XXe siècle*, Lyon, L'Hermès, 1980, p. 186.

8 Claude Langlois, « Toujours plus pratiquantes ». La permanence du dimorphisme sexuel dans le catholicisme français contemporain », *Clio*, n° 2, 1996, p. 229-260.

(chasubles brodées, calices d'or et cantiques) de ne pas "vivre comme des chiens"[9] » : c'est ainsi que la romancière Annie Ernaux explique la forte religiosité de sa mère (née en 1906). La religion n'est-elle pas devenue alors une sphère d'excellence féminine, source de fierté, d'un discret sentiment de supériorité morale, parfois d'indépendance personnelle lorsque le mari est détaché de ces choses? Il faut d'ailleurs saisir cette religion dans son évolution. Le catholicisme populaire s'adoucit dans ses sévères aspects pénitentiels et se présente de plus en plus comme une religion d'amour. Aimer Dieu, pour mieux supporter, pour mieux compenser les blessures affectives que l'on sait plus déstabilisantes pour les femmes que pour les hommes, n'est-ce pas, aussi, une des explications au dimorphisme sexuel de la pratique religieuse?

2 LES FEMMES ET LA CRÉATION

2.1 La création, territoire masculin

« Messieurs, à l'heure où je vous parle, le plus grand prosateur français est une femme : Colette; le plus grand poète est une femme : Mme de Noailles; et notre plus grand savant est aussi une femme : Mme Curie[10] » déclare Anatole de Monzie en 1935. Le propos se veut justicier et féministe, car malgré la qualité de ces trois femmes, c'est encore sous l'angle de l'exceptionnalité que l'on envisage la création féminine. Pour la tradition misogyne, le travail de la création est par essence masculin, et le génie le propre de l'homme. Les femmes sont avant tout des reproductrices, parfois des muses inspiratrices. Lorsqu'elles s'autorisent à créer, elles bafouent le rôle que la « nature » leur assigne et par là même (et surtout si leur œuvre est subversive) dérangent l'ordre établi entre les sexes. La vie d'artiste est doublement interdite aux femmes : dans sa version bohème, la liberté est scandaleuse (la sculptrice Camille Claudel est internée dans un asile à la demande de sa famille en 1913 jusqu'à sa mort en 1943); dans sa version académique, l'enseignement et les lieux de la consécration leur restent fermés. On peut expliquer cette fermeture de différentes manières[11]. La création est un métier où se manifestent des craintes corporatistes, en particulier celle d'une dévalorisation liée à l'entrée des femmes. La création est aussi un pouvoir, peut-être pas celui de changer le monde, mais de changer la vision du monde et, là comme ailleurs, le pouvoir tend à rester un monopole masculin. Au moment même où les femmes artistes sont plus nombreuses et commencent à accéder à une certaine notoriété, l'image de l'artiste se virilise. Les futuristes de la Belle

9 *Une femme*, Gallimard/Folio, 1987, p. 29.

10 Cité par Yvonne Netter, *Plaidoyer pour la femme française*, NRF Gallimard, 1936, p. 17.

11 Michelle Coquillat, *La Poétique du mâle*, Gallimard, 1982.

Époque, annonciateurs d'autres avant-gardes, le montrent avec éclat[12]. Les écrivains engagés, au-delà de leurs antagonismes idéologiques, (se) vivent dans un univers masculin tourmenté par la guerre ou la révolution, reléguant leurs personnages féminins dans un décor insignifiant[13]. Si seule l'action justifie l'œuvre, que pourraient raconter les femmes exclues de la grande Histoire, sinon de « petites » histoires banales et sentimentales ? On aura compris que de graves préjugés corrompent la réception des œuvres de femmes. La misogynie flamboyante du XIXe siècle qui voyait la « femme auteur » comme un monstre[14] n'est plus de mise, c'est une dévaluation plus subtile qui est à l'œuvre.

2.2 Les femmes écrivains hors champ littéraire

Si l'on définit le champ littéraire comme un milieu professionnel régi par des institutions, régulé par le jugement des pairs, poussé à préserver son autonomie par rapport à d'autres champs (politique, ou médiatique), on n'y trouve guère de femmes[15]. Cette définition ne cerne que le noyau dur et hautement valorisé d'un ensemble plus flou, plus libre. En 1929, il y a une femme sur cinq écrivains. Elles sont 136 sociétaires et 536 membres sur 3 617 à la Société des gens de lettres. Mais les hautes institutions de la vie littéraire résistent. L'Académie française est exclusivement masculine. Le jury Goncourt l'est aussi, depuis le décès en 1917 de Judith Gautier qui y avait été admise, la première et la seule, en 1910. Colette est la seconde, tardivement élue en 1945 : au sommet de sa gloire, elle en devient même présidente quatre ans plus tard. Ce jury réputé misogyne ne récompense aucune œuvre de femme avant 1945[16]. Pour contrer cette hostilité, le Prix Fémina a été fondé en 1904. Son jury rassemble les femmes de lettres les plus célèbres du temps : un peu moins de la moitié des œuvres récompensées sont écrites par des femmes, on lui reproche donc sa « partialité ».

La République est meilleure mère que les institutions littéraires : l'ordre de la Légion d'honneur récompense Colette en 1922 et fait d'Anna de Noailles en 1931 la première femme commandeur de la légion d'honneur. Reste la reconnaissance médiatique. Les *outsiders* que sont les femmes intéressent la presse, spécialement la presse féminine (et féministe, évidemment : la gloire de l'une rejaillit sur toutes). Pour être connue, dit-on, il faut du talent, et/ou de la fortune, et/ou du scandale. Les deux plus célèbres ont à l'évidence le talent. Anna de Noailles, « muse de la République », à la conversation éblouissante et aux amours tumultueuses appartient à la haute société contrairement à Colette,

12 Giovanni Lista, *F.T. Marinetti*, Séguier, 1995.

13 Annelise Maugue, « De Nizan à Drieu La Rochelle : la politique, territoire du masculin », Christine Bard dir., *Un siècle d'antiféminisme…, op. cit.*, p. 215-228.

14 Christine Planté, *La Petite Sœur de Balzac*, Le Seuil, 1989.

15 Gisèle Sapiro, *La Guerre des écrivains, 1940-1953*, Fayard, 1999. Et Monique de Saint-Martin, « Les "femmes écrivains" et le champ littéraire », *Actes de la recherche en sciences sociales*, n° 83, 1990, p. 52-56.

16 Le prix Goncourt 1944 décerné en 1945 va à Elsa Triolet (*Le premier accroc coûte deux cents francs*).

saltimbanque, aidée par le scandale. La première a été vite et injustement oubliée, la deuxième n'en finit pas d'inspirer les biographes. Leur vie intrigue autant sinon plus que leur œuvre, indice de ce qu'elles représentent, comme d'autres femmes artistes : des modèles d'émancipation féminine.

2.3 À l'homme, l'abstraction, à la femme, l'émotion?

« Nulle femme n'a pu composer *Le Discours de la méthode*. Mais aucun homme n'aurait pu écrire les *Lettres* de Mme de Sévigné ou certaines pages de Mme Colette et de Mme de Noailles[17] » écrit un critique en 1929. Cette manière de différencier les genres est très commune. Elle aboutit à la marginalisation des femmes, cantonnées dans la poésie lyrique et le roman traditionnel, bien loin de ceux qui incarnent la modernité en littérature : Proust, Gide et Valéry. On leur reproche de manquer de style, autrement dit, de professionnalisme. « Je voudrais n'être plus qu'une amoureuse bouche/Qui goûte et qui boit l'univers » (Anna de Noailles). Le moi et les émois du cœur, la volupté : ces tendances fortes de l'écriture des femmes sont dépréciées comme préoccupations mineures, égocentriques. Les romancières seraient, toujours aux dires des critiques, cloisonnées dans le féminin, « esclaves de leurs sens », incapables de donner chair et crédibilité à des personnages masculins ou d'observer la société à la manière d'un Balzac, d'un Zola. Le manque de culture est-il en cause? « Une Desbordes-Valmore, sans aucune instruction, nous touche infiniment plus qu'une Louise Ackermann ou une Daniel Stern saturées de philosophie[18]. » Le piège se referme.

Dès lors, quelles solutions pour les femmes de lettres? Elles peuvent, comme Lucie Delarue-Mardrus, revendiquer une position féminine : « L'esprit géométrique de l'homme n'admettra jamais les remous secrets, inexpliqués, formidables de l'océanique féminin. Il leur faut des raisons. En demande-t-on aux vagues de la mer[19]? » Elles peuvent — et beaucoup le font — tenir une position féminine et « féministe », c'est-à-dire peindre leur condition et celle de leurs contemporaines, sous l'angle du malheur et/ou de l'émancipation. Elles peuvent enfin tenter la neutralisation de leur genre, à la manière de Marguerite Yourcenar recherchant la perfection du classicisme. La force du préjugé misogyne montre le déni d'universalité infligé aux œuvres de femmes, il oriente donc leur réception, et finit par influencer la position même de la femme artiste.

En réalité, il est impossible de réduire les œuvres des femmes artistes à un genre ou un style. Dans le domaine de la peinture, elles sont de toutes les écoles, de tous les courants, des plus classiques aux plus novateurs : cubisme, surréalisme, abstraction. Marie Laurencin, avec ses couleurs pastel et ses filles aux yeux de biche, revendique une inspiration « féminine ». Les succès commerciaux de Tamara de Lempicka, fleurs et femmes, plaisent, comme son style cubiste adouci

17 Jean Larnac, *Histoire de la littérature féminine en France*, Kra, 1929, p. 279.

18 *Id.*, p. 224.

19 Citée, d'une manière critique, par Jean Larnac, *ibid.*, p. 240.

par le raffinement du détail : des toiles parfaites pour décorer un intérieur à la mode. Mais des femmes s'expriment aussi dans les courants les plus novateurs. Sophie Taueber-Arp, d'abord dadaïste, puis membre du groupe Abstraction-création, est une des plus remarquables. Sonia Delaunay et de nombreuses artistes russes influencent le décor du temps. L'Abstraction, une « qualité » plutôt perçue comme masculine, inspire beaucoup de femmes peintres. Pour l'architecture, on pourrait aussi retenir les noms d'Eileen Gray et de Charlotte Perriand. Ou ceux de Lili Boulanger et de Germaine Tailleferre, pour la composition musicale. La danse moderne doit beaucoup aux femmes : Loïe Fuller, Isadora Duncan, Martha Graham.

La liste serait longue des femmes artistes très connues en leur temps puis oubliées. On les redécouvre aujourd'hui à travers des biographies, mais l'heure de la synthèse n'est pas encore venue. L'une des pistes à suivre sera le combat qu'elles ont mené pour accéder à la fois à une activité professionnelle et à un statut d'artiste. L'Union des femmes peintres et sculpteurs (fondée en 1881 par la sculptrice Hélène Bertaux) a en effet réclamé l'ouverture aux femmes de l'École des beaux-arts. C'est chose faite en 1897. Rodin forme également de nombreuses élèves[20]. Reste à trouver des mécènes (comme la duchesse d'Uzès et la princesse de Polignac), des commandes et des lieux d'exposition. L'organisation fréquente depuis la fin du XIXe siècle d'exposition d'œuvres de femmes par les associations de femmes artistes permet de surmonter l'ostracisme masculin. La dernière, aux dimensions européennes, a lieu en 1937, et il faudra attendre 1976 pour que ce principe de réunir des œuvres de femmes guide une exposition à Los Angeles.

2.4 Les promesses des débuts ou les leçons du cinéma

On aura compris que plus un domaine est investi comme un lieu de pouvoir, prestigieux et lucratif, plus il est difficile pour les femmes de s'y faire admettre. L'exemple du cinéma est à cet égard particulièrement éclairant. Aussi longtemps — à peine une trentaine d'années — qu'il a été considéré comme une activité artisanale, ludique, expérimentale, destinée à un public populaire mais boudé par les intellectuels qui ne le considéraient pas encore comme « le 7e art », des femmes ont pu passer derrière la caméra. On connaît les inventeurs — les frères Lumière, en 1895 — Méliès, le premier réalisateur, mais pas assez Alice Guy, sténodactylo chez Gaumont, qui après son premier film, *La Fée aux choux*, tourne 400 films de 1896 à 1907. La première réalisatrice, qui invente, entre autres, l'adaptation des romans au cinéma[21]. Musidora, la première actrice de cinéma, est une vedette populaire. Elle espère passer de l'autre côté de la caméra et adapter Colette au cinéma. Elle crée même sa propre maison de production, mais renonce au bout de quelques films, faute d'argent, et doit se contenter du

20 Siân Reynolds, « Comment peut-on être femme sculpteur en 1900? Autour de quelques élèves de Rodin », *Mil neuf cent*, n° 16, 1998, p. 9-26.

21 Paule Lejeune, *Le Cinéma des femmes*, Atlas Lherminier, 1987.

secrétariat de la Cinémathèque. La journaliste Germaine Dulac se passionne pour ce qu'elle conçoit déjà comme une nouvelle forme d'art. Elle met en scène en 1919 *La Fête espagnole*, sur un scénario de Louis Delluc, la rivalité de deux hommes pour une femme, mais s'exprime plus franchement en 1924 dans *La souriante Madame Beudet*, qu'elle qualifie de drame ordinaire, celui d'une épouse éprise de poésie asphyxiée par un mari médiocre. Elle tournera une vingtaine de films, mais le succès public n'est pas au rendez-vous. Parallèlement, elle défend, comme présidente de la Fédération des ciné-clubs de France sa conception artistique du cinéma. En 1929, l'avènement du cinéma parlant avec ses gros budgets et ses grosses machines exclut les réalisatrices. Restent les actrices, les scriptes, les monteuses. Marie Epstein, dont le frère est aussi cinéaste, est l'exception qui confirme la règle. Hollywood inflige une lourde concurrence à la France et là-bas, une seule réalisatrice se distingue : Dorothy Arzner.

2.5 Une splendide exception : la photographie

La photographie dite « de la nouvelle vision » (1920-1940) est exceptionnelle en raison du nombre et de la qualité des femmes qui y trouvent un nouveau moyen d'expression artistique en même temps qu'un métier potentiellement lucratif en raison de l'essor de la presse illustrée et de la publicité[22]. À l'Exposition de la photographie contemporaine en 1928, la parité hommes-femmes est réalisée parmi les exposants. Encouragées par des exemples de réussites (comme celle de Laure Albin Guillot), elles se lancent, apprenant dans les studios des plus expérimentées. De nombreuses étrangères sont attirées par l'exceptionnel bouillonnement artistique de la capitale et la liberté qu'elle leur offre. La « carrière » de photographe enchante en effet ces femmes indépendantes, artistes venues parfois de la peinture. Le matériel nécessaire est léger, accessible : un Rolleiflex ou un Leica. Ne pas avoir de studio n'est pas rédhibitoire. Fondée en 1933, par une femme, Gertrude Fehr, l'École de photographie de Paris, Publiphot, compte 2/3 de femmes parmi ses élèves.

Ces femmes photographes font des choix artistiques divers, qui illustrent les tendances de la « nouvelle vision ». Les portraits, précis, savamment éclairés et cadrés de manière inhabituelle, se veulent avant tout peinture psychologique. Gisèle Freund, fuyant l'antisémitisme allemand, réalise des portraits d'écrivains — Malraux le cheveu au vent, sur son balcon; Virginia Woolf dans sa bouleversante mélancolie — sont parmi les plus célèbres. Son approche de la photographie est, dit-elle, plus journalistique qu'artistique, modestie d'intellectuelle puisqu'elle est aussi l'auteure de la première thèse sur l'histoire de la photographie française (1936). Plusieurs s'attachent à la photographie urbaine : en flâneuse, Marianne Breslauer capte le Paris quotidien, tandis que Germaine Krull hante les rues mal famées du Paris nocturne et transfigure les transbordeurs, les grues, la tour Eiffel vue d'en bas, « comme un poignard enfoncé dans

22 Christian Bouqueret, *Les Femmes photographes de la Nouvelle vision en France 1920-1940*, Marval, 1998.

les nuages[23] ». Les femmes photographes excellent dans l'autoportrait, cher aux femmes peintres dès le XVIIIe siècle. Claude Cahun en réalise des centaines, dans une veine surréaliste[24]. Adepte des travestissements les plus fous, elle lance un défi à la représentation fixiste des genres, se photographiant crâne rasé, crâne déformé, ou couvert d'une perruque de marquise... Les autoportraits des autres photographes paraissent, en comparaison, plus limités dans leurs intentions et leur facture. Mais décider de sa propre image et se représenter au travail constitue pour des femmes des avancées certaines sur le chemin de l'indépendance.

La photographie, support de représentation majeur du XXe siècle, est susceptible de changer l'image des femmes, et donc le regard sur elles. Florence Henri, appréciée pour son travail sur l'abstraction, photographie des femmes « déterminées, sûres d'elles-mêmes, individualisées[25] ». Des couvertures des magazines des années 1930 se dégage aussi l'image de femmes modernes, amazones sportives et courageuses. Mais les photographies les plus largement diffusées — celles des mannequins et de la publicité — sont signées en grande majorité par des hommes. Exemple typique de renversement dont l'histoire des femmes est familière, la photographie redeviendra après cette période faste une discipline dominée par les hommes.

2.6 Des intellectuelles ?

Les définitions institutionnelles du champ intellectuel induisent une sous-estimation des femmes. Elles sont encore rarissimes parmi les universitaires, bien qu'elles soient en nombre croissant étudiantes et titulaires de doctorats. Après Marie Curie qui obtient une chaire en Sorbonne en 1908, il faut attendre les années 1930 pour que d'autres femmes soient nommées en Lettres, Droit et Médecine. Si l'on retient comme critère le passage par l'École normale supérieure de la rue d'Ulm, les femmes sont évidemment très minoritaires[26]. Les khâgnes n'ouvrent en effet leurs portes aux filles qu'en 1924; cette année-là, une jeune fille obtient pour la première fois le concours d'entrée littéraire à Ulm (la première, en sciences, eut le concours en 1910). En dépit des tensions provoquées par leur arrivée, les premières ulmiennes ont d'excellents résultats. La carrière de Jacqueline de Romilly, 2e au concours d'entrée en 1933 et élue dans les années 1970 au Collège de France et à l'Académie des inscriptions et belles lettres, est une des plus remarquables. Parmi les normaliennes de l'entre-deux-guerres, Simone Weil entrée 6e à l'École en 1928 se distingue d'abord comme l'une des rares agrégées de philosophie, puis par un parcours intellectuel et des choix de vie qui donnent au mot « engagement » son maximum de force et de crédibilité. L'étude des pétitions, forme majeure d'intervention politique pour les

23 Pour reprendre l'image d'un de ses élogieux critiques, cité *idem*, p. 41.

24 François Leperlier, *Claude Cahun. L'écart et la métamorphose*, Jean-Michel Place, 1992. Précisons que Claude Cahun n'a jamais exposé ses autoportraits de son vivant et ne vivait pas de son travail de photographe contrairement aux autres artistes citées ici.

25 Christian Bouqueret, *Les Femmes photographes..., op. cit.*, p. 20.

26 Jean-François Sirinelli, *Génération intellectuelle*, Fayard, 1988, p. 208-215.

intellectuels, ne permet pas un élargissement plus favorable aux femmes : leurs signatures restent rarissimes. Avec le recul du temps, et surtout une curiosité féministe aiguisée, certaines figures intellectuelles émergent cependant, sans nous faire oublier qu'elles furent à leur époque des *outsiders* discriminées en tant que femmes, discrimination redoublée si elles étaient féministes. Le cas de Madeleine Pelletier est exemplaire si l'on songe au faible écho de ses recherches en anthropologie, en psychiatrie et de ses ouvrages sur les rapports de sexes qui anticipent l'analyse de Simone de Beauvoir dans *Le Deuxième sexe*.

Mais la défense de causes humanistes (teintées d'un féminisme moins radical que celui de Madeleine Pelletier) permet à quelques femmes journalistes d'accéder à la notoriété. Séverine, l'une des grandes figures de la Ligue des droits de l'Homme, appartient à cette minorité et aide la génération suivante à s'affirmer. Dans l'entre-deux-guerres, Louise Weiss se distingue par son bagage universitaire, son intrépidité dans des reportages risqués, puis par sa revue, *L'Europe nouvelle*. Elle s'impose dans le milieu très masculin des spécialistes des relations internationales, sans négliger la cause suffragiste. Diplômée en lettres, Andrée Viollis est fameuse pour ses grands reportages : après *Seule en Russie* (1927), elle publie sur l'Afghanistan, l'Inde, la Chine, le Japon, l'Indochine et la Tunisie, autant de témoignages à charge contre les ravages du colonialisme. Codirectrice d'une revue de gauche, *Vendredi*, toujours sur la brèche dans le combat antifasciste, elle est aussi une féministe engagée. Une autre journaliste (à *L'Œuvre* et à Radio-Luxembourg) s'illustre par sa vigilance face à l'hitlérisme : Geneviève Tabouis, familière des milieux diplomatique et politique.

Comment oublier aussi les premières générations d'avocates, très liées au mouvement d'émancipation des femmes? Leur modèle est Suzanne Grinberg, professeur de droit à HEC Jeunes filles, première femme décorée de la Légion d'honneur à titre professionnel, fondatrice de l'Association des femmes juristes, première femme admise à la direction de la Confédération des travailleurs intellectuels ainsi qu'à celle de l'Association nationale des avocats. On voit à travers son exemple que l'associationnisme féminin à la fois professionnel et féministe joue comme un facteur d'intégration et non comme un « ghetto ». Les pionnières ne sont pas forcément individualistes : elles nouent des liens entre elles dès le temps des apprentissages, solidifiés par des associations d'anciennes élèves de lycées, d'écoles normales et par l'Association des Françaises diplômées des universités, fondée en 1919.

Le symbole le plus éclatant de la réussite intellectuelle vient du domaine purement scientifique, que l'on accorde le plus difficilement au féminin. En 1903, Marie Curie reçoit le prix Nobel de physique (qu'elle partage avec son mari Pierre Curie et Henri Becquerel) pour la découverte du radium. Après la mort de son époux en 1906, elle reprend sa chaire à la Sorbonne et poursuit ses recherches qui lui valent en 1911 le prix Nobel de chimie. La manipulation des substances radioactives qui détériore sa santé, le scandale de sa liaison avec un homme marié, le scientifique Paul Langevin, la campagne xénophobe menée contre elle, la « Polonaise », ne viennent pas à bout de sa détermination. Elle a transmis à sa fille Irène la passion de la recherche. À la hauteur de la tradition familiale, cette dernière obtient en 1935 le prix Nobel de chimie (avec son mari

Frédéric Joliot) pour la découverte de la radioactivité artificielle. Ni elle ni sa mère ne seront admises à l'Académie des sciences.

3 LOISIRS DE FEMMES

Disons-le d'emblée : les femmes ont moins de loisirs que les hommes, même quand elles sont « au foyer »[27]. Ajoutons que les clivages sociaux sont ici éclatants : il faut appartenir à la bourgeoisie (la *leisure class*) pour goûter aux plaisirs du ski, du week-end à Deauville, de la cure à Vichy ou des croisières transatlantiques, pratiques ultraminoritaires que décrivent les romans et les magazines de l'époque. Les vacances : mot à peu près vide de sens pour l'immense majorité de la population. Il faudra un certain temps avant que les quinze jours de congés payés se transforment en véritables « vacances ». Au moins dispose-t-on entre les deux guerres de la semaine anglaise qui libère une journée et demie pour le repos et les loisirs.

Ces loisirs sont quelque chose de nouveau, d'inquiétant même pour les moralistes toujours très préoccupés par l'utilisation que les femmes ont de leur temps. L'éthique du travail est pourtant forte dans les milieux populaires où l'on n'apprécie guère « la paresse ». D'où l'importance de loisirs légitimés par leur utilité, comme la couture ou le jardinage. Le succès de la TSF qui se démocratise dans les années 1930 est peut-être dû à cette possibilité d'écouter la radio tout en ayant des activités ménagères. Les femmes y trouvent une voie d'accès au monde par les informations en même temps qu'une source de divertissement (jeux, chansons).

Certains loisirs paraissent peu affectés par la différence des genres. Ainsi, le cinéma que l'on peut supposer autant fréquenté par les hommes que par les femmes : on y va en famille, on y va aussi pour flirter, chahuter, rire, s'évader et célébrer le nouveau culte des stars. Ainsi la danse, qui réunit les sexes sur la piste en couples. Le tango, importé en France au début du siècle, a le goût sensuel du fruit défendu. On ne l'improvise pas : il faut apprendre les pas, il est donc aussi spectacle. Après la guerre qui a provoqué la fermeture des bals, la « dansomanie » exprime le désir de s'étourdir avec une force rarement égalée. Des dancings sont ouverts pour une clientèle aisée, « habillée », grisée par les cocktails et le champagne. Les jeunes inventent la *surprise party.* Certains bals parisiens font la légende des Années folles, en raison de la liberté sexuelle qui y règne. Le jazz, arrivé en France avec les soldats américains, s'accompagne de danses trépidantes qui attirent les foudres des bien-pensants. Le charleston, le shimmy, le fox-trot « pulvérisent » la notion de couple et permettent une grande liberté d'interprétation. L'image d'une garçonne au long collier de perles tressautant sur la piste de danse est sans doute une des plus fortes représentations de l'émancipation féminine. On danse

27 Anne-Marie Thiesse, dans Alain Corbin, *L'Avènement des loisirs 1850-1960*, Aubier, 1995, p. 302.

aussi le one-step, le tango, la rumba, la biguine, le paso doble et, bien sûr, la valse et le musette. Le swing, ancêtre du rock and roll, commence à être joué dans les années 1930; les zazous s'initient à cette danse acrobatique réservée aux jeunes en bonne condition physique pendant l'Occupation, à leurs risques et périls, et c'est au son du swing que la France fêtera la Libération. L'impudique pirouette sur l'épaule du partenaire marquera une nouvelle étape dans le relâchement des conventions morales.

3.1 Sports féminins : un engouement sous surveillance

La gymnastique harmonique d'Irène Popard a commencé à se développer au début du siècle[28]. L'éducation physique devient obligatoire pour les filles fréquentant les établissements secondaires en 1925 : cette nouvelle hygiène corporelle paraît compatible avec la féminité, elle accompagne même l'avènement de la femme « moderne » saine et gracieusement musclée. Tout autre est l'image des sportives, de plus en plus nombreuses dans des clubs féminins qui se multiplient. Pierre de Coubertin s'oppose à une « olympiade femelle », estimant que la rude compétition sur les stades doit être réservée aux hommes. La réputation des sportives est souvent négative : on leur reproche de s'« exhiber » en public et d'être des « garçons manqués ». On raille par exemple les footballeuses, qui ont formé leurs premières équipes en 1917, en s'en prenant à leur habillement et à la prétendue médiocrité de leur jeu. La présidente de la Fédération des sociétés féminines sportives de France, Alice Milliat, s'efforce de rassurer l'opinion, en soulignant les effets bénéfiques du sport pour la santé des jeunes filles et leur futur rôle maternel. En 1922, pour la première fois, les femmes organisent leurs propres Jeux qui ont lieu à Paris, un an après la naissance de la Fédération sportive féminine internationale. Elles ne seront admises aux Jeux Olympiques qu'en 1928. Sans faire obstacle à leur popularité, l'accusation d'être « masculinisées » est constamment adressée aux sportives. Violette Morris, lanceuse de javelot, de poids, coureuse automobile, en fait les frais, en perdant sa licence en raison d'un comportement jugé trop viril, mais l'élégante Suzanne Lenglen, première professionnelle du tennis féminin, est aussi considérée comme un « champion » en raison des qualités de son jeu rapide et vigoureux. La mise en spectacle du sport donne aux championnes un rôle très important comme modèle — ou contre-modèle — pour l'ensemble des femmes; leurs exploits et leur personnalité influencent les perceptions de l'émancipation féminine qu'elles incarnent à bien des égards.

C'est particulièrement vrai des pionnières de l'aviation qui vivent avec leurs camarades masculins une épopée exaltante et fascinent le public[29]. Leur modèle est Adrienne Bolland, qui, après avoir traversé les Andes en 1921, s'est rendue célèbre par l'enchaînement de ses loopings dans les meetings aériens. Elle est décorée de la Légion d'honneur dès 1923. La génération suivante est celle des

28 Pierre Arnaud, Thierry Terret dir., *Histoire du sport féminin*, L'Harmattan, 1996.

29 Ce passage s'inspire de Bernard Marck, *Les Aviatrices*, L'Archipel, 1993 (citations p. 218 et 253).

Maryse Bastié, Léna Bernstein, Maryse Hilz, Hélène Boucher, vedettes des années 1930 aux côtés d'aviatrices anglaises, américaines, allemandes dont la plus fameuse est Amelia Earheart qui effectue cinq ans après Lindbergh la traversée de l'Atlantique. Hélène Boucher est pour la France un modèle de jeunesse, de compétence et d'audace : en trois ans, elle est devenue l'égale des grands pilotes masculins et obtient le record mondial de vitesse en 1934. Sa fin tragique est un deuil national. « Elle était simple, elle était loyale... Elle était aussi un pilote. Ce métier, elle l'exerçait à la façon d'un homme, avec le respect du travail bien fait et l'humilité des vrais bâtisseurs », déclare Antoine de Saint-Exupéry dans un hommage ambigu. Au nombre de 40 en 1929, de 150 en 1939, les aviatrices sont néanmoins exclues du pilotage professionnel sur les lignes publiques et commerciales. Lorsque Maryse Bastié, au sommet de sa gloire, demande un emploi dans l'aviation, le ministre Pierre Cot lui répond qu'il est trop tôt « pour juger sur une grande échelle les mérites égaux des femmes et des hommes dans l'aviation ». D'une manière générale, l'État ne soutient pas le sport féminin. Seules les disciplines considérées comme compatibles avec la « féminité » et comme utiles d'un point de vue hygiéniste sont soutenues. Notons, enfin, que le sport garde pour les femmes un caractère de classe plus marqué que pour les hommes (entre autres en raison de la faible féminisation des sports populaires tels que le cyclisme et la boxe).

3.2 La presse féminine

La lecture de la presse occupe une place privilégiée dans la vie des femmes, même dans les milieux modestes[30]. La « presse féminine » (destinée aux femmes, mais pas forcément produite par des femmes) est florissante. Dans cette catégorie attrape-tout se classent les journaux de mode, dont plusieurs titres datent du XIXe siècle. À l'origine, ils ne s'adressaient qu'aux femmes des milieux aisés, mais *Le Petit écho de la mode* se vend à plus d'un million d'exemplaires en 1930. Comme *Femmes d'aujourd'hui*, il diffuse une morale conservatrice, toute orientée vers les devoirs de la femme au foyer à qui l'on prodigue des conseils en économie domestique. Reprenant ce créneau, en y ajoutant des pages « loisirs » bien fournies, de nombreux quotidiens créent des suppléments « Femmes ». Une presse dévolue à la haute couture s'adresse aux riches élégantes (*Vogue*). L'une des grandes évolutions de l'époque est la place grandissante réservée aux conseils esthétiques. *Votre beauté* (1932) se fait ainsi le support luxueux des publicités pour les cosmétiques et les instituts de beauté. Le succès commercial de cette presse convie à une multiplication des titres et à des tentatives souvent ratées de diversification.

Marie-Claire, lancé en 1937, réussit cependant une véritable innovation. D'un coût modique, l'hebdomadaire a l'allure des journaux de luxe avec une présentation moderne, aérée, des textes assez courts et de nombreuses photos. La couverture qui présente le visage en gros plan et en couleur d'une femme

30 Anne-Marie Thiesse, *Le Roman du quotidien. Lecteurs et lectures populaires à la Belle Époque*, Le Chemin vert, 1984, dont l'enquête n'a pas été poursuivie pour l'entre-deux-guerres.

jeune, belle et gaie s'inspire des magazines américains. Le titre fait le choix original d'un prénom ordinaire, pour stimuler l'identification de la lectrice à son journal : « Vous êtes toutes des Marie-Claire », explique le premier éditorial, « et le type de la jeune fille et de la femme françaises ». C'est-à-dire ? « À la fois simple et élégante, enthousiaste et mesurée, courageuse, obstinée sans orgueil à la tâche quotidienne, mais en même temps très gaie[31]. » Marcelle Auclair donne à l'hebdomadaire un ton nouveau, fait d'« optimisme pratique », encourageant les lectrices à soigner davantage leur hygiène, à trouver la coquetterie de bon ton, à avoir davantage confiance en elles. Les citadines des classes moyennes en font leur miel et assurent la vente de 800 000 exemplaires.

Avec *La Mode* (plutôt populaire) doté d'une rubrique « entre lectrices » et *La Femme de France* (plus bourgeois) dont la rubrique « La Ruche » publie les lettres des « abeilles », on découvre une autre dimension de la presse féminine de l'entre-deux-guerres : le besoin d'expression et de communication de lectrices qui cherchent à briser leur solitude. En 1938, *Confidences* reprend la formule américaine des *true stories* alors inconnue en France. Aux femmes qui se sentent seules avec leurs problèmes, il offre en lecture les problèmes des autres, écrits à la première personne du singulier. Effet tranquillisant garanti. Le journal est comme un confessionnal, vite dépassé par la multitude de courriers, sélectionnés puis retravaillés pour la publication. En 1939, il est vendu à un million d'exemplaires, essentiellement à des femmes de milieu modeste. À la veille de la guerre, le pôle moderne de la presse féminine penche nettement du côté de la recherche du bonheur, de la résolution des « problèmes de cœur »; le pôle conservateur marqué par la morale chrétienne et domestique se maintient cependant. La presse féministe est finalement la grande perdante dans une évolution où les intérêts financiers dominent. Forte d'une bonne trentaine de titres entre les deux guerres, elle a perdu son fleuron, le quotidien *La Fronde*, de Marguerite Durand. Restent plusieurs hebdomadaires : *La Française* (1906) dirigée par Jane Misme puis par Cécile Brunschvicg, qui défend les idées de la tendance réformiste du mouvement; *La Voix des femmes* (1917) de Colette Reynaud, d'orientation révolutionnaire et pacifiste; *Minerva* (François Foussarigues, 1925) à la fois féminin et féministe, comme *Le journal de la femme* (Raymonde Machard, 1930). La plupart des associations ont leur bulletin ou leur revue (*Le Droit des femmes*, mensuel de la Ligue française du droit des femmes depuis 1905). Cette presse n'est lue que par une minorité et manque de moyens matériels.

3.3 Métamorphose de la mode

Métamorphose : le mot n'est pas trop fort pour qualifier la mode des années 1920, celle de « la garçonne[32] ». Elle est vécue comme libératrice : le vêtement féminin était contraignant, à l'image du corset. Elle montre un changement d'époque,

31 Cité par Évelyne Sullerot, *La Presse féminine*, Armand Colin, 1966, p. 54. Ce passage sur la presse résume l'apport de ce livre qui a bien supporté les outrages du temps.

32 Christine Bard, *Les Garçonnes. Modes et fantasmes des Années folles*, Flammarion, 1998.

qu'annonçaient déjà les féministes adeptes du costume masculin ou encore les ouvrières des usines de guerre qui avaient parfois adopté le pantalon et les cheveux courts. La mode de la garçonne exprime à sa manière une forme d'affranchissement, et scandalise. Elle valorise en effet l'androgynie : les cheveux sont coupés au carré, la silhouette se fait longiligne, en rupture totale avec le « 8 », taille étranglée qui faisait saillir les fesses, les hanches et la poitrine[33]. Désormais, les seins sont effacés par les robes droites à taille basse; un bandeau peut aplatir les rondeurs, ou, plus radical, le bistouri les réduit. La garçonne doit être mince : les Années folles inaugurent un XXe siècle lipophobe. Elle apprécie le confort des tailleurs et des vêtements de sport. Elle aime l'apparence de la simplicité : Chanel démode son rival Paul Poiret avec sa célèbre «petite robe noire» (1926). La garçonne dévoile son corps. L'ourlet, qui remonte jusqu'au genou, permet des découvrir les jambes gainées de bas aux tons roses. La rationalisation affecte également les dessous : les gaines remplacent les corsets, les culottes fermées démodent les jupons. Le chapeau cloche devient en 1921 un accessoire indispensable, lui aussi en rupture avec les chapeaux encombrants de la Belle Époque. La cigarette, souvent accompagnée d'un fume-cigarette, pourrait résumer l'ambivalence du genre de la garçonne qui a l'art de féminiser les attributs masculins. Le pantalon apparaît dans les collections de mode pour les sports, la plage ou sous la forme de pyjama d'intérieur. Bien que « féminisé », il symbolise lui aussi une transgression car l'ordonnance de police de 1800 qui en interdit le port par les femmes est toujours en vigueur[34].

La mode masculine, de son côté, se « féminise ». Les chemises en soie, les cols mous et les pantalons larges comme des jupes ravissent les dandys. Pour les deux sexes, l'androgynie devient une référence esthétique. Elle est cependant tempérée. Les robes du soir et de volumineux bijoux féminisent la silhouette d'éphèbe des garçonnes. Avec l'essor de l'industrie des cosmétiques et des instituts de beauté, le maquillage se répand. Les mannequins de couture donnent le ton, yeux cernés de noir agrandis par l'épilation des sourcils soulignés d'un trait de khôl oriental, bouche redessinée en forme de cœur, ongles des mains et des pieds vernis de rouge. Les parfums et les déodorants sont de plus en plus utilisés. La mode transforme les apparences jusqu'à modeler de manière nouvelle le corps. Une barrière de muscles remplace le corset. Le corps n'est plus caché ou suggéré, mais fièrement montré. Les premiers mouvements nudistes s'organisent dans les années 1920. Les bienfaits de l'héliothérapie vantée par les médecins sont recherchés. Ainsi disparaît encore un élément de la différenciation des genres : le contraste des carnations, brune pour l'homme, blanche pour la femme. Autrefois associé au labeur, le bronzage évoque désormais le luxe des vacances. Le maillot de bain, présent dans certains défilés de couturiers, s'est simplifié et adapté à la nage. Dans les spectacles de music-hall, le corps dénudé

33 Parmi les nombreux ouvrages sur l'histoire de la mode, de qualité inégale, signalons l'intérêt de ceux de Marylène Delbourg-Delphis, *Le Chic et le look. Histoire de la mode féminine et des mœurs de 1850 à nos jours*, Hachette, 1985 et d'Yvonne Deslandres et Florence Müller, *Histoire de la mode au XXe siècle*, Somogy, 1986.

34 « Femmes travesties, un "mauvais" genre », *Clio*, n° 10, 1999.

perd son caractère pornographique : Josephine Baker danse et chante sur scène simplement vêtue d'une ceinture de bananes en 1926.

Les critiques sont vives. Parents et époux n'apprécient pas toujours le changement. On dit des cheveux courts qu'ils provoquent la calvitie ou au contraire un développement de la pilosité[35]. On interprète la minceur comme un refus des rondeurs maternelles aux relents malthusiens. La féministe Madeleine Vernet s'inquiète de voir tant de femmes maquillées, décolletées et dévoilant leurs jambes. La mode « affranchie », incitation au viol, est à ses yeux criminelle. Rendre les hommes responsables de cette nouvelle « tyrannie » de la mode n'est pas convaincant : c'est sous-estimer l'importance des Gabrielle Chanel, Jeanne Lanvin, Jeanne Paquin, Elsa Schiaparelli, Madeleine Vionnet qui forment avec d'autres couturières et modistes, selon le mot de la princesse Bibesco une véritable « noblesse de robe ». En dépit des critiques, c'est le sentiment d'une réelle libération des apparences féminines qui domine. Faite pour des femmes actives, qui arpentent la ville, voyagent, conduisent, dansent, la mode a désormais le sens pratique, insiste la presse, et s'est démocratisée. On parle d'un « nivellement par l'élégance ». En 1928, la Redoute diffuse un catalogue à 600 000 exemplaires.

Madeleine Vernet, « La poupée dénudée », *La Mère éducatrice*, mai 1921

« Dimanche soir! Je reviens en flânant un peu, vers la gare Saint-Lazare. [...] Me voici boulevard Haussmann. Là-bas, sur le trottoir, j'aperçois plusieurs hommes, très attentionnés, devant une vitrine lumineuse. Je pense : qu'y a-t-il donc de si curieux? Mais me voici à mon tour devant la vitrine éclairée. C'est une des vitrines du Printemps. Le magasin est fermé, mais les étalages sont brillamment illuminés.

Et, à mon tour, je regarde ce que regardent les hommes. Dans la vitrine, il y a sept à huit femmes de cire en « déshabillés » et « robes d'intérieur ». Les robes sont décolletées autant qu'il est possible de l'être; les bras sortent dans des flots de mousseline de soie et de dentelles. Voici une femme assise sur un fauteuil, les jambes croisées, presque nues, sous la robe entrouverte et le bas à jour.

Et ces mannequins sont si « bien faits », la tenue, l'allure, le geste, le sourire, le regard sont tellement ceux de nos modernes coquettes, qu'on a, un instant, l'illusion de vraies femmes.

Mais voilà que mon regard revient à ceux qui regardent ces femmes. Chose curieuse, il n'y a pas une seule femme — moi exceptée — parmi les spectateurs. Ce sont tous des hommes.

Et je surprends tout à coup l'œil dont ces hommes enveloppent ces poupées de cire. Nul doute que, pour eux aussi, il y a l'illusion de la vérité, l'illusion de vraies femmes, ou plutôt de vraies poupées, se montrant à eux, à demi nues et provocantes.

Et je songe, en m'éloignant, qu'en effet, le costume féminin s'améliore, qu'il s'affranchit, et que, grâce à la leçon de la guerre, un grand progrès s'est accompli dans nos mœurs. »

NB : En 1999, des mannequins *vivants* portant des sous-vêtements étaient mises en vitrine des Galeries Lafayette.

35 Steven Zdatny, « La mode à la garçonne, 1900-1925 : une histoire sociale des coupes de cheveux », *Le Mouvement social*, n° 174, janv.-mars 1996, p. 23-56.

4 DE LA GARÇONNE À LA GARCE

4.1 Le scandale de *La Garçonne*

Dans la littérature, le théâtre, les essais et la presse, la question de l'émancipation des femmes tient une place importante. On a choisi ici d'approfondir la figure féminine qui domine pendant cette période : celle de la femme sexuellement affranchie. On comprendra ainsi comment s'articulent les fantasmes sexuels, les peurs sociales mais aussi les desseins politiques. « Garçonne » ou « Garce », cette figure est une construction imaginaire, c'est-à-dire qu'elle est dans une large mesure inventée. La ruse consiste à la rendre malgré tout crédible. Et si possible fascinante, troublante.

Tout commence par un roman, l'un des plus grands scandales littéraires du siècle. En 1922, Victor Margueritte, auteur populaire, publie *La Garçonne.* Son héroïne, Monique Lerbier, est une jeune bourgeoise déçue par un fiancé qui la trompe et par ses parents qui ont arrangé son mariage. Elle décide de « vivre sa vie » et d'user de sa liberté comme un « garçon ». Elle rejette donc la morale traditionnelle et enrichit sa vie érotique de multiples expériences décrites par le menu. Le mariage qui sauve l'héroïne de l'autodestruction ne change rien à la perception du livre considéré comme pornographique.

Une garçonne

« Et puis, ne vous en faites pas, il viendra un moment où nous ferons nos enfants toutes seules », déclare cette garçonne au vieil homme médusé.

Dessin de Fabien Fabiano, « La môme Progrès », *Fantasio,* 1926.

À la suite d'une plainte de la Ligue des pères de familles nombreuses, Victor Margueritte est radié de la Légion d'honneur pour avoir porté atteinte à la devise de l'ordre « Honneur et patrie ». Le Vatican met le livre à l'Index. La presse est unanime dans sa condamnation. Les antiféministes voient dans la garçonne la personnification du féminisme parvenu à ses fins : l'abolition de la différence des genres. Enfin, la plupart des féministes regrettent ce scandale mal venu en cette année 1922 où le Sénat discute enfin du droit de vote des femmes pour, finalement, le rejeter.

Le scandale rebondit en 1923 avec l'adaptation cinématographique de *La Garçonne* qui n'obtient pas le visa de la censure tant « l'œuvre est une déformation déplorable du caractère de la jeune fille française ». En 1926, l'adaptation pour le théâtre suscite des troubles organisés par les Camelots du roi et les étudiants catholiques. La deuxième adaptation pour le cinéma réalisée en 1935, autorisée après les coupes de la censure, provoque encore des manifestations et des critiques féroces. Le roman jouit cependant d'un immense succès commercial : un million d'exemplaires vendus en 1929, des traductions en douze langues.

4.2 Le lamento de la décadence nationale

Les plus pessimistes voient dans cet après-guerre qualifié d'hédoniste ni plus ni moins que « l'écroulement de la civilisation[36] ». « Pressée par des influences juives et maçonniques savamment organisées, la Société chrétienne se laisse inconsciemment pousser, comme un docile troupeau, vers les mœurs du paganisme[37] », écrit l'abbé Grimaud en 1922. La radicalisation du camp conservateur et clérical après la victoire du Cartel des gauches en 1924, renforce la campagne pour l'Ordre moral. Mais la gauche déplore elle aussi une société « pourrie », cynique, vouée au culte de l'argent. La presse donne en spectacle les multiples facettes de la corruption. L'esprit « ancien combattant » imprègne les diatribes contre une société « désaxée », indigne du sacrifice de ceux qui sont « morts pour la France ».

La hiérarchie des générations paraît menacée : dans le roman de Victor Margueritte, Monique Lerbier affirme sa liberté en repoussant l'autorité de ses parents. Cette génération qui a, dit-on souvent, manqué de père (et de repère) pendant le conflit, arrive sur le devant de la scène, criblée de critiques. C'est en effet à la « jeunesse » que l'on attribue les changements culturels très contestés des Années folles. La hiérarchie des classes semble aussi s'effondrer, crainte qui reflète l'explosion d'anticommunisme, après la spectaculaire révolution soviétique, mais aussi des changements sociaux réels dont l'ampleur est exagérée (contraste entre les rentiers ruinés et les nouveaux enrichis par la guerre qui étalent leur fortune insolente, ou encore amélioration du niveau de vie des classes populaires). « Aujourd'hui, c'est le bolchevisme des mœurs, le communisme de la peau » : c'est ainsi que l'écrivain Paul Morand voit son époque : les barrières sociales s'effaceraient sous l'effet de la recherche du plaisir. La Russie soviétique où les divorces se

36 Mary Louise Roberts, *Civilization without Sexes. Reconstructing Gender in Postwar France, 1917-1927*, University of Chicago Press, 1994.

37 Cité par Jean-Louis Bodinier et Didier Guivarc'h, *Les Folles agapes de Nantes au clair de lune*, Nantes, Apogée, 1999, p. 96 (l'ouvrage analyse la manipulation politique de deux scandales de « mœurs »).

multiplient, où l'avortement est autorisé, n'offre-t-elle pas déjà l'exemple d'une destruction de la famille, « cellule de base de la société » ? En matière d'« internationalisme », le danger ne vient pas seulement de l'Est. L'influence américaine à laquelle on doit le jazz mais aussi les concours de beauté (Miss America, 1921, fait école en Europe) suscite bien des polémiques.

Le nationalisme banalise la paranoïa xénophobe[38]. Victor Margueritte n'échappe pas au racisme si courant entre les deux guerres. Sa garçonne trouvera son salut auprès de Georges Blanchet, un vrai Français, professeur de philosophie au lycée de Versailles, blessé au Chemin des Dames, patriote éclairé, avantagé par une « mine souriante d'évêque » ! Mais avant ce dénouement, elle assouvit sa curiosité sexuelle avec un « métèque » italien ainsi qu'avec un « nègre », comme d'autres « femmes blanches, folles de leur corps » que le photographe Brassaï observe au Bal Nègre ouvert en 1925 à Paris[39]. C'est aussi sous la forme de la compétition sexuelle entre « vrais Français » et « métèques » que le racisme est décrit, mais sans doute aussi vécu.

Quand Victor Margueritte décrit Monique Lerbier harcelée par les propositions d'un millionnaire juif qualifié d'« animal répugnant » et de « champignon vénéneux », il reprend le cliché, mille fois ressassé dans les romans de l'époque, des juifs repoussants physiquement et dotés d'une sexualité exubérante attribuée à leurs origines orientales. Pour l'extrême droite, l'influence juive est manifeste dans le « dérèglement des mœurs », du divorce (rétabli par le « juif » Naquet) à la psychanalyse (Freud), en passant par les expériences préconjugales (Blum). Elle corrompt les esprits et les corps : les juifs sont accusés de propager les maladies vénériennes. Elle menace la « race », car pour les antisémites, les juifs français restent d'éternels étrangers, apatrides depuis « toujours ». La peur du métissage se répand.

La « race française » est menacée par d'autres fléaux, tels que la consommation excessive d'alcool. L'alcoolisme masculin et populaire faisait partie du paysage, mais les Années folles entraînent, pense-t-on, les femmes dans ces excès. Les jeunes filles du meilleur monde s'enivreraient de « cocktails », se donnant en spectacle d'une manière obscène. Quand elles ne recherchent pas les paradis artificiels : l'opium, l'héroïne, la morphine, la cocaïne surtout, plaisirs coûteux et prohibés, mais faciles à trouver à Paris. Sous l'effet des stupéfiants, elles deviendraient nymphomanes... Aux romans s'ajoutent les faits divers et les essais à sensation sur l'effondrement moral de la jeunesse dorée, citadine, en un mot, parisienne. Alors que la population urbaine s'accroît et franchit le seuil symbolique des 50 % au recensement de 1931, le thème de la ville corruptrice est d'actualité.

38 Les étrangers représentent 7,1 % de la population en 1931 (soit 2,7 millions), venus pour des raisons économiques : la France manque de bras, l'émancipation des femmes en est souvent rendue responsable.

39 200 000 GIs noirs sont venus en 1917 défendre la « liberté ». Les 135 000 combattants venus des colonies d'Afrique de l'Ouest et les 500 000 « coloniaux » travaillant dans les usines de guerre n'ont pas leur aura et leur promiscuité sexuelle avec les Françaises crée parfois des incidents.

4.3 La hantise de l'anarchie sexuelle

La crainte du métissage social et « racial » n'est-elle pas aussi sexuelle ? L'émancipation des femmes est souvent perçue comme un facteur d'indifférenciation sexuelle. Dès lors, c'est le repère premier de l'ordre social qui se trouve ébranlé. Le patriarcat n'est pourtant pas menacé : les changements sont réels, mais limités. Ne s'agit-il pas plutôt de conjurer la *perspective* d'une égalité des sexes ? De l'avis général, la guerre a émancipé les femmes et leur a donné le goût de la liberté. Elle a aussi provoqué un déséquilibre démographique qui donne le sentiment d'une brusque féminisation de la société[40].

Madame ne veut pas d'enfants est le titre d'une pièce de Clément Vautel qui obtient un énorme succès en 1924. Monique Lerbier non plus ne veut pas d'enfant. La stérilité de la garçonne, parce qu'elle est volontaire, est stigmatisée comme une manifestation de l'égoïsme féminin, encouragée, pense-t-on, par le féminisme et la propagande pour le *birth control*. Le refus de la maternité est condamné, à la mesure de l'inquiétude provoquée par la « dépopulation ».

Pendant la guerre, les doutes sur la fidélité de l'épouse ont dû bien des fois empoisonner le moral des soldats. En 1923, Raymond Radiguet réveille ce point sensible dans *Le Diable au corps*, en décrivant l'adultère d'une femme dont le mari est au front. Le scandale est considérable. La mémoire douloureuse de la guerre n'en est pas la seule raison. La femme adultère est toujours considérée avec sévérité. Ainsi, le code pénal prévoit jusqu'à deux ans de prison pour la coupable, mais une simple amende pour l'époux adultère (encore faut-il prouver la présence d'une concubine sous le toit conjugal, cas de figure assez rare). La jalousie masculine poussée jusqu'au crime est excusée par les tribunaux. Pour les moralistes de droite, la femme adultère entre dans le cycle fatal de la débauche, un rien la sépare de la prostituée. On craint la « circulation sociale du vice » qui, partant des bas-fonds, menace les classes supérieures où il faut éviter le « bâtard ». Les moralistes de gauche, eux, décrivent le mouvement inverse, accusant les classes dirigeantes et oisives de mener le bal.

Rien ne prouve une augmentation des relations extraconjugales pendant les années 1920. Quant au nombre des divorces, même en hausse (15 000 en 1914, 25 000 en 1935), il reste faible. Cette augmentation fait néanmoins couler beaucoup d'encre. La loi de 1884 est toujours vivement contestée pour des raisons religieuses mais aussi sociales[41]. Que les femmes prennent plus souvent que les hommes l'initiative de la rupture est diversement interprété. Pour les uns, l'émancipation féminine en est la cause : les épouses ne supportent plus ce que leurs mères acceptaient en silence. Pour les autres, c'est la violence masculine qui pousse à la séparation. Rappelons que le seul divorce possible est le divorce pour faute :

40 Au recensement de 1921, il y a dans la population de 20 à 39 ans 45,4 % d'hommes et 55,6 % de femmes.

41 Francis Ronsin, *Les divorciaires. Affrontements politiques et conceptions du mariage dans la France du XIXe siècle*, Aubier, 1991.

on pourrait l'oublier à la lecture des pamphlets sur les mœurs qui en font le symbole de l'inconstance et de la recherche égoïste du confort.

La prostitution sème aussi l'inquiétude. L'évolution des techniques de racolage et la multiplication des maisons de rendez-vous lui donnent une plus grande visibilité[42]. Les filles dites « insoumises » ou « irrégulières » (non inscrites sur les registres de police), sont de plus en plus nombreuses. Elles sont incontrôlables, contrairement aux filles « soumises » qui subissent, elles, une pression réglementaire accrue. La demande masculine a augmenté pendant et après la guerre. La syphilis, que l'on ne parvient pas à guérir, inquiète. Pour les contemporains, une femme dont la vie sexuelle s'exerce en dehors des liens du mariage est assimilée à une prostituée.

4.4 Des lesbiennes plus visibles

Le « développement » de l'homosexualité est un poncif des années 1920, une des variations préférées des moralistes. Disons plutôt qu'elle est plus visible : une culture homosexuelle se développe à Paris à travers des réseaux d'amitiés, des salons, des bars, des dancings et des bals, lieux de rencontres sûrs, qui n'ont rien de clandestin. La France a en effet une solide réputation de tolérance : l'homosexualité n'y est pas un délit[43]. Paris est attirant pour les lesbiennes qui jouent un rôle important dans la vie culturelle et artistique. Certes, toutes ne sont pas ouvertement lesbiennes : certaines préservent leur vie privée, sont mariées et mènent une double vie comme la banquière Marthe Hanau ou la sportive Violette Morris. D'autres le sont ouvertement, comme la chanteuse Suzy Solidor. Le début du siècle a vu naître une littérature saphique dont la plus célèbre représentante est la poétesse Renée Vivien. Colette est familière de « *Ces plaisirs* » pour reprendre le titre de son essai de 1932, devenu en 1941 *Le Pur et l'impur*. Une petite communauté anglo-américaine se retrouve sur la rive gauche où s'installent Gertrude Stein et Alice Toklas, rue de Fleurus, Natalie Clifford-Barney qui tient un salon rue Jacob[44]. La librairie d'Adrienne Monnier place de l'Odéon est un lieu de rencontres. Des Anglaises — Vita Sackville-West et Violet Trefusis, ou Radclyffe Hall, dont le roman, *Le Puits de solitude* (1929), est interdit dans son pays — font de plus courts séjours en France.

Ce « Paris-Lesbos » bénéficie d'une publicité ambiguë. Prisonnière des discours des moralistes, des pamphlétaires vitupérant la décadence, des médecins s'alarmant de la contagion, des écrivains en quête de sujets « risqués », l'image dominante des lesbiennes reflète surtout des fantasmes masculins[45]. Nous retrouvons encore la crainte de la circulation sociale du vice. La Belle Époque circonscrivait le lesbianisme dans les cimes (l'aristocrate) et les bas-fonds (la

42 Alain Corbin, *Les Filles de noce*, Aubier Montaigne, 1978, p. 6.

43 Florence Tamagne, *L'Histoire de l'homosexualité en Europe*, Le Seuil, 2000.

44 Shari Benstock, *Femmes de la rive gauche, Paris 1900-1940*, éd. Des femmes, 1987.

45 Marie-Jo Bonnet, *Les Relations amoureuses entre les femmes du XVIe au XXe siècle*, Odile Jacob, 1995, p. 312.

prostituée) de la pyramide sociale. Dans les années 1920, les classes moyennes sont atteintes. Nous retrouvons aussi l'antiféminisme : n'est-ce pas l'émancipation des femmes qui a engendré ces « amazones » plus garçonnes que les garçonnes qui, selon Colette, « jurent comme des charretiers et tutoient leur garagiste » ?, ces artistes heureuses d'échapper à la tyrannie masculine ?, ces étudiantes, ces sportives qui se passent bien de la compagnie des hommes ?

La légendaire tolérance française a un prix qui est la discrétion. Aimer une personne du même sexe que soi, c'est vivre un amour caché, secret, un « amour qui n'ose pas dire son nom » (Oscar Wilde). Se déclarer « homosexuel (le) », terme d'invention récente (1869) employé par les médecins et qui commence à se banaliser (on parle encore souvent d'« inversion sexuelle »), n'est-ce pas souscrire à leur vision qui fait des relations entre personnes de même sexe une « perversion[46] » ? Pour les contemporains, l'homosexualité est surtout le symptôme d'une dégénérescence plus générale. Qu'elle commence à être vécue sans culpabilité, qu'elle se manifeste dans la sphère publique, c'est alors l'ordre hétérosexuel qui ne va plus de soi.

4.5 Une alternative surréaliste ?

Quels changements dans la vision des rapports entre les sexes peut-on attendre d'un mouvement artistique qui se veut révolutionnaire ? Plus particulièrement quand il voue un culte à l'amour fou et revendique une sexualité sans entraves ? « Les surréalistes n'ont guère réussi à briser les barrières qui délimitent traditionnellement monde masculin et monde féminin. Ils ont refusé de faire de leur corps un objet de désir. Ils ont fait de la femme un objet de pure contemplation. Pour un mouvement authentiquement révolutionnaire, il ne se serait d'ailleurs pas agi d'inverser les rôles, ce qui serait dépourvu de sens, mais de les brouiller[47]. » « L'avenir de l'homme est la femme » écrit Aragon (*Le fou d'Elsa*) : il s'agit d'une philogynie revisitée par la révolte antipatriarcale. La femme unique, c'est la mère à laquelle le fils voue un amour incestueux, préœdipien. La femme idéalisée, c'est aussi l'hystérique, pour la beauté de sa folie et de son passage à l'acte criminel. Violette Nozière, qui empoisonne ses parents en 1933 et les sœurs Christine et Léa Papin qui assassinent, la même année, avec sadisme, leurs patronnes, sont des héroïnes surréalistes. Jeunes, avides de « vivre leur vie » mais écrasées sous l'autorité, elles accomplissent le geste ultime et désespéré de la rébellion[48]. On peut souligner les contradictions des surréalistes, observer qu'ils rompent moins avec les normes de leur temps qu'ils ne le pensent, ils demeurent malgré tout à contre-courant, en particulier à travers leur éloge des perversions sexuelles et du goût délicieux de l'interdit. Si l'Éros est une force subversive, si « la vraie révolution, pour les surréalistes, c'est la victoire du

46 Didier Éribon, *Réflexions sur la question gay*, Fayard, 1999.

47 Xavière Gauthier, *Surréalisme et sexualité*, Gallimard, 1971, p. 272.

48 L'événement inspira plus tard la pièce de Jean Genêt (*Les Bonnes*, 1947) puis le roman de Ruth Rendall adapté par Claude Chabrol (*La Cérémonie*, 1995), enfin, deux films en 2000.

désir[49] », une brèche considérable s'ouvre, dont les promesses libératrices ne peuvent manquer d'inspirer des femmes. Certes leur dénonciation de la répression sexuelle dans les sociétés bourgeoises occidentales, comme celle, moins véhémente, de Freud, n'aura guère d'effets immédiats.

4.6 Les années trente ou la revanche des patriarches

1929 : le retour aux cheveux longs marque la fin des expériences androgynes de l'après-guerre. *La Garçonne* a servi d'exorcisme, comme l'indique son dénouement : « La garçonne orgueilleuse se retrouvait femme, et faible, devant la grandeur du véritable amour. » La remise au pas par le mariage est un procédé souvent utilisé dans le cinéma des années 1930 qui montre des femmes au sommet de leur réussite professionnelle, et sexuellement émancipées, redevenant de simples femmes amoureuses[50]. Si quelques scénarios mettent en œuvre une logique punitive pour les personnages de femmes indépendantes, souvent incarnées à la fin de la décennie par Edwige Feuillère, les schémas dominants proposent des figures féminines plus rassurantes : d'une part la jeune fille fraîche et naïve (Danielle Darrieux dans *Abus de confiance*, de Henri Decoin, 1937), qui, brutalisée par la vie, sera finalement bien contente de trouver la protection d'un homme d'âge mûr; d'autre part l'épouse coquette (Gaby Morlay dans *Quadrille* de Sacha Guitry, 1937) qui fait des incartades avant d'accepter avec bonne grâce les leçons masculines d'amour conjugal. Cependant, la « garce » existe comme un contrepoint inquiétant (et excitant) à ces visions lénifiantes. On pense à *La Femme du boulanger* (Pagnol, 1937), Ginette Leclerc, jeune épouse volage d'un vieux sympathique (Raimu), s'évadant dans les bras d'un berger italien, avant de rentrer à la maison. On la trouve aussi sous les traits de Viviane Romance dans *La Belle Équipe* (Julien Duvivier, 1936), qui ruine la solidarité prolétarienne masculine. Ce qui caractérise les films des années 1930, c'est d'abord la prééminence des têtes d'affiches masculines (même si l'époque regorge de très nombreuses vedettes féminines), dont la grande star de l'époque, Jean Gabin. Les patriarches y ont le beau rôle : celui de protéger des jeunes filles vulnérables et immatures. Ce « couple incestueux[51] », marqué à tous points de vue par une relation inégale, est également présent dans le théâtre de boulevard qui donne une image forte de la domination masculine. Sur les écrans, *Hélène* (Jean Benoît-Lévy et Marie Epstein, 1936) fait figure d'exception en mettant en scène une jeune femme qui contre vents et marées poursuit des études de chimie et s'engage dans une carrière professionnelle. Jacques Feyder, avec *Le Grand Jeu* (1934) et *La Kermesse héroïque* (1935), ou Jean Grémillon avec *L'Étrange Monsieur Victor* (1938) et *Remorques* (1939), proposent de superbes figures de

49 Maurice Nadeau, cité par Xavière Gauthier, *idem*, p. 38.

50 Noël Burch, Geneviève Sellier, *La Drôle de guerre des sexes dans le cinéma français 1930-1956*, Nathan, 1996.

51 Mis en évidence par Ginette Vincendeau, « Daddy's Girls. Œdipal Narratives in 1930s French Films », *Iris*, n° 8, janvier 1989. Voir aussi son *Jean Gabin, Anatomie d'un mythe*, Nathan, 1993.

femmes émancipées, aussi modernes que rares dans le paysage du cinéma français des années 1930.

Artistes, éclaireuses, garçonnes : il est tentant de succomber à la fascination du changement culturel, et plus difficile de peser les résistances conservatrices. Pourtant, au mythe des Années folles, il faut bien opposer le poids de la morale religieuse (à laquelle les femmes plus que les hommes sont sensibles) qui continue à dessiner la frontière du licite et de l'interdit, et au bouillonnement culturel de la capitale, à l'avant-garde des changements les plus réprouvés, opposer la France provinciale. Souligner aussi l'opposition des générations à l'heure où la jeunesse s'affirme comme acteur du changement culturel, influençant en particulier les loisirs et la mode. Le conflit entre les sexes n'est pas moins frappant. L'émancipation des femmes n'est évidemment pas consensuelle. Dans le champ culturel, même si elles semblent plus nombreuses, les créatrices sont à la fois minoritaires et minorées. C'est-à-dire que les représentations du féminin, du masculin et des relations entre les sexes sont produites en majorité par des hommes. Elles reflètent leurs points de vue qui, souvent, dénient à « la femme » une position de sujet. C'est très net dans les textes qui « sexualisent » le racisme : les femmes n'y sont qu'objets d'échange, proies innocentes du désir masculin ou, au contraire, corps lubriques à la recherche d'exotisme. Certes la littérature construit l'importante figure de la « femme libre », indépendante économiquement et sexuellement[52]. Colette en donne une version « féministe » et nuancée. C'est cependant une version noire qui s'impose sous la plume de nombreux auteurs. En souligner la portée antiféministe et plus généralement réactionnaire permet de comprendre les origines de la revanche patriarcale qui couve dans les années 1930.

52 Nathalie Heinrich, *États de femmes. L'identité féminine dans la fiction occidentale*, Gallimard, 1996, p. 304.

Chapitre 6

Des années noires à la Libération

« ENTOURÉES DE MENACES ET DE PÉRILS, nous vivons sans joie, l'esprit tendu, la pensée dominée par la lutte qui se joue entre les doctrines totalitaires et nos principes de liberté, lutte où nous, femmes, nous avons une place à prendre et des devoirs impérieux et immédiats à remplir[1]. » Tel est le sentiment des suffragistes en février 1939. Les dernières déclarations des féministes avant la dissolution de leurs associations et la disparition de leurs journaux sont dans la logique de leurs prises de position antifascistes des années 1930 et lèvent l'ambiguïté sur le pacifisme que beaucoup continuaient à défendre. Un comité d'entente des associations féminines et féministes, intitulé « Les Françaises au service de la nation », se forme. 28 000 propositions de volontaires pour l'armée et l'industrie arrivent au bureau de recrutement qui ne saura finalement qu'en faire. La loi de 1938 sur l'organisation de la nation en temps de guerre prévoyait l'appel de volontaires des deux sexes en complément des mobilisables. Mais les infirmières pilotes et secouristes de l'air restent clouées au sol. Des bénévoles rejoignent les Sections sanitaires automobiles de la Croix-Rouge. Un petit nombre de femmes porte donc l'uniforme kaki, souscrit un engagement, sous la direction de la hiérarchie militaire, mais sans percevoir de rémunération[2]. La « drôle de guerre » fait ressurgir la coupure entre les soldats — des hommes — et les civils, dominés numériquement par les femmes.

Féministes, bénévoles et autres volontaires forment une minorité. Comment les femmes éloignées de tout engagement réagissent-elles? Aucun sondage d'opinion ne l'indique. L'hypothèse de la similitude des réactions des femmes et des hommes paraît la plus probable, c'est-à-dire que les sacrifices consentis pendant la Grande Guerre ne paraissent pas renouvelables. Si l'on ajoute à ce souvenir traumatique la méconnaissance du nazisme, le discrédit de la IIIe République et les mécontentements catégoriels divers, on comprend mieux le rôle de la société civile dans « l'étrange défaite[3] ».

1 Rapport moral du congrès de l'Union française pour le suffrage des femmes en février 1939, cité par Christine Bard, *Les Filles de Marianne…, op. cit.*, p. 437.

2 Luc Capdevila, « La défense nationale au féminin. Mobilisation des femmes, réajustement du genre et identité de sexe du côté de la France combattante (1940-1945) », *Clio*, n° 12, 2000, p. 57-80.

3 Marc Bloch, *L'Étrange défaite. Témoignage écrit en 1940*, (1946), rééd. Gallimard, 1990.

1 VICHY ET LES FEMMES

1.1 La « mystique familiale » du nouveau régime

La défaite militaire face à l'Allemagne, le vote du 10 juillet 1940 qui abolit la IIIe République, accordant les pleins pouvoirs au maréchal Pétain et la signature de l'armistice ouvrent une période exceptionnelle dans l'histoire du pays. La « Révolution nationale » est assurément une rupture avec le passé, comme le montre l'abandon de la devise « Liberté, égalité, fraternité » au profit de la trilogie « Travail, famille, patrie ». Dans le règlement de comptes qui s'opère alors avec le passé républicain, la question des femmes est posée[4]. « La Révolution nationale est une réaction très virilement humaine à une république féminisée, une république de femmes ou d'invertis[5] », écrit un chantre du nouveau régime en 1942. L'influence du féminisme est alors présentée comme un des facteurs de la défaite. L'idée que les femmes, poussées à l'individualisme, succombant à l'esprit de « jouissance » ont affaibli la nation en la privant de combattants, crée un large consensus : l'opinion est depuis plus d'un demi-siècle habituée à cette dénonciation du péril de la dépopulation. Les progrès de l'égalité des sexes dans le domaine scolaire et dans le monde du travail sont autant de phénomènes qui ont « dénaturé » les femmes et les ont éloignées de leur mission au sein du foyer. La vie moderne, urbaine, l'égalitarisme, le déclin de l'influence religieuse organisé par les lois laïques et l'école publique, la perméabilité de la France à l'étranger sont autant de causes invoquées pour expliquer la perte des identités sexuelles légitimes. Les restaurer en les dotant d'un caractère naturel, éternel, est la préoccupation de tous les régimes autoritaires qui insistent sur le fondement biologique de l'ordre sexuel. La République aurait émasculé les hommes, les rendant passifs, lâches et pacifistes. L'apologie de la virilité à la française s'inspire davantage du traditionalisme catholique que du virilisme nazi : elle réaffirme surtout les fonctions masculines dans les rôles du *pater familias* et du travailleur… Les ambitions de la propagande d'État, des associations et des institutions qui la relaient, mais aussi l'activité législative et judiciaire ont à la fois pour ambition de punir les coupables et de rééduquer les femmes. On espère d'elles un rôle rédempteur : par l'exemple de soumission, d'humilité, de dévouement poussé jusqu'au sacrifice qu'elles donnent dans leur famille, sous l'autorité du mari, et sous les yeux de leurs enfants, elles garantissent l'ordre social hiérarchisé, voulu par le nouveau régime. Elles ne s'appartiennent plus et se fondent dans d'autres ensembles : la famille et la nation. La « nationalisation » des femmes, dont nous avons vu l'amorce pendant la Première Guerre mondiale, se réalise pleinement, sous la contrainte exercée

4 Francine Muel-Dreyfus, *Vichy et l'éternel féminin*, Seuil, 1966 et Hélène Eck, « Les Françaises sous Vichy », Georges Duby, Michelle Perrot dir., *Histoire des femmes*, t. 5, *op. cit.*, p. 185-211.

5 Jean de Fabrègues, « Valeurs de la Révolution nationale », *Idées*, septembre 1942, cité par Michèle Bordeaux, « Femmes hors d'État français, 1940-1944 », Rita Thalmann dir., *Femmes et fascismes*, Tierce, 1986, p. 138.

par le nouveau pouvoir, mais aussi par les éducateurs, les médecins, les juristes... Elle s'effectue à un moment de redéfinition de la nation : « purifiée » de ses éléments jugés étrangers, inassimilables, « francisée » par le recours à la mythologie contre-révolutionnaire. Elle opère aussi par l'exclusion des juives, des étrangères, mais aussi des célibataires, des homosexuelles, des femmes libres dans leur vie privée ou encore des militantes des organisations de gauche combattues par le nouveau régime. Considérée comme un enjeu politique de première importance, elle ne soulève pas de conflits particuliers, rassemble les tendances contradictoires de la Révolution nationale au-delà de leurs divergences, et peut même se prévaloir d'un large assentiment : c'est bien le signe de la fragilité des acquis féministes de la première moitié du XXe siècle.

« La femme coquette, sans enfants, n'a pas sa place dans la cité, c'est une inutile »; « La France nouvelle protège les mères » proclament les affiches du Commissariat général à la famille. Le nouveau régime trie le bon grain de l'ivraie pour valoriser les « bonnes » Françaises, à l'image de Brigitte, héroïne des romans de Berthe Bernage, femme au foyer soumise à son mari, dévouée à ses enfants, catholique pratiquante[6]... L'horizon des femmes se restreint à la famille. Créée en 1926 mais boudée par le public, la journée des mères est instituée en 1941. Pour le dernier dimanche de mai, toutes les forces de propagande sont mobilisées sous l'égide du Commissariat général à la famille : affiches, tracts, concours et médailles, émission « France-Famille » à la radio, spectacles, exposition de la Famille (1943), prêches dans les églises et dans les écoles. Cet « hommage » aux mères de France s'adresse aussi aux filles (qui jouent à la maman sur les affiches) et aux jeunes filles, pour « leur montrer que la plus haute gloire de la femme est dans le parfait accomplissement de son rôle de mère[7] ». L'initiative soigneusement ritualisée dans le domaine public devient également une célébration privée. C'est un succès, comme en témoigne sa postérité, dont on oublie souvent les visées idéologiques : l'assignation des femmes au foyer et l'exaltation de la natalité. En mars 1942, l'enseignement ménager familial est rendu obligatoire.

Les femmes, comme individus, doivent donc s'effacer devant l'intérêt supérieur de la famille, que l'État compte encadrer[8]. La loi Gounot du 29 décembre 1942 présentée comme une « charte de la famille » crée une Fédération des familles françaises suivant plus ou moins le modèle de la Corporation paysanne (1940) et de la Charte du travail (1941). Chaque commune est pourvue d'une association familiale unique groupant les familles (constituées par le mariage et la filiation légitime ou l'adoption, dont le chef et les enfants sont français). Chaque

6 Colette Cosnier, « Maréchal, nous voilà ! ou *Brigitte* de Berthe Bernage », Christine Bard dir., *Un siècle d'antiféminisme..., op. cit.*, p. 241-255.

7 Brochure de propagande du Commissariat général à la famille pour la journée des mères, avril 1942, citée par Francine Muel-Dreyfus, *Vichy..., op. cit.*, p. 148. *Cf.* également Miranda Pollard, *Reign of Virtue, Mobilizing Gender in Vichy France,* Chicago and London, The University of Chicago Press, 1998.

8 Aline Coutrot, « La politique familiale », *Le Gouvernement de Vichy 1940-1942,* Presses de la FNSP, 1972, p. 245-264.

famille est représentée par son chef (le père, ou la mère en cas d'impossibilité de son époux) qui élit le comité directeur au suffrage familial (une voix pour le chef de famille, plus une par enfant mineur vivant, plus une par groupe de trois enfants ayant vécu jusqu'à l'âge de 21 ans). L'institution est placée sous l'étroit contrôle du Commissariat général à la famille. La loi Gounot est un premier pas vers l'« État familial » défendu par les mouvements familialistes qui saisissent l'occasion exceptionnelle d'imposer leur « mystique familiale ». Les partisans du nouveau régime se réjouissent de cette rupture avec le principe individualiste à l'œuvre dans la Déclaration des droits de l'Homme et dans le suffrage « universel ». L'individu, homme ou femme, doit s'effacer devant la famille, mais de son sexe dépend néanmoins tout son destin social. Le projet de Constitution proposé en 1941 par le Conseil national de Vichy estime dans son article 56 que la loi doit « retenir » la mère au foyer. De l'incitation, souhaitée dans les années 1930, on passe à la coercition.

Si l'accent est mis sur la maternité réelle, la maternité symbolique n'est pas négligée. Elle seule peut légitimer certaines activités féminines dans la sphère publique et le monde professionnel. Une petite porte s'ouvre sur la vie politique : les nouveaux conseils municipaux, nommés par le pouvoir après la suppression de l'élection dans les villes de plus de 2 000 habitants, doivent comprendre une femme qualifiée pour s'occuper d'œuvres privées d'assistance et de bienfaisance nationale (ainsi qu'un représentant des associations de familles, et un père de famille nombreuse). L'Union féminine civique et sociale qui dispose ainsi d'une centaine de conseillères municipales, se félicite de cette réforme « féministe ».

La part des femmes dans la collaboration politique est encore peu étudiée. Elles seraient 15 % au sein de la Milice[9]. C'est beaucoup pour un groupement paramilitaire[10]. Dans les partis collaborationnistes, elles représenteraient le quart des adhésions[11]. C'est encore beaucoup, même en prenant en compte la logique familiale de l'adhésion. Que des femmes, à titre d'épouse ou de fille, ou bien seules, se soient engagées dans ces partis ne doit pas surprendre, car l'engagement politique des femmes, y compris à l'extrême droite, n'est pas un phénomène nouveau. Et en Allemagne, les organisations nazies font une place aux femmes, une place subordonnée certes, occupée par des volontaires qui ne manquent pas[12]. Dans les troupes d'Occupation, la présence des « souris grises » portant l'uniforme allemand est remarquée. Des Françaises peuvent, elles aussi, se reconnaître dans des idéologies faisant de l'infériorité féminine un principe

9 Selon Philippe Burrin, mais à Toulouse, on n'en dénombre que 4 %. Voilà un chantier de recherche à ouvrir.

10 Hanna Diamond, « L'expérience des femmes toulousaines », *Clio*, n° 1, 1995, p. 95.

11 Henry Rousso, *La Collaboration, les noms, les thèmes, les lieux*, M.A. éditions, 1987, p. 164.

12 Rita Thalmann, *Être femme sous le IIIe Reich*, Robert Laffont, 1982 et Claudia Koonz, *Les Mères-patrie du IIIe Reich*, Lieu commun, 1989. Rita Thalmann dir., *La Tentation nationaliste 1914-1945*, Tierce, 1990.

organisateur de la société, non sans contradictions car l'engagement en particulier dans le domaine paramilitaire conserve, ô combien, un caractère viril.

1.2 La vie privée sous surveillance

Un cliché a la vie dure : celui de la guerre qui émancipe les femmes. L'examen de la situation des épouses de prisonniers de guerre en 1940-1945 montre plutôt le contraire[13]. Elles sont 790 000, dont 616 000 « chefs de famille » avec des enfants à charge. Leur vie difficile et frustrante contribue plutôt à renforcer le couple dans sa version traditionnelle. Autonomes, elles le sont peu : des organismes d'État comme le Commissariat général aux prisonniers de guerre (créé en 1941) ou semi-officiels comme La Famille du prisonnier cherchent à les encadrer de manière paternaliste. Beaucoup décrivent leurs angoisses : la Bataille de France a fait 92 000 morts et les laisse sans nouvelles, parfois pendant plusieurs mois. La souffrance psychologique : l'attente, la solitude, mais aussi les problèmes matériels, car il n'est pas possible de vivre avec la seule allocation militaire qui leur est versée et qui n'est pas indexée sur l'inflation. On tient sur elles un double discours : le premier idéalise la « femme d'absent », gardienne du foyer fidèle, sachant se débrouiller économiquement et capable de maîtriser ses émotions, le second stigmatise la « femme tombée » qui succombe aux tentations hors du contrôle marital. La presse insiste sur le caractère impardonnable de l'adultère féminin; des lettres anonymes arrivent jusque dans les camps de prisonniers pour dénoncer telle femme allant seule au cinéma, telle autre se rendant trop souvent chez le médecin; la rumeur accrédite la mauvaise réputation des femmes de prisonniers et le Service diplomatique des prisonniers de guerre s'en mêle, demandant une loi qui réprimerait l'adultère des femmes de prisonniers. Il l'obtient en 1942. Pour « protéger » le foyer, l'abandon du domicile conjugal devient une faute pénale. Le foyer est une « personne morale » dont la dignité est protégée par la loi du 23 décembre 1942. Grâce au zèle de délateurs, le régime se donne la possibilité de poursuivre qui vit en concubinage notoire avec l'épouse de celui qui est retenu loin de son pays par circonstances de guerre : le coupable est passible de trois mois à trois ans d'emprisonnement et d'une amende de 1 500 à 25 000 francs. L'épouse adultère peut, elle, être poursuivie sur plainte du conjoint. Plus qu'un délit d'ordre privé, le concubinage avec une femme de prisonnier est considéré comme un délit contre l'ordre public. Comme mères, les femmes de prisonniers sont aussi culpabilisées : incapables de « tenir » leurs enfants, par défaut d'autorité, elles sont parfois rendues responsables de l'essor de la délinquance juvénile.

À la Libération, un autre fantasme surgira : la perspective d'une hausse vertigineuse des divorces après le retour des prisonniers entre mars et juillet 1945, mais le rapport entre captivité et divortialité n'a jamais été prouvé. Enchanteresses pour les uns, les retrouvailles sont difficiles pour d'autres[14]. Les

13 Sarah Fishman, *Femmes de prisonniers de guerre 1940-1945*, trad. de l'américain, L'Harmattan, 1996.

14 Thème d'un des deux récits de Marguerite Duras dans *La Douleur*, POL, 1985.

prisonniers reviennent souvent avec des problèmes psychologiques, une santé dégradée et une espérance de vie raccourcie. Certains sont aigris, nerveux, agressifs et blessés par ce qu'ils ressentent comme de l'ingratitude (ils sont les vaincus de l'an 40). Les femmes de prisonniers, elles, se sentent mûries par les responsabilités qu'elles ont eues dans la vie quotidienne, par exemple pour effectuer des démarches élémentaires autrefois accomplies par leur mari comme aller toucher un mandat à la poste. Certaines se sont engagées au sein de la Fédération des associations de femmes de prisonniers. Fondée en 1941 près de Lyon, elle rassemble 150 000 femmes à la Libération : un recrutement aisé facilité par un « réflexe communautaire ». Mais — et c'est tout un symbole — Andrée Aulas a tenu avant d'en accepter la présidence à demander l'autorisation à son mari. Solidarité féminine ne rime pas nécessairement avec féminisme. Et les femmes de prisonniers s'arrêtent de militer dès la Libération. Beaucoup veulent les enfants qu'elles n'ont pu avoir pendant l'Occupation (et ces « enfants du retour » seront nombreux). Elles s'efforcent avec tact d'aider leur époux à se réinsérer dans la vie civile et à réintégrer un rôle traditionnel dans la famille.

Le contrôle des femmes de prisonniers n'est qu'une des facettes d'une législation ambitieuse qui limite l'autonomie individuelle dans le domaine privé et en particulier sexuel. Une loi de 1942 crée le délit d'acte impudique ou contre nature avec un(e) mineur(e) de même sexe ou entre mineurs de même sexe. Cette discrimination élève l'âge de la majorité (et donc du consentement) à 21 ans pour les actes homosexuels. En Allemagne, depuis 1933, des homosexuels sont envoyés dans les camps de concentration; la même politique s'applique dans les territoires annexés, dont l'Alsace : la prudence est donc de mise dans la France occupée. Les femmes homosexuelles, peu visibles dans l'espace public, sont moins touchées que les hommes par la répression. L'affirmation selon laquelle l'homosexualité représente un péril pour la perpétuation de l'espèce humaine est un des éléments constitutifs de cette explosion d'homophobie[15].

Le courant eugéniste veut depuis le XIXe siècle améliorer la « race ». Mais les médecins français restent attachés au libéralisme; ils se méfient de l'État et ne se retrouvent que sur une revendication eugéniste minimale : l'examen médical prénuptial. Ils obtiennent finalement gain de cause par le vote de la loi du 16 décembre 1942 « relative à la protection de la maternité et de la première enfance » qui oblige les futurs époux des deux sexes à produire un certificat médical datant de moins d'un mois pour que l'officier d'état civil puisse procéder au mariage. Il s'agit de lutter contre la mortalité infantile et de réduire les unions sanitairement indésirables en révélant les problèmes de santé héréditaires ou acquis tels la syphilis et la tuberculose. Le courant « dur » des hygiénistes regrette la timidité de cette mesure non coercitive; pourtant, elle permettra aux médecins de refuser de délivrer des certificats en vue d'autoriser le mariage[16].

---

15 Daniel Borillo, *L'Homophobie*, PUF/Que sais-je?, 2000, p. 76 et suivantes.

16 Anne Carol, *Histoire de l'eugénisme en France*, Le Seuil, 1995, p. 312-338.

La loi du 2 avril 1941 sur le divorce complique les procédures, les allonge, restreint les causes de divorce (à l'adultère, aux sévices, à la violation grave et renouvelée des obligations conjugales), essaie de réhabiliter la séparation de corps, fait payer au conjoint coupable des dommages et intérêts. Elle introduit un délai de sept ans de réflexion. Ces mesures traduisent une nostalgie pour le mariage indissoluble, sacrement catholique, et certains regrettent que le divorce n'ait pas été, comme dans l'Italie de Mussolini, interdit. Le garde des Sceaux, Joseph Barthélémy, invoque pour sa part la défense du « bien de l'État[17] ». Pétain, athée, célibataire jusqu'à ses 65 ans, marié à une divorcée et sans enfants, ne donne pas l'exemple.

L'Ordre des médecins, fondé en 1941, participe à la répression de l'avortement renforcée par Vichy. L'irrespect du secret médical est autorisé, la dénonciation encouragée. Une première loi, le 14 septembre 1941, range l'avortement parmi les « infractions de nature à nuire à l'Unité nationale, à l'État et au Peuple français ». Une seconde, le 15 février 1942, l'assimile à un « crime contre la sûreté de l'État », jugé par un tribunal d'exception et passible de la peine de mort. Un corps de police spécialisé est créé pour lutter contre l'avortement. Le nombre des condamnations augmente : 1 225 en 1940, 2 135 en 1941, 3 831 en 1942, 4 055 en 1943[18]. Cette année-là, Marie-Louise Giraud, mère de famille de 40 ans, blanchisseuse de Cherbourg devenue « faiseuse d'anges », subit « pour l'exemple » la peine maximale, la mort; elle est guillotinée, Pétain lui ayant refusé la grâce[19]. D'autres avorteuses sont condamnées aux travaux forcés à perpétuité. En 1943 encore, est renforcé le système des maisons maternelles, asiles pour femmes enceintes destinés à prévenir d'éventuels avortements. La loi du 2 septembre 1941 sur la « protection de la naissance » aggrave les peines pour infanticide : désormais confié aux tribunaux correctionnels, il ne peut plus être jugé avec des circonstances atténuantes et peut être puni par une réclusion de dix ans.

La volonté de contrôler s'étend à la prostitution. Pendant l'Occupation, la double réglementation imposée par les autorités allemandes et par l'État français en accroît considérablement la surveillance. Les maisons de tolérance obtiennent d'abord (24 septembre 1940) le statut de société anonyme ou en commandite, puis (31 décembre 1941) sont assimilées à des spectacles de 3e catégorie. Le 31 décembre 1942, le traitement des personnes atteintes de maladies vénériennes devient obligatoire. Les autorités d'Occupation mettent sur pied un système prostitutionnel parallèle avec des établissements réservés aux officiers allemands et d'autres aux soldats. Ces maisons closes réquisitionnées prospèrent. La prophylaxie y est poussée au maximum et les prostituées malades sont fichées,

17 Michèle Bordeaux, « Femmes hors d'État français, 1940-1944 », Rita Thalmann dir., *Femmes et fascismes*, Tierce, 1986, p. 144-156.

18 Selon Roger-Henri Guerrand et Francis Ronsin, *Le Sexe apprivoisé. Jeanne Humbert et le contrôle des naissances*, La Découverte, 1990, p. 129.

19 Francis Szpiner, *Une affaire de femmes, Paris, 1943. Exécution d'une avorteuse*, Balland, 1986.

arrêtées, envoyées en hospice ou en prison. Certaines occasionnelles ont été raflées et contraintes d'y travailler.

Le 13 avril 1946, la loi dite Marthe Richard (qui porte le nom de son initiatrice, ancienne résistante et conseillère municipale de Paris) ferme les maisons closes, renforce la lutte contre le proxénétisme et crée le délit de racolage. Cette rupture avec la tradition réglementariste s'explique par une conjonction de circonstances favorables : sanction pour certains tenanciers qui ont collaboré avec l'ennemi, progrès de l'antibiothérapie, succès électoral du MRP, accès des femmes à la citoyenneté, domination de l'idéologie nataliste, inefficacité de la mobilisation des tenanciers. Mais la loi provoque des réactions virulentes, et quelques jours plus tard (24 avril 1946), un fichier sanitaire national est créé, qui rétablit un contrôle médical et policier. De nombreuses maisons closes restent ouvertes, en dépit de la loi.

1.3 Le retour au foyer contrarié par les nécessités économiques et la Collaboration

Par la loi du 11 octobre 1940, l'État français tente d'imposer un nouvel ordre économique. Le but déclaré est de lutter contre le chômage. Il interdit l'embauche des femmes mariées dans les services de l'État et autres administrations publiques et semi-publiques. Les chefs d'entreprise ont trois mois pour fixer un pourcentage maximum d'emplois féminins, une incitation financière au mariage est créée pour les moins de 28 ans, les femmes mariées ayant moins de trois enfants et dont le mari subvient aux charges du ménage sont mises en congé sans solde, les femmes de plus de 50 ans sont mises à la retraite d'office. Les concubines n'échappent pas aux mesures concernant les femmes mariées. L'acte ne visant pas les femmes, nombreuses, qui ont passé un concours de la fonction publique, on peut douter de l'ampleur de ses conséquences, dans l'Enseignement, par exemple[20]. En revanche, le secteur privé limite l'embauche des femmes. Il est d'ailleurs incité à le faire par la loi du 8 octobre 1940 qui favorise l'embauche de pères de famille de plus de trois enfants, des démobilisés et des veuves ayant plus de deux enfants. Le Commissariat général à la famille tente par ailleurs de faire adopter son projet en interdisant le travail des femmes mariées dans le secteur privé quand le salaire, le revenu professionnel ou les bénéfices du mari sont « suffisants » et « stables ».

Le recrutement des femmes est enrayé mais les licenciements sont rares, car on répugne à bouleverser les services, à verser les pécules et les mises à la retraite. Surtout, le chômage diminue (1 M de personnes en octobre 1940, 77 000 deux ans plus tard) et le ratio par sexe s'inverse entre ces deux dates (pour les femmes, il passe de 26 % à 60 %). La main-d'œuvre qualifiée vient à manquer dès 1941, plus encore après la création du STO (Service du travail obligatoire) en 1943. Et le 12 septembre 1942, une nouvelle loi annule les dispositions prises en 1940

20 Michèle Bordeaux, « Femmes hors d'État français, 1940-1944 », Rita Thalmann dir., *Femmes et fascismes, op. cit.*, p. 135-155.

contre le travail des femmes mariées. Les Françaises célibataires âgées de 21 à 35 ans peuvent partir travailler en Allemagne. En 1944, elles sont 44 000. Enfin, en février 1944, toutes les femmes âgées de 18 à 45 ans sont déclarées susceptibles d'être requises pour le STO. Les besoins allemands en main-d'œuvre et la politique de collaboration annulent le discours de la Révolution nationale sur la femme au foyer[21]. Les réalités contredisent l'idéal d'un « éternel féminin » exclusivement tourné vers la sphère domestique. Jusque dans les campagnes où 300 000 femmes sont chefs d'exploitation tandis que 100 000 épouses d'ouvriers agricoles deviennent soutien de famille.

L'État français prolonge dans sa politique familiale les mesures prises en 1938-1939. Le 29 mars 1941, l'allocation de salaire unique se substitue à l'allocation de la mère au foyer, mais les objectifs sont identiques : favoriser le maintien de la femme au foyer grâce à une allocation versée au jeune couple n'ayant qu'un seul salaire, en pariant ainsi sur une relance de la natalité et en espérant une baisse du salariat féminin. À la Libération, dès le 17 octobre 1944, l'allocation de salaire unique est non seulement maintenue, mais majorée. Si nous insistons ici sur les spécificités de la période 1940-1944, il ne faut pas minimiser la continuité d'une politique familiale qui est aussi une politique de l'emploi des femmes. Cette politique s'inscrit dans une temporalité plus longue qui court de la fin de la IIIe République au début de la Ve République et révèle un large consensus politique sur la place de la mère au foyer.

1.4 Au cinéma, les femmes dominent

Malgré les restrictions économiques, la censure, l'exclusion des juifs des métiers de la culture et des circonstances politiques qui auraient pu remettre en cause la routine, le cinéma (comme le théâtre ou l'édition) est resté productif, brillant. Les salles obscures n'ont pas désempli. On y découvre à l'écran des personnages féminins dominants, positifs, qui relèguent au second plan les patriarches des années 1930[22]. Ainsi, dans le premier grand succès de l'Occupation, *Premier rendez-vous* (Henri Decoin, 1941), l'héroïne (une jeune fille fuyant son pensionnat) incarnée par Danielle Darrieux, forte de son aura de jeune star, sait mettre en échec la pulsion incestueuse du vieux Fernand Ledoux. Les femmes prennent en mains leur destin. *Le ciel est à vous* (Jean Grémillon, 1943) en donne l'une des meilleures illustrations : une mère énergique (incarnée par Madeleine Renaud) se dégage des contraintes familiales pour se livrer à sa passion : l'aviation. Suggéré dans ce film, le désir féminin s'affirme plus franchement dans d'autres, sans anxiété particulière : les femmes qui désirent ne sont plus nécessairement des garces. Cependant, dans l'ensemble, les figures féminines idéalisées sont conformes au modèle chrétien traditionaliste et donnent en exemple le sacrifice de soi, comme dans l'un des plus grands succès de l'époque, *Le voile bleu*

21 Miranda Pollard, « La politique du travail féminin », *Vichy et les Français*, Fayard, 1992, p. 242-250.

22 *Cf.* Noël Burch et Geneviève Sellier, *La Drôle de guerre des sexes du cinéma français 1930-1956*, Nathan, 1996 et « Les pères châtrés du cinéma de l'Occupation », *Génériques*, n° 1, hiver 1995.

(Jean Stelli, 1942) avec Gaby Morlay dans le rôle d'une nourrice qui a trouvé dans le dévouement absolu pour les enfants des autres le moyen de surmonter le deuil de son mari et de son enfant pendant la guerre de 1914.

On peut voir ces films philogynes comme autant de métaphores sociopolitiques. Le patriarcat est malade, humilié (défaite, occupation, vieillard à la tête de l'État), mais, heureusement, les femmes font face ! Elles ont même la lourde tâche, lorsqu'elles servent d'effigies, de reconstruire une identité nationale blessée. Et les hommes ? Plusieurs figures masculines se dégagent : l'homme absent (reflet d'une réalité), l'homme en fuite (ou en fugue), l'homme maternant (mais non incestueux), indice d'une féminisation qui éclate dans la figure de « l'homme doux ». On le trouve notamment dans les films de Marcel Carné : *Les Visiteurs du soir* (1942, avec Alain Cuny) et *Les Enfants du paradis* (1944-1945, avec Jean-Louis Barrault). Des hommes dénués d'agressivité sont incarnés par Jean Marais, désirable et désiré, ou par Fernandel qui joue les naïfs au physique ingrat. Dans *Le Corbeau* (Louis Chevance, Henri-Georges Clouzot, 1943) qui dénonce l'avortement, c'est la faute masculine qui est soulignée. Le cinéma de l'Occupation a, dans l'imaginaire collectif, contribué à la régénération du patriarcat en lui insufflant des valeurs « féminines ». Il transfigure ainsi la réalité sociale, allant même jusqu'à l'inverser. Il montre aussi à travers des mélodrames situés dans la sphère privée sa capacité à réagir aux chocs du temps présent, et en particulier à l'humiliation de la défaite qui a ébranlé l'identité masculine.

1.5 Difficultés quotidiennes

Dès l'entrée en guerre, certaines denrées se raréfient et les prix augmentent. La population est accaparée par des problèmes matériels et l'alimentation devient la préoccupation première, dévorant jusqu'à 80 % des ressources des ménages ouvriers[23]. On compte sur les « colis familiaux » envoyés par des connaissances, des parents de la campagne. On cherche des produits de remplacements, les « ersatz ». Il y a le marché noir, à condition d'en avoir les moyens, et le troc, lorsqu'on a quelque chose à échanger. Un jardin familial, un petit élevage peuvent être d'un grand secours. La pénurie pénalise gravement les habitants des villes. La pauvreté, le manque de relations et de temps rendent la vie encore plus difficile. Des ouvrages, des émissions de radio et les journaux expliquent aux ménagères comment surmonter les obstacles liés aux restrictions : l'omelette sans œufs, la soupe aux herbes... Les plus désavantagés portent physiquement les stigmates de leurs privations. Le vêtement n'est pas un cache-misère : il montre lui aussi la misère. Il devient très difficile de trouver des chaussures (le cuir est rationné, les bons de chaussure sont institués en janvier 1941). La France doit livrer des tonnes de laine et de coton à l'occupant : une carte de vêtement est créée en juillet 1941, mais l'offre reste bien inférieure à la demande. Les pénuries de l'Occupation n'empêchent pas le fonctionnement des

23 Dominique Veillon, *Vivre et survivre en France*, Payot, 1995, p. 320.

maisons de couture[24]. Mais les porte-monnaie dégarnis obligent les élégantes à faire preuve d'inventivité : elles retaillent des costumes masculins ou dessinent à même la peau un trait vertical sur le mollet, censé imiter la couture des bas...

Les femmes sont très majoritaires dans les queues qui se forment devant les magasins; longues, pénibles, elles génèrent un nouveau métier, celui de queutière, qui à raison de 7 francs l'heure, remplace celles qui en ont les moyens. Elles y présentent ensuite les tickets de leur carte de rationnement. Cette carte instituée dès le 23 octobre 1940 et distribuée dans les mairies ne fait pas de différence selon le sexe et ne tient compte que de l'âge et de l'activité. La ration quotidienne diminue tout au long de l'Occupation. « C'est d'abord dans les boutiques et dans la rue que Vichy perdit la confiance des Français. Et les Françaises, gestionnaires privilégiées du quotidien, furent les premières désabusées[25] ». Comme l'indiquent les témoignages oraux, elles sont aussi les premières à sacrifier leur alimentation pour augmenter celle des leurs, et les premières à se révolter, en tant que ménagères. L'idéalisation officielle de la mère qui va de pair avec la culpabilisation de la « mauvaise » Française, coquette futile et dépensière, incapable de sacrifice, tout ce qui constitue la propagande de Vichy en direction des femmes n'est plus en mesure de contenir le mécontentement à partir de 1942 : la réalité contredit le discours officiel[26].

2 RÉSISTANCE, RÉPRESSION ET DÉPORTATION

2.1 Les résistantes : un rôle essentiel mais sous-estimé

L'historiographie a longtemps privilégié quelques figures emblématiques de la Résistance féminine : Berty Albrecht, féministe et militante de gauche qui anime avec Henri Frenay le mouvement Combat et meurt après avoir été torturée ou Danielle Casanova, communiste, ancienne responsable de l'Union des jeunes filles de France morte à Auschwitz à 34 ans. « Identifiées comme exemplaires dans la mesure où elles ressemblent aux hommes[27]. » Restaient ignorées les « combattantes de l'ombre » sacrifiées par une approche exclusivement guerrière, militaire de la résistance. Or si l'on tente de retrouver les « femmes ordinaires » actives dans la Résistance, leurs itinéraires présentent des différences importantes

24 Dominique Veillon, *La Mode sous l'Occupation*, Payot, 1990.

25 François Rouquet, « Dans la France du Maréchal », Christine Fauré dir., *Encyclopédie politique et historique des femmes*, PUF, 1997, p. 671.

26 Dominique Veillon, « La vie quotidienne des femmes », Jean-Pierre Azéma, François Bédarida dir., *Vichy et les Français*, Fayard, 1992, p. 638.

27 Paula Schwarz, « Résistance et différence des sexes », *Clio*, n° 1, 1995, p. 74. Voir Claire Andrieu, « Les résistantes, perspectives de recherche », Antoine Prost dir., *La Résistance, une histoire sociale*, le Mouvement social, 1997, p. 69-96.

avec ceux des hommes pour la particularité de leur recrutement, des formes de leur activité et des peines encourues. Les mouvements de Résistance exploitent d'ailleurs les rôles différenciés attribués aux hommes et aux femmes, en particulier les ressources offertes par le landau, le panier de la ménagère ou le sourire charmeur d'une jeune fille à bicyclette, ruses devenues clichés dans la mémoire collective.

En effet, qu'entend-on par « résistance » ? Depuis plusieurs années, des historiennes invitent à une redéfinition qui prenne en compte la différence sexuée[28]. Un certain nombre de résistantes dans leurs ouvrages autobiographiques ou dans leurs témoignages récents leur emboîtent le pas. « Chez mes parents, mon père était résistant, communiste officiel, alors il recevait un tas d'hommes et de femmes qui venaient à la maison. On peut dire que ma mère n'a pas résisté, mais qui se levait le matin pour s'occuper du résistant qui devait partir avant le lever du jour ? Qui raccommodait les chaussettes et lavait le linge du résistant qui dormait ? Qui préparait la nourriture qu'il allait emporter ? Qui recevait la police quand il y avait une alerte[29] ? » Ces occupations féminines indispensables dans la logistique de la Résistance passent inaperçues.

En pratiquant l'enquête orale, on rencontre chez les résistantes « l'image attendue de la féminité : modestie et discrétion[30] » qui se traduit souvent par cette phrase : « Oh ! moi, je n'ai rien fait. » Beaucoup ne voient aucune différence entre les hommes et les femmes dans la Résistance. Pourtant, « en résistant, elles ont transgressé non seulement les lois en vigueur mais également les lois tacites de ce que "doit" être une femme, d'où le caractère objectivement "hors normes" de leur engagement et qu'avec raison elles ne veulent pas assumer comme tel car il résulte des exclusions ou des limitations de droit ou de fait dans lesquelles la législation et les pratiques sociales les enfermaient[31] ». Retenons le terme de « transgression » : les femmes qui s'engagent dans la Résistance, si elles se sentent citoyennes, ne sont pas, n'étaient pas avant la guerre, reconnues comme telles. Pour les hommes au contraire, « la lutte dans la Résistance ne remet en cause aucune des valeurs idéologiques qui avaient constitué leur identité masculine : le courage militaire, le port des armes, le combat qui risque de leur apporter la mort mais aussi l'accès au statut de héros[32] ».

L'imbrication entre sphère privée et publique, souvent décisive dans l'engagement, est particulièrement visible chez les femmes résistantes. L'amour et l'amitié appartiennent à l'histoire de la Résistance autant que le tragique : la

---

28 Outre Paula Schwarz, déjà citée, Marie-France Brive, citée infra, le travail le plus complet à ce jour est celui Margaret Collins Weitz, *Les Combattantes de l'ombre. Histoire des femmes dans la Résistance*, Albin Michel, 1997.

29 Interview de Mme Dou, le 8 mai 1987, réalisée et citée par Hanna Diamond, « L'expérience des femmes toulousaines », *Clio. Histoire, femmes et sociétés*, n° 1, 1995, p. 97.

30 Marie-France Brive, « Les Résistantes et la Résistance », *Clio. Histoire, femmes et sociétés*, n° 1, 1995, p. 57-66.

31 *Id.*

32 *Id.*

torture, la déportation, la mort. Pour ne pas « accorder au nazisme une victoire posthume, lui qui n'avait qu'un imaginaire de mort », l'historienne Marie-France Brive recommande de « ne pas oblitérer ce qui a — nécessairement — soutenu les combattants et les combattantes de l'ombre : les espaces et les moments de bonheur, de joie ou de vie qu'ils avaient su, au quotidien, dans un présent d'autant plus présent qu'il était menacé, construire, se donner, ou arracher ».

On songe ici à Lucie Aubrac décrivant dans *Nous partirons dans l'ivresse* (1984) la force de son amour qui lui donne toutes les audaces pour sauver la vie de son mari et de ses compagnons. Après l'adaptation de son livre au cinéma par Claude Berri (*Lucie Aubrac*, 1997), on imagine mieux sans doute quels sont les dangers de cette mise au jour historique du « sentiment », le risque étant de renforcer le stéréotype de la femme, « grande amoureuse » ou « repos du guerrier[33] ». Mais l'enquête montrerait sans doute la fréquence de « transgressions » possibles en des temps exceptionnels : une valorisation inhabituelle des liens de camaraderie, d'amitié mixtes ou non, de nombreuses relations amoureuses hors mariage, une évolution sensible des sentiments maternels telle que le désir « politique » de donner la vie ou le fait, pour une mère de famille, d'assumer « tous les risques puisqu'elle engage elle-même et les siens ». Ainsi, Lucie Aubrac conçoit ses deux enfants avec Raymond Samuel à des dates éminemment symboliques et qu'elle nous invite d'ailleurs à considérer comme telles; le premier au retour de son mari évadé de son camp de prisonniers, le second au lendemain de sa sortie de prison le 14 mai 1943. Elle situe son témoignage pendant les neuf mois de cette grossesse au cours desquels elle organise la spectaculaire évasion de son mari. Grossesse qui est également au centre du subterfuge qu'elle met en place sous la fausse identité d'une jeune aristocrate séduite et enceinte de son suborneur. Elle retrouve ainsi le contact avec son mari, ce qui lui permet d'organiser l'évasion. Hélène Viannay, cofondatrice du mouvement Défense de la France, met son bébé au monde en 1943 : « Il faut reconnaître, dit-elle, que c'était merveilleux : le premier bébé de notre mouvement de résistance était né un 14 juillet[34]. » On notera cette filiation collective (« notre ») qui montre bien que, dans une certaine mesure, sous l'effet des liens d'amitié extrêmement forts qui soudaient les jeunes, souvent étudiants, de ce groupe, le projet conjugal parental s'efface d'une manière très inhabituelle. Lucie Aubrac est sans doute, parmi les résistantes, celle qui s'est le plus livrée sur la spécificité féminine de son expérience. Elle porte une grande attention à la vie de famille — elle voit d'ailleurs, comme beaucoup d'autres, la résistance comme une famille clandestine aux dimensions du pays — et au quotidien, décrivant sa double vie, épouse et mère faisant la queue pendant des heures pour nourrir ses

33 Le film de Claude Berri sacrifie à une approche apolitique de la Résistance, simple décor d'une histoire d'amour transposable en tous temps et en tous lieux. Dans le personnage de Lucie, les idées, la culture, les convictions de la résistante sont complètement gommées. Il est préférable de consulter *Lucie Aubrac. Cette exigeante liberté* (entretiens avec Corinne Bouchoux), L'Archipel, 1997.

34 Interview d'Hélène Viannay par Françoise Thébaud et Dominique Veillon, *Clio*, n° 1, 1995, p. 249.

proches, et responsable de Libération, deux vies qui, évidemment, communiquent entre elles[35].

Cette attention aux problèmes quotidiens de ravitaillement caractérise l'activité des femmes communistes qui organisent des Comités populaires féminins et des manifestations de ménagères mobilisées contre la pénurie de charbon, de denrées alimentaires mais aussi contre les « Boches » et la Milice. Le sauvetage des enfants juifs est souvent affaire de femmes : juives (l'OSE : Œuvre de secours aux enfants[36]) et protestantes (la Cimade : Comité inter-mouvements auprès des évacués dont la secrétaire générale est Madeleine Barot) organisent les placements à la campagne. Les activités des femmes dans la Résistance reproduisent souvent des activités habituellement dévolues aux femmes : le service social, le secrétariat, l'hébergement. Les tâches d'agent de liaison et de convoyeuses des filières de passages et d'évasion leur reviennent souvent, les hommes jeunes étant plus contrôlés.

Des femmes, cependant, participent directement au combat armé, telle Madeleine Riffaud qui abat un officier allemand à Paris. Leurs offres de service sont cependant mal reçues. Jeanne Bohec, pourtant reconnue comme une excellente spécialiste des explosifs, doit vaincre beaucoup d'oppositions afin que ses capacités soient utilisées[37]. En 1944, les FFI refusent malgré tout de la laisser partir sur le front.

Les Forces françaises libres réunies par de Gaulle à Londres admettent d'abord une centaine de volontaires dans un « corps féminin » (secrétaires, conductrices, etc.), puis créent en 1941 le Corps des volontaires françaises (500 femmes). Les messages de la BBC font au fil du temps de plus en plus appel à la résistance des femmes et des jeunes filles. Des ambulancières, appelées les Rochambelles, accompagnent les troupes de la 2e DB de Leclerc. En 1944 sont créés les AFAT (Arme féminine de l'armée de terre), les Sections féminines de la Flotte et les Forces féminines de l'Air qui rassemblent à la fin de la guerre 15 000 femmes, soit 2 à 3 % de l'armée nouvelle[38]. Les transgressions autorisées par la clandestinité ne sont plus tolérées, dès lors que « la guerre reprend son aspect ordinaire, celui d'une armée d'État, composée de “vrais” soldats et combattant l'ennemi à découvert[39] ». Les femmes soldats (on n'ose pas le « soldates »), même si leur sont dévolues des tâches d'auxiliaires, ainsi que les partisanes de la résistance intérieure, modifient cependant les représentations du genre féminin.

Le pouvoir, au sein des mouvements de Résistance, reste masculin, sauf exceptions : Marie-Madeleine Fourcade qui dirige le réseau Alliance renseignant

35 *Cf.* Claire Gorrara, « Reviewing Gender and the Resistance : the Case of Lucie Aubrac », *The Liberation of France. Image and Event*, ed. by H. R. Kedward and Nancy Wood, Oxford, Berg, 1995, p. 143-154. Et Dominique Veillon, « Résister au féminin », *Pénélope*, n° 12, printemps 1995, p. 87-91.

36 Sabine Zeitoun, *L'Œuvre de secours aux enfants sous l'Occupation en France. Du légalisme à la Résistance, 1940-1944*, L'Harmattan, 1990.

37 Jeanne Bohec, *La Plastiqueuse à bicyclette*, éd. du Félin, 1999.

38 Luc Capdevila, « La défense nationale au féminin. Mobilisation des femmes, réajustement du genre et identité de sexe du côté de la France combattante (1940-1945) », *Clio*, n° 12, 2000.

39 Hélène Eck, article cité, p. 209.

l'*Intelligence Service*, a sous sa responsabilité 3 000 personnes dont 700 femmes; Marie-Louise Dissart, à la tête du réseau Françoise lié au *War Office*; Madeleine Braun, responsable du Front national en zone Sud; Claude Gérard, chef d'un maquis groupant sept départements du Sud-Ouest. En dépit de la différenciation sexuelle des rôles, surgit en plein cœur de cette guerre non conventionnelle une utopie égalitaire ardemment défendue par Brigitte Friang : « Nous avions forgé pour un temps une nouvelle société, où chacun disposait de sa pleine dignité humaine et était l'égal de l'autre. L'ouvrier du grand bourgeois, certes, mais surtout la femme de l'homme[40]. » Les interviews de résistantes ne révèlent pas de motivations liées au fait qu'elles soient des femmes, à fortiori, et pas, ou alors très rarement, de motivations féministes. Certaines avouent même n'avoir prêté aucune attention à la politique répressive de Vichy contre les femmes. Comme pour les hommes, le refus de voir la France occupée est la principale raison de leur engagement, souvent associé au refus du nazisme et de l'antisémitisme.

Parce que l'engagement dans la Résistance est personnel, fondé sur des « convictions intimes » et non structuré par le cadre politique habituel, parce qu'il s'appuie, certes, sur des réseaux syndicaux et politiques antérieurs à 1940, mais aussi sur « les réseaux privés et de proximité », les femmes jouent un rôle déterminant. Est-il besoin de rappeler que plus d'un million et demi d'hommes adultes sont retenus dans les camps de prisonniers et que les « petites mains » de la Résistance sont, en très grand nombre, des femmes? L'histoire orale apparaît ici dans son absolue nécessité pour rendre les femmes visibles. La lecture des journaux résistants, par exemple, laisse émerger peu de noms de femmes. Dans *Défense de la France*, l'un des plus fameux, créé en 1941, diffusé jusqu'à 400 000 exemplaires, la première signature féminine (en 1943) est celle de Geneviève de Gaulle, « Gallia », nièce du général. Les étudiantes, pourtant nombreuses dans ce groupe, n'osent pas envisager d'écrire un article, craignant d'en être incapables. En revanche, l'impression, la logistique nécessaire à la rédaction et surtout la diffusion reposent beaucoup sur elles : seuls les entretiens peuvent le révéler. La confiance en soi, indispensable pour écrire, des résistantes la trouvent dans des groupes non mixtes. Des journaux féminins ou des feuilles manuscrites sont réalisés pour une diffusion de quartier, locale et plus rarement régionale ou nationale : *Voix des femmes*, *Femmes*, *Les Mères de France*, *Les Femmes à l'action*, *La Ménagère du Pas-de-Calais*, *La Patriote parisienne*, *La Marraine des réfractaires*, *Le Cri des femmes*, *L'Appel des femmes*, *La Madelon des FTP* sont quelques-uns de ces titres. Au fond des prisons aussi on écrit : *La Patriote enchaînée* (mensuel de La Roquette à Paris), *Le Trait d'union des Baumettes* (à Marseille). Exceptionnel, le mensuel *Femmes françaises*, issu de la résistance communiste, est reproduit avec des stencils à 40 000 exemplaires[41].

Les femmes ont, moins que les hommes, fait valoir leurs droits pour l'attribution du titre de Combattant volontaire de la Résistance. L'étude de ces dossiers

40 Brigitte Friang, *Regarde-toi qui meurs (1943-1945)*, Plon, 1989, p. 47-48.
41 Évelyne Sullerot, *La Presse féminine*, Armand Colin, 1966, p. 63-65.

CVR ne laisse apparaître que 10 % de femmes environ. Selon cette source, les hommes et les femmes dans la Résistance ont en commun leur jeunesse (environ 20 % ont moins de 20 ans) et la date d'entrée dans la Résistance (importance des années 1942 et 1943). Les différences ne sont que le reflet de celles existant entre hommes et femmes dans la société de l'époque : un niveau d'instruction légèrement inférieur pour les femmes, mais surtout, une moindre insertion dans le monde du travail et les réseaux professionnels et syndicaux, une relation étroite avec l'activité résistante de membres de leur famille. En privilégiant ce type de source, on peut effectivement affirmer : « Si on excepte l'usage des armes, la résistance des femmes n'est pas d'une nature différente de celle des hommes, non plus que leurs motivations[42]. »

La Propagande de Vichy en direction des femmes : l'exemple de la Relève

Affiche de propagande de Vichy en faveur de la Relève (principe du retour d'un prisonnier de guerre contre le départ de trois ouvriers qualifiés en Allemagne, annoncé par Laval dans un discours radiodiffusé le 22 juin 1942, dans lequel il souhaite « la victoire de l'Allemagne »). Document conservé à la BDIC.

« **Femmes françaises!**

Ces lignes ont été écrites pour vous.

VOUS dont la vie est faite d'abnégation et de sacrifice.

VOUS avez su écouter et comprendre la pathétique appel que le Président Laval a lancé aux Français le 22 juin dernier.

VOUS qui avez eu le grand bonheur de conserver près de vous vos fils, vos maris, vos fiancés employés dans les usines.

VOUS saurez mieux que quiconque comprendre l'impérieuse nécessité de conseiller à ces mêmes fils, à ces mêmes maris, à ces mêmes fiancés, que L'HEURE DE LA RELÈVE A SONNÉ. Que d'autres mères, d'autres femmes, d'autres fiancées vous sauront un gré infini de leur avoir rendu le cher absent qu'elles attendent depuis 2 ans.

Acceptez cette séparation momentanée.

VOUS apporterez du bonheur dans une famille et vous assurerez le bien-être pour la vôtre.

Dès aujourd'hui, femmes françaises, que vos fils, vos maris, vos fiancés se renseignent sans aucun engagement de leur part aux Offices de placement pour le travail en Allemagne. »

2.2 Répression et déportation

Au début de l'occupation, les résistantes, parce qu'elles sont perçues par les autorités comme moins menaçantes que les hommes, subissent des peines moins sévères. Pour leur défense, les inculpées tirent parti des préjugés de leurs juges masculins, feignant l'innocence de la fiancée, l'aveuglement de la maîtresse, ou

42 Hélène Chaubin, « Femmes dans la Résistance méditerranéenne. Deux exemples régionaux : Corse et Languedoc », *Clio. Histoire, femmes et sociétés*, n° 1, 1995, p. 53.

Les appels à la résistance féminine

Papillons manuscrits des comités féminins (liés au Parti communiste), reproduits avec l'autorisation de Lucie Aubrac dans Margaret Collins Weitz, Les Combattants de l'ombre, *Albin Michel, 1997.*

IMITONS LEUR EXEMPLE!

À Rouen, 1 500 femmes ont par leur action obtenu un meilleur ravitaillement. À Montbéliard, le 11 juin, 200 femmes manifestent et obtiennent distribution d'œufs et légumes secs. À *Besançon,* 600 femmes vont à la préfecture et obtiennent œufs, légumes et confitures, le lendemain 12, 250 réclament et obtiennent satisfaction! FEMMES DE REIMS, SUIVEZ CET EXEMPLE. Groupez-vous, allez vous aussi à la Mairie. Réclamez des confitures pour vos gosses, le kilo de sucre supplémentaire et des pommes de terre.

FEMMES DE REIMS!

Le traître Laval fait réquisitionner les tissus destinés aux camps de jeunesse pour les ouvriers qui travaillent en Bochie. C'est pourquoi, femmes, vous ne trouvez rien pour habiller vos gosses et vos maris! Femmes de Reims! Allez nombreuses à la Mairie protester contre la réquisition des tissus. Réclamez de quoi vous vêtir.

Les Boches veulent détruire la France en nous affamant. Français! Hors de France les occupants!

FEMMES DE REIMS!

Vos enfants ont faim, ils meurent d'envie devant les étalages de fruits, cerises, abricots, etc. Vous ne pouvez leur en acheter parce que ceux-ci sont trop chers! Le salaire de vos maris est insuffisant! Femmes, mères, protestez contre la hausse du coût de la vie.

ALERTE!

Mères, femmes, sœurs, fiancées, ne laissez pas partir ceux qui vous sont chers travailler en Allemagne nazie soumise aux bombardements de l'aviation anglaise! Opposez-vous énergiquement au départ des vôtres, persuadez-les de partir à la campagne, de lutter de toutes leurs forces contre les Boches!

MÈRES DE FAMILLE!

Chaque jour, les traîtres affameurs de Vichy font des déclamations sur l'enfance, sur la famille. Mais que reste-t-il de tout ceci quand ils annoncent des mesures pour réduire la quantité de lait concentré allouée aux tout-petits? Femmes, ne laissez pas mourir vos gosses. Réclamez du lait pour élever.

Les comités féminins.

arguant des nécessités imposées par leur rôle de mère et de ménagère. Elles bénéficient d'une certaine clémence. Madeleine Marzin, organisatrice de la manifestation de femmes communistes rue de Buci à Paris pendant l'été 1942 au cours de laquelle deux policiers ont été abattus, est condamnée à mort puis graciée[43]. Elle

43 Paula Schwarz, « La répression des femmes communistes (1940-1944) », *Cahiers de l'IHTP « Identités féminines et violences politiques 1936-1946 »,* n° 31, octobre 1995, p. 25-37.

s'évade avant son transfert à Ravensbrück. Pétain perpétue l'usage de la grâce des condamnées à mort (dont ne bénéficie pas Marie-Louise Giraud, avorteuse exécutée en 1943) mais la déportation équivaut pour beaucoup à une peine de mort. À partir de 1942, les autorités prennent conscience du rôle actif des femmes dans les mouvements clandestins. Elles sont alors plus sévèrement réprimées, et ce d'autant plus quand elles sont juives et/ou étrangères. Contrairement aux hommes, exécutés en France, les femmes sont d'abord déportées en Allemagne où elles sont exécutées loin des yeux et des oreilles françaises.

Les résistantes — les « politiques » — mais aussi de nombreuses délinquantes de droit commun — sont envoyées à Ravensbrück, le premier et principal camp de femmes, où 10 000 Françaises sont déportées. 2 000 survivront, témoignant pour les autres, comme l'ethnologue Germaine Tillion[44]. Les déportées subissent un traitement déshumanisant : torture, travail intensif, privation de sommeil et de soins, froid, faim[45]. Elles résistent par d'innombrables gestes d'amitié, de solidarité, de partage. À la fin de la guerre, des exécutions massives de juives et de Tziganes ont lieu à Ravensbrück.

L'État français, en sus de la répression des menées « terroristes » de la Résistance, se donne les moyens d'exclure les populations « suspectes du point de vue national ou dangereuses pour l'ordre public ». En 1940, il hérite des « camps de concentration » (c'est le terme officiel) pour les étrangers où la IIIe République finissante avait rassemblé des centaines de réfugiés d'Espagne. En octobre 1939, les étrangères sont rassemblées dans le camp de Rieucros (Lozère). À partir du 17 mai 1940, les ressortissantes allemandes (en majorité des juives antifascistes) sont elles aussi internées. Les effectifs de Rieucros explosent rapidement. Presque 10 000 femmes sont arrêtées et envoyées dans les camps. Rieucros fonctionne comme camp de femmes jusqu'en février 1942. Brens, près de Gaillac (Tarn), le remplacera ensuite[46]. D'autres sont envoyées au camp de Rivesaltes, « centre de regroupement familial » ouvert en décembre 1940, où les mères avec leurs enfants de sexe féminin sont séparées des hommes et de leurs fils. Dans ces camps se trouvent mêlées les politiques (françaises, espagnoles, allemandes, polonaises, etc.), les « droit commun » (aucune criminelle parmi elles) et des prostituées (parfois arrêtées parce que, syphilitiques, elles ont contaminé des soldats allemands). Elles y souffrent de la faim, du froid, de l'absence de soins médicaux, mais aussi de l'anxiété.

Après l'armistice qui prévoit de livrer aux autorités nazies les prisonniers allemands, le piège se referme, sauf pour celles qui parviennent à quitter la France. Il sera aisé de déporter les détenues antifascistes, souvent communistes, puis, à partir d'août 1942, les juives[47]. Les statuts des juifs promulgués le 3 octobre

44 Germaine Tillion, *Ravensbrück*, (1946), Le Seuil, 1988.

45 *Cf.* Charlotte Delbo, *Le Convoi du 24 janvier*, Minuit, 1965.

46 *Cf.* le documentaire de Rolande Trempé réalisé par Claude Aubach, *Camps de femmes*, produit par le Centre audiovisuel de l'Université de Toulouse Le Mirail, 1994. Et Mechtild Gilzmer, *Camps de femmes. Chroniques d'internées. Rieucros et Brens 1939-1944*, Autrement, coll. Mémoires, n° 65, septembre 2000.

47 Anne Grynberg, *Les Camps de la honte. Les internés juifs des camps français 1939-1944*, La Découverte, 1991.

1940 et le 2 juin 1941, ainsi que la loi du 7 juin 1942 qui impose l'étoile jaune ne créent aucune différence de sexe : ces mesures précoces décidées par la France et non exigées par l'Allemagne, marginalisent socialement les hommes comme les femmes identifiés comme juifs. Lors des premières rafles massives, le 16 et le 17 juillet 1942, 3 031 hommes, 5 802 femmes et 4 051 enfants sont saisis par la police française. Beaucoup d'hommes ont déjà été arrêtés dans les mois précédents. Jusqu'en juillet 1942, la population internée à Drancy, promise à la déportation dans les camps d'extermination, est uniquement masculine. Puis arrivent en masse les femmes et les enfants. Au total, 80 000 juifs, hommes et femmes.

La logique exterminatrice mise en œuvre ne tient pas compte du sexe, non plus que de l'âge, du statut social ou de la nationalité. L'idée d'épargner les femmes, les enfants ou les vieillards n'effleure pas les cerveaux organisateurs de la déportation et des camps de la mort. C'est l'État français (Laval, en juillet 1942) qui décide la déportation des enfants de moins de 16 ans (non demandée par les autorités allemandes), sous le prétexte cynique de ne pas « séparer les familles ». Le 13 août, Berlin donne son accord pour la déportation des enfants vers Auschwitz.

Annette Muller se souvient du jour (le 6 août 1942) où elle a, avec son frère, été séparée de sa mère (*La Petite fille du Vel d'Hiv*, Denoël, 1991)

« Tout le monde s'est rassemblé au milieu du camp. Les enfants s'accrochaient aux mères, les tiraient par leurs robes. À coups de crosses, de matraques, de jets d'eau glacée, on a voulu nous séparer. C'était une bousculade sauvage, des cris, des pleurs, des hurlements de douleur. Les gendarmes arrachaient les vêtements des femmes, cherchant encore des bijoux ou de l'argent.

Puis soudain, un grand silence. D'un côté, des centaines d'enfants, de l'autre les mères et les plus grands. Au milieu, les gendarmes donnant des ordres brefs. Michel et moi, nous tenant par la main, sans bouger, des larmes séchant sur nos visages, nous regardons maman, immobile, au premier rang du groupe qui nous fait face.

De loin, je vois son sourire, son regard tendre. Sa main ébauche un salut. On emmena le groupe et nous sommes restés seuls.

On nous a annoncé que nous allions tous quitter le camp. De bonne heure le matin, portant nos balluchons, nous nous sommes traînés en file, par centaines, jusqu'à la gare. Les plus jeunes étaient transportés en camion. Nous avons marché longtemps, épuisés, traversant le village de Beaune-la-Rolande sous les yeux des habitants. Je haïssais leurs regards. Ils me rendaient encore plus sale. Sur le quai, un wagon à bestiaux attendait. Dans les cris et la bousculade, on nous poussa à l'intérieur. La marche était trop haute. Des enfants tombaient. Les balluchons roulaient à terre. Certains pleuraient, appelant leur frère ou leur sœur qu'ils croyaient perdus. Michel et moi, nous nous agrippions l'un à l'autre. J'essayais de retenir ma sandale dont la bride s'était cassée pendant la cohue. Il faisait sombre à l'intérieur du wagon quand la porte s'est fermée. On étouffait, tous entassés. On a commencé à se faire bousculer pour aller vers la haute lucarne, respirer un peu d'air. »

Les enfants venus des camps du Loiret (Pithiviers et Beaune-la-Rolande) arrivent à Drancy.

Témoignage de Odette Daltroff qui fut internée de longs mois à Drancy, recueilli par Serge Klarsfeld dans le *Mémorial de la déportation des Juifs de France*

« Nous assistons aux premières déportations, crises de nerfs des femmes se jetant par les fenêtres du 4e étage. Il fait terriblement chaud. On nous annonce l'arrivée de 3 000 enfants, sans parents, reste de la rafle du 15 juillet, du Vel d'Hiv; on les avait mis à Pithiviers; là on déporte 1° les hommes, 2° les femmes, celles-ci s'arrachent à leurs enfants qui ne veulent pas les quitter. Un gendarme raconte que ce spectacle était affreux, déchirant; ils séparent femmes et enfants à coups de crosse, les femmes partent, croyant que la Croix-Rouge pourra s'occuper de leurs enfants.

En hâte, elles cousent sur leurs vêtements meurs noms et adresses. Vers le premier septembre, 1 000 enfants arrivent, on recrute parmi nous des femmes de bonne volonté pour s'occuper de ces enfants. Nous sommes munies de brassards et de laissez-passer signés par la gendarmerie qui nous donnent droit de circuler dans le camp.

Des autobus arrivent. Nous en sortons des petits êtres dans un état inimaginable. Une nuée d'insectes les environne, ainsi qu'une odeur terrible. Ils ont mis des jours et des nuits pour venir de Pithiviers en wagons plombés; 90 par wagon avec une femme qui, en général, a 2, 3, 4 gosses à elle dans le tas. [...]

Lâchement, nous leur avons dit qu'ils allaient retrouver leurs parents; et pour cela, ils supporteraient tout. Jamais nous n'oublierons les visages de ces enfants; sans cesse ils défilent devant mes yeux. Ils sont graves, profonds, et ceci est extraordinaire, dans ces petites figures, l'horreur des jours qu'ils traversent est stigmatisée en eux. Ils ont tous compris, comme des grands. Certains ont des petits frères ou sœurs et s'en occupent admirablement; ils ont compris leur responsabilité. Ils nous montrent ce qu'ils ont de plus précieux : la photo de leur père ou de leur maman, que celle-ci a donnée au moment de la séparation. À la hâte, les mères ont écrit une tendre dédicace. Nous avons toutes les larmes aux yeux, nous imaginons cet instant tragique, l'immense douleur des mères. »

C'est au camp d'extermination d'Auschwitz, que la plupart des déportés pour raison raciale sont tués, sans distinction de sexe. La création des chambres à gaz a non seulement permis l'accélération de la mort en masse, elle l'a aussi facilitée, épargnant les scrupules de ceux qui parmi les SS éprouvaient des difficultés à fusiller des femmes et des enfants. Himmler explique en 1943 que la décision d'exterminer les femmes et les enfants est justifiée par la « lutte raciale primitive, primordiale et naturelle[48] » engagée par le nazisme. L'élimination des mères en puissance est bien une des caractéristiques des génocides[49]. Que les femmes (juives et Tziganes) aient été, semble-t-il, plus nombreuses que les hommes dans les camps de la mort n'indique rien de particulier, sinon que les hommes adultes, plus mobiles, ont pu en plus grand nombre échapper aux rafles, s'exiler, rejoindre la lutte armée, ou mourir dans des conditions différentes. L'essentiel est bien l'absence de distinction des sexes (et des âges) dans l'exploitation du travail des déportés et dans leur mise à mort.

48 Gisela Bock, « Le nazisme », *Histoire des femmes. Le XXe siècle... op. cit.*, p. 150.

49 L'Amicale de Ravensbrück et l'Association des déportées et internées de la résistance rappellent le précédent (impuni) du génocide des Arméniens entrepris en 1915 par le gouvernement turc (*Les Françaises à Ravensbrück*, Gallimard, 1965).

Cette expérience, beaucoup ont essayé de la faire partager mais ont rencontré, à leur retour, au printemps 1945, bien des difficultés pour le faire.

« Vous voudriez savoir
poser des questions
et vous ne savez quelles questions
et vous ne savez comment poser les questions
alors vous demandez
des choses simples
la faim
la peur
la mort
et nous ne savons pas répondre
nous ne savons pas répondre avec vos mots à vous
et nos mots à nous/vous ne les comprenez pas[50]. »

Charlotte Delbo, déportée française à Auschwitz, écrira plusieurs livres sur cette souffrance presque indicible.

« Chaque jour un peu plus
je remeurs
la mort de tous ceux qui sont morts
et je ne sais plus quel est le vrai
du monde-là-bas
maintenant
je ne sais plus
quand je rêve
et quand
je ne rêve pas[51]. »

« Nous avons cherché à parler, dit Simone Veil, mais nul n'a voulu entendre[52]. » Dès 1946, l'Association des Déportées et Internées de la Résistance publie des témoignages. Le livre de Marie-Claude Vaillant-Couturier, qui a témoigné au procès de Nuremberg, a peu d'écho. *Femmes françaises*, d'obédience communiste, est la seule revue féminine qui dénonce la collaboration de l'État français dans la « chasse aux juifs » et le « massacre des enfants juifs donnés aux Allemands ». La mémoire du génocide juif ne se constituera, de manière autonome, que dans les années 1970. Pour l'heure, des associations sont dévouées au souvenir[53].

50 Charlotte Delbo, *Mesure de nos jours*, Minuit, 1971, p. 77.

51 Charlotte Delbo, *Une connaissance inutile*, Minuit, 1970, p. 184.

52 Florence Montreynaud, *Le XXe siècle…*, *op. cit.*, p. 343.

53 Annette Wievorka, *Déportation et génocide, entre la mémoire et l'oubli*, Plon, 1992.

3 LA LIBÉRATION

3.1 Le châtiment des femmes accusées de collaboration

L'épuration commence par des exécutions sauvages (extrajudiciaires) à l'initiative de cours martiales improvisées ou d'individus, résistants ou soldats. Les sources incomplètes ne permettent qu'une estimation de la répartition par sexe[54]. Sur un total (incomplet) de 2 150 exécutions, elles dénombrent 454 femmes. Plusieurs départements donnent un pourcentage compris entre 20 et 30 %. Souvent abattues d'une rafale de mitraillette, en pleine rue ou chez elles, ces femmes sont accusées d'avoir eu des relations intimes avec l'occupant : relations sexuelles (comme maîtresse ou prostituée), professionnelles, politiques (dénonciations ou appartenance à la Gestapo) ou même relations avec une personne soupçonnée de collaboration.

L'épuration continue avec une phase judiciaire. Les femmes reconnues coupables d'actes « nuisibles à la défense nationale », d'« intelligence avec l'ennemi » et d'« atteinte à la sûreté extérieure de l'État » encourent des peines qui vont de la peine de mort (presque toutes seront graciées) à la détention accompagnée de travaux forcés. Les coupables de ces crimes sont en tout premier lieu des dénonciatrices (76 % des femmes traduites devant la Cour de justice de la Seine). Les peines les plus lourdes sont prononcées à l'encontre de celles qui appartenaient à des services allemands et qui assument et revendiquent ce qu'elles ont fait. D'autres nient ou adoptent un mode de défense « féminin », prétendant avoir agi sous influence ou par amour sans mesurer les conséquences de leurs actes. Les mobiles des unes et des autres sont complexes et difficiles à connaître même si deux aveux reviennent le plus souvent : l'appât du gain et la conviction idéologique.

Les chambres civiques et les Cours de justice décident de nombreuses peines de dégradation nationale à l'encontre de celles qui ont volontairement travaillé pour l'ennemi, pratiqué le marché noir ou encore adhéré à un parti collaborationniste. Dans les départements ayant subi l'occupation allemande la plus forte, le nombre de condamnées à cette peine dépasse celui des hommes. Les femmes ayant eu des relations sexuelles avec l'occupant sont cependant diversement jugées et punies (dégradation nationale, travaux forcés), certaines sont acquittées. Au 1er janvier 1946, 21 % des détenus pour faits de collaboration sont des femmes[55]. Ces 6 091 détenues sont placées dans des établissements réservés aux femmes (dont les camps de Jargeau et Schirmeck et les centrales de Haguenau et de Rennes). Parmi elles, 4 190 sont condamnées dont 1 389 aux travaux forcés. En 1952 elles ne sont plus que 478, la dernière est libérée en 1958.

Comme pour les hommes, l'épuration est plus ou moins sévère selon les milieux socioprofessionnels et le type de collaboration pratiqué. Comédiennes,

54 D'après les informations données par Françoise Leclerc et Michèle Weindling, *Clio*, n° 1, 1995, p. 129-150.

55 *Id.*

chanteuses, couturières, femmes du « tout-Paris » qui se sont compromises avec l'Occupant risquent la fin brutale de leur carrière, une période de mise à l'écart, un blâme. Arletty à qui l'on reproche ses relations politico-mondaines et sa liaison avec un officier allemand est détenue quand sort sur les écrans *Les enfants du Paradis*. On lui attribue cette défense sommaire et provocatrice : « Mon cœur est français, mais le reste est international[56] ! »

Alors qu'elles ne représentent habituellement que 10 % de la population criminelle, les femmes forment 25 % de la population traduite devant les tribunaux de la Libération (chambres civiques et cours de justice). En Bretagne, elles sont même 41,5 %[57]. Cette sévérité doit être soulignée, car les femmes sont encore mineures sur le plan politique et elles bénéficient traditionnellement d'une certaine mansuétude de la Justice. Le déchaînement de violence à l'encontre des femmes soupçonnées de collaboration sentimentale a sans doute influencé ce dimorphisme sexuel de l'épuration.

3.2 Les femmes tondues

Image forte de l'épuration, marquant toute une mémoire « honteuse » de ces années 1944-1945 entretenue par des romans, des chansons ou des films, les femmes tondues ont pendant longtemps illustré les livres d'histoire, sans qu'aucun commentaire ne vienne expliciter ce « carnaval moche[58] ». Les rapports des commissaires régionaux de la République, des préfets, de la gendarmerie nationale, les dossiers des commissions d'épuration, des chambres civiques et des cours de justice ainsi que la presse permettent pourtant une recherche approfondie[59] servie également par les nombreuses photographies prises par les armées alliées. Il s'agit d'un phénomène massif qui touche autant les villes que les régions rurales (quel est le village qui n'a pas « sa » tondue ?). Les tontes commencent dès mars 1944 et se prolongent jusqu'à l'automne. Elles reprennent en mai-juin 1945 au moment du retour des prisonniers, des déportés et des travailleurs du STO. L'humiliation publique des tondues est ordonnancée comme un spectacle (qui varie d'un lieu à l'autre) : coupe des cheveux en public, cortège déambulant en ville, dénudation parfois, inscription de croix gammées au goudron ou à la peinture sur leur corps, leur crâne, corps tuméfié par des coups, port de pancartes infamantes. La plupart sont accusées d'avoir « couché avec les boches », le fait n'est pas toujours avéré mais la rumeur publique fonctionne à plein. À d'autres, il est reproché d'avoir mené « la vie de noces », d'avoir possédé des biens rares et convoités (poste de TSF ou liqueurs). La « collaboration horizontale » (terme quasi officiel) n'a cependant pas de définition juridique : certaines chambres civiques refusent de considérer la prostitution « professionnelle » sous l'angle politique, d'autres se demandent quoi faire

56 Denis Demonpion, *Arletty*, Flammarion, 1996, p. 321.

57 Luc Capdevila, « Les femmes en Bretagne au lendemain de l'Occupation allemande : une libération inachevée », *Mémoires de la société d'histoire et d'archéologie de Bretagne*, t. LXXVII, 1999, p. 361-382.

58 Alain Brossat, *Les Tondues : un carnaval moche*, Manya, 1992.

59 Fabrice Virgili, *La France « virile ». Des femmes tondues à la Libération*, Payot, 2000.

en l'absence de plainte du mari pour adultère. Vichy a pourtant ouvert une porte à la répression par la loi du 23 décembre 1942 qui permet au Ministère public d'intervenir pour punir le concubinage notoire d'une épouse dont le mari est retenu au loin par suite des conséquences de la guerre. Les femmes de prisonniers, surveillées par leur entourage, sont surexposées au risque de tonte. Le Comité départemental de libération des Pyrénées-Orientales décide qu'à l'exception des prostituées des maisons publiques, les femmes ayant eu des rapports intimes avec les Allemands devront avoir la tête rasée. L'ordonnance du 26 décembre 1944 qui déclare coupable d'indignité nationale tout individu qui a sciemment apporté, en France ou à l'étranger, une aide directe ou indirecte à l'Allemagne apporte une légitimité juridique à la sanction de la collaboration horizontale.

Mais l'organisation des tontes échappe complètement à la justice. Ces cérémonies expiatoires mettent en scène la punition d'une faute morale et politique (la trahison), le châtiment (corps dégradé, enlaidi, atteint dans sa « féminité » symbolisée par les cheveux) mais offrent aussi l'image positive de la reconstruction (la tonte présentée comme une mesure d'hygiène, de « désinfection »). Elles expriment « une fierté retrouvée aux dépens de ces femmes qui n'ont pas compris que, plus que jamais, leur corps ne leur appartient pas[60] ». Cette mise en scène, occasion d'un défoulement collectif, repose sur des supports archaïques qui ne sont pas sans rappeler la chasse aux sorcières. Les femmes restent, en plein cœur du XXe siècle, et au moment même où leur citoyenneté est enfin reconnue, de bien tentants boucs émissaires. Cette violence masculine contre les femmes est une intimidation, une mise en garde annonçant un retour à l'ordre que les circonstances de l'Occupation donnant à certaines femmes une autonomie nouvelle, avaient pour un moment suspendu.

3.3 Le sursaut viril de la Libération

Il importe de nuancer la grande rupture chronologique de 1944 pour comprendre le caractère inachevé et partiel de la citoyenneté féminine[61]. La Libération est en effet un moment clé de « reconstruction de la masculinité » qui réactive le « mythe du guerrier » et l'« éternel masculin[62] ». Elle suscite un imaginaire qui consolide l'ordre social masculin. Les combats non conventionnels de la Libération sont le théâtre concret de cet imaginaire. Ils ne se déroulent pas sur un front lointain, mais au cœur des villes et des villages; ils ne sont pas le fait de professionnels de la guerre mais de partisans en armes qui s'approprient les rituels militaires. Pendant quelques semaines, les groupes FFI se donnent des pouvoirs de police et de justice; ils se mettent aussi en scène, en défilant dans les

60 *Id.*

61 Marie-France Brive, « L'image des femmes à la Libération », Rolande Trempé dir., *La Libération dans le Midi de la France*, Toulouse, Eché : UTM, 1986, p. 390-397.

62 Michael Kelly, « The Reconstruction of Masculinity at the Liberation », *The Liberation of France. Image and Event*, ed. by H. R. Kedward and N. Wood, Oxford, Berg, 1995, p. 117-128. Et Luc Capdevila, « Le mythe du guerrier et la construction sociale d'un « éternel masculin » après la guerre », *Revue française de psychanalyse*, n° 2, 1998, p. 607-623.

rues. Les résistantes, elles, restent dans l'ombre. La mémoire officielle déjà les occulte; le cinéma déploie sa fascination pour les seuls événements guerriers survenus depuis le débarquement. Sur les affiches des formations politiques issues de la Résistance triomphe le guerrier en armes, aux manches retroussées, personnage de géant musculeux, qui évoque aussi l'ouvrier, présenté comme le seul artisan d'une autre bataille, économique, qui commence.

Toute cette production symbolique garantit le monopole masculin dans les domaines économique, politique et militaire et relègue les femmes au rôle de mère et de ménagère. Mais ce sursaut de virilité, sans doute destiné à laver la honte de la défaite de 1940 et de l'Occupation, s'opère au prix d'une vision particulièrement misogyne : celle d'une France occupée, passive, identifiée au féminin, et celle d'une France libérée dont l'avenir se décline au masculin. Dans un tel contexte, le « sacre de la citoyenne » en 1944 peut être qualifié de « discret[63] ».

3.4 21 avril 1944 : les Françaises citoyennes

Par l'ordonnance du 21 avril 1944 signée par le général de Gaulle, les Françaises deviennent électrices et éligibles dans les mêmes conditions que les hommes. La décision est prise à l'issue d'un ultime débat le 24 mars 1944 par l'Assemblée consultative d'Alger mise en place par le général de Gaulle. Cette assemblée est composée à la fois de résistants et d'anciens élus de la IIIe République (une seule femme y siège au début, rejointe plus tard par Lucie Aubrac). La commission de réforme de l'État est présidée par François Giacobbi, ancien sénateur radical de Corse, notoirement hostile au vote féminin. Et le 24 mars, l'article 16 qu'il propose au vote n'envisage que l'éligibilité des femmes. Fernand Grenier, communiste, dépose alors un amendement en faveur de l'égalité complète des droits politiques qui est finalement adopté à une majorité de 51 voix contre 16 sur 67 votants après un débat très révélateur de la persistance des mentalités traditionnelles dans une assemblée pourtant chargée du renouveau des institutions.

Comme sous la IIIe République, l'hostilité est souvent masquée par des arguties procédurières. On s'inquiète, notamment du fait que les prisonniers et déportés ne sont pas encore rentrés : « Est-il bien indiqué de remplacer le suffrage universel masculin par le suffrage universel féminin? » interroge Giaccobi. « Il serait à redouter, ajoute-t-on, que les femmes n'encourent des responsabilités et des reproches immérités, dans une consultation populaire où elles auraient eu la majorité. » Suivent les projections les plus folles de la disparité des votants selon leur sexe : « deux fois plus de femmes que d'hommes », selon les uns, « deux fois et demi » selon les autres [les estimations les plus vraisemblables portent à 62 % au maximum la part des femmes dans le corps électoral en 1945]. Et puis comment constituer les listes? Éviter les fraudes? Surmonter le manque de temps? Les défenseurs de l'amendement n'argumentent pas d'une manière féministe. Louis Vallon estime qu'« il faut parfois savoir prendre des risques ». Pour Darnal, « la Résistance a dit, par la voix de M. Prigent que nous avions résisté avec nos femmes et nos

63 Sylvie Chaperon, *Les Années Beauvoir 1945-1970*, Fayard, 2000, p. 11.

filles. Pourquoi alors les femmes n'apporteraient-elles pas leur concours intellectuel comme celles qui ont donné leur concours physique». De son côté, Jacques Duclos, l'un des dirigeants du Parti communiste, rend hommage aux «sacrifices» et au «courage» des Françaises tout en affirmant que «les femmes des prisonniers et de ceux qui sont morts pour la Patrie remplaceront leurs maris» : on retrouve ici la notion de «suffrage des morts» défendue par Barrès pendant la Grande Guerre, preuve, sans doute, d'une intime conviction résistant aux outrages du temps et aux clivages politiques. Ribière, ainsi, se dit convaincu que «les femmes qui sont en France et dont les maris sont en Allemagne voteront dans le même esprit qu'auraient voté leurs maris[64]». De ce débat, on retient surtout la justification de la citoyenneté comme récompense donnée aux résistantes. Pourtant, dès la Libération, les résistantes sont exclues des honneurs et de la mémoire officielle. Ainsi, elles ne sont que 6 sur 1 059 Compagnons de la Libération. Elles sont aussi très minoritaires dans les comités départementaux de Libération.

Les aspirations des résistantes apparaissent à la Libération assez diversifiées. Certaines estiment avoir pris goût à l'indépendance dans leur vie privée et professionnelle. Indiscutablement, dans l'action se sont révélés des tempéraments de femmes fortes qui contrastent avec l'image de l'épouse discrète et soumise entièrement dévouée à son foyer, image triomphante pourtant dans les années 1950. Mais cette remarque de Célia Bertin vaut pour bon nombre de résistantes : «Comment se faire entendre? On paraissait ne plus nous écouter.» Sans contester cette régression, «la plupart d'entre elles [les femmes] redevinrent, au sein de leur famille, et dans la société, les individus de seconde catégorie qu'elles avaient été avant la guerre[65]».

3.5 Les premières électrices

Lors des scrutins qui se succèdent à un rythme rapide entre avril 1945 et octobre 1946, douze millions d'électrices sont appelées à se rendre aux urnes, guettées par les photographes, les journalistes et les caricaturistes. Quelle que soit leur tendance, les journaux, en décrivant le vote des femmes, oscillent entre le paternalisme et le mépris. On peut même sans exagération résumer en un mot l'image de l'électrice : la stupidité. *Elle* prodigue ses conseils à l'humble néophyte (le 30 avril 1946) : «Si vous confondez MURF et MRP, UDSR et URD, faites confiance à votre mari. Peut-être que si vous lui demandez gentiment, il poussera la complaisance jusqu'à vous expliquer les motifs de sa décision[66].» Dans *Le Canard Enchaîné*, pourtant iconoclaste et contestataire, l'électrice est campée comme une idiote et réduite à trois fonctions : prostituée, religieuse ou ménagère; elle fait les frais de la distance ironique que marque le journal à l'égard de l'acte civique[67].

64 *Journal Officiel de la République française*, 30 mars 1944, p. 2-3, extraits reproduits et commentés par William Guéraiche dans *Clio. Histoire, femmes et sociétés*, n° 1, 1995, p. 265-271.

65 Célia Bertin, *Les Femmes sous l'Occupation*, Stock, 1993, p. 218.

66 Cité par Claire Duchen, « Une femme nouvelle pour une France nouvelle? », *Clio*, n° 1, 1995, p. 155.

67 Bruno Denoyelle, « Canard Déchaîné et poules enchaînées : les premiers actes civiques des femmes au regard de la caricature satirique (1944-1946) », *Clio*, n° 1, 1995, p. 272.

Germaine Peyroles, une avocate de sensibilité féministe, démocrate-chrétienne, mère de quatre enfants, estime, en 1946, qu'« aucun grand problème ne peut être étranger aux femmes. Mais la femme doit rester femme[68] ». Voilà un « mais » qui en dit long sur un sentiment largement partagé. *La Femme*, publié par le Mouvement de Libération nationale, estime le 29 mai 1946 que « dans l'ensemble, les femmes ont pris conscience de leur rôle de citoyenne sans nuire à leur qualité de femme. Si à la sortie du bureau de vote, vous arrangez une bouche ou maniez le poudrier, votre mari sera rassuré[69] ». Les nouvelles électrices semblent avoir immédiatement intégré les valeurs du vote : acte secret et sacré, accomplissement d'un devoir citoyen, mais leur autonomie est faible face à la morale républicaine et face aux hommes, pères ou maris qui les initient à la chose politique[70], ou évêques, poussant les catholiques à s'inscrire sur les listes électorales. Gauche et droite, catholiques et laïques se retrouvent pour limiter les compétences de l'électrice à la défense du foyer et de l'enfant. Resurgit aussi la rhétorique de la régénération par les femmes qui sauront purifier, renouveler, rajeunir et donner un « supplément d'âme » à la vie publique. L'électrice, forte de sa virginité en matière politique, serait naturellement probe, sérieuse, réaliste, honnête et écœurée par la politique politicienne… La presse décline ses défauts ou ses qualités à partir de vieux poncifs féminolâtres ou misogynes.

Affiche de l'Union des femmes françaises en 1945 (BMD)

Pour le premier vote des femmes, Marianne peut sourire : elle n'est plus l'effigie d'une République exclusivement masculine, elle s'incarne en électrice. L'affiche, issue de la mouvance communiste, se borne à engager les femmes à participer au vote, sans donner de consignes particulières.

68 Dans une interview donnée à *L'Époque*, 9 avril 1946, citée par Claire Duchen, « Une femme nouvelle pour une France nouvelle? », article cité, p. 154.

69 Cité par Claire Duchen, *idem*, p. 155.

70 Virginie Martin, « Les premiers votes des femmes. Vécus et schèmes de représentations 1944-1946 », Armelle Le Bras-Chopard, Janine Mossuz-Lavau dir., *Les Femmes et la politique*, L'Harmattan, 1997, p. 57-79.

L'avènement de la « citoyenne » dotée de droits politiques égaux à ceux des hommes n'efface pas la différenciation sexuelle. Les commentaires de l'époque révèlent au contraire un discours « spécifique » et « spécifiant » sur les Françaises accédant à la citoyenneté[71]. Dans l'ensemble, le premier vote des Françaises en 1945 peut être considéré comme un « non-événement », comme la fin d'une anomalie qui devrait mettre un terme à la querelle féministe. Les préjugés sont démentis par les faits : le grand cataclysme réactionnaire n'a pas eu lieu (démentant ainsi les prévisions alarmistes des antisuffragistes de gauche). La participation électorale a été remarquable, alors que l'on disait des électrices qu'elles étaient mal renseignées ou indifférentes à la vie politique. Les femmes s'inscrivent « dans la dynamique patriotique du moment en rejetant dans des proportions voisines à celles des hommes les formations centristes et de droite évocatrices des régimes précédents : la IIIe République et le gouvernement de Vichy[72] ». À ce constat essentiel, ajoutons les deux tendances qui se dessinent déjà : une sensibilité conservatrice et un pourcentage d'indécision plus importants dans l'électorat féminin.

71 Bruno Denoyelle, « Des corps en élections. Au rebours des universaux de la citoyenneté : les premiers votes des femmes (1945-1946) », *Genèses*, n° 31, juin 1998, p. 76-98

72 Luc Capdevila, « Les femmes en Bretagne… » article cité, p. 372.

Chapitre 7

Femmes et politique depuis 1945

AVEC L'ACCÈS À L'ÉGALITÉ DES DROITS POLITIQUES, on s'interroge désormais sur le comportement électoral et la représentation des femmes dans les assemblées élues et au gouvernement. C'est à une interrogation sur la persistance du monopole masculin du pouvoir politique qu'invite le parcours de ce demi-siècle. On ne saurait toutefois se contenter d'une définition étroite de la vie politique. Il est important de s'interroger sur la différenciation entre les sexes qui peut se révéler lors d'événements politiques majeurs tels que la guerre d'Algérie et Mai 68. Il faut aussi prendre en compte le rôle des mouvements féminins. Après Mai 68, l'essor d'une contestation radicale du pouvoir masculin est une rupture dont il faudra mesurer la portée.

1 FEMMES ET POLITIQUE JUSQU'À LA FIN DES ANNÉES 1960

1.1 Des électrices sous influence

Jusqu'à la fin des années 1960, le comportement électoral des Françaises, connu par des sondages, se caractérise par une forte abstention (écart de 7 à 12 points avec les hommes) et des choix plus conservateurs que ceux des hommes[1]. Au second tour de l'élection présidentielle de 1965, François Mitterrand obtient 51 % des suffrages masculins et 39 % des suffrages féminins. Il aurait donc été élu si les femmes n'avaient pas voté. Une enquête du début des années 1960 montre que le vote féminin ne paraît légitime que pour 65 % des enquêtés[2]. 21 % y sont encore opposés, 10,7 % restent sans opinion. Ces pourcentages sont identiques pour les deux sexes. L'opposition révèle surtout l'adhésion à une image traditionnelle de la femme au foyer qui n'a pas à se mêler des affaires politiques et sociales. C'est surtout dans l'échantillon ouvrier que l'opposition est la plus importante : elle ne porte pas tant sur le principe que sur la crainte du « manque d'éducation politique » des femmes. Le jugement sur le vote féminin est fonction des intérêts politiques défendus : les milieux aisés y sont plus favorables, le voyant comme un élément « pondérateur ».

1 Janine Mossuz-Lavau, « Le vote des femmes en France (1945-1993) », *Revue française de science politique*, 43 (4), août 1993.

2 Marie-José et Paul-Henry Chombart de Lauwe *et al.*, *La Femme dans la société. Son image dans les différents milieux sociaux*, CNRS, 1963, p. 112-118.

Selon la même enquête, l'influence du mari serait prédominante dans le comportement électoral des femmes (68 % des hommes et 63 % des femmes le pensent) En seconde position vient la « défense des intérêts familiaux » (41 % et 58 %). Puis la personnalité du candidat (30 % et 26 %) et le programme (21 % et 33 %). Les écarts d'opinion selon le sexe ne sont pas négligeables, mais les résultats montrent néanmoins combien les femmes sont encore loin d'être vues par elles-mêmes et par les autres comme des sujets autonomes : elles sont avant tout des épouses sous influence et des mères sensibles aux « intérêts familiaux ».

Hommes et femmes ne vivent pas non plus de la même manière l'acte de vote qui est avant tout perçu comme un « devoir » (55 % des hommes; 64 % des femmes, selon un sondage de 1953)[3]. Seules 19 % des électrices ont le sentiment « d'exercer un droit » (28 % des électeurs). Peut-on l'interpréter comme une moindre implication dans la citoyenneté active? La notion de « devoir » est cependant ambiguë, car elle peut être entendue comme l'acceptation et la valorisation des responsabilités et vertus civiques. Si l'égalité est acquise en droit, les représentations dominantes qui campent une électrice sous influence — maritale ou cléricale — maintiennent l'idée d'une suprématie masculine dans le corps électoral.

1.2 Une féminisation du pouvoir à la limite de l'insignifiance

Cette suprématie est évidemment plus perceptible dans les assemblées élues. La Libération, moment exceptionnel de rupture de l'ordre politique, est un contexte plutôt favorable pour l'entrée des nouvelles venues dans les assemblées (elles sont 33 en 1945). Mais le retour à l'ordre, dans le cadre d'une Constitution proche de celle de la IIIe République, les exclut.

Le déclin est inexorable jusqu'au début de la Ve République (9 députées élues). Le changement majeur de 1958 n'inverse pas la tendance, au contraire, les politologues estiment que la constitution et le nouveau mode de scrutin (majoritaire) handicapent les femmes. Au Sénat, l'évolution est identique : 3,6 % de femmes en 1946; 1,8 % en 1962. Au début des années 1960, la France se distingue avec un des taux de représentation féminine les plus bas du monde. Il aurait été plus faible encore sans l'apport substantiel d'élues communistes et, dans une moindre mesure, démocrates-chrétiennes. L'érosion électorale du PCF et du MRP contribue à la diminution du nombre d'élues. L'infériorité numérique des femmes est parfois encore plus accentuée dans les instances non parlementaires : 0,5 % dans les conseils généraux (en 1952 et 1960), soit 17 conseillères générales pour la France métropolitaine. 3 % dans les conseils municipaux en 1952 puis 2,4 % en 1960 (soit 11 276 sur 460 487 conseillers municipaux). Environ 1 % de femmes maires (381 sur 38 000).

Il est inutile de calculer le pourcentage des femmes au gouvernement, tant leur présence y est exceptionnelle. La première femme ministre est Germaine Poinso-Chapuis nommée en 1947 dans le gouvernement de Maurice Schuman.

3 Maurice Duverger, *La Participation des femmes à la vie politique*, UNESCO, 1955, p. 182.

Les élues à l'Assemblée nationale depuis 1945

	Femmes	Hommes + Femmes	% de femmes
21 octobre 1945*	33	586	5,6
2 juin 1946*	30	586	5,1
10 novembre 1946*	35	518	5,7
17 juin 1951*	22	627	3,5
2 janvier 1956*	19	596	3,2
23-30 novembre 1958	9	586	1,5
18-25 novembre 1962	8	482	1,7
5-12 mars 1967	10	487	2,1
23-30 juin 1968	8	487	1,6
4-11 mars 1973	8	490	1,6
12-19 mars 1978	18	491	3,7
14-21 juin 1981	26	491	5,3
16-23 mars 1986*	34	577	5,9
5-12 juin 1988	33	577	5,7
21-28 mars 1993	35	577	6,1
25-1er juin 1997	63	577	10,9

* Scrutin proportionnel.
Pour les élections qui se sont déroulées au scrutin majoritaire à deux tours, le nombre de candidat(e)s indiqué est celui du premier tour.

Source : Philippe Bataille, Françoise Gaspard, *Comment les femmes changent la politique et pourquoi les hommes résistent*, La Découverte, 1999, p. 187.

À 46 ans, l'avocate marseillaise a un passé politique bien rempli par le suffragisme, la démocratie chrétienne, la résistance, la députation[4]. Sa nomination ne soulève aucun commentaire particulier, pas plus que le choix du ministère de la Santé et de la Population (conforme aux compétences reconnues aux femmes dans les questions sociales et familiales). Germaine Poinso-Chapuis n'y fait qu'un bref passage du 24 novembre 1947 au 19 juillet 1948, qui se termine fort mal. Le président du Conseil lui a imposé un décret de loi auquel elle était opposée en utilisant son nom contre sa volonté. Or le décret en question, autorisant le versement de fonds publics aux élèves des écoles privées, réveille la querelle scolaire et contribue à la chute du gouvernement. Germaine Poinso-Chapuis ne peut dénoncer Robert Schuman sans nuire à sa famille politique et doit faire le deuil de sa carrière politique. Il faut alors attendre 1957 pour qu'une autre femme soit nommée au gouvernement : Jacqueline Thome-Patenôtre est sous-secrétaire d'État à la Construction et au Logement pendant sept mois. Avec l'avènement du gaullisme, la présence féminine reste tout aussi rarissime. De 1959 à 1962,

4 Yvonne Knibiehler dir., *Germaine Poinso-Chapuis. Femme d'État*, Aix-en-Provence, Edisud, 1998.

Nafissa Sid-Cara est sous-secrétaire aux Affaires algériennes. Il faut attendre à nouveau plusieurs années pour voir réapparaître une femme au gouvernement : Marie-Madeleine Dienesch est secrétaire d'État de 1968 à 1974 avec des attributions changeantes (Éducation nationale, Affaires sociales, Santé publique). En 1973-1974, elles sont deux : Suzanne Ploux est secrétaire d'État auprès du ministre de l'Éducation nationale.

L'extrême sous-représentation féminine dans les instances politiques est à l'époque rarement perçue comme une discrimination. Pour beaucoup, si les femmes sont peu élues, si elles sont aussi peu souvent candidates, c'est qu'elles sont indifférentes à la vie politique. Les premières études de sciences politiques apportent d'autres réponses[5]. L'attitude des électeurs qui préfèrent — notamment sur les listes qui permettent le panachage — voter pour des hommes est soulignée. C'est la confiance de l'électeur, plus que de l'électrice, qui manque à la candidate, contrairement à l'idée souvent avancée que les femmes ne votent pas pour des femmes. Si les dirigeants des partis sélectionnent des hommes, c'est aussi parce qu'ils défendent souvent le principe de la femme au foyer. Surtout, l'idée que le pouvoir politique revient aux hommes est largement partagée. En 1954, l'accès d'une femme à la présidence de la République ne recueille que 22 % d'opinions favorables chez les femmes, et seulement 14 % chez les hommes sondés[6]. Le politologue Maurice Duverger affirme dès 1955 que « la "promotion féminine" dans le domaine politique se heurte au barrage masculin[7] ».

1.3 Des commissions féminines dans des partis masculins

Le fonctionnement des partis politiques depuis la Libération est une des clés pour comprendre les raisons de la minorisation des femmes en politique[8]. Les partis ont en effet un rôle essentiel dans la vie démocratique puisqu'ils forment et sélectionnent le personnel politique. Malgré leurs effectifs relativement réduits, ils fonctionnent comme des cénacles d'investiture. Or les femmes, minoritaires parmi les adhérents, le sont encore plus aux postes de responsabilité et, on l'a vu, parmi les candidats aux élections. Que les femmes soient minoritaires à la base n'alarme pas grand monde. Cette situation a longtemps paru logique, l'engagement politique étant vu comme une conduite masculine et l'accès des femmes à la citoyenneté étant récent. Les obstacles à l'adhésion des femmes sont nombreux : le manque de temps pour celles qui cumulent famille et travail, mais aussi, dans une mesure difficile à cerner, le manque de motivation pour s'investir dans des structures conçues par et pour des hommes. De l'expérience des

5 Mattei Dogan, Jacques Narbonne, *Les Françaises face à la politique*, Armand Colin, 1955.

6 Sondage cité par Andrée Michel et Geneviève Texier, *La Condition de la Française aujourd'hui*, Denoël Gonthier, 1964, p. 188.

7 Maurice Duverger, *La Participation…*, *op. cit.*, p. 128.

8 William Guéraiche, *Les Femmes et la République. Essai sur la répartition du pouvoir de 1943 à 1979*, L'Atelier, 1999.

commissions féminines dans différents partis on tire un bilan pour le moins mitigé[9].

La SFIO a reconstitué en 1944 un Secrétariat aux questions féminines, mais il n'est pas en mesure d'aider à la promotion des femmes dans le parti (le comité directeur est exclusivement masculin), aux élections (il n'y a que trois élues socialistes à l'Assemblée en 1947) et au gouvernement (aucune dans le gouvernement Guy Mollet en 1956). Son organe, *La Femme socialiste*, n'a que 3 000 abonnées et son apport politique est faible. On estime que les adhérentes représentent 17 % des effectifs[10].

Le PC se montre beaucoup plus dynamique : il dispose depuis la Libération d'un mouvement de masse féminin, l'Union des femmes françaises, qui compte à ses débuts autant de membres que le parti. Cette stratégie est payante en terme d'influence et de recrutement pour le PC, qui organise cependant en son sein une Commission du travail parmi les femmes. Cette structure permet d'assurer la promotion interne des femmes qui seraient 18 % parmi les adhérents.

Le MRP (Mouvement républicain populaire), issu de la Résistance, crée dès 1944 des équipes féminines, organisées avec beaucoup d'efficacité dans tous les départements. Elles travaillent en collaboration avec des associations féminines (Conseil national des femmes françaises et UFCS) et avec la CFTC. Leur influence est importante auprès des députés et des ministres MRP. La députée Francine Lefebvre relaie le mouvement abolitionniste (militant pour la déréglementation de la prostitution); Germaine Touquet est à l'origine de l'Union générale des consommateurs. Que la première femme ministre, Germaine Poinso-Chapuis, soit issue de cette formation n'est donc pas dû au hasard; c'est le reflet d'un militantisme féminin important dans cette mouvance démocrate-chrétienne. Mais l'expérience s'arrête en 1959, le MRP est alors sur le déclin. En 1955, le parti compte 16 % de femmes en son sein.

Au RPF (Rassemblement du peuple français, formé en 1947) en revanche, il n'y a pas de commission féminine. Lors des élections, les candidates à la candidature ne manquent pas, mais les élues sont rares. Deux d'entre elles sont des féministes : Irène de Lipkowski, députée en 1951-1957 et Marcelle Devaud, pendant douze ans au Conseil de la République dont elle est la vice-présidente de 1949 à 1952. De Gaulle qui doit pourtant son élection de 1965 aux femmes est indifférent à la féminisation de la vie politique. Le Centre féminin d'études et d'information créé cette année-là est, de l'aveu de son ancienne présidente, une opération « bidon » au service de la campagne électorale.

Au cours des années 1960 s'annoncent comme dans le mouvement féminin associatif les signes d'un changement dans le rapport des femmes à la politique. La crise que traverse la gauche non communiste (déclin de la SFIO et naissance du PSU en 1960) pose aussi, d'une manière discrète, la question des femmes.

9 William Guéraiche, « La question "femmes" dans les partis (1946-1962) », *Historiens et géographes*, n° 358, juill.-août 1997, p. 235-248.

10 D'après Mattéi Dogan, Jacques Narbonne, *Les Françaises…*, *op. cit.*, p. 137. Les estimations sur le MRP et le PC proviennent également de cette source.

En 1960 se fonde un éphémère Comité féminin de la gauche démocratique avec Marcelle Kraemer-Bach, radicale, Irène de Lipkowski, gaulliste de gauche et Jeannette Brutelle, socialiste. L'initiative est originale, car elle tente, pour défendre les intérêts des femmes, l'alliance de diverses sensibilités politiques. Les partis n'apprécient pas. Le Mouvement démocratique féminin, fondé en 1962, rejoint la Convention des institutions républicaines de François Mitterrand et Charles Hernu. Il réunit des femmes socialistes, plutôt féministes, et forme un groupe de réflexion (autour de sa revue, *La Femme au XXe siècle*). De ses rangs est issue Marie-Thérèse Eyquem, inspectrice générale de la Jeunesse et des sports (1961), chargée par François Mitterrand de la « promotion de la femme » dans le « contre-gouvernement » qu'il a formé après son échec aux présidentielles de 1965. Le futur dirigeant du PS a-t-il compris dès cette époque l'importance de cette question, au moins sur le plan électoral, pour la gauche ? Les femmes paraissent en tout cas plus actives sur la scène politique à partir du début des années 1960.

Les femmes, trop minoritaires dans les partis politiques, ont une marge de manœuvre étroite dès lors qu'elles tentent de défendre les droits des femmes. Elles se heurtent à un antiféminisme latent ou explicite. Elles intériorisent aussi les interdits et les limites à ne pas franchir, leur dépassement impliquant une fatale marginalisation. Elles sont aussi inégalement sensibles aux revendications féministes qu'elles jugent souvent dépassées ou excessives. Toutes privilégient la discipline de parti. L'unité est difficilement envisageable entre ces militantes, ces élues aux vues politiques divergentes. Si la « question femmes » paraît négligeable dans les partis, c'est évidemment aussi en raison d'un contexte idéologique très peu favorable — le « problème » algérien, le dysfonctionnement des institutions politiques dominent l'actualité — et d'une pression féministe qui a perdu beaucoup de sa force.

2 LA RECOMPOSITION DES MOUVEMENTS FÉMININS ET FÉMINISTES

2.1 L'héritage du féminisme de la première vague

La césure de l'Occupation et la réalisation de l'égalité politique en 1944 ont transformé le mouvement féministe[11]. L'Union française pour le suffrage des femmes devenue Union française des électrices tente de réunir des élues de tous bords en période électorale, de féminiser les candidatures, mais s'affaiblit, surtout après la mort de sa présidente, Cécile Brunschvicg. Pour l'ancienne Union nationale pour le vote des femmes, devenue Union nationale des femmes, la tentation politique l'emporte sur le féminisme : elle se consacre à

11 Cette partie synthétise plusieurs chapitres de Sylvie Chaperon, *Les Années Beauvoir…, op. cit.*

l'anticommunisme et se rapproche du Parti républicain de la liberté et de la section féminine du Centre national des indépendants. Seule la Ligue française du droit des femmes, toujours dirigée par Andrée Lehmann, maintient un cap féministe, fidèle à son histoire. Elle demande « l'application intégrale de l'alinéa 3 du préambule de la Constitution : "la loi garantit à la femme dans tous les domaines des droits égaux à ceux de l'homme"[12] ». Elle suscite par exemple des propositions de réforme du régime matrimonial.

Autour de ces trois associations gravitent bien d'autres associations féminines issues de la « première vague » : le Conseil national des femmes françaises, l'Association française des diplômées de l'université, l'Union professionnelle féminine, l'Association des femmes juristes, l'Amicale des avocates de France, l'Alliance fédéraliste des femmes pour la paix, le Comité de liaison des associations féminines, le Comité de défense contre l'alcoolisme... Elles se réunissent parfois pour donner la parole à des femmes politiques de sensibilité féministe : Marcelle Devaud (RPF), Rachel Lempereur (SFIO), Germaine Poinso-Chapuis (MRP). Elles appellent les électrices à voter pour des femmes, mais au soir des législatives de 1951, l'échec est cuisant : le nombre d'élues diminue. Leur stratégie, limitée à ces appels à la participation électorale et au lobbying, ne peut lutter efficacement contre l'antiféminisme des partis. Il faut attendre le milieu des années 1950 pour voir pointer les signes d'un renouveau, sur la dépouille de ces associations vieillissantes.

L'un des indices de la sclérose du féminisme organisé est l'accueil qu'il réserve à la bombe de 1949 : la parution du *Deuxième Sexe* de Simone de Beauvoir. Le scandale est immédiat, et les associations féministes restent muettes. Certes, Simone de Beauvoir se situe comme philosophe, et non comme féministe — elle n'adoptera cette étiquette que plus tard. Mais là n'est pas la raison du silence des féministes : le livre, dénonçant radicalement la domination masculine, dérange. Son insistance sur la sexualité gêne tout autant. Il annonce pourtant les luttes à venir.

2.2 Jeunes femmes et Maternité heureuse : indices du renouveau

Au milieu des années 1950, le renouveau vient des milieux protestants. Le mouvement Jeunes femmes, né après-guerre, est constitué de femmes de moins de 35 ans, dont beaucoup ont fait des études supérieures, puis se sont mariées, ont eu des enfants et ont cessé de travailler. Entre elles, et dans leur bulletin qui touche un millier d'abonnées, elles expriment le malaise de la femme au foyer, réfléchissent à leur rôle d'éducatrices, envisagent la promotion féminine sur le plan religieux et la réforme de la théologie. Surtout, le contrôle des naissances est mis à l'étude, avec d'autres aspects de la « condition féminine ». Ce mouvement original et progressiste ne se considère pas pour autant comme

12 Cité par Sylvie Chaperon, *Les Années Beauvoir...*, *op. cit.*, p. 204.

« féministe » : le mot effraie, portant avec lui la légende noire de suffragettes démodées.

Marie-Andrée Lagroua Weill-Hallé, qui va impulser le mouvement en faveur de la contraception, n'est pas non plus une « féministe » au sens militant du terme. Elle aborde cette question en « professionnelle » (elle est gynécologue) et son image de catholique mariée à un pédiatre renommé, rassure (contrairement à celle des néo-malthusiens anarchistes comme Jeanne Humbert). Après un voyage aux États-Unis en 1947 où elle a découvert le Planning familial, elle est décidée à combattre la loi de 1920. Elle ne recueille d'abord qu'indifférence ou hostilité. Mais en 1955, son intervention dans un procès pour infanticide (une femme ayant eu cinq grossesses en cinq ans, épuisée, et dans la misère, avait laissé sans soins son dernier-né), mettant en cause la responsabilité de la loi qui aurait dû permettre à cette femme de maîtriser sa fécondité, lui attire de la sympathie. Une enquête, « Les femmes sont-elles coupables? » réalisée par un militant communiste, Jacques Derogy, lance la bataille. Le PCF désapprouve, comme l'Église catholique, mais des partisans du contrôle des naissances se déclarent dans l'un et l'autre camp. Marie-Andrée Lagroua Weill-Hallé, avec Évelyne Sullerot, lance le 8 mars 1956 le mouvement Maternité heureuse. L'intitulé est prudent, en raison de la loi de 1920, mais aussi parce que les initiatrices, contrairement aux néo-malthusiens du premier XXe siècle, ne souhaitent ni politiser leur campagne ni limiter les naissances : elles voudraient que ces naissances aient lieu dans les meilleures conditions. Le mouvement est immédiatement soutenu par Jeunes femmes et par la Grande loge féminine de France.

2.3 Catholiques et communistes

Les associations féminines communistes et catholiques sont alors en majorité opposées au *birth control*. Or elles peuvent prétendre représenter les femmes, beaucoup plus que les féministes. Le camp catholique domine. L'Union féminine civique et sociale joue un rôle important, en encourageant ses adhérentes (70 000 en 1945) à se former et à s'investir en politique, notamment au niveau municipal. Elle est reconnue d'utilité publique en 1947. Sur la contraception, le refus est nuancé mais réel : seule l'abstinence périodique est autorisée, faute de quoi, dit sa présidente, la femme risquerait de devenir un « simple instrument de plaisir ». L'Action catholique générale féminine choisit pour sa part le silence. Les femmes catholiques mettent en effet au cœur de leurs préoccupations la maternité : elles ont, entre autres, fondé le Mouvement mondial des mères en 1947, qui dénonce, comme on peut s'y attendre en cette année de début de la guerre froide, la (pseudo) désagrégation familiale en Union soviétique. Maintenir ou ramener les mères au foyer : tel est l'enjeu des politiques familiales voulues par les catholiques, premiers à défendre l'allocation de salaire unique. Le natalisme reste d'actualité malgré le baby boom, car les salariées sont jugées trop peu fécondes. De plus en plus, des arguments psychologiques sont mis en avant pour justifier la présence constante de la mère auprès des enfants.

En dépit d'options idéologiques diamétralement opposées à celles des catholiques, l'Union des femmes françaises fondée en 1945 et issue de la résistance communiste, adopte un maternalisme assez similaire. C'est une organisation de masse (627 000 membres en 1945) dont la plupart des dirigeantes ont des responsabilités au sein du PCF. À ses débuts, son ambition est de défendre l'égalité intégrale entre les sexes, entre autres, dans le monde du travail et sur plan juridique. Mais pour l'UFF, une femme est avant tout une mère; celle qui reste à la maison pour élever ses enfants doit être aidée par des allocations familiales plus importantes. L'esprit de la résistance inspire son slogan nataliste : « Pour venger nos morts, donnons la vie. » Au cours de son évolution, elle abandonne sa logique égalitaire (en 1949, la révision du code civil disparaît du programme); le familialisme devient omniprésent. Elle tente de mobiliser les « mamans » sur un terrain politique censé les concerner directement : la défense de la famille et de la paix. Pour l'UFF, le contrôle des naissances est une préoccupation « individualiste ». « Depuis quand les femmes travailleuses réclameraient le droit d'accéder aux vices de la bourgeoisie? Jamais », écrit Jeannette Vermeersch (*France nouvelle*, 12 mai 1956). C'est au contraire le « droit à la maternité » qu'elle défend à l'unisson de son époux, secrétaire général du PCF, Maurice Thorez. La polémique qui éclate en 1956 sur la contraception est-elle une manœuvre de diversion qui détournerait l'attention du rapport Khrouchtchev et surtout de l'intervention soviétique en Hongrie? Elle révèle en tout cas une conviction bien ancrée au PCF depuis le milieu des années 1930 et provoque des dissidences : Jacques Derogy, violemment attaqué, rend sa carte.

Le maternalisme est également au cœur du discours des militantes communistes sur la paix. Leur propagande essaie de mobiliser les femmes en tant que mères « naturellement » hostiles aux guerres, mais non en tant que citoyennes, rôle qui passe au second plan. Dès 1947, l'UFF développe à sa manière les slogans contre l'impérialisme américain, la menace d'une dictature fasciste en France et surtout la superpuissance militaire occidentale prête à risquer une nouvelle guerre mondiale. Sous le contrôle du Kominform, des organisations mondiales pacifistes sont mises sur pied, avec l'aide de la Fédération démocratique internationale des femmes, dirigée par Marie-Claude Vaillant-Couturier. Présente au Comité mondial des partisans de la paix à Stockholm en mars 1950, l'UFF diffuse l'Appel pour le désarmement et l'interdiction de l'arme atomique.

L'engagement militant est un combat d'idées mais aussi une expérience qui modifie la vie des femmes. Certes pas au point d'aller à une réunion si « leur » lessive n'est pas faite. Mais pour les ménagères militantes, catholiques ou communistes, « militer signifie exister[13] ». Elles s'impliquent dans des domaines sous-estimés de la vie collective (santé, logement, éducation), soutiennent les luttes ouvrières (comités, manifestations, délégations auprès des autorités ou

13 Dominique Loiseau, « Les militantes de l'ombre : femmes de... », Michel Dreyfus, Claude Pennetier, Nathalie Viet-Depaule dir., *La Part des militants*, L'Atelier, 1996, p. 270. Voir, de Dominique Loiseau, *Femmes et militantismes*, L'Harmattan, 1996, qui étudie le militantisme des ménagères de Saint-Nazaire.

encore accueil des enfants de mineurs en grèves en 1948 et en 1963). Pour elles, c'est clair, la solidarité de classe l'emporte. L'identité ouvrière prime sur l'identité de sexe.

3 VERS LA DÉCOLONISATION

L'Empire ne passionne pas l'opinion française. La lointaine Indochine, jusqu'à Dien Bien Phu, la laisse assez indifférente, de même que l'Afrique noire. Seule l'Algérie, où vit une importante population française, fait exception. Avec la colonisation, les Africaines ont perdu leur pouvoir politique[14] et ont été pénalisées sur le plan économique, reléguées aux cultures vivrières, tandis que les hommes accédaient au salariat, à la culture de rente et aux nouveautés technologiques. Si l'on ajoute à cela l'inégal accès à l'instruction, les Africaines se trouvent en position de faiblesse au moment où se négocient les dernières tentatives politiques pour sauver l'Empire[15].

Peu nombreuses sont les Françaises qui jusqu'aux indépendances des années 1960 s'informent et prennent position sur les questions coloniales. Cependant, des féministes, des ethnologues, des sœurs missionnaires, des militantes s'intéressent au sort des femmes indigènes, jetant sur elles un regard différent de celui des administrateurs coloniaux. Ainsi Marie-Hélène Lefaucheux, présidente du CNFF, reproche à la loi du 27 août 1947 qui étend le droit électoral à certaines catégories en Afrique (fonctionnaires, employés, commerçants) d'oublier les femmes, peu nombreuses à remplir ces conditions. Un amendement est adopté en 1951 qui élargit le corps électoral aux mères de deux enfants. L'année suivante, les premières Africaines sont élues au niveau municipal. Cette iniquité sexuelle que tente de pallier un statut citoyen particulier dérivé de la maternité se situe bien sûr au sein d'un système lui-même inéquitable : l'Afrique occidentale française n'a ainsi que 13 députés pour 16 millions d'habitants. La participation électorale des femmes est néanmoins importante, et des militantes politiques bravent les résistances des hommes, telle Aoua Keïta, députée du Soudan français en 1959. L'accès à des droits politiques restreints est de toute façon trop tardif pour représenter une rupture : le processus d'indépendance est en marche.

3.1 La guerre d'Algérie

La paix a toujours été l'une des principales préoccupations des mouvements de femmes progressistes, que leurs associations soient de gauche et/ou féministes. Mais le pacifisme est une position toujours bien difficile à tenir en période de

14 Catherine Coquery-Vidrovitch, *Les Africaines. Histoire des femmes d'Afrique noire du* XIXe *au* XXe *siècle*, Desjonquères, 1994.

15 Odile Goerg, « Femmes africaines et politique : les colonisées au féminin en Afrique occidentale », *Clio*, n° 6, 1997, p. 105-125.

conflit pour les hommes comme pour les femmes. Le sentiment dominant des Françaises est avant tout la peur de perdre un fils, un époux, un fiancé, un frère, appelé en Algérie pour faire une guerre qui ne dit pas son nom. La censure n'aide pas les Françaises à s'informer; l'autocensure est de rigueur pour les soldats qui écrivent à leur famille ou reviennent en permission, car ils évitent d'inquiéter leurs proches. Toutes ne tiennent pas à être informées, beaucoup se tiennent à l'écart de ce qui peut sembler politique. Ainsi, de nombreuses lectrices protestent lorsque *Elle* fait sa couverture avec la photo du visage ensanglanté de la petite Delphine Renard, victime d'un attentat de l'OAS[16]. Au fil du temps, la raison d'être du conflit est questionnée à l'aune de ce qui peut toucher les Françaises au plus près : le prix de la vie des leurs.

En Algérie au contraire, l'implication des femmes dans les combats est très forte. « L'engagement des militantes est peut-être le phénomène le plus extraordinaire et l'une des données décisives de la guerre d'Algérie », car « rien ne laissait présager que l'Algérienne des années cinquante, à la fois méditerranéenne, berbère, musulmane, colonisée et par là même prisonnière d'un statut contraignant, puisse prendre part au combat[17] ». Celles que la France coloniale appelait les « Musulmanes » étaient en effet confinées dans la famille, privées d'éducation[18] et exclues de la citoyenneté partielle à laquelle les « Musulmans » avaient tardivement accédé : la loi du 7 mai 1946 n'accordait la citoyenneté dans le statut personnel qu'aux hommes. Il faut attendre la loi du 29 septembre 1947 pour que les femmes obtiennent des droits identiques. En principe seulement, car les modalités du vote ne sont fixées qu'en 1958, en pleine guerre. Pour l'immense majorité de l'opinion métropolitaine, « l'Algérie, c'est la France » et, in extremis, on songe aux femmes. Marguerite Pichon-Landry, présidente du CNFF et Marie-Hélène Lefaucheux, qui représente la France à la Commission féminine de l'ONU, se disent que « pour faire quelque chose sur l'Algérie, il faut agir par les femmes [...]. Dans ce pays, ce sont les femmes qui avaient la volonté de s'émanciper[19] ». Elles proposent alors à Michel Debré de « jouer la carte de la femme ». Le Premier ministre suit leur avis et nomme en 1959 une sous-secrétaire d'État, Naffisa Sid Cara, toute nouvelle députée de la banlieue d'Alger. Jusqu'à l'Indépendance en 1962, elle est en charge des questions qui concernent les départements algériens : plan de scolarisation, formation professionnelle, évolution juridique avec la reconnaissance par le droit français des mariages coutumiers. Ce geste, qui se voulait « de bonne volonté à l'égard des populations musulmanes », vient trop tard. Mais dans les situations désespérées, le « salut par les femmes » est toujours tentant : c'est la

16 Noté par Évelyne Sullerot, *La Presse féminine*, Armand Colin, 1966, p. 216.

17 Djamila Amrane, *Les Femmes algériennes dans la guerre*, Plon, 1991, p. 19. Et Danièle Djamila Amrane-Minne, *La Guerre d'Algérie (1954-1962). Femmes au combat*, Rahma, 1993. Et Jacqueline Guerroudj, *Des douars et des prisons*, Alger, Bouchene, 1993.

18 En 1954, seules 4,5 % des Algériennes sont alphabétisées contre 13 % des Algériens. La scolarité (de 6 à 14 ans) n'est pas obligatoire pour les fillettes musulmanes.

19 Cité par William Guéraiche, *Les Femmes et la République...*, *op. cit.*, p. 174.

« dernière carte » à jouer, celle qu'en temps ordinaire le pouvoir politique ignore.

Des femmes, minoritaires certes, ont pourtant commencé à s'organiser en Algérie. Mais, dans la mouvance nationaliste, l'Association des femmes musulmanes algériennes (1947), aux activités surtout sociales, ne compte que quelques centaines de membres. Au Parti communiste algérien, les femmes sont rares, mais elles sont plus nombreuses à l'Union des femmes d'Algérie, née en 1944, dont les 20 000 adhérentes revendiquées en 1946 sont aussi bien algériennes qu'européennes. Ce début d'organisation collective n'entame pas l'hégémonie masculine dans les partis d'opposition où il est parfois question du « problème de la femme » dont la solution est remise à plus tard, à l'indépendance du pays.

Pour beaucoup d'Algériennes, l'espoir de l'indépendance nationale, semblable à celui des hommes, se double de l'espoir de leur propre indépendance en tant que femmes. L'hexagone découvre leur rôle combattant à travers la presse qui relate les arrestations et les condamnations : Djamila Bouhired, 22 ans, agente de liaison du chef du FLN à Alger, devient le symbole de tout un peuple en lutte. Elle est arrêtée en 1957, torturée pendant quinze jours par des soldats français, puis condamnée à mort (sa peine ayant été commuée en détention à perpétuité, elle sera libérée en 1962). Trois ans plus tard éclate l'affaire Djamila Boupacha, militante du FLN elle aussi âgée de 22 ans, accusée d'avoir posé une bombe — ce qu'elle nie — et torturée : parmi les sévices qui lui sont infligés, la défloration, avec une bouteille. Son avocate, Gisèle Halimi demande une enquête et met sur pied, à Paris, en juin 1960, un comité de soutien avec Simone de Beauvoir et Germaine Tillion, ancienne résistante et déportée, ethnologue spécialiste de l'Algérie qui enquête depuis plusieurs années sur les conditions de détention[20].

Le large écho donné à cette affaire pousse sans doute davantage de femmes à s'engager contre la guerre : elles sont nombreuses à signer, en septembre 1960 le « Manifeste des 121 » pour le droit à l'insoumission dans la guerre d'Algérie (citons Simone de Beauvoir, Marguerite Duras, Florence Malraux, Christiane Rochefort, Nathalie Sarraute, Geneviève Serreau, Simone Signoret). Le fait mérite d'être souligné, car les noms de femmes sont toujours rares au bas des pétitions et manifestes qui rythment l'engagement des intellectuels depuis l'Affaire Dreyfus. Et ce manifeste, à la différence de beaucoup d'autres, expose ses signataires à des poursuites judiciaires et à des attentats de l'OAS. Parmi les porteurs de valises, des « porteuses » : Hélène Cuénat, professeur de lettres communiste, Cécile Marion, comédienne, et Dominique Darbois, ancienne résistante, exploratrice et photographe ont rejoint dès 1957-1958 le réseau Jeanson. En février 1961, elles sont six à s'évader de la prison de la Petite

20 Gisèle Halimi, *Djamila Boupacha*, Gallimard, 1962. Djamila Boupacha a été libérée en 1962. Justice ne lui a pas été rendue : ceux qui l'ont torturée n'ont jamais été inquiétés et bénéficient de la loi d'amnistie.

Roquette[21]. Des Françaises vivant en Algérie décident de rejoindre le FLN[22]. Beaucoup d'entre elles sont communistes.

Des enseignantes (dont Madeleine Rebérioux, future présidente de la Ligue des droits de l'Homme) sont actives au sein du Comité pour la défense des libertés et la paix en Algérie qui rejoindra le Comité de vigilance universitaire. L'action syndicale au sein du SNES, de l'UNEF, de la CGT et de la CFTC pour la paix en Algérie est une autre voie possible pour les femmes. À la fin de la guerre, les manifestations sont de plus en plus nombreuses pour la paix, mais aussi contre l'OAS et contre le « fascisme ». Ouvrières, employées, elles sont très nombreuses le 8 février 1962 lorsque la police donne l'assaut contre la manifestation au métro Charonne : 9 personnes périssent dont 3 femmes.

Les militantes contre la guerre d'Algérie sont des minoritaires engagées, comme les hommes eux aussi minoritaires, dans un combat anticolonialiste. Certaines, parmi elles, développent ou confirment dans cette expérience une sensibilité féministe. La perspective d'une « décolonisation » des femmes, la remise en cause, à travers le monde, de la puissance impérialiste de l'Occident, agit par contagion sur l'analyse de la situation des femmes, occidentales ou non.

4 MAI 68

Mai 68 est à l'origine de profondes transformations dans la société française qui ont tout particulièrement modifié la vie des femmes. Mais si l'on s'intéresse d'abord à l'événement et à ses deux visages — la révolte étudiante et la grève générale —, la discrétion des femmes ne peut que surprendre. Elles sont pourtant présentes dans les facultés, les usines occupées, les manifestations de rue, mais les acteurs principaux que les médias font découvrir à l'opinion sont des hommes. Rétrospectivement, des étudiantes devenues féministes notent que « le service de nettoyage de la Sorbonne était composé presque exclusivement de filles. Mais combien de filles parlaient en AG?[23] ». Elles sont effectivement peu nombreuses, néanmoins certaines se lancent, comme les jeunes militantes de Féminin Masculin Avenir, un groupe mixte et féministe d'une dizaine de personnes qui s'est formé en 1967. « Vous voulez faire un débat sur les femmes? Extra! Ça fait quinze jours qu'il y a la révolution et on n'a pas encore parlé des femmes » leur répond « un jeune chevelu » à qui elles demandent un amphi de la Sorbonne[24]. Elles vont le remplir dès le lendemain. Puis organisent des débats,

21 Hervé Hamon, Patrick Rotman, *Les Porteurs de valises*, Points Le Seuil Histoire, 1981.

22 Andrée Doré-Audibert, *Des Françaises d'Algérie dans la guerre de libération*, Paris, Karthala, 1995.

23 Cité par Monique Rémy, *De l'utopie à l'intégration. Histoire des mouvements de femmes*, L'Harmattan, 1990, p. 35

24 Récit qu'en fait une de ses animatrices, Anne Zelensky, dans Anne Tristan et Annie de Pisan, *Histoires du MLF*, Calmann-Lévy, 1977, p. 38.

avec la sociologue Évelyne Sullerot et l'avocate Gisèle Halimi, pour se retrouver ensuite dans des groupes de réflexion sur le travail ménager ou la révolution sexuelle. Ce dernier thème est déjà dans l'air du temps. Dans les résidences universitaires, des incidents ont éclaté. Les garçons ne pouvant accéder à celles des filles, la résidence de Nanterre a été occupée le 21 mars 1967. Daniel Cohn Bendit, animateur du mouvement du 22 mars à l'Université de Nanterre, a interpellé le ministre de la Jeunesse et des Sports sur ce point, suscitant un bel esclandre. Lecteurs de Reich et de Marcuse, dont ils adoptent l'analyse sur le rôle de la répression sexuelle dans le contrôle des masses, les étudiants dénoncent l'hypocrisie de la morale dominante et les difficultés d'accès à la contraception, mais sans prendre en compte spécialement le point de vue des filles.

La symbolisation par les étudiants eux-mêmes de leur mouvement laisse peu de place aux femmes. Contrastant avec le caractère joyeux de la fête, les références sont d'écrasants portraits de héros révolutionnaires — Marx, Che Guevara, Hô Chi Minh — (une exception, rare, Rosa Luxemburg) et le visage de la jeunesse est celui d'un garçon, Daniel Cohn-Bendit — le rouquin de Nanterre incarne le mouvement. Même si Bernadette Laffont dans *La Fiancée du pirate* ou l'étudiante découvrant la Révolution dans *La Chinoise* de Godard, même si la silhouette d'une fille lançant des pavés (« la beauté est dans la rue ») ou le visage photogénique d'une fille juchée sur les épaules d'un garçon féminisent légèrement le tableau. Dans l'ensemble, l'imaginaire de la révolte est plutôt masculin et met en scène un affrontement entre hommes — des fils contre leurs pères, des étudiants se rêvant résistants contre des « CRS-SS ». « Je croyais à la révolution, mais les hiérarchies d'organisation, c'était grotesque, la guéguerre me révulsait », avoue des années plus tard, une des actrices du mouvement : « Il y avait un côté jeu de mecs. » « En Mai, j'ai, disons, souffert avec joie », résume-t-elle[25].

Le Mouvement démocratique féminin remarque aussi que « dans les pourparlers entre syndicats, patronat et gouvernement, nul n'a réclamé formellement l'égalité de rémunération, nul n'a envisagé la création de services collectifs et de crèches pour soulager les femmes de leur double journée de travail[26] ». Alors qu'aux États-Unis, le « Women's Lib » se constitue, en France, les femmes ne pèsent pas encore comme une force collective. Pourtant, l'expérience de Mai est fondatrice. La plupart des militantes du futur MLF ont 20 ans en 68. Elles partagent avec les garçons de leur âge l'exaltation de la révolte, la conviction que l'on peut collectivement changer la société et sa propre vie et s'imprègnent de la même culture contestataire. Mais elles expérimentent aussi, y compris dans les groupes d'extrême gauche qui fleurissent alors, un rapport de domination avec les hommes.

25 Nadja Ringart, devenue une militante féministe, sociologue, interviewée en 1985, dans Hervé Hamon et Patrick Rotman, *Génération*, t. 2. *Les années de poudre*, Points Le Seuil, 1988, p. 196

26 Tract diffusé à la Sorbonne, reproduit dans Christine Fauré, *Mai 68 jour et nuit*, Découvertes Gallimard, 1998, p. 118.

5 LE MOUVEMENT DE LIBÉRATION DES FEMMES

5.1 Naissance d'un mouvement collectif singulier

26 août 1970. « Un homme sur deux est une femme »; « Il y a plus inconnu encore que le soldat : sa femme ! », disent les banderoles de la dizaine de manifestantes venues porter sous l'arc de triomphe une gerbe de fleurs à l'inconnue. Cette manifestation interrompue par la police est considérée comme l'acte de naissance du MLF. « Mouvement de libération des femmes », une expression qui s'inspire du *Women's Liberation movement* américain, lancée par *France-Soir* dès le lendemain. Un mouvement très informel se constitue : des assemblées, aux Beaux-Arts, des groupes, sans cartes, sans adhésion, sans présidentes, sans ordre du jour, des initiatives diverses des plus modestes (distribuer sur un marché un tract sur l'avortement), aux plus médiatiques (perturber les états généraux de *Elle*). S'engage tout un travail de réflexion critique dont le premier acte est la publication d'un numéro spécial de *Partisans*, une revue d'extrême gauche, intitulé « Libération des femmes, année zéro ».

Ce mot de « libération » est à souligner, car il marque une nouvelle étape dans l'histoire d'un féminisme qui s'est d'abord attaché à « l'émancipation » puis plus modestement à la « promotion » des femmes. La datation (« année zéro ») indique à la fois une méconnaissance des luttes passées et la distanciation avec un féminisme jugé trop timoré. Le MLF se veut radical, révolutionnaire, il est imprégné de la contre-culture des années 1968 et beaucoup de ses militantes viennent des organisations maoïstes et trotskistes. Le marxisme leur fournit un vocabulaire de base, qu'elles appliquent au rapport de domination des hommes sur les femmes. La psychanalyse aussi, dans une moindre mesure. La forte imprégnation intellectuelle du mouvement naissant n'exclut cependant pas d'autres types de prises de parole. Le témoignage vécu est privilégié d'autant qu'il correspond à l'axiome du mouvement : les femmes doivent s'approprier la parole sur elles-mêmes et sur le monde. « Qui est le plus apte à décider du nombre de vos enfants? Le pape qui n'en a jamais eu, le président qui a de quoi élever les siens, le médecin qui respecte plus la vie d'un fœtus que celle d'une femme, votre mari qui leur fait guili-guili le soir en rentrant, vous qui les portez et les élevez[27] ? » Antidote à la tristesse des témoignages sur les souffrances longtemps tues, l'humour est omniprésent. Rien de tel pour désarmer l'adversaire, pour mettre en relief la débilité de son discours. Dans la veine de 68 visité par le surréalisme, surgissent les « slogans » : « Une femme sans homme, c'est comme un poisson

27 Tract, novembre 1970, distribué aux États généraux de *Elle*, pastichant le questionnaire officiel, cité par Françoise Picq, *Libération des femmes, les années-mouvement*, Le Seuil, 1993, p. 22, ouvrage le plus utile sur l'histoire du MLF, avec celui de Monique Rémy, *De l'utopie à l'intégration. Histoire des mouvements de femmes*, L'Harmattan, 1990. Ceux de Naty Garcia Guadilla, *Libération des femmes. Le MLF*, PUF, 1981 et Danièle Léger, *Le Féminisme en France*, Le sycomore, 1982 tendent davantage vers l'essai, et compte tenu de leur date de publication peuvent presque être considérés comme des sources.

sans bicyclette. » La force du MLF est d'avoir su créer un mouvement d'un type nouveau, refusant absolument l'« organisation » et ses « porte-parole », vues comme une forme masculine et pyramidale de pouvoir. Mais, malgré son idéal de « sororité », il n'évite pas les divisions internes.

La tendance des « féministes révolutionnaires » considère que l'« ennemi principal[28] » est le système patriarcal. Elle trouve son inspiration dans l'exemple américain et se sent proche de Simone de Beauvoir. À son actif, elle a plusieurs actions d'éclat du mouvement : la parution du Manifeste des 343 femmes déclarant avoir avorté (*Nouvel Observateur*, avril 1971); la manifestation de novembre 1971 pour l'avortement libre et gratuit, ou encore la co-organisation des Journées de dénonciation des crimes commis contre les femmes en mai 1972. Dans cette tendance se situe le groupe éphémère (1971-1973) des Gouines rouges (venues du FHAR — le Front homosexuel d'action révolutionnaire) et, jusqu'en 1973, des Groupes de quartier qui tentent de toucher les femmes des milieux populaires.

La tendance « lutte de classe » se constitue en 1973 et cherche à créer un mouvement « autonome » et « de masse » qui serait rejoint par des ouvrières, des employées. Elle est proche du MLAC et participe activement à la campagne sur l'avortement, sans négliger les revendications touchant à la vie quotidienne, comme la création de crèches. Les liens des militantes avec les groupes d'extrême gauche produisent des fractures internes entre Les Pétroleuses, liées à la Ligue communiste, et les Femmes en lutte, proches de Révolution et de la Gauche révolutionnaire.

La tendance « psychanalyse et politique » du MLF récuse le terme de féministe, même radical. Pour elle, le féminisme ne permet pas un dépassement du patriarcat, il s'agit plutôt de donner naissance à un « féminin » détaché des normes masculines. Comme l'indique son nom, « psychépo » (prononcer psyképo) se fonde sur la psychanalyse qui devrait permettre de (re)trouver l'inconscient féminin, une instance non phallique (autonome par rapport au phallus) appelée « matricielle ». Peu investie dans les grandes campagnes de l'époque, cette tendance privilégie les réunions et les rencontres, ainsi que la production intellectuelle (« éditions des femmes » en 1974, et librairie « des femmes »). La psychanalyste Antoinette Fouque anime et inspire ce groupe qui entretient des relations très tendues avec les autres tendances.

Le MLF, il faut le souligner, est non mixte, ce qui ajoute à la fascination et à la haine qu'il provoque. Des raisons politiques sont avancées : on n'invite pas l'oppresseur à venir discuter de la libération de l'opprimée. Les militantes qui ont fréquenté les groupes d'extrême gauche ne veulent plus de l'attitude arrogante des camarades donneurs de leçons. Se retrouver entre femmes facilite l'expression et l'écoute sur des sujets intimes qui sont l'enjeu du moment : le

28 « L'ennemi principal » est le titre d'un article fondateur pour le MLF, signé par Christine Dupont (pseudonyme éphémère de la sociologue Christine Delphy) et publié dans le numéro spécial de *Partisans* sur la « Libération des femmes » en novembre 1970. Il a été réédité dans Christine Delphy, *L'Ennemi principal*. t. 1 : *Économie politique du patriarcat*, Syllepse, 1998.

corps, la sexualité, avec ou sans hommes. La découverte du plaisir de l'homosocialité — et pour un nombre important de militantes — la possibilité d'être et de se dire lesbienne, ont aussi joué un rôle très important. « Femmes qui refusons les rôles d'épouse et de mère, l'heure est venue, du fond du silence, il nous faut parler », disent les Gouines rouges en 1972[29].

Le féminisme des années 1970 ne se résume pas au « MLF ». Des associations mixtes existent, même si les hommes y sont peu nombreux. Citons le Planning familial et le MLAC (Mouvement de libération de l'avortement et de la contraception) : une nouvelle association loi 1901 fondée en avril 1973, qui regroupe le Planning, le Groupe information santé, la MNEF, Lutte ouvrière, La Ligue communiste révolutionnaire, Révolution, le PSU, le Syndicat des travailleurs sociaux, la Confédération nationale des associations familiales[30]... Et les signataires du « Manifeste des 331 médecins » déclarant avoir pratiqué (illégalement) des avortements, qualifiés par le conseil de l'Ordre d'« association de malfaiteurs ». La force du MLAC tient à son objectif avant tout pratique : renseigner les femmes dans les permanences et les aider à avorter en organisant leur voyage vers l'Angleterre et la Hollande, parfois aussi en réalisant les avortements sur place. Une fois la loi Veil votée, le MLAC disparaît, même si quelques groupes subsistent. Le Planning, lui, continue son chemin.

5.2 1975, « année internationale de la femme »

Fin 1974, l'adoption du projet de loi Veil montre l'efficacité de la pression féministe. Un gouvernement de droite plutôt hostile s'est senti contraint d'y céder. Par crainte de perdre le soutien des électrices? Valéry Giscard d'Estaing, élu en 1974, se considère comme un libéral, modernisateur, à l'écoute de la société. Il a nommé Françoise Giroud, journaliste classée au centre gauche, à une fonction nouvelle : secrétaire d'État à la Condition féminine, dont la mission est de « promouvoir toutes mesures destinées à améliorer la condition féminine, à favoriser l'accès des femmes aux différents niveaux de responsabilité dans la société française et à éliminer les discriminations dont elles peuvent faire l'objet ». À Simone Veil est confié le ministère de la Santé. Elle est la seconde femme ministre en France (depuis Germaine Poinso-Chapuis un quart de siècle plus tôt). La féminisation du premier gouvernement (Jacques Chirac) de ce septennat mérite d'être soulignée, car il compte cinq femmes secrétaires d'État, du jamais vu[31]. L'ONU, de son côté, décrète 1975 « année internationale de la femme » et patronne une conférence mondiale à Mexico, dont la présidence

29 Tract distribué aux Journées de dénonciation des crimes contre les femmes, cité par Claudie Lesselier, « Les regroupements de lesbiennes dans le mouvement féministe parisien : positions et problèmes, 1970-1982 », GEF, *Crises de la société, féminisme et changement*, Tierce, 1991, p. 88.

30 Par l'une des fondatrices du MLAC, Monique Antoine, « Une histoire du MLAC », *Le féminisme et ses enjeux...*, *op. cit.*, p. 243-249.

31 Il s'agit, outre Françoise Giroud, de Hélène Dorlhac (Justice), Alice Saunier-Seïté (Universités) qui avait été en 1968 la première doyenne de faculté, la doctoresse A. Lesur (Enseignement préscolaire) et Christiane Scrivener (Économie et finances).

n'est pas confiée à une féministe mais à la princesse Ashraf, sœur jumelle du shah d'Iran, qui assure qu'elle ne fait rien sans l'accord du « chef de la famille ».

« Fêtées une année, exploitées toute leur vie » : les féministes en France dénoncent cette « récupération » et critiquent le réformisme du Secrétariat d'État. Le « MLF ne veut pas améliorer la "condition féminine", mais l'abolir[32] ». C'est toute la différence entre la perspective réformiste et la perspective révolutionnaire. Mais le souffle utopique du mouvement s'épuise. Nombre de militantes se convertissent à des actions concrètes. Gisèle Halimi avait fait le choix du pragmatisme dès 1971 en créant « Choisir. La cause des femmes ». En 1974, c'est au tour d'Anne Zélensky de fonder une association loi 1901 (et non un groupe informel) : la Ligue du droit des femmes, présidée par Simone de Beauvoir. Elle entend lutter contre les discriminations sexistes par des moyens juridiques (« compromis » avec le Droit et la Justice...). En 1978, SOS Femmes-alternative obtient l'ouverture du premier refuge pour femmes battues subventionné par l'État. SOS femmes violées, créé en 1977, est aussi issu de cette tendance pragmatique.

Les militantes n'ont sans doute jamais été aussi nombreuses, mais il est impossible de les dénombrer exactement. Le MLF au début très parisien, bourgeois si l'on veut, certainement « intellectuel » se développe aussi en province[33]. Le thème de l'avortement libre et gratuit, symbole d'une ambition plus vaste qui tient dans le slogan « notre corps nous appartient », est susceptible de mobiliser des femmes de tous les milieux sociaux même si, dans les groupes femmes, dominent les catégories intermédiaires diplômées, actives dans les secteurs de l'éducation et de la santé. La manifestation pour la liberté de l'avortement, le 6 octobre 1979, est un grand succès. Peu après, la tendance « Psychépo » se constitue en association sous l'intitulé « Mouvement de libération des femmes » et dépose comme marque de commerce le sigle MLF à l'Institut national de propriété industrielle. La grosse majorité des militantes se trouve rejetée dans un « MLF non déposé ». Pour beaucoup, ce coup de force marque la fin des années glorieuses.

5.3 Vicissitudes du militantisme (1981-2000)

Après l'arrivée de la gauche au pouvoir en 1981, le féminisme (comme d'autres mouvements sociaux) connaît plusieurs années difficiles marquées par la démobilisation et l'attentisme. Le mouvement est désormais moins visible, les médias sont moins réceptifs, pourtant les luttes continuent sous des formes très diverses, malgré le manque de moyens financiers. À Paris, la Maison des femmes, fondée en 1981, cité Prost, est un des repères du mouvement. Des lesbiennes créent leurs propres revues et groupes. Certaines sont séparatistes (Front des lesbiennes radicales, 1981), d'autres se situent toujours comme féministes et mettent au premier plan la conquête de nouveaux droits et la « visibilité » des lesbiennes :

---

32 Françoise Picq, *Libération des femmes..., op. cit.*, p. 175.

33 CLEF, *Chroniques d'une passion, le mouvement de libération des femmes à Lyon*, L'Harmattan, 1989.

ainsi le MIEL (Mouvement d'information et d'expression des lesbiennes) fondé en 1981 ou le mensuel *Lesbia* fondé l'année suivante. Encore peu perceptible dans les années 1980, ce mouvement identitaire s'affirme dans la décennie suivante. En 1997 est créée la Coordination lesbienne nationale, qui apparaît à la fois sur le terrain féministe et sur celui des luttes pour les droits des gays et des lesbiennes. Les lesbiennes sont désormais plus « visibles » dans le domaine culturel (cinéma, médias, littérature). Le PACS adopté en 1999 est pour beaucoup d'entre elles un acquis politique même si son origine est surtout liée à un militantisme à dominante gay, lié au SIDA. Les marches annuelles de la « lesbian and gay pride » qui sont depuis les années 1990 le baromètre et la photographie du militantisme homosexuel pour les médias, montrent les différences culturelles et politiques entre gays et lesbiennes.

Décennie de « l'affirmation lesbienne », les années 1990 sont aussi celles d'un renouveau du mouvement féministe après le reflux des années 1980. Le retour de la droite au pouvoir en 1993, la préparation de la conférence mondiale de Pékin de 1993 à 1995, les actions des commandos anti-IVG[34] réveillent les féministes. La CADAC (Coordination des associations pour le droit à l'avortement et à la contraception), ProChoix et le Collectif national pour les droits des femmes s'organisent. La lutte contre les violences masculines reste d'actualité : l'AVFT (Association contre les violences faites aux femmes au travail), à l'origine de la loi sur le harcèlement sexuel, continue à conseiller les victimes, SOS Viol et des centres de femmes battues poursuivent leur travail. 1995 marque un sursaut de la mobilisation militante : une manifestation nationale « pour le droit à l'avortement et à la contraception, pour le droit à l'emploi, pour une réelle égalité entre les femmes et les hommes, contre la remontée de l'ordre moral » réunit pour la première fois depuis 1982 des milliers de personnes; c'est aussi l'année de la 4e Conférence des Nations unies sur les femmes, à Pékin, occasion de constater que la situation régresse dans le monde, que les objectifs fixés par les précédentes conférences n'ont pas été atteints, mais le texte final marque une avancée en énonçant le principe que « les droits fondamentaux des femmes et des petites filles sont partie inaliénable, intégrante et indivisible de tous les droits de la personne humaine et libertés fondamentales ».

Dès 1992, la parité (voir *infra*) devient un objectif mobilisateur. L'idée « prend », sans manifestation de masse, sans organisation centralisée, signe que les armes du combat politique ont décidément bien changé. Sondages et médias permettent une avancée spectaculaire sur une idée, la parité, qui aurait été condamnée d'avance quelques années plus tôt. Une nouvelle génération arrive sur la scène féministe : les Marie Pas Claire (1991), Mix'cité (1996). La non mixité du mouvement féministe est devenue un principe difficile à comprendre, l'expérience de celles qui avaient 20 ans en 68 difficile à transmettre. Comme pour confirmer la tradition, le mot « féminisme » est aussi et à nouveau devenu difficile à porter.

34 Fiammetta Venner, *L'opposition à l'avortement, du lobby au commando*, Berg, 1996.

Il évoque pour les jeunes générations de redoutables excès et la « haine des hommes ». L'antiféminisme aurait-il gagné la partie en imposant cette vision négative ? On pourrait en avoir l'impression, mais en approfondissant les raisons de ce rejet, on en perçoit bien la superficialité (ce qu'est le féminisme est en réalité méconnu) et l'ambivalence. Outre le fait que le radicalisme idéologique des années 1970 est devenu pour beaucoup très exotique, il semble que chaque génération invente « son » féminisme, quitte à lui trouver une autre dénomination. Depuis une vingtaine d'années, l'antisexisme s'est d'une certaine manière substitué au féminisme. Les termes ne sont pas tout à fait synonymes : la lutte contre le sexisme implique la réparation d'injustices et le respect de la dignité d'être humain ; son horizon est celui de l'égalité des sexes ; on retrouve bien sûr ces préoccupations dans le combat féministe, mais elles ne le résument pas. Le féminisme, dans sa dimension utopique, explore les voies d'un changement social et culturel de diverses manières (en valorisant la solidarité et/ou l'amour entre femmes, ou bien en voyant dans l'expérience féminine une alternative aux conduites masculines). Ce féminisme à base identitaire (même quand il rejette les définitions patriarcales de l'identité) a décliné, laissant la place à des initiatives purement égalitaires et pragmatiques, comme celle des « Chiennes de Garde » qui dénoncent depuis 1999 les insultes proférées à l'encontre de femmes exposées dans la sphère publique. Là encore, on voit à quel point les recettes de la mobilisation politique ont changé : dénomination « choc », manifeste signé par des personnalités (femmes et hommes), site internet, fonctionnement en réseau, médiatisation d'actions si possible spectaculaires.

Les féministes font de la politique à leur manière, souvent méfiantes à l'égard de la politique « institutionnelle ». De l'extérieur, mais parfois aussi à l'intérieur même des partis, elles interpellent le pouvoir. Non sans efficacité.

6 FEMMES ET POLITIQUE DEPUIS LES ANNÉES 1970

6.1 Le glissement vers la gauche du vote des femmes

Dans les années 1970, l'écart entre les électrices et les électeurs se réduit tant pour l'abstention que pour le vote à gauche (7 à 5 points de différence, selon les sondages faits à la sortie des urnes)[35]. Au cours de la décennie suivante, les votes sont désormais similaires, voire, placent les femmes en majorité pour le vote à gauche. Voici venu le temps de l'autonomie. Le vote féminin présente de nouvelles spécificités, particulièrement saillantes chez les jeunes. Le Front national est boudé par les électrices (5 à 7 points d'écart avec les hommes depuis les élections européennes de 1984). Depuis 1986, elles votent davantage socia-

35 Janine Mossuz-Lavau, « Le vote des femmes en France (1945-1993) », article cité.

liste que les hommes (1 à 4 points d'écart). Le vote pour les écologistes est légèrement plus élevé chez les électrices.

Quels sont les facteurs explicatifs du vote des femmes? La situation de dépendance au foyer favorise l'abstention et le vote conservateur, tandis que l'insertion dans la vie professionnelle rapproche les comportements féminins et masculins (socialisation et politisation par le travail). Elle continue à influencer le comportement même après l'arrêt de l'activité salariée (les « ex actives » ne votent pas comme les femmes qui n'ont jamais eu d'activité salariée) et influence également les opinions de leur compagnon et de leurs enfants. Les progrès du travail féminin expliquent également l'évolution de femmes élevées de manière traditionnelle dans des familles catholiques, de droite et rurales qui se détachent des normes de leur milieu. Mais il y a des exceptions à la règle. Dans le milieu rural, ménagères et agricultrices ont des opinions plutôt conservatrices. L'âge brouille aussi la règle : les femmes de moins de 35 ans forment (en 1978) une génération plus politisée, plus détachée de l'Église, mieux scolarisée, avec un vote à gauche plus marqué. La règle demeure que le comportement électoral des travailleuses se rapproche de celui des travailleurs. Des nuances subsistent cependant.

Les travailleuses se situent dans leur majorité au bas de l'échelle hiérarchique du monde de l'entreprise, avec un bagage scolaire plus faible et des qualifications inférieures. Elles sont aussi moins impliquées que les hommes dans les organisations, partis et syndicats, moins présentes dans les affrontements (grèves et manifestations). En revanche, pour les actives des classes moyennes et supérieures passées par l'université, la contestation est plus fréquente. Le capital culturel est donc un autre facteur explicatif du vote. C'est l'enseignement supérieur qui conduit à une identité de comportement avec les hommes, voire à un vote contestataire plus marqué.

Les facteurs proprement politiques du vote féminin sont plus difficiles à identifier que les facteurs sociologiques et culturels. Le survote gaulliste jusqu'en 1969 est avéré, sans doute parce qu'il répondait à un refus assez courant chez les femmes des querelles politiciennes (le gaullisme prétendait se situer au-delà de la division gauche-droite, en rassemblant le peuple français) et le chef de l'État offrait une image rassurante de stabilité (en qualifiant l'alternance possible de chaos). Peut-être ce dernier a-t-il bénéficié également de sa signature au bas de l'ordonnance donnant aux Françaises la capacité politique. Dans les années 1970, le clivage gauche-droite se redessine plus clairement. L'influence de l'Église s'affaiblit. Le climat contestataire enhardit les électrices. Le mouvement féministe introduit dans les consciences politiques de nouveaux critères de jugement. Les femmes votent-elles désormais désormais en fonction de leurs intérêts propres? On peut en avoir le sentiment puisqu'elles rejettent les formations d'extrême droite, les seules qui soient explicitement hostiles aux avancées des droits des femmes. Si l'électorat féminin est devenu un enjeu pour les partis, il n'y a pas pour autant de vote « femmes », ni conscience chez les électrices de former une catégorie spécifique. L'avenir nous dira si la mise en place de la parité peut éveiller une conscience de genre dans le corps électoral.

6.2 L'hégémonie masculine du pouvoir perdure

Le passage de la IVe à la Ve République a gravement pénalisé les femmes politiques : si le droit d'éligibilité acquis en 1944 avait permis la formation d'un vivier d'élues de tous bords, le changement des pratiques politiques à partir de 1958 bénéficie aux hauts fonctionnaires, corps encore peu féminisé[36]. Les promotions de l'ENA dans les années 1970 sont à 90 % masculines. À l'heure du triomphe gaulliste, l'élection du président de la République au suffrage universel crée par contagion des « hommes forts » cumulant les pouvoirs municipaux, départementaux. Enfin, le nouveau mode de scrutin législatif (uninominal, majoritaire à deux tours, remplaçant la liste départementale élue à la proportionnelle) contribue à la marginalisation des femmes perçues comme insuffisamment compétitives, manquant du relief des notables. Le cumul des mandats laisse peu de places aux outsiders que sont les femmes. De plus, le scrutin majoritaire lamine les formations qui, comme le PCF, présentent plus de candidates que les autres partis. La « traversée du désert » dure de 1958 à 1978, vingt années pendant lesquelles la proportion de femmes à l'Assemblée nationale ne dépasse pas 2 %. Leur nombre varie entre 9 et 13. La proportion des candidates a radicalement diminué : 13,6 % en 1946; 2,3 % en 1958. Dans les années 1970, elles sont plus nombreuses (10 % en 1978), ce qui n'entraîne pas une augmentation automatique des élues : en effet, beaucoup de circonscriptions non gagnables ont été attribuées à des femmes. Le Sénat, quant à lui, est encore plus masculin, avec 2 % d'élues en 1974. Le suffrage indirect pour les sénateurs est un filtre supplémentaire qui pousse au conservatisme.

La même marginalisation s'observe au niveau gouvernemental. De Gaulle pendant ses onze années de pouvoir, ne nomme que deux femmes, toutes deux sous-secrétaires d'État (Nafissa Sid Cara, chargée des questions sociales en Algérie de 1959 à 1962, et, à partir de 1967, Marie-Madeleine Dienesch, à l'Éducation nationale puis aux Affaires sociales). La présidence de Georges Pompidou prolonge cette situation jusqu'en 1974. L'élection de Valéry Giscard d'Estaing provoque un changement : dans son premier gouvernement confié à Jacques Chirac, siègent 6 femmes, à des fonctions modestes, à l'exception de Simone Veil, ministre de la Santé. Comment ne pas être frappé (lors de la retransmission télévisée) par la solitude de cette femme face à une assemblée presque entièrement masculine, pour y défendre son projet de loi sur l'IVG? Les premières femmes ministres n'ayant pas laissé beaucoup de traces dans la mémoire collective, Simone Veil devient un modèle de femme politique courageuse, sincère, compétente. Mais elle n'a pas l'appui que procurent les appareils partisans. Valéry Giscard d'Estaing est le premier chef d'État, en France, prenant en compte la « condition féminine » (ainsi est nommé le premier secrétariat d'État chargé de cette question). La pression féministe n'y est pas pour rien. Mais contrairement aux pays d'Europe du Nord, le nombre d'élues parlemen-

36 Mariette Sineau, « Les femmes politiques sous la Ve République. À la recherche d'une légitimité électorale », *Pouvoirs*, n° 82, sept. 1997, p. 45-57.

taires ne progresse que faiblement et ce progrès est principalement dû au PCF, parti de la moitié des députées en 1978.

L'alternance en 1981 permet d'incontestables progrès. Les gouvernements socialistes n'ont jamais compté moins de 6 femmes (leur proportion varie de 13 à 16 %). Yvette Roudy, ministre des Droits de la femme de 1981 à juillet 1984, a marqué le premier septennat. Elle est pourtant sans illusions sur le manque de pouvoir des femmes au niveau institutionnel et sur « le machisme effrayant » qui règne au PS. « On en reste, encore aujourd'hui, [1992] à la femme alibi[37]. » La droite supprime en 1986 le ministère des Droits des femmes. Il faut attendre 1988 pour que la gauche revenue au pouvoir le rétablisse mais seulement sous la forme d'un secrétariat d'État. La nomination d'Édith Cresson en mai 1991 comme Premier (Première...) ministre symbolise une évolution pour les plus optimistes, portés à croire à la force salvatrice féminine... Pourtant, qu'elle soit nommée dans un contexte très difficile de baisse de la croissance, d'aggravation du chômage et du mécontentement social, et au moment où l'usure au pouvoir se fait durement sentir pour les socialistes est évidemment un fait à interpréter. Dans son gouvernement, qui compte six femmes, Martine Aubry est chargée du Travail, de l'Emploi et de la Vie professionnelle, Edwige Avice de la Coopération et du développement, Frédérique Bredin de la Jeunesse et des Sports. Élisabeth Guigou est ministre déléguée aux Affaires européennes, Catherine Tasca à la Francophonie. Véronique Neiertz, secrétaire d'État chargée des Droits des femmes et de la Vie quotidienne, avoue ne « détenir aucun pouvoir de décision puisque tout dépend des grands ministères verticaux » et constate que la nomination d'Édith Cresson « a accentué une tendance, déjà naturelle chez les femmes au sein du gouvernement, à l'autocensure. [...] Le mot même de *femme* est alors devenu tabou[38] ». Édith Cresson, portée aux nues les 15 premiers jours de son entrée en fonction, quitte dès avril 1992 le gouvernement, avec une image plutôt négative dans les médias.

Le gouvernement suivant, dirigé par Pierre Bérégovoy, bat un record historique avec 7 femmes ministres et secrétaires d'État. Leur profil, en deux décennies, a bien évolué : les premières, les anciennes, avaient gagné leurs galons au sein du PS et dans des fonctions électives; elles doivent céder la place à une nouvelle génération de jeunes femmes douées, énarques ou normaliennes. À l'inverse de leurs collègues masculins, elles entrent en politique par les cabinets ministériels et ne se jettent que dans un second temps dans l'arène électorale. Toutes ont en commun d'avoir été choisies et protégées par François Mitterrand. En 1995, l'affaire des « Juppettes » révèle la fragilité de ce mode de promotion politique par cooptation. Alors que Jacques Chirac vient d'être élu président de la République, son Premier ministre, Alain Juppé, annonce un nouveau record historique : 12 femmes au gouvernement (dont 4 ministres). Mais six mois plus tard, son second gouvernement n'en compte plus que 4 (dont une ministre). Sortie massive, expliquée par des propos méprisants à l'égard de ces femmes auxquelles il était reproché leur

37 Citée par Laure Adler, *Les Femmes politiques*, Le Seuil, 1993, p. 194-195.

38 *Id.*, p. 212.

manque de « représentativité politique » et de « poids personnel dans les partis ». Les élections municipales de 1995 voient une augmentation du nombre de conseillères (plus de 20 %), moins perceptible pour les maires (7,5 % contre 7 % six ans plus tôt). Catherine Trautmann est la seule femme dirigeant une ville de plus de 100 000 habitants. L'alternance de 1997 à l'occasion des législatives anticipées marque une rupture véritable : les élues dépassent le seuil des 10 %. Pour la première fois, le PS a mis en place un quota de 30 % de candidates dans des circonscriptions « réservées[39] ». 17 % de ses élus sont des femmes, davantage qu'au PCF (13,5 %). Les Verts ont trois élues sur 8 (37,5 %). La droite RPR et UDF n'en compte que 4,8 %, signe d'un conservatisme qui est sans doute un des éléments explicatifs de sa défaite électorale. Le changement se concrétise aussi au niveau du gouvernement dirigé par Lionel Jospin : 30 % de femmes (8 sur 26) et deux femmes dans les postes clés : le ministère de l'Emploi et de la Solidarité (Martine Aubry) et la Justice (Élisabeth Guigou).

6.3 Pourquoi la politique reste-t-elle un domaine viril ?

En 2000, la France est à l'avant-dernier rang des pays de l'Union européenne pour le taux de féminisation de sa chambre basse (63 députées, soit 10,9 %, alors que la moyenne européenne est de 18,2 %). Il n'est plus nécessaire de rappeler (chapitre 4) les raisons historiques de cette situation, mais il est bon de faire le bilan des freins mis en évidence dans les trente dernières années. La « classe politique » est un refuge d'homosocialité, de complicité masculine, où les femmes sont vues comme des intruses[40]. Les « petites phrases » de nombreux hommes politiques révèlent la banalité de leur machisme et la prégnance du modèle viril de l'action. Les commentaires journalistiques contribuent également à fabriquer la différence des femmes politiques qui pâtissent d'un traitement particulier. Ils s'attardent notamment sur leur vie privée et sur leurs apparences physiques et vestimentaires. Qu'elles portent un tailleur Chanel et un chignon rassurant, comme Simone Veil, ou le pantalon et un blouson de cuir, comme Dominique Voynet avant son entrée au gouvernement, que le jugement soit flatteur ou goujat, peu importe, elles se trouvent brusquement ramenées à leur statut de « femme », qui suppose une forme d'amateurisme. La féminité n'appartient pas à la panoplie du pouvoir[41].

Ce regard des autres ramène les femmes politiques à leur « différence » et les y enferme en les réduisant à quelques rôles : mère, sœur, assistante sociale, maîtresse, parfois en les niant (en les appelant « monsieur »)[42]. Le charme

39 Philippe Bataille, Françoise Gaspard, *Comment les femmes changent la politique et pourquoi les hommes résistent*, La Découverte, 1999.

40 Françoise Gaspard dans « L'antiféminisme en politique », Christine Bard dir., *Un siècle d'antiféminisme…, op. cit.*, p. 339-354.

41 Jane Freedman, *Femmes politiques : mythes et symboles*, L'Harmattan, 1997.

42 Selon Mariette Sineau (*Des femmes en politique*, Economica, 1988) qui a effectué une enquête auprès d'une quarantaine de femmes politiques en 1984-1985.

physique est pour elles un sujet tabou, un peu comme l'âge qui renforce pourtant leur autorité, leur « respectabilité » (les femmes âgées, grands-mères, font moins peur aux hommes, comme si, passé le cap de la ménopause, elles étaient désexualisées). Parmi ces femmes politiques d'un certain âge se trouvent bon nombre de veuves, qui succèdent à leur mari. La célibataire est en revanche handicapée, à cause des soupçons qui ne manquent pas de peser sur ses mœurs. Le capital économique et culturel est important. Les interviews mettent aussi en évidence les difficultés : les complexes d'infériorité, le devoir de toujours « faire ses preuves », l'absence de modèle qui conduit à s'identifier soit aux hommes, soit aux femmes « traditionnelles » : ce que la plupart font, en insistant sur leur vocation sociale, sur l'altruisme (la politique, c'est s'occuper des autres, comme une mère s'occupe de sa famille), en se comportant de manière modeste. Les élues gèrent leur mauvaise conscience d'épouse ou de mère qui impose des sacrifices à sa famille. Elles sont peu unies entre elles, rarement féministes.

La contestation féministe à l'intérieur même des partis n'a sans doute pas été suffisante, même si elle a provoqué des remous dans les partis de gauche. Ceci tient à l'orientation majoritaire du féminisme français qui s'est voulu autonome par rapport aux partis. Les féministes ont effectivement le plus grand mal à se faire entendre au sein des partis. Dans le programme commun de la gauche, la question des femmes est réglée en quelques lignes vagues. Les appareils dirigeants sont très peu féminisés. En 1973 au PS, il n'y a que 4 femmes sur les 81 membres du comité directeur, aucune au Comité exécutif (sur 21), aucune au secrétariat national (sur 13). Aucune députée et une seule sénatrice. Timidement, Marie-Thérèse Eyquem revendique alors un quota féminin de 10 % aux élections. En 1978, le courant III se forme au PS (où les femmes ne sont guère plus de 15-20 % parmi les adhérents). Françoise Gaspard en est la locomotive, jeune (31 ans), énarque, pleine d'humour, elle est aussi une des rares femmes maire d'une ville de plus de 30 000 habitants, Dreux. La contestation se propage avec un journal, *Mignonnes allons voir sous la rose*, dont l'un des objectifs est de demander un quota de 50 % de femmes sur la liste des élections européennes. La féminisation des instances dirigeantes s'impose aussi comme une urgence. Mais au sein du PS, la guerre des tendances l'emporte, et les militant(e)s ne suivent pas; lors du congrès de Metz en 1979, le nouveau courant n'obtient que 1 % des voix. Au même moment, l'appareil du PC cherche à contrer « l'activité fractionnelle » de « ses » féministes : des militantes créent un journal en 1979, *Elles voient rouge*. Ne pouvant s'exprimer au sein de leur parti, elles rejoignent la mouvance féministe. Le PSU semble se distinguer en élisant en 1979 une militante du MLAC et du Planning familial à sa tête, Huguette Bouchardeau. Mais la nouvelle secrétaire générale reconnaît avec lucidité que « ce n'est pas un hasard si une femme dirige ce parti, c'est que le PSU n'est plus un enjeu de pouvoir[43] » (ce parti ayant perdu beaucoup de ses adhérents qui ont suivi Michel Rocard au PS). Le changement vient des marges, et Arlette Laguiller en est une autre figure emblématique. Elle apparaît pour la première

43 Citée par William Guéraiche, *Les Femmes et la République…*, *op. cit.*, p. 256.

fois à la télévision en 1974, comme candidate aux élections présidentielles. À 34 ans, elle est la première femme à s'y présenter. Cette employée de banque a rejoint Lutte ouvrière lors de sa création en juin 1968. Avec un discours pugnace, servi par le sourire, elle attire la sympathie bien au-delà de l'électorat d'extrême gauche et obtient un score honorable (600 000 voix, soit 2,33 % des suffrages exprimés). Il n'y a pas d'espace en France pour un parti féministe. Le Parti féministe unifié créé en 1975 par Suzanne Blaise est un échec. Les 44 candidates de Choisir emmenées par Gisèle Halimi n'obtiennent en moyenne que 1,4 % des suffrages.

À droite, Florence d'Harcourt devient secrétaire générale adjointe de l'UDR en 1974, c'est la première fois que l'appareil gaulliste place une femme à ce niveau de responsabilité. L'élection de Michelle Alliot-Marie en 1999 à la tête du RPR, si peu féminisé dans ses instances dirigeantes, est un événement à noter. Et à interpréter. Si, dans sa campagne auprès des militants et face aux médias, elle a révélé d'indéniables qualités, elle a « bénéficié » d'un contexte favorable où le recours — incongru — à une femme pouvait paraître comme la dernière chance pour un parti en proie aux plus extrêmes divisions et en panne d'idées. À défaut de changer ce parti, elle en modernise l'image.

Dans les années 1980 émerge une nouvelle génération de femmes politiques qui avoue facilement des motivations personnelles (intérêt, passion), ne renonce pas au bonheur privé et pense faire de la politique autrement. La « féminité » devient une « valeur ajoutée ». Les femmes apporteraient quelque chose de différent, non pas parce qu'elles seraient par nature différentes, mais parce que leur vie est différente. On leur associe volontiers « bon sens », « pragmatisme », « efficacité », « sens du concret », « authenticité », une « autre manière de parler » plus « simple » et plus « naturelle », une attitude plus « constructive », plus « sérieuse », plus « bosseuse », plus souvent « sur le terrain », plus proche des « problèmes quotidiens ». Enfin, à partir du milieu des années 1990, elles abordent sans complexes la question du sexisme de leur milieu et livrent plus facilement aux médias et à leurs éditeurs leur expérience, de plus en plus conscientes de représenter une voie nouvelle dans la manière de faire de la politique.

6.4 Des quotas à la parité

C'est d'abord par la méthode des quotas qu'a été envisagée une meilleure représentation des femmes en politique. En 1982, un article de la loi municipale instituait un quota maximum (75 %) de représentation de chaque sexe sur les listes de candidats aux municipales dans les communes de plus de 3 500 habitants. Voté presque à l'unanimité, il est invalidé par le Conseil constitutionnel au nom de l'égalité de tous les citoyens devant la loi. En 1992, un ouvrage de Françoise Gaspard, Anne Le Gall et Claude Servan-Schreiber, *Au pouvoir citoyennes! Liberté, égalité, parité* propose une loi simple : « Les assemblées élues sont composées d'autant de femmes que d'hommes. » L'idée fait son chemin au niveau européen. Pour la juriste Élisabeth Sledziewski, une « démocratie sans les femmes n'est plus une démocratie imparfaite. Ce n'est plus une démocratie du tout ». L'année suivante, les féministes font un bilan amer des élections législatives : 94 % des élus sont des hommes. C'est l'occasion d'analyser les mécanismes d'élimination des femmes par les partis qui investissent peu de candidates (le PC présente 16,4 % de candidates, le parti Vert 13 %, le PS 8,3, l'UDF 6,8 et le RPR 6,3) et leur confient trop souvent des circonscriptions réputées ingagnables. La parité, demandée par des féministes et des femmes politiques de tous bords, devient un thème de campagne en 1995. Et en 1997, après la victoire de la gauche (le PS, fait sans précédent, a présenté 133 candidates), Lionel Jospin s'engage à faire réviser la constitution. L'opinion publique y est très favorable (77 % selon un sondage de 1996). La révision est votée par le Congrès le 28 juin 1999. Le texte adopté (« la loi favorise l'égal accès des femmes et des hommes aux mandats et fonctions ») peut paraître en retrait par rapport au préambule de la Constitution qui stipule que la loi « garantit dans tous les domaines l'égalité de la femme et de l'homme ». La loi du 6 juin 2000 dispose cependant que les listes aux élections municipales, régionales, européennes et sénatoriales (pour les départements où les sénateurs sont élus au scrutin de liste) devront être paritaires.

Ce chapitre esquisse une réponse à la question bien légitime que l'on se pose à l'aube de la parité : qu'est ce que cette réforme — fondamentale — pourra changer à la vie politique? Il y a assurément des différences entre le comportement politique des hommes et celui des femmes. Le « conservatisme féminin » appartient au passé. Les femmes n'estiment pas leurs intérêts d'une manière identique aux hommes. La différence des votes pour l'extrême droite en est un exemple éloquent. Malgré sa volonté de féminiser son image, le Front national conserve, à juste titre, une image virile et antiféministe qui le prive de voix et de soutiens parmi l'électorat féminin[44]. D'une manière générale, la violence est davantage réprouvée par les femmes que par les hommes. Contre le terrorisme qui s'est développé en Corse, par exemple, des femmes ont manifesté pour des solutions pacifiques. Reste en suspend la question du mode d'accès des femmes au politique. La parité n'a pas été réalisée au sein des partis qui répugnent à livrer le nombre exact de leurs adhérentes[45]. Et pour cause.

44 Parmi ces tentatives pour féminiser son image, citons la création en 1985 du Cercle national femmes d'Europe, l'élection de Yann Piat, seule députée FN en 1988, puis des épouses Stirbois, Mégret, Le Chevallier, enfin, la mobilisation féminine dans les associations pro-vie (Claudie Lesselier, Fiammetta Venner dir., *L'Extrême droite et les femmes*, Golias, 1997).

45 La question provoque presque toujours le malaise, et reste sans réponse sauf pour le PC qui « estime » avoir 38 % d'adhérentes et les Verts (31 %). *Cf.* Françoise Gaspard, « Quelle place pour les femmes dans les partis politiques français ? », *Parité-Infos*, supl. au n° 10, juin 1995, p. 2.

Chapitre 8

Les transformations du second demi-siècle dans la vie privée

DE 1945 À 1965, la nuptialité et la natalité s'emballent pendant une période relativement brève. Puis la baisse de la fécondité et la reprise de l'activité féminine annoncent une nouvelle configuration, qu'accompagne le renouveau de la contestation féministe. N'est-ce pas, au fond, la tendance déjà amorcée au cours du premier XXe siècle qui réapparaît? Ceci est pourtant peu visible, car le contexte, bien différent, est celui de la « révolution sexuelle[1] ». L'expression, venue d'une culture contestataire minoritaire, ne peut donner le reflet exact de tous les comportements. Elle désigne cependant des évolutions du droit, des normes, des représentations du côté public. Il s'agit d'en apprécier la portée pour les femmes. Contraception, avortement, dénonciation des violences masculines : les années 1970 bouleversent les mœurs. Entre quête d'égalité et recherche du bonheur privé, les femmes s'affirment comme des individus de plus en plus autonomes. Mais ce déconditionnement a ses limites.

1 LE TEMPS DU BABY BOOM

600 000 naissances annuelles à la fin des années 1930, plus de 850 000 au début des années 1950 : nul pays d'Europe ne connaît un tel accroissement, même si la relance de la natalité est générale en Occident[2]. Cette explosion des naissances se manifeste surtout dans la multiplication des familles de 2, 3 ou 4 enfants, tandis que la proportion des familles très nombreuses décroît. En mars 1945, le général de Gaulle proclame « la nécessité pour l'avenir national d'appeler à la vie les douze millions de beaux bébés qu'il faut à la France en dix ans ». Son souhait sera presque exaucé : 8,5 millions verront le jour. La natalité restera une constante préoccupation de l'État tant on reste convaincu que la puissance d'un pays dépend du nombre de ses habitants et de la vigueur de sa natalité.

1 Pour reprendre le titre d'un ouvrage de Wilhelm Reich (1936), paru chez Plon en 1968 et fort lu à l'époque.

2 *Cf.* Agnès Fine et Jean-Claude Sangoï, *La Population française au XXe siècle*, PUF, Que sais-je?, 1998.

1.1 L'État : providence de la famille

À la Libération, la politique familiale prend une nouvelle ampleur[3]. Dans le nouveau système de sécurité sociale, l'assurance maternité permet le remboursement des soins. Elle ouvre droit à 14 semaines de congé, avec mi-salaire. Reste en vigueur l'allocation de salaire unique instituée en 1941. Cette aide, assez substantielle (double des allocations familiales pour le 2e enfant), vise à maintenir les femmes au foyer et peut être considérée comme une ébauche de salaire maternel. Elle soutient la famille plus que les femmes, plus exactement, un type de famille traditionnelle, le père pourvoyeur des ressources, la mère au foyer élevant ses enfants. Comme les droits découlent de l'activité salariée du mari, se pose le problème des veuves, des épouses abandonnées qui perdent le bénéfice des droits dérivés. De plus, la femme au foyer bénéficiaire d'allocations n'a pas de congés payés, de repos pendant et après sa grossesse, de pension de retraite. Enfin, les agriculteurs, les commerçants, les artisans et les personnes exerçant une profession libérale ne cotisent pas à la sécurité sociale et ne profitent donc pas des nouvelles mesures. Néanmoins, et malgré ces limites, avec la reconnaissance de certains droits sociaux, la création de l'État providence modifie la fonction symbolique du père : « Un transfert s'opère; une partie de la fonction paternelle sort du sein de la famille, l'État providence l'assume désormais[4]. » La fonction maternelle est au contraire exaltée par la fête des mères, officialisée (à nouveau) par un décret du 29 mai 1950.

Le baby boom résulte d'une politique familiale ambitieuse : revalorisation des allocations familiales et extension aux catégories non salariées en 1938-1939, système du quotient familial créé en 1945 qui permet de réduire l'impôt sur le revenu, mais surtout allocation de salaire unique expliquent la reprise de la fécondité. Le travail féminin connaît jusqu'en 1965 un certain infléchissement, en partie dû à l'attrait de l'allocation de salaire unique pour les femmes de milieux populaires (chapitre 9)[5]. La loi du 22 août 1946 (adoptée à l'unanimité) revalorise cette aide à partir du 2e enfant et l'élargit aux enfants naturels et aux enfants étrangers. Les familialistes qui estimaient avant-guerre qu'une aide susceptible de décider une ouvrière à rester au foyer devait représenter au minimum 30 % de son salaire sont comblés. Cette allocation pour laquelle ils avaient plaidé en insistant sur la situation des ouvrières s'applique en fait sans considération de revenu à toutes les catégories salariées[6]. Surtout, en 1947, dans les familles de 2 enfants, l'addition des allocations familiales et de l'allocation de salaire unique équivaut à un salaire d'ouvrière; et dans les familles de 3 enfants, à un salaire et demi. Ces allocations permettent aux parents d'avoir davantage

3 Antoine Prost, « Histoire de la politique familiale en France depuis 1938 », *Le Mouvement social*, n° 129, octobre-décembre 1984, p. 7-28.

4 Yvonne Knibiehler, *La Révolution maternelle depuis 1945*, Perrin, 1997, p. 32.

5 Jacqueline Martin, « Politique familiale et travail des femmes mariées en France. Perspective historique : 1942-1982 », *Population*, n° 6, 1998, p. 1119-1154.

6 En 1955, l'allocation de la mère au foyer est créée pour les familles agricoles et en 1956 pour les professions indépendantes de l'artisanat et du commerce.

d'enfants sans sacrifier leur confort matériel (mais dès le milieu des années 1950 cette remarque n'est plus valable pour les milieux populaires). Elles stimulent les pulsions consommatrices. Dans *Les Petits enfants du siècle*, la romancière Christiane Rochefort raille cette obsession avec son personnage, Paulette Mauvin, caressant son ventre rond en disant : « C'est mon frigidaire[7]. »

Les politiques familiales n'expliquent pas à elles seules le baby boom, mais les motivations d'ordre psychologique sont difficiles à cerner. L'espoir placé par les parents dans leur progéniture pour reconstruire la société de l'après-guerre a pu jouer. La prospérité économique des années 1950-1960 crée sans doute un climat de confiance; l'ascension sociale devient possible, l'appel à une main-d'œuvre immigrée pour les emplois les moins rémunérateurs permet d'échapper à la condition prolétaire. En tout cas, la volonté de retarder la première naissance, le désir de limiter le nombre d'enfants par famille se font moins impératifs qu'avant-guerre.

Mais si les enfants du baby boom sont « acceptés », ils sont rarement « désirés », au sens moderne du terme. L'accès à la contraception est interdit jusqu'en 1967; l'avortement est toujours réprimé en vertu de la loi de 1920 et si les peines extrêmement sévères prévues par la législation de Vichy ne sont plus en vigueur, le nombre de condamnations est en augmentation.

1.2 Mères expertes et fées du logis

Les Françaises perdent l'habitude d'accoucher chez elles. En 1952, 53,2 % accouchent dans une clinique; en 1962, 85,5 %; en 1974, 98,5 %. Le taux de mortalité maternelle recule (81 pour 100 000 naissances en 1951; 32 en 1967), ainsi que le taux de mortalité infantile de la naissance à la fin de la première année (110 ‰ en 1945, 50 ‰ en 1960, 18 ‰ en 1970). La médicalisation de l'accouchement n'est pas seule responsable de ces bons résultats qui sont aussi liés à l'amélioration des conditions de vie. L'accouchement en hôpital, même si beaucoup de femmes n'osent s'en plaindre, n'est pas dépourvu de douleur physique et psychique. Le rituel de la naissance est considérablement appauvri : accouchements à la chaîne, personnel débordé, toute-puissance des médecins, parfois mufles, technique et méthodes discutables (lavement, rasage du pubis, immobilisation à plat dos sur une table étroite, dure et haute, jambes en l'air, pieds dans les étriers). Infantilisées, les parturientes doivent se placer en « position gynécologique » sans protester. La mélancolie des accouchées n'est pas encore prise en compte (plus tard, dans les années 1970, les « brutalités institutionnelles » seront parfois rendues responsables de la dépression post-partum).

La technique de l'« accouchement sans douleur » apporte une première amélioration dans les années 1950. Lancée par le Dr Lamaze après un retour d'URSS où il l'a découverte, elle triomphe des sarcasmes anticommunistes de l'Ordre des médecins et obtient l'aval du pape en 1956, ainsi que celui de

7 Cité par Claire Duchen, *Women's Rights and Women's Lives in France 1944-1968*, London, New York, Routledge, 1994, p. 106.

l'Assemblée nationale qui vote le remboursement des séances de préparation[8]. La médecine développe l'information de la femme enceinte et enseigne les exercices de relaxation. Les effets de cette « révolution » sont mitigés : l'analgésie n'est pas toujours au rendez-vous, surtout lors du premier accouchement; le cadre hospitalier reste trop souvent inhospitalier et l'épreuve de la dilatation du col de l'utérus reste pour beaucoup un calvaire. Mais l'existence d'une préparation est un réel progrès qui a sans doute permis de lever certains tabous dans les familles. Les femmes, en plus grand nombre, ont le sentiment de participer à l'accouchement et non plus de le subir.

Le 2 novembre 1945 est créée la Protection maternelle et infantile. Des centres de consultations gratuites et obligatoires (pré et post natales) sont ouverts pour les mères et pour les enfants du premier et du deuxième âge. Même si le financement public n'est pas à la hauteur des ambitions affichées, la mortalité infantile diminue. Les assistantes sociales portent le message sanitaire auprès des mères et informent les médecins. Sont-elles des « intermédiaires culturels » ou de simples rouages d'une normalisation sociale dans les zones ouvrières et rurales? Jusque dans les années 1950, leur image est souvent celle de l'inquisitrice (autoritaire, bourgeoise, bureaucrate, moralisatrice) dans la sphère privée. Les notions de respect et d'écoute, ainsi qu'une meilleure formation en sciences humaines feront ensuite évoluer le métier. La puériculture prend également une importance inédite avec l'apparition des puéricultrices (dont le diplôme national est créé en 1947) et des pédiatres. Le baby boom correspond à une période de vulgarisation massive des savoirs.

Les guides et ouvrages de conseils font des succès de librairie : celui de Laurence Pernoud, *J'attends un enfant*, qui se transmet de mère en fille depuis 1956, fait partager une expérience pleine de joie, ce qui lui donne un ton neuf par rapport aux ouvrages médicaux au ton impératif. L'École des parents vulgarise depuis 1929 des travaux des pédopsychiatres. Des normes s'imposent, non sans querelles, sur la tétine, sur le dressage à la propreté, sur l'habillement du bébé : la mode anglaise qui laisse les jambes libres (contrairement à la tradition française de l'emmaillotement) ne s'impose que dans les années 1960. La layette tricotée maison sera supplantée par les trousseaux vendus sur catalogue, soumis aux caprices de la mode et fabriqués avec de nouveaux matériaux comme le tricot extensible, le babygros. Prénatal ouvre sa première boutique en 1947 et vend des tenues de grossesse ainsi que des layettes. À la fin des années 1960 apparaissent sur le marché les couches jetables, très coûteuses.

Le biberon ou le sein? Le débat continue. Les cliniques encouragent le biberon et la firme Nestlé lance dans les années 1950 une efficace campagne de publicité. L'idéologie dominante préconise pourtant le « naturel » plutôt que le biberon « artificiel », et beaucoup de femmes allaitent leur enfant pendant une période de trois à cinq mois. Si la société de consommation semble alléger le travail des mères, les consignes délivrées par le corps médical créent de nouvelles contraintes et donnent à beaucoup d'entre elles l'angoisse de « mal faire ». Les

8 Caroline Gutmann, *Le Testament du docteur Lamaze, médecin-accoucheur*, Lattès, 1998.

recherches des psychologues (et des pédopsychiatres, spécialité créée en 1972) insistent sur l'importance première de la mère dans le développement de l'enfant : cette valorisation de l'amour maternel s'inscrit dans une tendance de longue durée, inaugurée à l'époque des Lumières[9]. Les crèches sont rares. Pendant le baby boom, la mère idéale reste au foyer, tandis que la « mauvaise » mère, celle qui travaille, est visée par un discours culpabilisant.

Les Trente Glorieuses voient se multiplier les concours très populaires destinés aux ménagères. Ils bénéficient de soutiens officiels et d'une grande publicité. En 1947, l'Union nationale des allocations familiales lance le concours de la Fée du logis sous le patronage des ministères de l'Éducation nationale et de l'Action sanitaire et sociale, sponsorisé par le quotidien démocrate-chrétien *Ouest-France*. Journalistes, inspecteurs de l'enseignement technique, élus locaux, représentants des caisses d'allocation familiales en profitent pour réclamer l'allocation qui permettrait aux fées de renoncer à travailler pour remplir « l'irremplaçable fonction de la femme au foyer, grande ordonnatrice du plaisir d'y vivre ». La remise du prix national a lieu au Salon des Arts ménagers; les cadeaux sont des appareils ménagers « ultramodernes ». En 1971, la dénomination du concours change, mais le contenu du « concours national d'économie familiale » n'évolue pas.

Il existe dans les années 1950-1960 bien d'autres concours qui attirent des dizaines de milliers de candidates. Il s'agit avant tout d'inciter à la consommation et de mobiliser dans cette perspective les femmes qui sont évidemment plus sensibles que les hommes à l'équipement ménager puisqu'elles ont en charge les travaux domestiques. Au-delà de cet appel à consommer, il s'agit aussi de valoriser le rôle de ménagère et un certain type d'organisation familiale. L'immense majorité des femmes est sans doute attirée par la modernité des nouvelles offres de consommation. Elles reviennent de loin, après avoir supporté les pénuries de l'après-guerre, les difficultés matérielles persistantes, notamment en raison de la « crise du logement ». La France des années 1950 était encore pleine de taudis et d'hôtels meublés surpeuplés. Un tiers des logements n'avait pas l'eau courante, les trois quarts ne possédaient pas de WC intérieurs, le chauffage central était encore un luxe et la salle de bains, un privilège bourgeois. Les premiers bénéfices de la croissance économique se font sentir au tournant des années 1960. La machine à laver et le réfrigérateur apportent un confort inouï. L'évolution de la consommation des ménages montre la croissance du niveau de vie : les budgets, mieux fournis, permettent désormais l'équipement en biens durables.

Contre toute attente, les appareils ménagers n'allègent pas le temps de travail domestique, car de nouvelles tâches se substituent aux anciennes. Dire qu'ils ont « libéré les femmes » paraît très abusif car le niveau d'exigence en matière d'hygiène s'est élevé. La France des années 1960 est comme saisie d'une frénésie de propreté. L'eau de javel pourrait symboliser assez justement la période[10]. Des

9 Élisabeth Badinter, *L'Amour en plus. Histoire de l'amour maternel (XVIIe-XXe siècles)*, Flammarion, 1980.

10 Kristin Ross, *Aller plus vite, laver plus blanc. La culture française au tournant des années 1960*, Abbeville Press, 1997, p. 85.

Équipements statistiquement repérés

Équipements statistiquement repérés	Dates	Évolution
Première vague : la mise en place		
– Cuisinière et réchaud à gaz	1951	
– Cuisinière électrique et mixte	1953	Achats x par 8.
– Chauffe-eau à gaz	1954	
– Chauffe-eau électrique	1956	Démarrage lent, x 1,5 dans les cinq premières années (non disponible ensuite).
– Réfrigérateur	1954	
– Machine à laver et essoreuse	1953	
– Machine à coudre	1953	
– Aspirateur	1953	
– Moulin à café électrique	1955	Achats x par 5 les six premières années, désuétude en fin de période.
L'expansion		
– Le compteur bleu	1963	
– Chauffe-eau à gaz	1965	Le tournant et l'accélération de la diffusion.
– Chauffe-eau électrique		
– Cuisinière à gaz et électrique		
– Téléphone	1963	Diffusion lente jusqu'en 1975.
– Apparition deuxième voiture	1965	
Deuxième vague : 1970...		
– Téléphone		Les années 1975 marquent un grand tournant : de 25 % des ménages équipés en 1975 à 80 % en 1980.
– Lave-vaisselle	1970	De 2 % des ménages équipés au départ à 23 % en 1984 ; croissance lente et régulière.
– Congélateur	1972	De 7 % des ménages équipés à 34,5 % des ménages en 1984.
Troisième vague : 1980...		
– Micro-ondes	1982	Quadruplement de la consommation en trois ans.
– Sèche-linge	1981	Démarrage apparent de la diffusion.
– Plaques halogènes et à induction	1983	Démarrage.

Source : Claudine Sèze, *Évolution des activités des femmes induites par la consommation des substituts sociaux au travail domestique, 1950-1980*, CRIIS, 1988.

sociologues découvrent dès les années 1960 la face cachée du progrès. Le cas des familles ouvrières du XIIIe arrondissement de Paris relogées les grands ensembles est à cet égard intéressant. Les femmes d'OS au foyer s'y retrouvent isolées et ont perdu le bénéfice des sociabilités anciennes. Alors que les couples à double salaire s'équipent rapidement, avec un seul salaire, on achète à crédit ou d'occasion. Et beaucoup, pour échapper à une réalité parfois insupportable, vivent « en rêve » pour reprendre l'expression de la femme d'un OS parisien interviewée en 1965. Échapper à sa condition est, de tous leurs rêves, le plus inaccessible. Le mariage ne permet pas de l'espérer, car l'endogamie est implacable. L'espoir se déplace alors vers les enfants.

Au milieu des années 1960 commence à se lézarder le mythe féminin des Trente Glorieuses. Le « métier de femme » (titre d'un ouvrage de Ménie Grégoire, 1965) est fortement remis en cause par une nouvelle génération.

Interview de la femme d'un OS du XIIIe arrondissement de Paris au début des années 1960

« Le logement en hôtel était intenable, aussi nous avons été tous contents de venir ici. Pour entrer dans les lieux, il fallut d'abord débourser 50 000 francs : heureusement que j'avais économisé sur la dernière prime de naissance ! Puis vint très vite le loyer du premier mois : 18 000 francs ; les meubles, presque inexistants à l'hôtel, durent tous être achetés : quelques achats d'occasion, un ou deux dons, juste de quoi démarrer. Il fallut acheter un chauffe-eau, et le faire poser : avec trois jeunes enfants, c'est vraiment indispensable. Mais ça fait 45 000 francs à trouver. Comme il fallait en plus acheter des lampes, des rideaux, etc., ça a été dur. Il a fallu faire un emprunt pour payer le premier terme. Pendant un an, ça a été très serré. Pour les meubles, on a attendu : maintenant on va avoir un prêt des allocations familiales, pour acheter une table, des chaises, une armoire.

Puis sont venus les ennuis de santé. J'ai été très malade, j'ai fait deux séjours à l'hôpital ; comme je ne pouvais laisser les enfants seuls, et qu'une aide familiale ne suffisait pas (elle n'arrive qu'à 8 heures 30, alors que mon mari doit partir à 5 heures 30), il a fallu que mon mari cesse le travail pendant ce temps, puis de nouveau lorsque j'ai accouché.

Pourtant, il ne gagnait déjà pas beaucoup, et devait travailler 11 heures par jour pour ramener 85 000 francs. Depuis l'été dernier, il y a eu un ralentissement, il ne fait plus que 45 heures par semaine et ne gagne que 60 000 ; ça devient impossible. Pourtant il ne veut pas changer d'usine, il a trop peur de n'être pas embauché ailleurs. S'il n'y avait pas les enfants, j'aurais recommencé à travailler comme avant. Mais il y a ce quatrième : ah, il n'a pas été désiré celui-là ; j'en avais eu trois en moins de trois ans, je pensais que ça suffisait et puis en voilà un autre !

Notre budget est vraiment très juste. Les prix sont de plus en plus chers ; on est obligé de calculer au centime près, de comparer tous les magasins pour aller au moins cher. Pour les vêtements, je n'achète qu'en solde. On ne fait plus d'extra. Seulement l'an dernier, comme on ne pouvait partir en vacances, mon mari m'a offert une télévision d'occasion.

Le jour où on reçoit les allocations familiales, on met l'argent de côté pour le loyer, et 10 000 francs pour ma belle-mère qui n'a que nous pour vivre. Les 4 000 francs qui restent, c'est pour habiller les enfants. Mais on est toujours gênés, parce que le loyer varie d'un mois sur l'autre, sans qu'on sache pourquoi : on ne peut prévoir, on ne sait combien il faut mettre de côté. Et puis il y a toujours des imprévus : on nous a offert d'envoyer les enfants à la campagne, l'été dernier ; on a failli refuser, parce qu'il y avait pour 6 000 francs de paperasses à faire, et qu'on ne les avait pas.

À midi, mon mari mange à la cantine, les enfants à l'école ; moi je mange d'un bout de fromage ; quand je travaille, je ne pense pas à manger et puis je n'ai pas besoin de viande comme eux. Mais sur les vêtements je suis bien obligée de les priver aussi.

Pour boucler les fins de mois, je fais du lavage et du repassage pour les autres, parfois je garde un enfant, mais en cachette de mon mari qui ne voudrait pas que je travaille. Il m'arrive de faire deux ou trois heures de ménage, mais en me dépêchant de finir mon propre travail à temps, pour que mon mari ne s'aperçoive de rien. Je n'en peux plus, on n'arrive jamais à acheter tout ce dont on aurait besoin ; on est obligé de calculer sur tout, de tout prévoir à l'avance, la moindre paire de soulier pour un enfant pose problème. Je suis fatiguée. Je me suis relevée trop vite après mon dernier accouchement ; le médecin me dit : « vous le payez maintenant. »

Avec tous les arrêts de travail de mon mari, les congés payés ne seront pas lourds cette année; on ne partira pas, une fois de plus. Le petit, ça lui fera deux ans sans changement d'air. Avant, les enfants avaient une cour, ici, je les ai sur le dos du matin au soir, toute la journée à crier contre eux. Je ne sais pas ce que je vais en faire pendant trois mois d'été. Dans les immeubles neufs comme ça, les enfants sont esclaves et les mamans vivent sur les nerfs. On ne sort jamais. Pourtant, j'aimerais bien aller voir des beaux films; parfois le dimanche on sort se promener avec les enfants; mais avec quatre petits, c'est plutôt un esclavage qu'un repos. On va sur les quais, au jardin des Plantes; le bois de Vincennes, c'est déjà trop loin, il faut emporter son manger; c'est tout une expédition.

On n'a jamais tout ce qu'il nous faut. Du point de vue meubles, surtout. Avant, je me souciais d'avoir un logement et un lit, je me serais contentée de quatre murs; maintenant, j'aimerais tant un frigo, une belle chambre à coucher; et même simplement un moulin à légumes. On n'avait rien comme meubles en arrivant ici; j'ai tout acheté d'occasion, tout ce qu'il y a de plus simple; je ne veux pas me mettre du crédit sur le dos; quand je dois déjà 1 000 francs, je ne dors pas. Mais quand je vais chez quelqu'un d'autre, je me rends compte que je n'ai rien; je me dis qu'ils ont plus de moyens que moi, que si je pouvais travailler j'en aurai autant. Quand je vois une maison bien arrangée, ça me fait mal au cœur, je voudrais bien en avoir autant.

Quand on travaillait tous les deux, on ne s'est jamais privé de quoi que ce soit, on essayait même de faire des économies. On ne faisait pas des foires, ou des week-ends dehors, mais on allait quand même parfois au cinéma; on était des ouvriers tranquilles. Maintenant, ce n'est plus possible. Mon mari fumait deux paquets de cigarettes par jour, fréquentait des copains, allait boire un verre avec eux. Depuis qu'on est ici, ça a changé. C'est peut-être mieux. Deux paquets de cigarettes et un apéritif par jour, ça fait presque le loyer.

Mais j'aimerais tant aller à la campagne. Ici, on ne respire pas. Je voudrais le grand air. Je n'ai pas la folie des grandeurs, simplement une petite baraque, même une seule pièce, mais en pleine campagne. Pouvoir mettre mes enfants au milieu d'un champ et les y laisser tout un matin! Ils pourraient bouger tant qu'ils voudraient; et à midi peut-être qu'ils auraient de l'appétit.

Et puis j'aimerais avoir une journée à moi, entièrement libre. Je partirais le matin, en ne pensant à rien; j'irais dans les beaux quartiers où il y a les grands magasins, à flâner, à regarder, vers l'Étoile, l'Opéra... Mais nous, pour le moment, on est obligé de vivre en rêve, comme on dit[11]. »

2 QUELLE LIBÉRATION SEXUELLE?

2.1 L'accès à la contraception

« Ah, il n'a pas été désiré celui-là; j'en avais eu trois en moins de trois ans ». Il n'est pas difficile d'imaginer combien la vie de cette femme aurait pu être différente avec une contraception sûre. La fécondité commence à diminuer précisément au moment où elle s'exprime, à partir de 1965[12]. Les méthodes

11 Interview citée dans Henri Coing, *Rénovation urbaine et changement social*, Éditions ouvrières, 1966.

12 Les allocations sont devenues moins attractives : elles ne représentent plus que 32 % du salaire d'une ouvrière en 1962 pour une famille de 2 enfants et 50 % pour une famille de 3 enfants.

utilisées sont traditionnelles : il s'agit surtout du retrait masculin. Les premiers centres du Planning familial, ouverts à partir de 1961, prescrivent des diaphragmes, des gels spermicides et les nouveaux stérilets aux femmes qui viennent en consultation (et qui doivent adhérer à l'association : 16 000 membres en 1963). En 1960 est mise en vente aux États-Unis la pilule contraceptive mise au point par le Dr Gregory Pincus et testée sur des Portoricaines. C'est l'aboutissement de recherches médicales sur les hormones sexuelles (on a découvert en 1937 que la progestérone bloque l'ovulation) puis sur la fabrication des hormones de synthèse. Le débat lancé par le Planning familial sur la contraception est marqué par cette invention qui provoque bien des résistances : on lui reproche de « dénaturer » la femme et l'on prédit que « la nature se vengera ». « En effet, pas de cycle, pas de femme, pas de libido. Finies ces fantaisies, finies ces chatteries qui font le charme féminin[13] » s'exclame un sénateur de droite en 1967. Cette année-là a lieu enfin le débat parlementaire sur la contraception. Enfin, car plusieurs propositions de loi ont été déposées dès 1956. Le débat s'est ranimé pendant la campagne présidentielle de 1965, François Mitterrand se déclarant favorable au contrôle des naissances. Selon les sondages, 57 % des Français approuveraient la mise en vente des produits contraceptifs, mais le gouvernement est très réticent (de Gaulle aurait déclaré : « La contraception, c'est comme les voitures, c'est fait pour s'amuser[14] »). C'est pourtant un député de droite, Lucien Neuwirth, qui obtient l'assentiment d'une majorité de parlementaires (l'ensemble de la gauche et une partie de la droite) à sa proposition de libéralisation de la contraception. Certes il ne s'agit pas d'un vote féministe : seule une minorité se réjouit d'un accès à la contraception qui libérerait les femmes et créerait les conditions d'une sexualité plus heureuse. C'est plutôt la volonté de limiter les avortements clandestins qui l'a emporté. Parmi les adversaires de la loi de 1967 figurent les antiféministes (tel ce député qui prédit que les femmes deviendront des « objets de volupté stérile[15] » tandis que les hommes « perdront la fière conscience de leur virilité féconde ») et les catholiques fidèles aux positions de l'Église.

La loi autorise la fabrication et l'importation de contraceptifs. La vente se fait en pharmacie sur ordonnance médicale pour la pilule et le stérilet. Les mineures doivent avoir l'autorisation parentale. La publicité et la propagande antinataliste restent interdites (la loi de 1920 n'est pas abrogée). Ces conditions restrictives expliquent le succès de la proposition Neuwirth, mais ne suffisent pas à désarmer l'administration qui retarde la publication des décrets et règlements d'application jusqu'en 1972.

13 Cité par Janine Mossuz-Lavau, *Les Lois de l'amour. Les politiques de la sexualité en France (1950-1990)*, Payot, 1991, p. 45. Cette partie sur la contraception et l'IVG s'inspire de cet ouvrage centré sur les débats politiques.

14 Selon le Dr Pierre Simon, préface à Angus Mc Laren, *Histoire de la contraception*, Noêsis, 1996, p. 14.

15 Cité par Janine Mossuz-Lavau, *Les Lois de l'amour…*, *op. cit.*, p. 47.

En 1974, une nouvelle loi autorise l'accès des mineures à la contraception et permet le remboursement des produits contraceptifs prescrits. Elle intègre dans les centres de PMI des centres de planification et d'éducation familiale. L'encyclique *Humanae Vitae* a beau réaffirmer le 29 juillet 1968 l'opposition de l'Église catholique aux méthodes de contraception modernes, ces dernières entrent dans les mœurs. En 1973, 12 à 13 % des femmes de 20 à 44 ans prennent la pilule. Cinq ans plus tard, elles sont 28 % à l'utiliser, 9 % ont un stérilet, mais elles sont encore 18 % à pratiquer le « retrait », 5 % utilisent le préservatif, 6 % observent l'abstinence périodique ; 33 % n'ont pas de méthode contraceptive. En 1988, c'est-à-dire juste avant que le risque du SIDA commence à modifier les comportements, en mettant au premier plan le préservatif masculin dans la prévention, cette situation a peu évolué. Les jeunes filles sont encore mal informées (40 % ont leur premier rapport sexuel sans précaution contraceptive). Parmi les femmes âgées de 18 à 49 ans, une sur deux utilise une contraception sûre (pilule ou stérilet). Il faut donc s'interroger sur la sous-utilisation de la contraception féminine : la pauvreté et la faiblesse du niveau d'études éloignent des femmes de l'information, mais dans les autres catégories sociales, des réticences apparaissent dès cette époque. La formule « la pilule libère la femme » se trouve contestée, parfois par des féministes. La contrainte quotidienne de la prise du « médicament », la peur d'effets secondaires nocifs pour la santé, la responsabilité unilatérale de la contraception, la disponibilité accrue à la demande sexuelle masculine sont des thèmes émergeants[16]. On note aussi, dans une inspiration plus ou moins « écolo », le souci d'éviter ce qui est « artificiel », de « respecter la nature » et de ne pas enrichir les trusts pharmaceutiques.

2.2 La dépénalisation de l'avortement

2,5 M ? 1 M ? Malgré des estimations approximatives, le nombre des avortements clandestins traduit la volonté farouche des femmes qui ne peuvent pas ou ne veulent pas voir d'enfant, prêtes à tous les risques. Les privilégiées peuvent aller en Hollande ou en Grande-Bretagne se faire avorter, mais la majorité tente de le faire seule ou avec une aide. Le risque est grand en effet : des dizaines de milliers en meurent, beaucoup se blessent et deviennent stériles, les traumatismes psychologiques sont fréquents. Le risque est aussi judiciaire puisque le code pénal prévoit des peines de prison allant jusqu'à deux ans pour l'avortée, jusqu'à dix ans pour la personne procurant habituellement des avortements, ainsi que de lourdes amendes. Cependant les condamnations sont de moins en moins nombreuses : 5 251 en 1946 ; 1 336 en 1955 ; 588 en 1965. Des propositions de la gauche parlementaire, en 1956, puis en 1967, allant dans le sens d'une autorisation limitée à certains cas dramatiques comme le viol restent lettres mortes. Un climat favorable à une évolution juridique s'instaure après le vote de la loi Neuwirth, d'abord parce qu'elle reconnaît le droit des femmes à

16 Catherine Valabrègue, Sandrine Treiner, *La pilule et après ? Deux générations face au contrôle des naissances*, Stock, 1996.

choisir ou non la maternité, ensuite parce que son application insatisfaisante ne permet pas une diminution des avortements.

La pression féministe va faire de l'avortement un grand débat national. La bataille commence par un manifeste paru dans *le Nouvel Observateur* le 5 avril 1971 : « Un million de femmes se font avorter chaque année en France. Elles le font dans des conditions dangereuses en raison de la clandestinité à laquelle elles sont condamnées alors que cette opération, pratiquée sous contrôle médical, est des plus simples. On fait le silence sur ces millions de femmes. Je déclare que je suis l'une d'elles. Je déclare avoir avorté. De même que nous réclamons le libre accès aux moyens anticonceptionnels, nous réclamons l'avortement libre. » Parmi les 343 femmes qui signent ce texte appelant à la désobéissance civile et s'exposant à des poursuites judiciaires, certaines sont inconnues, d'autres célèbres (Simone de Beauvoir, Catherine Deneuve, Marguerite Duras, Gisèle Halimi, Jeanne Moreau, Christiane Rochefort, Françoise Sagan, Delphine Seyrig, Agnès Varda, etc.). Selon un sondage de 1971 demandant si « une femme qui attend un enfant et qui ne le désire pas devrait avoir légalement le droit de faire interrompre sa grossesse par un médecin », 55 % répondent oui, 38 % non, 7 % ne se prononcent pas. L'opinion est donc plutôt favorable à la campagne militante qui se développe très rapidement.

Temps fort de cette mobilisation, le procès de Bobigny, qui a lieu en octobre 1972. Marie-Claire, une mineure de 17 ans, y est jugée pour avoir avorté. C'est le responsable de sa grossesse qui l'a dénoncée. Elle est relaxée, mais l'affaire rebondit avec le procès de sa mère, de deux collègues de cette dernière qui lui ont donné le nom d'une avorteuse, enfin de l'avorteuse elle-même. L'avocate Gisèle Halimi défend la mère de Marie-Claire et fait intervenir comme témoins de nombreuses personnalités : des féministes (Simone de Beauvoir, Simone Iff), deux prix Nobel de médecine (Jacques Monod et François Jacob), des hommes politiques (Michel Rocard, député), etc. Le verdict est clément : 500 francs d'amende avec sursis pour la mère de Marie-Claire, un an d'emprisonnement avec sursis pour l'avorteuse. Certains groupes du MLAC interviennent non seulement dans le sens de la dépénalisation, mais militent pour une appropriation par les femmes elles-mêmes de la technique de l'avortement, sans passer par les médecins. Cette position est concevable avec la nouvelle méthode Karman, que le public apprend à connaître à travers un film, *Histoire d'A* (Charles Belmont et Marielle Issartel), interdit par la censure en 1973, mais vu par environ 200 000 personnes.

Plus que la contraception, l'avortement soulève des enjeux passionnels. Pour qui se réfère à la morale chrétienne, l'aspiration d'un fœtus de quelques semaines vaut un infanticide. Les oppositions les plus virulentes s'expriment à droite et sont confortées par l'ordre des médecins. Jean Foyer, ministre de la Santé en 1971, voit l'avortement légal comme le début d'un engrenage fatal menant à l'eugénisme, à l'euthanasie et aux extrémités « les plus odieuses sous le régime hitlérien[17] ». Une association, Laissez-les vivre, se crée en 1970 pour maintenir la législation en vigueur. Elle défend l'idée que « le début de l'être

17 Cité par Janine Mossuz-Lavau, *Les Lois de l'amour…*, *op. cit*, p. 99.

remonte très exactement à la fécondation », avorter est donc criminel. Ses objectifs sont aussi natalistes : le vieillissement de la population menace la nation, la livre aux puissances étrangères, etc. D'autres associations « pour le respect de la vie » se constituent.

Affiche dessinée par Claire Bretécher pour le MLAC (vers 1974) (BMD)

Le flic, le juge et le médecin barrent les portes de l'hôpital. Pour combien de temps encore? Ils pèsent peu face à une foule de femmes déterminées, munies de pavés, comme en 68.

L'avortement est un des enjeux de l'élection présidentielle de 1974 : François Mitterrand défend la liberté de l'avortement jusqu'à la 12e semaine de grossesse, pratiqué dans un établissement public agréé et remboursé par la sécurité sociale. Valéry Giscard d'Estaing, plus flou, adopte une position libérale (le respect de la « conscience de chacune et de la liberté des médecins ») et estime qu'il faut « secourir, dans le refus de la clandestinité, les femmes menacées physiquement ». Une fois élu, il confie à Simone Veil, ministre de la Santé, ce dossier; elle annonce aussitôt l'arrêt des poursuites, fait adopter le projet de loi par le gouvernement et le défend devant les parlementaires à la fin de l'année 1974. Ce projet stipule que « la femme enceinte que son état place dans une situation de détresse peut demander au médecin l'avortement avant la fin de la 10e semaine de sa grossesse. Le médecin peut refuser de le pratiquer ». Après deux navettes et des débats animés à l'Assemblée comme au Sénat, le projet est définitivement adopté le 20 décembre par 277 voix contre 192 : sans la gauche, il aurait échoué, en raison des divisions de la droite. La loi est promulguée le 17 janvier 1975. Des amendements ont apporté des limites au projet initial. Ils cherchent à éviter la banalisation de ce qu'on appelle désormais l'IVG (interruption volontaire de grossesse). Parmi ces compromis, l'information obligatoire de la demandeuse recevant un dossier indiquant les droits et aides donnés aux mères et à leurs enfants, ainsi que les procédures d'adoption. Les services hospitaliers privés peuvent refuser de pratiquer l'IVG; cette intervention ne peut excéder le quart des actes chirurgicaux et obstétricaux pratiqués dans ces établissements. Surtout, la loi n'est votée que pour cinq ans. La bataille parlementaire en novembre 1979 n'a rien perdu de sa violence : pour les opposants, l'IVG s'est effectivement banalisée, mais c'est par 271 voix contre 201 que le projet de loi est adopté. Seuls 70 députés de la majorité (qui en compte 290) ont voté le texte proposé par le (« leur ») gouvernement.

Le droit est acquis (loi du 31 décembre 1979), mais son application suscite encore bien des débats. Les féministes restent mobilisées pour obtenir le remboursement de l'IVG par la sécurité sociale. Elles obtiennent satisfaction avec le vote de la loi du 10 décembre 1982 par la chambre « rose ». La droite s'y est violemment opposée, mais en vain. Il ne s'agit pas seulement pour la gauche d'une mesure de justice qui garantit l'égalité de toutes face à l'IVG, mais aussi, pour Yvette Roudy, de « lever un peu de cette culpabilité que notre culture fait encore peser sur les femmes dès l'instant où il s'agit pour elles de disposer de leur corps[18] ».

2.3 Les tabous contestés

« Mon angoisse, le moment venu, de lui avouer que j'avais mes règles, prononcer pour la première fois le mot devant elle, et sa rougeur en me tendant une garniture, sans m'expliquer la façon de la mettre[19] » : Annie Ernaux transcrit l'expérience commune à presque toutes les femmes jusque dans les années 1970 (et sans doute, dans certaines familles au-delà). « Devenir jeune fille », « être indisposée » : ces mots pudiques commencent à disparaître dans le dernier tiers du XXe siècle. Les gestes de l'hygiène intime changent. Après les serviettes hygiéniques jetables, première révolution qui dispense de fastidieuses et indiscrètes lessives, viennent les tampons à la fin des années 1970 malgré certaines résistances car leur pose implique un minimum de connaissance de son corps, et surtout, leur utilisation régulière supprime l'hymen des jeunes filles. La levée du tabou sur les règles est sans doute l'un des plus importants. La médicalisation de la société impose d'autres usages, d'autres mots qui révèlent un vécu différent du corps. Cependant le pouvoir médical, qui reste un pouvoir masculin, soulève des méfiances, particulièrement chez les féministes qui s'intéressent aux « médecines naturelles ». *Notre corps nous-mêmes* (1977) témoigne de ces recherches qui invitent d'abord les femmes à mieux connaître leur corps. L'autogestion dont on parle tant dans les années 1970 se décline aussi sur le mode intime : l'auto-observation gynécologique, l'autopalpation des seins, etc.

La pudeur ancestrale, qui avait commencé à régresser dans les années 1920, subit de rudes assauts. Du bikini (audacieuse invention de l'après-guerre), on passe au monokini : révolution sur les plages (la mode de seins nus a commencé en 1964 à Saint-Tropez) qui opère par étapes et par générations[20]. Le goût du

18 *Id.*, p. 125.

19 *Une femme*, Gallimard/Folio, 1987, p. 60.

20 Jean-Claude Kaufmann, *Corps de femmes, regards d'hommes. sociologie des seins nus*, Nathan, 1995.

naturel qui correspond aussi à l'émergence du courant politique écologiste est exalté par les nudistes de plus en plus nombreuses (et nombreux). Les manières de s'habiller évoluent aussi vers une grande décontraction : le port d'un soutien-gorge n'est plus systématique, ce qui est resté dans la mémoire collective comme un des mythes fondateurs du féminisme (les Américaines brûlant leurs dessous). Minijupes et jeans moulants sont, dans la jeunesse, le signe d'une libération sexuelle. Le signe n'est pas la réalité, mais il révèle néanmoins une tendance, un changement initié par la jeunesse. Le grand concert de Woodstock résume les transgressions qui s'opèrent pour des jeunes revendiquant leur refus de s'intégrer à la société et créant une contre-culture dans laquelle la musique, les drogues, la vie communautaire, l'amour libre, la multiplication des expériences sexuelles sont autant de ruptures avec l'univers haï des parents, des adultes, des bourgeois. Les femmes impliquées dans cette contre-culture échappent-elles à la domination masculine si évidente dans le modèle « adulte » ? Ce n'est pas sûr, même s'il faut s'abstenir de généraliser. Mais dans le mouvement général de libération corporelle, les femmes sont à l'avant-garde, logiquement, puisqu'elles subissent des contraintes corporelles plus fortement que les hommes et que leur émancipation physique rejoint une lutte plus globale pour leur émancipation tout court.

Dans ce contexte, il faut situer deux autres enjeux de la libération sexuelle : la masturbation[21], qui cesse d'être un tabou, et le clitoris, que l'on commence à prendre en considération. Deux évolutions qui ne sont pas sans rapports puisque le plaisir clitoridien était, notamment par la psychanalyse freudienne, assimilé à la phase infantile et adolescente. Les femmes adultes devraient se convertir au plaisir vaginal. Cette vision trop évidemment masculine de la sexualité féminine allait provoquer dès 1970 des réactions parmi les féministes. Et les sexologues allaient assez vite, non pas reprendre leur discours sur « le mythe de l'orgasme vaginal[22] », mais admettre que la stimulation clitoridienne avant et pendant un rapport hétérosexuel peut être un élément important voire décisif du plaisir. Que la masturbation soit moins réprimée moralement allait permettre à des femmes de découvrir par elles-mêmes les voies de leur jouissance. « Le privé est politique », disent les féministes. La frigidité peut aussi, dès lors, devenir « politique[23] ». On connaît peu le texte de Christiane Rochefort sur ce sujet, mais qui n'a pas entendu : « Il n'y a pas de femmes frigides, il n'y a que des hommes qui ne savent pas s'y prendre » ? Le désir de « jouir sans entraves » peint sur les murs de 68 se heurte néanmoins à des obstacles juridiques.

21 André Béjin, « La masturbation féminine en France. Un exemple d'analyse et de sous-estimation d'une pratique », *Population*, n° 5, 1993.

22 Titre de l'article d'Anne Koedt, paru dans *Partisans*, n° 54-55, juill.-oct. 1970, p. 54-60.

23 Christiane Rochefort, « Le mythe de la frigidité féminine », rééd. du n° 54-55 de *Partisans*, juill.-oct. 1970, dans *Libération des femmes*, Petite collection Maspéro, 1974, p. 50-71.

2.4 La liberté d'aimer

En 1969, Gabrielle Russier, professeure de lettres de 32 ans, est condamnée à douze mois de prison avec sursis pour détournement de mineur (Christian, l'un de ses élèves, âgé de 16 ans)[24]. Trois mois plus tard, elle se suicide, désespérée par la violente campagne dont elle est l'objet. Elle est devenue pour la droite le symbole du laxisme moral post-soixante-huitard. Pour l'extrême gauche, l'affaire montre la force répressive des grandes institutions contestées : l'École, la justice, la famille. Les jeunes, qui ont pris la parole en 68, en sont particulièrement victimes : on ne devient majeur qu'à 21 ans. Gabrielle Russier deviendra l'héroïne de la révolution des mœurs, pleurée par les spectateurs de *Mourir d'aimer* (André Cayatte, 1971). Elle restera présente dans les esprits, en favorisant une évolution des normes et des droits. En 1974, la majorité est abaissée à 18 ans. En quelques années, les jeunes accèdent à une plus grande liberté dans leur vie sexuelle. La cohabitation juvénile, très remarquée en milieu étudiant, interpelle la tradition du mariage. À partir des années 1980, la cohabitation peut même commencer au domicile des parents.

La liberté d'aimer est aussi un enjeu pour les homosexuels des deux sexes. Une loi datant de Vichy institue en effet une différence pour l'âge de la majorité sexuelle : 21 ans pour les actes homosexuels, 15 ans pour les actes hétérosexuels[25]. En 1945, le code pénal maintient ce dispositif répressif qui expose les contrevenants à un emprisonnement de six mois à trois ans. En 1960, la « lutte contre l'homosexualité » est intégrée dans une loi autorisant le gouvernement à agir contre divers « fléaux sociaux ». La France adopte en 1968 la classification de l'Organisation mondiale de la santé qui place l'homosexualité parmi les maladies mentales. Pour l'Église catholique, il s'agit d'une « grave dépravation » car la sexualité n'est légitime que dans le mariage. Les sondages ne s'intéressent qu'à partir de 1968 à l'opinion des Français sur le sujet. Elle est globalement défavorable. Pour une grosse majorité, l'homosexualité est soit une maladie qu'il faut soigner, soit une perversion qu'il faut combattre. Jusque dans les années 1980, c'est moins d'un tiers des sondés qui y voient « une manière comme une autre de vivre sa sexualité ». Aucune différence notable n'apparaît dans les opinions à l'égard de l'homosexualité féminine et masculine.

La contestation de l'après-Mai 68 provoque bien des changements. Le Front homosexuel d'action révolutionnaire (FHAR), mixte, se fait connaître en 1971 par des actions spectaculaires : il perturbe une émission publique de Ménie Grégoire consacrée à « L'homosexualité, ce douloureux problème », il se mêle joyeusement au défilé du 1er mai avec sur une banderole ce slogan : « À bas la dictature des normaux. » Venu de l'extrême gauche estudiantine, le mouvement provoque l'ire du PC, mais rencontre un écho plus favorable au PS. Le FHAR se saborde dès 1973, d'autres groupes naissent, comme David et Jonathan en 1972, à la recherche d'une manière chrétienne de vivre l'homosexualité ou, en

24 Corinne Bouchoux, « L'affaire Gabrielle Russier », *Vingtième siècle*, n° 33, janv.-mars 1992, p. 63.

25 Janine Mossuz-Lavau, *Les Lois de l'amour…, op. cit*, chap. V : « Pour une sexualité sans normes ».

1976, le Centre du christ libérateur du pasteur Doucé qui célèbre en 1979 la première « union d'amitié homosexuelle » entre deux femmes. Le Groupe de Libération homosexuelle (GLH), de 1974 à 1978, perpétue une action radicale et, dans une de ses tendances, dénonce les rôles masculins et féminins dans une société dominée par les hommes. Les lesbiennes militantes se situent soit dans cette mouvance mixte, soit dans la mouvance féministe non mixte où tout au long des années 1970 des groupes et des bulletins lesbiens sont créés. En 1979 enfin, le CUARH (Comité d'urgence anti-répression homosexuelle) se forme pour abolir toutes les mesures discriminatoires, revendiquer une protection légale (l'extension de la loi de 1972 sanctionnant les actes racistes au sexe et à l'orientation sexuelle, par exemple) et des droits pour les couples homosexuels. La gauche arrivée au pouvoir réalise plusieurs de ces vœux en supprimant les aspects répressifs. En 1981, le ministre de la Santé annonce que l'homosexualité ne doit plus être considérée comme une maladie mentale. L'année suivante, à l'issue de débats parlementaires agités, la majorité sexuelle est fixée à 15 ans pour tout le monde. En 1985, une loi sanctionne les discriminations en raison du sexe, des mœurs, de l'origine, notamment dans les cas de refus d'embauche ou de service. L'opinion a suivi le mouvement : selon les sondages, l'homosexualité, « manière comme une autre de vivre sa sexualité » recueille 54 % des opinions en 1986, 61 % en 1988.

2.5 Mariages et démariages

Les Trente Glorieuses avaient connu un taux de nuptialité exceptionnel et un net abaissement de l'âge au mariage[26]. Le mariage était la norme. Le mariage était aussi une institution inégalitaire. C'est de moins en moins vrai à partir des années 1960. En 1965, le mari ne peut plus interdire à sa femme l'exercice d'une profession. En 1970, la loi met fin à la puissance paternelle du « chef de famille » : les parents partagent désormais l'autorité. En 1985, la loi impose l'égalité des époux dans la gestion du patrimoine de la famille. Ces lois sont alors perçues comme l'adaptation du Droit à l'évolution des mœurs, comme une modernisation nécessaire (mais cependant combattue par une partie des catholiques et des hommes politiques de droite). Le rôle des juristes progressistes, tel Jean Carbonnier, est déterminant dans la refonte du code civil. Le mariage lui-même s'en trouve modifié : en 1975, l'adultère cesse d'être une faute pénale et le divorce par consentement mutuel est institué. Le divorce a commencé à augmenter à partir de 1963. Un mariage sur 10 se terminait par un divorce en 1960, en 1985, c'est un sur trois. En banlieue parisienne, un sur deux.

L'opinion a évolué, mais une minorité continue à réprouver le divorce quel qu'en soit le motif, et ce pour des raisons religieuses surtout, sociales parfois. Il

26 Nous serons brève sur le sujet tant la bibliographie est abondante : du côté des démographes, citons les ouvrages de Louis Roussel (notamment *Le Mariage dans la société française*, PUF, 1975), pour le point de vue ethnologique ceux de Martine Ségalen (dont sa *Sociologie de la famille*, Armand Colin, n^{elle} éd. 2000) pour les sociologues François de Singly, *Sociologie de la famille contemporaine*, Nathan Université, 1996 et Jean-Claude Kaufmann, *Sociologie du couple*, PUF, Que sais-je?, 1993.

semble que la crainte du divorce — « répudiation » explique encore beaucoup l'hostilité des femmes aux opinions « traditionnelles ». Ce sont cependant les femmes qui demandent en majorité le divorce. Elles attendent du mariage beaucoup plus que leur partenaire et n'évaluent pas de la même manière l'échec de leur couple[27]. L'opprobre diminue à la mesure de la banalisation du divorce. Conquête d'une liberté? La réponse n'est pas simple. Le divorce en soi est la plupart du temps vécu comme un échec; le sentiment d'une libération lui est bien postérieur. Le divorce est aussi conflictuel, violent, culpabilisant pour les mères. Il a un coût social et psychologique beaucoup plus élevé pour les femmes. Il accroît l'emprise de l'institution judiciaire (et depuis 1993 du juge aux affaires matrimoniales) sur la vie privée.

De 1973 à 1998, l'indice de primo nuptialité est divisé par deux, et l'âge au mariage recule. On constate une baisse de 35 % du nombre des mariages dans les quinze dernières années. La très forte augmentation des naissances hors mariage (7 % en 1971; 36 % en 1994) montre sa remise en cause comme fondement de l'organisation familiale. Les pouvoirs publics en prennent acte; le concubinage est un statut officialisé par un certificat délivré par la mairie qui ouvre des droits pour le logement, les mutuelles, la sécurité sociale...

Les femmes jouent un rôle déterminant dans ces évolutions. Beaucoup ont gagné une indépendance économique qui leur donne une grande liberté. Et puis le cadre du mariage, lourd d'une histoire de soumission féminine, ne correspond plus aux attentes amoureuses des femmes acquises au changement. L'idéal de la réciprocité sentimentale et de l'égalité entre partenaires se concrétise plus facilement dans l'union libre. La remise en cause du mariage doit cependant être relativisée. Le commerce du mariage (des robes de mariée aux listes de cadeaux) reste florissant. La cérémonie n'a rien perdu de son « romantisme ». Le droit au mariage revendiqué par des groupes gays et lesbiens montre la puissance du modèle. Le mariage garde pour beaucoup le caractère d'un engagement religieux. L'union libre est souvent une étape précédant le mariage finalement conclu après plusieurs années : « pour les enfants », pour la fête, avec les amis ou pour « faire plaisir aux parents ». Le mariage reste la norme si l'on en croit les chiffres actuels : 12 M de couples mariés, 1 M vivant en union libre.

Enfin, la diminution des mariages n'entraîne pas forcément un affaiblissement de la notion de couple. De nouveaux modes de vie sont apparus, que ne révèle pas le statut civil. Ainsi le couple non cohabitant, qui s'adapte à la mobilité professionnelle ou choisit d'éviter à la relation l'usure du quotidien. En raison de son coût, cette formule concerne surtout les femmes des catégories moyennes et supérieures, sans doute aussi attachées à la réalisation de leur carrière professionnelle. Les femmes célibataires, catégorie qui ne cesse de grossir, ne sont pas forcément hostiles au couple : beaucoup espèrent sans doute en former un, mais qui réponde à leurs souhaits. La formation du couple peut donc se trouver reportée de quelques années.

27 Irène Théry, *Le Démariage*, Odile Jacob, 1993, p. 275.

2.6 La maternité : quels changements?

Simone de Beauvoir, figure tutélaire du mouvement féministe, qui a elle-même refusé la maternité, a inspiré les jeunes féministes qui voulaient s'épargner les contraintes de la vie familiale. *Maternité esclave* : c'est le titre révélateur d'un ouvrage rédigé par un collectif féministe en 1975. Il dénonce la confusion qu'entretient l'idéologie patriarcale entre la Femme et la Mère. Significativement, le premier chapitre est consacré à la « misère de la sexualité féminine », quand la honte, la culpabilité, l'ignorance, l'aliénation — se conformer aux images stéréotypées, se jauger dans le regard de l'homme — se conjuguent pour empêcher tout épanouissement sexuel. L'ouvrage dénonce aussi le travail écrasant des mères : « On est grignotée, bouffée, sucée, pompée, mangée, vidée, détruite, dévorée... » À la recherche de toutes les modalités du conditionnement social, les féministes dénoncent le sexisme d'une éducation qui prépare dès leur plus jeune âge les humains à des rôles figés, différenciés selon leur sexe. D'où le retentissement de l'étude pénétrante d'Elena Gianini-Belotti, *Du côté des petites filles* (éditions Des femmes, 1974). Les féministes n'appellent pas pour autant à la « grève des ventres », mais elles revendiquent pour les femmes un statut pleinement légitime en dehors de la maternité.

Les féministes ne parlent pas d'une seule voix. Certaines exaltent au contraire la maternité avec un ton neuf. Elles libèrent les mots pour dire l'expérience physique et psychique de la grossesse, de l'accouchement, de l'allaitement. À travers la jouissance maternelle, elles veulent définir une « différence » féminine, une altérité que traduit un néologisme : la « féminitude ». En 1979, le film de Yann Le Masson, *Regarde, elle a les yeux grands ouverts*, montre la possibilité d'accoucher autrement : à la maison, entourée de proches. À la fois lyrique et réaliste, le film milite pour une appropriation par les femmes de leur corps. L'une des protagonistes y déclare : « Si les femmes se rendaient compte qu'elles avaient cette force en elles, tu te rends compte où elles iraient... elles ne s'arrêteraient pas au fait d'accoucher... on a cette force... en nous pour accoucher, donc on l'a pour tout le reste[28]. »

Le féminisme ainsi que l'accès à la contraception et à l'avortement ont modifié les consciences : la maternité est désormais (mais pas toujours) choisie, voulue et elle ne subsume plus l'identité féminine[29]. Elle est de plus en plus retardée, en raison de l'allongement du temps des études et des souhaits de réalisation professionnelle. La plupart des jeunes femmes se préparent à « assumer tout », ce qui les contraint à déployer beaucoup d'énergie. Beaucoup de mères de la fin du XXe siècle se considèrent plus fortes que les hommes. Elles n'en tirent aucun sentiment de supériorité, mais jugent leur vie plus équilibrée que celle de leurs compagnons. Fonder une famille est un projet mûri par la plupart des jeunes filles, contrairement aux garçons qui pensent rarement à leur

28 Cité par Françoise Audé, *Ciné-modèles, cinéma d'elles*, Lausanne, L'Âge d'Homme, 1981, p. 199.

29 Sur la maternité aujourd'hui, *cf. Repenser la maternité* (Yvonne Knibiehler dir.), *Panoramiques*, n° 40, 1999.

future paternité. Cette dissymétrie face à la parentalité se prolonge à l'âge adulte : l'investissement paternel, plus important qu'autrefois, reste plus limité que celui des mères. L'une des grandes évolutions des vingt dernières années du siècle est d'ailleurs la prise en compte des familles monoparentales (expression adoptée par l'INSEE en 1981), au nombre de un million en 1994 (10 % des enfants de moins de 15 ans vivent seuls avec leur mère). Il s'agit pour l'essentiel de femmes, jadis plutôt des veuves, aujourd'hui célibataires ou divorcées. Certaines ont réellement choisi « d'avoir un bébé toute seule ». Peut-on parler de l'émergence d'une génération du « désir » qui défend son droit à l'enfant? Les médias abondent dans ce sens : ils insistent sur les maternités dites tardives (avoir un premier enfant après 40 ans) mais aussi sur les maternités adolescentes (à moins de 18 ans), toutes deux en augmentation depuis le début des années 1980. Les nouvelles techniques de reproduction à partir de 1981-1982 qui pallient la stérilité mettent en exergue un nouveau « droit à l'enfant » : l'insémination avec donneur, la fécondation in vitro (naissance d'Amandine en 1982), l'apparition de mères porteuses, la mise au point de la stimulation ovarienne alimentent les débats sur la bioéthique et la famille. L'adoption a aussi connu un développement spectaculaire, avec le recours plus fréquent aux adoptions internationales (qui posent également des problèmes d'éthique puisqu'elles s'organisent selon la loi de l'offre et de la demande, désormais sur Internet). La biotechnologie a également modifié le vécu de la grossesse. L'échographie mise au point entre 1977 et 1983 a de multiples incidences psychologiques (elle permet de connaître le sexe du fœtus, mais aussi, avec le concours d'autres techniques médicales prénatales, de repérer ses éventuelles malformations) et peut dans certains cas alimenter le désir d'un enfant parfait. L'accouchement est aussi de plus en plus livré à des techniques lourdes : le monitoring, la péridurale. Les technologies « psy » ne sont pas moins fortes et sont bien accueillies par des femmes inquiètes et soucieuses de faire au mieux. « Tout se joue avant trois ans » leur dit-on, et même avant la naissance. Le bébé « n'est plus seulement un tube digestif à protéger des microbes[30] ». Il a des « droits », que la psychanalyste Françoise Dolto a vigoureusement défendus. En 1971, une affiche féministe montrait un bébé hilare qui tient une pancarte : « C'est tout de même plus chouette de vivre quand on est désiré ». L'accès plus facile à la contraception et à l'avortement change radicalement le rapport entre la mère et l'enfant dans le sens où ce dernier a (très probablement) été « désiré ». L'enfant reste pour une majorité de femmes une « valeur sûre ». Dans la hiérarchie des sentiments, l'amour maternel reste placé bien au-dessus de l'amour conjugal[31]. Selon un sondage de 1990, 82 % des femmes pensent qu'une femme peut réussir sa vie sans vivre en couple, mais 53 % seulement qu'elle le peut sans enfant.

Alors que les empreintes génétiques permettent désormais de connaître avec certitude (depuis les années 1980) le père d'un enfant, la paternité devient un « sujet de société » : on découvre les « nouveaux pères », plus proches des

30 Yvonne Knibiehler, *La Révolution maternelle…*, *op. cit.*, p. 205.

31 Sondage cité par Annik Houel, *Le Roman d'amour et sa lectrice*, L'Harmattan, 1997, p. 81.

enfants, assistant à leur naissance, apprenant les soins à donner aux bébés (Coline Serreau, *Trois hommes et un couffin* en 1985), mais aussi les pères qui se sentent floués, chantés par Daniel Balavoine (« C'est mon fils ma bataille ») et qui rejoignent des mouvements de défense de la condition paternelle contestant les « privilèges » des mères auxquelles les enfants sont confiés dans plus de 80 % des cas de divorce. Il est top tôt pour savoir si cette nouvelle paternité amorce un grand changement culturel. La prise en charge des jeunes enfants reste pour l'heure le fait d'une écrasante majorité de femmes. C'est le cas pour les bénéficiaires de l'Allocation de parents isolés (créée en 1976), ainsi que pour le Congé parental d'éducation (1977, ouvert clairement sans distinction de sexe en 1984). Les crèches forment un environnement féminin. Les gardes d'enfant à domicile et les assistantes maternelles accueillant les moins de trois enfants à leur domicile sont des femmes dont la qualité professionnelle est d'être « maternelles » (malgré le statut qui leur a été donné en 1988). La crise de l'emploi et la diminution des dépenses publiques pour les équipements de la petite enfance ont encouragé ces choix qui soulignent le fossé social entre les femmes économiquement faibles ou fortes. L'allocation parentale d'éducation (1985) est tentante pour les plus démunies. Le natalisme d'État n'a pas disparu, mais s'est fait plus subtil, plus discret.

2.7 Viol = crime

La perception du viol évolue à partir des années 1970. Pour les féministes, il s'agit de démontrer que le viol n'est pas un acte sexuel mais une violence induite par la société patriarcale, l'expression paroxystique d'un rapport de domination. Dès lors, un espace de prise de parole s'ouvre pour les victimes qui veulent que leur souffrance psychique soit prise en compte. Le fonctionnement de la Justice est mis en cause. En 1978, un procès médiatisé d'une manière inédite, aux assises d'Aix-en-Provence, accélère l'évolution des esprits et du Droit. Les victimes, deux jeunes campeuses belges violées par trois hommes, soutenues par les associations féministes, envisagent le procès comme un combat qui dépasse l'enceinte du tribunal. Elles comparent les sévices subis à une mort psychique. Elles affirment leur droit de voyager, de camper dans un endroit isolé, en sécurité. Elles savent aussi comment répondre aux soupçons sur un éventuel consentement : elles ont dit « non » et se sont défendues en blessant l'un des assaillants. Ce « procès du viol » débouche rapidement sur le changement législatif le plus important depuis 1810. L'enjeu est de définir avec suffisamment de clarté et de précision le crime de viol pour qu'il ne soit plus possible de le déqualifier en « délit » (jugé en correctionnelle). Selon la loi du 23 décembre 1980, « tout acte de pénétration sexuelle, de quelque nature qu'il soit, commis sur la personne d'autrui, par violence, contrainte ou surprise, constitue un viol[32] ». Les plaintes pour viol sont plus nombreuses depuis une trentaine d'années (2 823 plaintes en 1958, 5 068 en 1991). Les élucidations sont plus

32 Michèle Bordeaux, Bernard Hazo, Soizic Lorvellec, *Qualifié viol*, Genève, Méridiens Klincksieck, 1990.

nombreuses aussi (618 en 1985, 735 en 1990) et les condamnations plus sévères, ce qui indique des changements profonds[33]. Dans 68 % des cas, le violeur est connu de sa victime.

Le code pénal de 1992 (article 222-23) crée un nouveau délit : le harcèlement sexuel, défini comme un abus de pouvoir commis par une personne utilisant son autorité hiérarchique pour obtenir des « faveurs de nature sexuelle ». Les femmes y gagnent un recours légal pour obtenir la réparation de préjudices aux conséquences graves sur le plan psychologique et professionnel. C'est pour l'Association contre les violences faites aux femmes au travail (l'AVFT) une victoire féministe qu'il faut prudemment fêter. Une partie de l'opinion reste hostile à l'intervention du juge. Surtout, il faut aider, orienter les femmes qui ignorent souvent leurs droits. Le travail militant des féministes a, comme pour le viol, été décisif dans le changement social et juridique. Les syndicats, face une question qui concernait pourtant leur terrain, celui de l'entreprise, se sont peu impliqués.

Affiche du collectif Femmes contre le viol (BMD)

Les violences masculines ont aussi suscité des initiatives du côté des associations : foyers de femmes battues (à partir de 1975) et, plus rares, centres pour hommes violents. Mais l'invitation lancée par les féministes à lutter contre ce qui les favorise dans l'environnement culturel reste peu entendue. On est habitué en France à une publicité particulièrement sexiste[34]. La « libération sexuelle » au cinéma s'est souvent complue dans la misogynie. L'un de ses films

33 Claire Aubin, Hélène Gisserot, *Les Femmes en France : 1985-1995*, La Documentation française, 1994, p. 77.

34 *Cf.* Claude Herne, *Définition sociale de la femme dans la publicité*, L'Harmattan, 1993.

les plus emblématiques, *Les Valseuses*, de Bertrand Blier, met en scène un duo de marginaux dont la cavale, rut perpétuel, est rythmée par des « coups » avec des femmes consentantes ou non. Une jeune femme (Miou-Miou) qui les rejoint, incarne la « femme libérée », naïve, impudique mais en réalité toujours docile. Ce grand succès public est contemporain (1974) d'*Emmanuelle* (Just Jaekin, d'après un roman d'Emmanuelle Arsan), qui révèle sous un label « érotique » le « porno soft ». Au plus fort des luttes féministes, le porno (défini par la loi de 1975 qui crée la catégorie des films X) opère une spectaculaire percée dans des salles spécialisées qui se multiplient. Constater que le corps des hommes est dans ce type de film transformé en objet tout comme le corps des femmes n'est pas suffisant : le rapport de domination (légitimé par le pseudo masochisme féminin) est omniprésent et stimule sans doute plus la libido des spectateurs que la crudité des gros plans sur les parties génitales.

Le porno se banalise dans les années 1980; il entre dans les foyers avec le magnétoscope, puis avec des chaînes privées de télévision. Au même moment, le minitel rose se répand avec une publicité tapageuse qui aurait été impensable dix ans plus tôt. Les murs des villes sont envahis de femmes nues ou très déshabillées, prenant des poses suggestives et vantant le « 36 15 ». Le débat sur la relation entre l'exhibition visuelle et la réalité, la consommation de matériel pornographique et la criminalité (notamment les viols) n'est pas tranché. Il oppose celles et ceux qui souhaitent la liberté absolue et celles et ceux qui exigent des règles, des lois, au prix de la censure. Un autre débat émerge : les femmes peuvent-elles s'approprier le cinéma porno, traditionnellement produit et consommé par des hommes? C'est, semble-t-il, déjà le cas dans le sens où le porno, en se banalisant, a gagné des spectatrices. Mais surtout, il est symptomatique de voir apparaître la revendication d'un « porno au féminin », en rupture avec l'imaginaire masculin de la sexualité ainsi qu'avec la médiocrité de l'industrie pornographique : *Baise-moi* (2000), réalisé par la romancière Virginie Despentes et une actrice du X, Coralie Trinh Thi, encouragées par le succès de *Romance*, est un bon exemple. Cette tendance reste en tout cas pour le moment marginale.

« Le couteau sur la table de nuit ou l'empire des sens uniques »

Ceci se passait au printemps; les murs et les palissades étaient couverts d'affiches qui représentaient des gueules béantes et pleines de dents (de la mer), et de gigantesques bouches de femmes (ça se reconnaît au galbe), grandes ouvertes, annonçant le film *Calmos*. À Rome, je vis la même affiche : une énorme bouche de femme avec, en guise de langue, un serpent cobra verdâtre, le film s'appelait *Kobra*. « Tiens, tiens, pensai-je, il y a des fantasmes de dévoration dans l'air », et, comme j'ai mauvais esprit, je me dis aussi que depuis que les femmes refusent de leur faire la soupe, les hommes prétendent qu'elles veulent les dévorer. [...] À la rentrée, les films nouveaux déferlent sur les écrans; sur la foi de critiques apparemment unanimes, qui tous se récriaient sur la beauté, la puissance d'évocation de ce film, qui avait échappé au label « pornographique » en raison de la qualité esthétique de ses images, je suis allée voir *L'Empire des sens*. Rude épreuve. [...] Je suis sortie avant que l'héroïne ait eu le temps de se consacrer à sa charcuterie, en me disant : « Franchement, les mecs, ça va pas la tête ! »

Quand, quelques temps après, j'entendis la fine équipe (une brochette de mecs, exclusivement de l'émission de radio « Le masque et la plume » accorder ses luths pour entonner les louanges de ce film magnifique, mon sang ne fit qu'un tour, et, comme Catherine Crachat naguère, je hurlai que c'en était trop, que ce n'était décidément plus possible, que ça n'allait pas continuer comme ça, et que la coupe était pleine. J'appris ainsi, et j'en fus surprise, que cet « amour » poussé par la démence à ses conséquences ultimes était une représentation définitive de ce qu'il convient d'attendre des rapports de couple, lorsqu'on va au bout de ses fantasmes. Dans ce cas, et s'il s'agit d'une œuvre prospective, il y a de quoi nourrir quelque inhibition ; une scène du film montre l'homme introduisant un œuf dans le vagin de la femme qui, pourtant, ne semble nullement charmée par cette facétie, puisqu'elle lui demande de le retirer ; l'homme lui répond qu'elle n'a qu'à le pondre, puis il mange l'œuf récupéré. Curieux symbolisme où l'on voit l'homme s'arroger le contrôle de ce qui entre dans le corps de la femme, et décider de la destination de ce qui en sort. Malheureuse victime vampirisée par sa partenaire, il trouve quand même le moyen de la violer avec un œuf.

Pas un des critiques du « Masque et la plume » n'a relevé cette scène. Fascinés par la castration finale, le « soleil rouge » (*sic*) du sexe mutilé [...] mais nullement effleurés par l'éventualité qu'elle telle fantasmatique soit typiquement masculine, que la représentation de la femme comme essentiellement dangereuse pour l'homme rationalise, et en fin de compte justifie l'oppression que les hommes exercent sur les femmes (et c'est en cela que ce film est profondément réactionnaire), ces messieurs ont pu sans problème se pourlécher de l'esthétisme des images, évoquer les estampes japonaises et les mignonnes geishas [...]. Une voix timide s'éleva pourtant, qui disait que c'était le troisième film dans l'année à se terminer par la castration du héros, et que c'était beaucoup. Cette observation tomba comme une pierre ; nul ne la releva.

Images de la sexualité agressive, violente, fantasmes jumeaux de viol infligé et de castration subie, les femmes disent qu'elles sont lasses d'être violées, et les hommes l'entendent comme une menace de castration ; qui fait l'amour fait la guerre ; et la destruction de l'autre est l'orgasme suprême, hommes enfermés dans un cercle de sang, versé ou halluciné, le sang est condition de leur jouissance [...].

Au musée d'Athènes cet été, je contemplais de beaux éphèbes, jeunes hommes aux musculatures avantageuses, chefs d'œuvre de la statuaire antique ; Marie me fit remarquer en riant qu'ils avaient tous été castrés par le temps. Je lui répondis que ça ne leur serait probablement pas arrivé, s'ils ne s'étaient pas fait représenter la bite en avant.

Annie-Elm, *Les Temps modernes*, nov. 1976, repris dans *Le Sexisme ordinaire*, Seuil, 1979.

2.8 Que sont les acquis devenus ?

La droite a cessé en 1984 de s'opposer frontalement à l'IVG ; les opinions favorables à ce droit sont nettement majoritaires dans les sondages. Mais la question ne quitte toutefois pas l'actualité en France. En 1988, la « pilule du lendemain », dite RU 486, qui vient d'obtenir son autorisation de mise sur le marché, en est retirée par son fabricant, Roussel-Uclaf. La pression internationale du lobby « pro-vie » reste donc extrêmement forte. Le ministre socialiste de la Santé a finalement gain de cause car la firme craint que le brevet ne soit donné à un groupe concurrent. L'extrême droite demande l'abrogation de la loi Veil et, surtout, se mobilise, avec quelques parlementaires de droite, dont Christine Boutin, députée UDF, dans des lobbies « pro-vie » aux méthodes radicales. Citons, par exemple, SOS-Tout petits fondé par Xavier Dor en 1986. Par des actions commandos, de petits groupes recrutant notamment dans les milieux catholiques intégristes se rendent dans les établissements qui pratiquent des IVG, interpellent les femmes et le personnel médical, déstérilisent le matériel, s'enchaînent sur place[35]. L'aggravation de ces pratiques amène au vote de la loi Neiertz de 1993 sur le délit d'entrave à IVG. Les procès ne suffisent cependant pas à dissuader ces militants, et les manifestations tapageuses devant les cliniques restent libres. En 2000, les associations familiales s'opposent à la délivrance de la pilule du lendemain par les infirmières des lycées, alors que, chaque année, 10 000 adolescentes sont enceintes et 2/3 d'entre elles avortent. Mise en chantier en 1999, la révision de la loi Veil devrait rallonger de 10 à 12 semaines le délai légal de l'IVG (qui est de 16 semaines en Grande-Bretagne et de 20 aux Pays-Bas) et aménager l'autorisation parentale nécessaire aux mineures en leur permettant d'être accompagnées par une personne adulte référente. Selon le Planning familial, l'information sur la sexualité est encore très insuffisante et le désarroi des jeunes filles venues consulter l'association ne semble pas avoir changé depuis trente ans.

La notion de « vulnérabilité sexuelle » s'applique aux mineures, mais aussi aux femmes, qui, étrangères (souvent musulmanes) et pauvres, ne sont pas armées face au risque des maladies sexuellement transmissibles. En 1998, on découvre qu'en dix ans, le sex ratio des personnes atteintes par le SIDA est passé de une femme pour sept hommes à une pour trois[36]. Le déficit de prévention est manifeste. Le Planning familial développe alors l'expérience originale de groupes de parole pour des femmes supposées surexposées au risque de contamination. Les volontaires viennent des centres sociaux, des foyers d'hébergement, des associations d'alphabétisation ou de RMIstes, des Restaus du cœur, des Centres d'aide par le travail, du Secours populaire, des Associations de soutien aux personnes prostituées et toxicomanes, bref de toutes les structures permettant de toucher les femmes en difficulté. L'expérience confirme la justesse du point de vue initial du Planning : ne pas dissocier la campagne contre le VIH de celle pour la contraception et l'information sur la vie sexuelle. En effet, les femmes fragilisées par la précarité sociale ne maîtrisent pas leur sexualité. Elles subissent des rapports non protégés : ce sont les hommes qui refusent le préservatif. Beaucoup ont connu le viol, jeunes, ou adultes, viol conjugal notamment. Les coups et les humiliations sont encore perçus par beaucoup comme « normaux ». L'initiative sexuelle, elles ne la prennent pour ainsi dire jamais, soit qu'elles n'en ont pas envie, soit qu'elles craignent de « passer pour une prostituée ». Le « devoir conjugal », elles le prennent au sérieux, s'exécutant bien que le désir ne soit pas réciproque. Bien sûr quelques-unes refusent (« Je suis pas Mère Térésa quand même », s'exclame l'une d'elles, âgée de 19 ans). Seule une minorité tire du plaisir des relations sexuelles. La rareté des visites chez la gynécologue pose problème, comme l'inadaptation du comportement médical : explications au compte-gouttes, mots savants incompris. La méconnaissance qu'elles ont de leur corps est grande : peu ont appris ce que signifient les règles. Toucher et regarder

35 Fiammetta Venner, *L'Opposition à l'avortement : du lobby au commando*, Berg, 1995.

36 Cette partie s'inspire du rapport de Janine Mossuz-Lavau à la Direction générale de la santé/division SIDA, *Une politique de réduction des risques sexuels pour les femmes en difficulté de prévention*, mai 2000.

son propre sexe est un tabou. Cette expérience montre un dramatique décalage entre ce que disent les médias et ce que vit cette catégorie de femmes rarement écoutées. L'histoire avance décidément à des rythmes différents. Les limites de l'autonomie des femmes dans leur vie privée, amoureuse, sexuelle sont fonction de l'âge, de la catégorie sociale, de l'instruction, des coutumes et croyances religieuses. L'estime de soi, si élémentaire, manque à beaucoup d'entre elles, habituées à vivre pour les autres, dans l'oubli de soi.

3 FORMES DE MARGINALISATION

3.1 Fins de vies

L'espérance de vie creuse un fossé important entre les femmes (81,8 ans) et les hommes (73,6) en 1994. L'écart s'est d'ailleurs accru puisqu'il n'était que de 5,5 ans en 1946. Pourtant, à la naissance, le sex ratio avantage les garçons (512 pour 1 000). Mais il s'inverse dès le premier âge (la mort subite du nourrisson frappe davantage les garçons que les filles, par exemple) et la surmortalité masculine s'aggrave à certains âges (autour de 20 ans, de 30 à 35 ans puis entre 50 et 70 ans)[37]. Les femmes bénéficient d'un meilleur suivi médical, en particulier à l'occasion des visites gynécologiques. L'hypothèse psychologique d'une attitude différente face à la vie mériterait d'être travaillée : les hommes sont en effet beaucoup plus exposés aux morts violentes, à l'alcoolisme, au tabagisme, aux maladies cardio-vasculaires. La dissymétrie sexuelle face au suicide est, elle aussi, marquée.

La baisse de la mortalité jusque dans les années 1960 concernait surtout les personnes de moins de 60 ans. Elle a ensuite diminué pour les femmes de plus de 60 ans, puis pour les hommes. Vivre plus longtemps et en meilleure santé remet en cause le seuil de la vieillesse depuis longtemps fixé à 60 ans[38]. L'importante activité que maintiennent des femmes jusqu'à un âge parfois très avancé est facilement observable, par exemple dans la vie associative. Mais elle n'est pas particulièrement médiatisée. Hors de la famille, l'âge génère une certaine ségrégation. La société française paraît en effet mal à l'aise avec la vieillesse dont la perception est de plus en plus négative. Les démographes ont, de leur côté, mis l'accent sur le déficit des naissances et lancé l'expression de « vieillissement de la population » (Alfred Sauvy) pour en faire une arme de propagande nataliste. Les personnes qui ont passé le seuil des 60 ans aujourd'hui ont connu et sans doute intégré le « culte de la jeunesse » qui se met en place dès les années 1920 et s'intensifie à partir des années 1960. On peut s'interroger sur les conséquences psychologiques — du malaise jusqu'au refus du

37 Denise Bauer, Frédéric Jésu, « Mort et mortalité aujourd'hui : que disent, ne disent pas, pourraient dire les chiffres ? », Jean-Hugues Déchaux *et al.* dir., *Les Familles face à la mort,* L'Esprit du temps, 1998, p. 39-55.

38 Patrice Bourdelais, *L'Âge de la vieillesse. Histoire du vieillissement de la population,* Odile Jacob, 1997.

vieillissement — et commerciales (les premières crèmes antirides sont proposées aux trentenaires; c'est un arsenal beaucoup plus coûteux par la suite). La population âgée existe en effet comme cible commerciale, en raison de son pouvoir d'achat qui a beaucoup augmenté. On découvre également son rôle dans la solidarité financière entre générations. Il y a cependant une pauvreté spécifique des femmes âgées, touchant une retraite à la mesure des salaires peu gratifiants qu'elles ont perçus.

L'augmentation du nombre de personnes réellement très âgées est un phénomène récent (Jeanne Calment, née en 1875, a été considérée comme la doyenne de l'humanité de 1995 à sa mort en 1997). C'est un débat d'importance qui s'engage aujourd'hui sur les aspects éthiques, médicaux, économiques du prolongement de la vie; ce débat, même s'il concerne une population très largement féminisée, même si le personnel soignant est lui aussi très féminisé, ne prend pas une dimension genrée. Dans les services de gériatrie, on a le sentiment d'une neutralisation du sexe (et de la sexualité) des personnes âgées dépendantes.

3.2 Solitudes

La solitude féminine est devenue un sujet médiatique dans les années 1970; on la voit comme un douloureux problème de société, mais de quoi parle-t-on exactement? L'emphase porte sur la solitude subie, avec des chiffres gonflés : 10 millions de femmes seules en France dans les années 1990 (mais seulement 3,7 % pour l'INSEE). Ce discours généralement alarmiste amalgame des situations différentes : divorce, veuvage, familles dites monoparentales, célibat voulu, célibat subi. Le vécu positif de la « monorésidentialité » choisie (habiter seule sans être forcément solitaire[39]) se trouve ainsi masqué. C'est une façon de rappeler la norme. La vie en solitaire discrimine en tout cas les sexes : les femmes sont beaucoup plus nombreuses à connaître le veuvage et à rester sans partenaire après une séparation.

Dans les années 1960, les veuves représentaient la moitié des femmes seules; aujourd'hui, elles ne sont plus que 20 %[40]. En 1990, sur environ 4 M de conjoints survivants, on dénombre 3 258 000 veuves et 633 000 veufs. La surmortalité masculine en est la cause, de même l'écart d'âge entre conjoints. La situation matérielle des veuves s'est légèrement améliorée. Depuis 1973, les plus démunies peuvent toucher à partir de 55 ans une pension de réversion des régimes de base de la sécurité sociale. En 1981 est créée l'assurance veuvage destinée aux veuves de moins de 55 ans ayant eu un enfant et dont le plafond de ressources est très bas. L'allocation elle-même est très faible; elle est inférieure au RMI dès la 2e année.

39 Erika Flahaut, « La triste image de la femme seule », Christine Bard dir., *Un siècle d'antiféminisme…, op. cit.*, p. 390-400. Voir aussi Jean-Claude Kaufmann, *La Femme seule et le prince charmant*, Nathan, 1999.

40 Nicole Hervé, « Faut-il encore protéger la veuve et l'orphelin ? », Jean-Hugues Déchaux *et al.*, dir., *Les Familles face à la mort,* L'Esprit du temps, 1998, p. 256. Nous ne traiterons pas de l'histoire des femmes face à la mort, faute de travaux : l'ouvrage mentionné ci-dessus ne genre ni les statistiques ni les attitudes décrites. Les recherches sur la mort au XXe siècle (rites funéraires, accompagnement des mourants, etc.) qui tiendraient compte de la différence des sexes restent à mener.

Ce sont donc en grande majorité des femmes qui affrontent les difficultés psychologiques du deuil (elles s'en sortent, dit-on, mieux que les hommes habitués à une dépendance assez grande dans la vie quotidienne à l'égard de leur épouse). Il peut s'ensuivre une désocialisation pénible. Les associations religieuses ou laïques (Fédération des associations de veuves civiles chefs de famille) ne sont rejointes que par une minorité qui cherche à défendre ses droits et à trouver à qui parler. Être veuve fut longtemps un « statut », un « état » clairement décliné dans l'identité (cartes de visite ou faire-part de décès indiquant Mme Veuve… suivi du prénom et du nom du défunt mari). Cette manière de s'identifier est en voie de disparition : les veuves gardent leur identité propre, et lorsqu'elles sont jeunes, préfèrent parfois cacher leur veuvage pour éviter les réactions de pitié, voire de peur. Les signes apparents du veuvage sont eux aussi en voie de disparition : le grand deuil ne se porte plus. Moins extériorisé, comme le montre aussi la baisse de la fréquentation des cimetières, il reste une épreuve intime, vécue, pour les unes, avec le soutien de la famille, pour d'autres, avec le secours de la religion. Mais le dolorisme du veuvage n'est plus de mise et le processus d'individuation des femmes agit ici aussi, par la voix de celles qui se disent que leur vie n'est pas finie, qu'elle pourra être utile, et qui sait, aimer encore ?

3.3 Exclusions

Sous le terme d'exclusion se cachent des réalités diverses. Nous nous concentrerons sur deux figures de la marginalisation sociale : la prostitution et l'appartenance à un groupe racisé.

3.3.1 Les prostituées

La réalité de la vie des prostituées est aux antipodes des représentations qui privilégient des images déculpabilisantes pour les hommes de la prostitution. Pour le cinéma, citons *Belle de jour* (Luis Buñuel, 1967) ou plus récemment *Mon homme* (Bertrand Blier, 1995). On connaît mieux les prostituées que leurs clients : rappelons qu'il n'est pas illégal de vendre un rapport sexuel ou de l'acheter. L'État intervient en principe peu : la France a entamé sa déréglementation en 1946 avec la fermeture des maisons closes, puis en ratifiant la convention internationale de 1949 « contre la traite des êtres humains et l'exploitation de la prostitution d'autrui » en 1960, année où l'on supprime le fichier sanitaire de la prostitution. En revanche, le proxénétisme est illégal ainsi que le racolage. Outre les nombreuses amendes qu'elles versent pour avoir « troublé l'ordre public », les prostituées paient des impôts sur le revenu. Elles n'exercent cependant pas une « profession » et ne bénéficient donc pas de la protection sociale.

Avec le féminisme des années 1970, la perception de la prostitution change. Des prostituées occupent les églises. En 1975, elles organisent un meeting à Paris où Ulla apparaît comme porte-parole du mouvement des prostituées lyonnaises. Dans la salle, une banderole — « Femmes prostituées : oui — putains : non ! » — traduit l'enjeu premier de cette prise de parole : revendication d'une dignité, révolte contre le mépris social et les brutalités subies. La revendication est parfois poussée plus loin pour obtenir la reconnaissance du service social rendu et d'un statut professionnel. Louer son sexe, *comme* d'autres louent leurs bras, leur cerveau, voilà un raisonnement que l'on commence à entendre en France, mais dont l'origine se situe aux Pays-Bas. « C'est un métier parce que ça s'apprend, mais ce n'est pas un métier parce qu'on n'aimerait pas que sa fille le fasse[41] », déclare une animatrice du « bus des femmes » à Paris. Pour les féministes, la prostitution, dont les enjeux se sont mondialisés avec le tourisme sexuel et l'augmentation du nombre de prostituées sans papiers, fait partie d'un continuum de violences masculines. Montrer la contrainte, le rôle des violences subies souvent dès l'enfance, l'emprise de la drogue, la misère, les chantages subis figurent parmi les objectifs des associations défendant les personnes prostituées : autrement dit, il ne s'agit pas d'un choix. Et il y a une détresse des personnes prostituées, que l'épidémie de sida a médiatisée. Il y a enfin une dissymétrie qu'il faut rappeler : si des hommes sont de plus en plus nombreux à se prostituer, la clientèle reste à plus de 99 % masculine.

3.3.2 Les immigrées

Les immigrées n'ont pas vécu la même histoire que les Françaises. Les étrangères vivant en France sont pour la plupart issues du continent africain (parmi elles la moitié sont algériennes). Beaucoup sont arrivées après 1974 lorsque les pouvoirs publics ont décidé de stopper les flux migratoires tout en permettant le « regroupement familial ». Cette mesure a permis d'équilibrer le sex ratio : 48 % des 4,2 M d'immigrés recensés en 1990 sont des femmes. Contrairement aux hommes motivés par la recherche d'un travail, les femmes, elles, ont rarement un projet personnel. Elles subissent souvent la transplantation. Arrivées en France, elles se retrouvent dans une totale dépendance juridique et économique. Elles découvrent un mode de vie fondé sur le couple, et non plus sur la famille élargie. Souvent d'origine paysanne, elles habitent les HLM des banlieues pauvres. Privées de la sociabilité féminine traditionnelle, elles peuvent difficilement en créer une nouvelle, contrairement aux maris qui, au travail ou au café, fréquentent des compatriotes de même sexe. Les achats mêmes leur échappent, surtout dans les magasins. Les efforts faits pour leur intégration se révèlent souvent humiliants pour elles, car ils ignorent leurs propres savoir-faire[42]. Elles travaillent peu à l'extérieur de leur foyer; beaucoup sont contraintes de travailler au noir : c'est seulement en 1985 que les femmes titulaires d'un titre de séjour de dix ans se sont vues reconnaître le droit au travail.

Les femmes de l'immigration sont donc longtemps restées invisibles. La vague de racisme qui s'est déclenchée en France à partir de 1983 vise surtout les hommes. Les femmes, elles, apparaissent plutôt comme victimes[43]. On oppose la

41 Daniel Welzer-Lang *et al.*, *Prostitution : les uns, les unes et les autres*, Métaillé, 1994, p. 9.

42 *Cf.* le témoignage de Marie Louise Bonvicini, *Immigrer au féminin*, Éditions ouvrières, 1992.

43 Comme le note Danièle Djamila Amrane-Minne, « Femmes et islam en Occident », Christine Fauré dir., *Encyclopédie politique et historique des femmes…*, *op. cit.*, p. 771-785.

Française « émancipée » et « l'immigrée », toujours dominée en raison de sa culture, de sa tradition et de sa religion. Pour rectifier cette image, précisons que le féminisme n'est pas uniquement un mouvement occidental. Par exemple des Africaines comme la Sénégalaise Awa Thiam (dans *La Parole aux négresses*, 1979), dénoncent le mariage forcé et précoce, la dot, la répudiation, l'excision, la polygamie. Après des débats houleux, la question des mutilations sexuelles pratiquées sur les fillettes africaines en France est réglée par les tribunaux qui condamnent celles et ceux qui les demandent et les pratiquent. Contre le discours défendant le droit à la diversité des cultures, des féministes (en particulier les militantes africaines du GAMS — Groupe pour l'abolition des mutilations sexuelles) font valoir le droit au respect de l'intégrité physique des femmes.

Contrairement, à l'excision, la polygamie est tolérée en France. Elle fragilise les coépouses en situation régulière ou irrégulière, non reconnues par la sécurité sociale, victimes de chantage, répudiées ou renvoyées de force au pays. L'acceptation de la polygamie par le droit international privé français découle du passé colonial : les autochtones d'Algérie et de l'Empire n'étaient pas concernés par le code civil et conservaient un statut personnel (religieux ou coutumier) qui les excluait de la citoyenneté[44]. À Mayotte, archipel français, la polygamie est reconnue. Les résidents étrangers gardent sur le sol français leur statut personnel national : la Constitution de la Ve République leur garantit ce droit, sans doute parce qu'on attendait des étrangers soit un passage transitoire en France, soit une assimilation passant par l'acquisition de la nationalité française. Or des populations venues de pays aux codes civils éloignés du Droit français se sont sédentarisées. La polygamie (mais aussi la répudiation, le mariage forcé des mineures) alimentent un débat toujours actuel : la France doit-elle continuer à reconnaître ce « droit à la différence » ? Faut-il au contraire y voir « une atteinte aux droits fondamentaux de la personne humaine » ? L'issue de ce débat n'est pas sans conséquences pour l'intégration des étrangers dont on pense qu'elle « passe et passera par les femmes ».

Cet espoir repose sur plusieurs constats. Le plus ancien est lié à la familialisation des étrangers. En prenant épouse et en fondant une famille en France, ils s'installent dans la durée. Cependant, pendant longtemps, les épouses (restant au foyer) ont été coupées de la société française et ont maintenu dans leur univers familial leur culture, leur langue. On observe un rôle identique de préservation de l'identité culturelle chez les Antillaises vivant en métropole. Françaises, elles ne s'y sentent pas pour autant « chez elles ». Vivant pour la plupart dans les grands ensembles urbains, elles reconstituent une société antillaise dont elles perpétuent certains traits[45]. Par exemple, elles se marient

44 Françoise Gaspard, « Statut personnel et intégration sociale, culturelle et nationale », rapport au Conseil national des populations immigrées, *Hommes et libertés*, n° 84, juin 1995.

45 Claudie Beauvue-Fougeyrollas, *Les Femmes antillaises*, L'Harmattan, 1979, p. 42. Voir aussi Arlette Gautier, « Nou le pa z'enfants batards. La construction par la France du genre outre-mer », *Clio*, n° 12, 2000, p. 81-106.

rarement et élèvent souvent seules leurs enfants. Mais elles manquent ici de la solidarité féminine qui joue là-bas. Les Antillaises de métropole s'acculturent cependant plus vite que les Antillais. Ces derniers sont par exemple très hostiles à l'avortement, et moins favorables à la contraception. Le fait que presque toutes les Antillaises de métropole travaillent contribue aussi à modifier les rapports entre les sexes. Les avantages que les femmes peuvent tirer de leur acculturation paraissent donc assez évidents. Elles en seraient les meilleures avocates, sachant par ailleurs préserver une partie de leur culture d'origine.

L'intégration « par les femmes » renvoie également à leur rôle de mères. Selon leurs origines, leur puissance maternelle est inégale. Mais le contexte culturel français les incite à en jouer le plus possible. Cependant, les souhaits des mères immigrées sont diversifiés. Certaines choisissent de privilégier l'intégration communautaire de leurs enfants (par exemple en réglant l'éducation de leurs filles selon leurs traditions culturelles), d'autres ont, au contraire, envie que leurs enfants acquièrent une double culture et s'intègrent au mieux dans la société française. La « deuxième génération » qui a émergé dans le débat public au début des années 1980 est en effet aussi en butte à des exclusions. Ses problèmes « d'intégration » renvoient une image double dans les médias : positive pour les filles, sages et bonnes élèves, négative pour leurs frères, en échec scolaire et violents. Les « beurettes » d'aujourd'hui résistent à ce cliché et se tiennent à distance aussi bien du modèle de la « Française émancipée » que de la « Maghrébine traditionnelle ». Sans déclarations fracassantes, elles affirment une identité « autre » où leur « ethnicité » revendiquée se conjugue avec les libertés possibles sur le sol français, mais des libertés qu'elles veulent « tempérées[46] ».

L'intégration par les femmes, c'est enfin inviter à prendre en compte une nouvelle donne : la mixité réelle de la population étrangère. Or l'imaginaire raciste reste fortement sexué et, concrètement, la violence raciste touche davantage les hommes que les femmes (moins présentes dans les lieux publics, mieux acceptées dans des environnements professionnels souvent très féminins). Si le rapport aux étrangers est aussi affaire d'image, de projections, de peurs, le visage féminin de l'immigration peut jouer dans le sens d'un apaisement des passions racistes.

La thèse de l'intégration par les femmes, en dépit de sa séduction, reste fragile. Elle exprime un espoir (celui du salut par les femmes, qui n'est pas nouveau) pour une part irrationnel, ce qui n'étonne pas dans un contexte aussi conflictuel. On peut le voir comme un pari (trop) optimiste, qui néglige les rapports de pouvoir entre les sexes : la domination masculine est forte au sein de la population d'origine étrangère et/ou racisée. Nombre de « jeunes des banlieues » développent en outre une virilité compensatoire misogyne (le sexisme de la scène rap en est un exemple).

46 Nacira Guénif Souilamas, *Des « beurettes » aux descendantes d'immigrants nord-africains*, Grasset, 2000.

L'évolution que nous avons retracée à grands traits et sans pouvoir en aborder toutes les facettes, est à l'échelle de l'histoire des sociétés occidentales une révolution. On ne saurait insister trop sur la rupture des années 1970. Pour les femmes, mais aussi pour les hommes, un souffle de liberté a bouleversé la vie privée. La contraception et l'avortement donnent à des millions de femmes la maîtrise de leur vie. S'il ne fallait retenir qu'un événement, ce serait celui-là, pour ses multiples incidences sur la vie des femmes. Si les conditions d'une plus grande liberté des femmes dans la sphère privée se réalisent, ce n'est pas sans lien avec l'indépendance acquise au niveau économique.

Chapitre 9

Femmes et travail depuis la Libération

EN 1960, LA POPULATION ACTIVE comptait 6,5 M de femmes. Quarante ans plus tard, elles sont 11,5 M. La hausse du taux d'activité féminine est telle que l'on est tenté de la qualifier de mutation. Ce terme convient aussi pour décrire la croissance du nombre d'étudiantes, aujourd'hui supérieur à celui des étudiants. Il est nécessaire d'affiner le constat en examinant la répartition des sexes par secteurs d'activité, car elle continue à mettre en évidence de grandes différences. En dépit de l'égalité que devrait garantir la loi, les discriminations persistent aussi bien pour les salaires que pour les promotions, ou bien encore l'accès à l'emploi, sans oublier la plus massive : celle du cumul du travail rémunéré et du travail gratuit effectué dans la sphère domestique. Nous tenterons de mesurer le poids des conjonctures démographiques, économiques et politiques, l'évolution juridique, enfin nous nous interrogerons sur l'influence des travailleuses elles-mêmes dans les grèves et les syndicats.

1 L'ÉVOLUTION GLOBALE ET SECTORIELLE

Au cours du dernier demi-siècle, la classe paysanne s'est effondrée : elle ne représente plus aujourd'hui que 6 % des actifs. La classe ouvrière a entamé un déclin irréversible à partir du début des années 1970 (moins de 30 % des actifs aujourd'hui). En revanche, les emplois de bureau ont connu une croissance extrême et occupent désormais 65 % des actifs.

Population active (en millions)

Date	Population active			Inactifs		
	Hommes	Femmes	Ensemble	Hommes	Femmes	Ensemble
1946	12 356	6 775	19 131	6 763	14 231	20 994
1955	12 856	6 875	19 731	8 011	15 486	23 497
1962	13 162	6 740	19 902	9 390	17 130	26 520
1974	14 010	8 225	22 235	11 620	18 446	30 086
1990	13 935	10 455	24 390	13 503	18 411	31 914

Taux d'activité (en %) par sexe

Date	Population active population totale			Population active Population en âge de travailler (1)			Population active De 15 à 64 ans (1)		
	Hommes	Femmes	Ensemble	Hommes	Femmes	Ensemble	Hommes	Femmes	Ensemble
1946	64,6	32,3	47,7	81,8	39,7	59,4	95,2	48,0	70,6
1955	61,6	30,7	45,6	81,4	39,3	59,3	94,4	48,6	71,1
1962	58,4	28,2	42,9	82,0	39,8	60,4	92,1	46,8	69,3
1974	54,7	30,8	42,5	82,1	48,0	65,1	85,3	50,7	68,1
1990	50,8	36,2	43,3	78,7	58,9	68,8	75,1	56,4	65,7

(1) La population en âge de travailler est définie ainsi, en référence à l'évolution de l'âge de la scolarité obligatoire et à celle de l'âge de retrait de l'activité :
- en 1946 et 1955, population de 14 ans et plus
- en 1962 et 1968, population de 14 à 74 ans
- en 1974 et 1980, population de 16 à 64 ans
- en 1990, population de 17 à 64 ans

Source : Olivier Marchand, Claude Thélot, *Deux siècles de travail en France*, INSEE Études, 1991, p. 68-69.

1.1 La féminisation de la population active

Stable depuis le début du XXe siècle, la population active s'est brusquement gonflée à partir des années 1960, ce qui correspond à l'arrivée sur le marché du travail des enfants du baby boom et à la hausse de l'activité féminine salariée. Avant cette date, les politiques familiales privilégient « la natalité contre l'activité[1] ». Mais le modèle de la mère au foyer entre en contradiction avec les desseins économiques du commissariat au Plan[2] qui préconise dès 1957 un développement de l'activité féminine. La reprise ne va pas tarder. Elle est nette en 1965 et se confirme dans les années suivantes. « Maintenant que les femmes travaillent » se disent les contemporains. Assertion fausse, mais révélatrice de l'impact de cette augmentation. Entre 1968 et 1975, les femmes contribuent pour les trois-quarts à l'accroissement de la population active. En huit ans, un million de travailleuses arrivent sur le marché. Ce sont les taux d'activité aux âges intermédiaires qui progressent tandis que pour les âges jeunes et élevés, l'évolution est identique pour les hommes et les femmes. La hausse est manifeste pour les mères de deux enfants, et même de trois enfants. Plusieurs explications peuvent être avancées. Le besoin de main-d'œuvre, nous l'avons vu. La politique familiale, qui incite moins les mères à rester au foyer : les allocations familiales ne sont pas revalorisées et l'allocation de salaire unique dépérit[3]. La

1 Jacqueline Martin, « Politique familiale et travail des femmes mariées en France. Perspective historique : 1942-1982 », *Population*, n° 6, 1998, p. 1119-1154.

2 À ce niveau du pouvoir, il n'est pas inutile de préciser que les femmes ne participent pas à la réflexion (elles sont 1 % au commissariat au Plan).

3 Son taux est resté inchangé depuis 1946. Au 1er janvier 1978, cette allocation disparaît.

reprise d'activité coïncide avec la baisse de la fécondité. Les salaires féminins, en augmentation, sont plus attractifs. L'aspiration à la mobilité sociale joue son rôle : un double salaire permet d'accéder au « confort moderne ». Le travail salarié représente aussi une forme d'indépendance pour les femmes qui veulent échapper à l'étouffement domestique. Enfin, il y a un « effet de scolarité » (croissance des diplômées) mais la féminisation des professions qualifiées date surtout des années 1980. Depuis 1975, le taux d'activité masculine diminue (72 % en 1975, 64 % en 1989), tandis que celui des femmes augmente (41 % en 1975; 46 % en 1989) et ce malgré la crise. Entre 1975 et 1998, alors que la population active masculine reste stable, la population active féminine augmente de trois millions. Les femmes représentent 44,3 % de la population active en 1998. En quelques décennies, c'est un changement considérable et que l'on prédit irréversible qui s'est produit. Le travail féminin est devenu la norme, la femme au foyer l'exception.

1.2 Les agricultrices

Au lendemain de la guerre, l'agriculture subit un mouvement de concentration qui provoque la disparition de nombreuses exploitations. En se modernisant, le monde agricole perd une bonne partie de sa main-d'œuvre. Les domestiques et les servantes de ferme se raréfient. L'exode rural est plus marqué chez les femmes que chez les hommes. Sauf dans les grandes exploitations, le groupe domestique a tendance à se réduire au couple et aux enfants célibataires. Les femmes travaillent, mais sont rarement rémunérées : le coût salarial dépasserait les moyens des petites et moyennes exploitations. En 1974, la Confédération nationale de la famille rurale revendique encore un statut social pour la mère de famille agricole. Mais cette revendication va à contre-courant de l'évolution générale de la société. L'idée qui s'impose est que l'agriculture est un « métier de couple » où la complémentarité des compétences et le partage des difficultés semblent nécessaires. Les agricultrices vont commencer à réclamer un statut professionnel à part entière en 1980. Les tâches qu'elles effectuent, de plus en plus spécialisées (notamment la comptabilité) et leur formation, qui s'est développée, leur donnent le sentiment d'avoir un vrai métier. Elles sont aussi plus nombreuses à être chefs d'exploitation (9,2 % en 1980) et il ne s'agit plus seulement de veuves, ou de célibataires, mais aussi de femmes mariées[4]. En 1985, la réforme des régimes matrimoniaux supprime la gestion exclusive des biens communs par le mari. Son épouse, sur le plan social, cesse d'être son ayant droit. « Marginalisées par le procès de production de ces dernières décennies, [les agricultrices] ont résisté à cette lame de fond, en valorisant les ressources qui faisaient le socle même de leur marginalité[5] ». Elles reprennent de petites exploitations aux productions diversifiées, un secteur jugé peu rentable, mais où elles tentent leur chance, aidées par leur « culture domestique » : prudence financière, choix de la qualité plutôt que de la quantité, valorisation de produits du terroir,

4 Rose-Marie Lagrave dir., *Celles de la terre*, École des Hautes études en sciences sociales, 1987.

5 Rose-Marie Lagrave, « Les agricultrices », *Lunes*, n° 4, juillet 1998, p. 27.

poly-activité avec le développement de fermes auberges et de gîtes ruraux, de « classes nature » ou de lieux d'accueil. Elles contribuent donc d'une manière très innovante au décloisonnement du monde agricole et au développement de nouveaux services en milieu rural. « Ces services s'inscrivent au cœur des dispositifs de conquête de nouveaux emplois, de la solidarité nationale et de la citoyenneté participative.[6] » La professionnalisation est en tout cas un enjeu décisif de l'égalité des sexes : elles sont légion, dans les campagnes, les femmes qui ont travaillé toute leur vie en se déclarant « au foyer » et qui, devenues veuves, doivent se contenter d'une pension de réversion de 3 000 francs, à peine plus que le RMI.

Une analyse féministe de l'exode rural : « La chambre et les champs », Ariane Bruneton, *Les Femmes s'entêtent*, Gallimard, 1975.

« Mon propos n'est pas de pleurer sur le sort des femmes rurales, ni d'insister sur la trop évidente prééminence des membres mâles dans les sociétés paysannes. Le système social et économique qui a engendré cet état de fait est en train de faire mourir ceux-là mêmes qui en profitaient : une certaine campagne se meurt parce que le paysan meurt seul, célibataire, sans descendance. La fuite des filles de la campagne vers les villes est attestée partout en France; le déficit féminin en campagne est d'autant plus important qu'on se trouve dans une zone d'agriculture dite traditionnelle.

Pour l'instant, cet exode des filles contribue à résoudre en partie le problème du surnombre des exploitations qui se pose dans la perspective de presque toutes les politiques agricoles. Un foyer disparaît, autant de terres disponibles pour permettre au voisin de s'agrandir.

Pour expliquer le phénomène qui fait se jeter ainsi au cou du premier venu, pourvu qu'il ne soit pas paysan, la fille de la campagne, on évoque les difficultés spécifiquement féminines auxquelles elle aurait dû faire face en restant à la campagne : manque de confort des habitations, sous-équipement en appareils électroménagers, travail plus dur et plus long comparativement à celui qu'elle aurait pu avoir en ville. Puis les difficultés propres au monde paysan, l'isolement, l'éloignement des écoles, des centres commerciaux, des équipements socioculturels de toutes sortes; l'impossibilité de prendre des vacances, l'aléa des rentrées financières. On évoque aussi la nécessaire soumission de la jeune femme aux aînés, particulièrement dans les régions de France où la « cohabitation » des ménages des générations successives est de règle, dans le Sud-Ouest et le Massif Central principalement.

Mais pourquoi ces raisons expliqueraient-elles un départ spécifiquement féminin de la campagne? Ne s'appliqueraient-elles pas aussi bien aux hommes, s'ils partaient en aussi grand nombre que les femmes de la campagne? Pourquoi un homme ne serait-il pas sensible, lui aussi, au fait d'avoir ou non une salle de bains, d'avoir ou non un dimanche pour jouer au foot?

On va chercher des raisons d'ordre matériel parce qu'en fait, le problème est plus délicat; il touche à la structure même de la société paysanne traditionnelle qui a besoin, pour fonctionner, de subordonner les intérêts de la famille à ceux de l'exploitation agricole, de la femme à ceux de l'homme ».

6 *Id.*

1.3 Les ouvrières

La féminisation des emplois du tertiaire s'accentue au cours du demi-siècle, jusqu'à atteindre les 2/3, tandis que la part des femmes dans l'industrie est restée stable autour de 22 %. La condition d'OS est depuis l'entre-deux-guerres l'une des plus emblématiques de la situation des travailleuses[7]. Ces dernières sont très recherchées dans ces emplois « non qualifiés » pour leur « précision » et leur « minutie », qualités perçues comme naturellement féminines, mais en réalité acquises, car nombre d'entre elles ont reçu une formation de couturières. Elles sont nombreuses (jusqu'au déclin de ce secteur dans les années 1960-1970) à travailler dans le textile et l'habillement. En 1977, *Mais qu'est-ce qu'elles veulent?*, film documentaire de Coline Serreau, donne la parole à des ouvrières de l'industrie textile. Habitant dans les mines du Pas-de-Calais, elles doivent, après une nuit de 4 à 5 heures, se lever à 3 h 20 pour prendre le car qui les amène dans la banlieue lilloise. Là, elles travaillent pour des salaires de misère dans une usine qu'elles appellent « l'abattoir ». Une femme interviewée pèse 42 kg (« je n'arrive pas à remonter »). Toutes ont des problèmes de santé (de vue, car la poussière de laine s'incruste dans leurs yeux, et de nerfs, à cause des cadences et des règlements tatillons imposés par un encadrement masculin haï : « On est mal vues. On est considérées comme des riens »). Elles n'ont pas le droit de se désaltérer pendant les heures de travail et doivent respecter les pauses collectives pour les toilettes, 10 mn le matin et l'après-midi. Il n'y a ni douche, ni eau chaude. Pas de crèche. Pour payer la nourrice, les mères font des heures supplémentaires. Leur « vengeance », c'est l'absentéisme. Malgré ces difficultés, elles tiennent à leur emploi : filles de mineurs, mises au travail à 14-15 ans, mariées à 17-18 ans, parfois divorcées, leur salaire, aussi faible soit-il, est vital, et elles ne veulent pas être « esclaves du foyer » où le travail n'est « jamais fini ».

La construction électronique qui prend son essor à partir des années 1960 est très demandeuse d'OS. Les ouvrières y gagnent des salaires plus élevés que dans le textile et l'habillement, mais les conditions de travail se valent, voire se dégradent sur ces chaînes qui transforment les OS en robots. Sur certaines chaînes de montage, faute d'équiper les machines, on a équipé les ouvrières en retenant leurs mains avec des chaînes pour éviter les accidents. La meurtrissure est aussi psychologique pour celles qui répètent le même geste pendant 8 heures, essayant de s'adapter à des cadences qui ne cessent d'augmenter.

1.4 Les métiers « féminins » du tertiaire

Si le secteur secondaire offre des *emplois* à des femmes, le tertiaire offre des « *métiers* de femmes » : cette expression ne reflète pas seulement une réalité statistique, elle suppose aussi toute une « construction sociale, liée au rapport des sexes » qui « montre les pièges de la différence, innocentée par la nature, et érigée en principe organisateur, dans une relation inégale[8] ». Comme le montre

7 *Cf.* Danièle Kergoat, *Les Ouvrières*, Le Sycomore, 1982.

8 Michelle Perrot, « Qu'est-ce qu'un métier de femme? » *Le Mouvement social*, n° 140, juill.-sept. 1987, p. 8.

l'exemple éloquent des métiers du secrétariat, féminisés à 98 %, qui regroupent 10 % de la population active féminine au milieu des années 1980. C'est une catégorie floue synonyme de « femmes qui travaillent dans les échelons moyens de la hiérarchie des emplois féminins de l'univers administratifs[9] ». Métier « féminin » car il implique une relation de dépendance à l'égard d'un homme (le « chef »), il exige une disponibilité de temps, une grande flexibilité dans les tâches à effectuer, des qualités de « maîtresse de maison », d'hôtesse, de confidente même, de décoratrice et de préparatrice du café. La secrétaire adopte une « féminité ritualisée » rassurante, se doit d'éviter la coquetterie. Sa performance professionnelle se joue donc sur plusieurs niveaux.

« Prof, c'est bien pour une femme[10] », commence-t-on à dire dans les années 1960. Le métier n'est plus incompatible avec le mariage; les diplômées du supérieur peuvent désormais avoir l'ambition légitime d'accéder à cette carrière qu'elles plébiscitent dans leurs choix. Parallèlement, le statut est de moins en moins valorisant pour les hommes. Ainsi, pour les mathématiques, les étudiants s'orienteront vers les carrières plus lucratives d'ingénieur ou la recherche, tandis que les étudiantes choisiront l'enseignement. C'est aussi à la faveur de la hausse spectaculaire des effectifs enseignants dans les années 1960 que s'opère la féminisation dans les collèges et les lycées. Les horaires, les vacances, les savoir-faire éducatifs, la possibilité du mi-temps ouverte en 1975 rendent effectivement le cumul de la maternité et du travail plus aisé.

1.5 La féminisation des bastions masculins

La féminisation des bastions professionnels masculins s'est effectuée dans les trente dernières années. L'ENA mixte dès sa création en 1945 n'a pendant longtemps produit qu'un nombre infime de diplômées (moins de 5 %)[11]. L'École polytechnique devient mixte en 1971 et Anne Chopinet est reçue major en 1972. La même année, pour la première fois, une femme est nommée *ambassadeur* : Marcelle Campana[12]. En 1974, Florence Hugodot est la première *sous-préfet*; en 1981, Yvette Chassagne la première *préfet*. En 1980, Michèle Legras est la première *directeur de cabinet* d'un grand ministère, l'Éducation nationale. En 1982, Hélène Ahrweiler devient *recteur* de l'Université de Paris. Simone Rozès est en 1984 la première *Premier Président* de la Cour de Cassation. La liste des bastions qui tombent continue de s'allonger, mais les femmes restent très minoritaires dans les sphères du pouvoir : 5,5 % parmi les directeurs

9 Josiane Pinto, « Le secrétariat, un métier très féminin », *Le Mouvement social*, n° 140, juill.-sept. 1987, p. 121-133.

10 Marlaine Cacouault, « Prof, c'est bien… pour une femme? », *Le Mouvement social*, n° 140, juill.-sept. 1987, p. 107-120.

11 Guy Thuillier, *Les Femmes dans l'administration depuis 1900*, PUF, 1988.

12 Elle est ambassadrice de la France au Panama. La seconde ambassadrice, Marie-Madeleine Dienesch, est affectée au Luxembourg. L'importance géopolitique de leurs lieux d'affectation n'échappe à personne.

d'administration centrale (1992), 2,6 % parmi les préfets (1992), 3,7 % parmi les ambassadeurs (1994).

Les femmes peuvent devenir *inspecteurs* et *enquêteurs de police* depuis 1972, commissaires depuis 1974, *gradés* et *gardiens de la paix* depuis 1978, *commandants* et *officiers de paix* depuis 1983, mais pas CRS. Nous multiplions les italiques pour attirer l'attention sur l'absence de féminisation des noms de métier et de fonction jusque-là réservés aux hommes. Elle révèle en effet comme un lapsus les résistances à l'entrée des femmes dans ces carrières et rappelle son doute l'incongruité de leur présence. Yvette Roudy et de nombreuses féministes y voient une forme de discrimination. En 1986, le *Journal officiel* publie la circulaire de la Commission de féminisation proposant les formes recommandées pour les féminins[13]. L'Académie française s'y oppose farouchement, mais dix ans plus tard, l'intervention du gouvernement Jospin (et des femmes ministres) fait progresser l'usage. Les femmes concernées par ces féminisations sont divisées, certaines revendiquent fièrement le féminin, d'autres le rejettent violemment, préférant un neutre qui est en français masculin. Toutes souhaitent pourtant une meilleure intégration professionnelle, mais adoptent des stratégies divergentes.

La féminisation de l'armée a une importance symbolique particulière : avoir le monopole de la violence légale n'est pas un pouvoir mineur, et l'exclusivité masculine de ce pouvoir a eu d'immenses répercussions conscientes et inconscientes pour l'ensemble de la population. Le rapport entre la masculinité et l'armée est d'autant plus fort que, jusqu'à la réforme de 1999, le service militaire (et donc le statut d'objecteur de conscience) était réservé aux jeunes hommes. La professionnalisation des armées ouvre la voie de la féminisation[14].

Autre bastion, symboliquement fort : la magistrature[15], ouverte aux femmes par la loi du 11 avril 1946 (peu de temps auparavant, en 1944, les femmes ont été admises aux Cours de justice et dans les Cours d'assises, comme jurés). Cinquante ans plus tard, les magistrates sont 45 % dans leur profession. La féminisation accélérée des dernières années provoque des remous : il n'était pas juste, dit-on, que la justice ait été par le passé exercée par des hommes, mais il est dangereux aujourd'hui qu'elle le soit par des femmes. Des propos identiques sont tenus au sujet de l'enseignement. Cependant, en haut de la hiérarchie, le taux de masculinisation reste très important. La mixité a-t-elle changé la nature, le statut, des professions qui étaient des bastions masculins? Il est sans doute trop tôt pour répondre à cette question. L'étude sur la magistrature montre que les pionnières n'ont pu s'imposer qu'au prix d'un certain conformisme. Mais en brisant le monopole masculin, elles ont participé à la « désacralisation » de la magistrature. Plus nombreuses et mieux acceptées, elles gagnent en liberté dans

13 Anne-Marie Houdebine-Gravaud dir., *La Féminisation des noms de métier en français et dans d'autres langues*, L'Harmattan, 1998.

14 Emmanuel Reynaud, *Les Femmes, la violence et l'armée*, Fondation pour les études de la défense nationale, 1988.

15 Anne Boigeol, « Les femmes et les cours. La difficile mise en œuvre de l'égalité des sexes dans l'accès à la magistrature », *Genèses*, n° 22, mars 1996, p. 107-129.

l'exercice de leur profession. Dira-t-on que grâce à elles, la Justice se fait « plus proche des gens », plus « humaine » ? Ce qu'on entend depuis les années 1990 pour la police, la politique ou l'encadrement des entreprises ? Cette vision positive de la féminisation est-elle comme l'arbre qui cache la forêt une version flatteuse de la nouvelle division sexuelle du travail ? On compte peu de femmes parmi les seigneurs de la Bourse et les jeunes loups de la Nouvelle économie...

2 BLOCAGES, AVANCÉES ET RÉSISTANCES

2.1 L'effet des représentations : le « conditionnement »

L'hostilité au travail des femmes à l'extérieur du foyer ne reflète pas seulement le poids des traditions. Elle se maintient aussi dans un imaginaire social façonné par la modernité : le cinéma fournit des indications précieuses sur les représentations du vieux conflit qui oppose, pour les femmes, le travail et la famille. Or jusqu'à l'émergence de la vague féministe des années 1970, la plupart des films qui abordent ce thème adoptent un point de vue masculin et conservateur. On trouvait dans le cinéma des années 1930 un premier stéréotype : celui de la jeune employée qui finit par épouser un homme d'âge mûr, l'union de la secrétaire et de son patron[16]. De la fin des années 1940 au début des années 1960, les héroïnes exerçant un métier qualifié ne sont pas rares, mais leur activité paraît incompatible avec une vie de couple. Elles choisissent le mariage, telle Jeanne Moreau, institutrice amoureuse d'un routier, Jean Gabin, dans *Gas-oil* (Gilles Grangier, 1955). Le succès de *Papa, maman, la bonne et moi* (Jean-Paul Le Chanois, 1954) est révélateur : la « bonne » est une jeune fille qui a abandonné sa licence d'anglais (pour élever la fille de sa sœur morte en couches) et s'est fait embaucher par ses futurs beaux-parents. En se mariant avec le fils de la maison, elle passe du statut d'employée de maison salariée à celui de femme au foyer, faisant toujours le même travail, mais gratuitement[17]. Quand les femmes choisissent leur métier, c'est pour s'apercevoir, trop tard, qu'elles ont lâché la proie pour l'ombre (*La Maternelle*, Henri Diamant-Berger, 1949). Le cinéma de la Nouvelle vague va privilégier une image « moderne » de la femme dont l'émancipation s'exprime uniquement sur le terrain amoureux et sexuel. De Brigitte Bardot dans *Et Dieu créa la femme* (Roger Vadim, 1956). Jeanne Moreau dans *Les Amants* (Louis Malle, 1958), c'est la dimension économique et professionnelle de l'émancipation des femmes qui disparaît. Quant aux femmes qui travaillent, elles incarnent l'aliénation sociale, comme dans *Les Bonnes femmes* (Claude Chabrol, 1960) ou dans *Vivre sa vie* (Jean-Luc Godard, 1962).

---

16 Noël Burch, Geneviève Sellier, *La Drôle de guerre des sexes dans le cinéma français 1930-1956*, Nathan, 1996.

17 Geneviève Sellier, « Femmes et travail dans le cinéma français d'après-guerre », Anne Guillou, Simone Pennec dir., *Les Parcours de vie des femmes : travail, familles et représentations publiques*, L'Harmattan, 1999, p. 221-232.

Les publicités des Trente Glorieuses participent à ce même conditionnement, en représentant les femmes comme des ménagères au foyer. Pour vendre une cuisinière, un chauffe-eau ou encore un radiateur, les publicitaires plébiscitent la scène du retour du père de famille à la maison le soir après le travail. Ils savent aussi moderniser l'image de la ménagère. La maîtresse femme besogneuse a fait son temps. Apparaît la séductrice qui jette le tablier des ménagères encore présent sur les affiches des années 1950. Mais aussi la mère cajolant ses enfants ou, très fréquemment, montrée en train de transmettre à sa fille son savoir-faire. Non seulement l'éventualité d'un travail salarié est exclue dans ce type de représentations, mais le travail domestique lui-même est effacé puisque c'est la machine qui s'en charge. La fée du logis sourit de son bonheur nouveau : elle est une femme « comblée ».

Retour du travailleur dans l'univers féminin du foyer, dans tous les sens du terme : famille, domicile, chaleur (publicité de 1954).

Le changement tarde à se traduire dans les représentations culturelles. Mais le succès d'une actrice comme Annie Girardot indique une évolution[18]. À l'écran, elle incarne des femmes de caractère : chauffeur de taxi (*Le Dernier baiser*, de Dolores Grassian, 1977), médecin (*Docteur Françoise Gailland*, de Jean-Louis Bertucelli, 1975), commissaire de police (*Tendre poulet*, de Philippe de Broca, 1977), quadragénaire désireuse de travailler pour échapper à sa condition de femme au foyer (*Vas-y maman*, de Nicole de Buron, 1978). Dans les années 1980, l'influence du féminisme se dissout à nouveau. Le cinéma français, friand d'intimisme bourgeois, se préoccupe peu du travail. On voit surgir cependant le modèle ambigu de la « super woman », incarnée par exemple par Nicole Garcia, femme d'affaires ambitieuse dans *L'État de grâce* (Jacques Rouffio, 1986). L'explosion du nombre de réalisatrices dans les années 1990 permet

18 Françoise Audé, *Ciné-modèles, cinéma d'elles*, Lausanne, L'Âge d'Homme, 1981, p. 191-192.

l'émergence d'autres visions des rapports hommes-femmes, parfois ancrées dans le social. *Pas très catholique* (Tonie Marshall, 1994) dépeint une détective qui refuse son « devoir » maternel sans l'ombre d'un remord. *Y aura-t-il de la neige à Noël?* (Sandrine Veysset, 1996) fait le portrait rare et délicat d'une femme de la terre, exploitée par son amant, père de ses sept enfants. Les comédies, depuis le célèbre *Trois hommes et un couffin* (Coline Serreau, 1985) jusqu'à *Je veux tout* (Julia Braoudé, 1999), s'intéressent aux femmes qui « craquent », confrontées à l'obligation de réussir leur vie professionnelle, amoureuse, maternelle malgré des emplois du temps éreintants.

2.2 Dans les enquêtes d'opinion, une hostilité persistante

Ce qui détermine les attitudes mentales à l'égard du travail féminin, ce sont non seulement ces images culturelles, mais la perception par les individus eux-mêmes de leurs intérêts. Une enquête d'ethnologie sociale du début des années 1960 le démontre fort bien[19]. 41,6 % des enquêtés sont pour le travail féminin, 41,3 % sont contre. Mais interrogés sur le travail des mères de jeunes enfants, ils sont 87,5 % contre, et encore 68 % à s'y opposer pour les mères d'enfants en âge scolaire. Ces opinions sont fortement corrélées au sexe des personnes interrogées et révèlent des divergences de vue au sein d'un tiers des couples : les maris sont attachés à leur rôle de pourvoyeur unique des ressources, prérogative qui leur assure le rôle de chef et qu'ils ressentent comme un devoir moral. Question d'honneur viril, donc. Parce qu'ils sous-estiment la pénibilité du travail domestique, ils ne comprennent pas le souhait de travailler à l'extérieur. Enfin, dans le milieu ouvrier, l'expérience du travail monotone, sous-payé, harassant, explique bien des opinions négatives. Plus la contrainte économique est grande, moins on envisage les bénéfices psychologiques d'une activité à l'extérieur. Comme au début du siècle, le travail féminin est perçu comme un danger pour la famille et la société. Seule une minorité reconnaît le goût pour un métier (40 %), le désir de ne pas s'ennuyer à la maison (33 %), la volonté d'être indépendante (31 %), d'avoir de l'argent à soi (25 %) et une retraite (24 %).

Selon cette enquête du début des années 60, l'image de la femme au travail n'est pas reluisante. Une minorité avoue franchement son hostilité (« elles travaillent pour se faire peloter » ; « elles se croient les égales de l'homme »). L'idée que les femmes sont plus souvent absentes, qu'elles prennent la place des hommes, qu'elles ont un caractère inégal, qu'elles provoquent des disputes est largement répandue. On leur accorde cependant des qualités professionnelles, toutes dépendantes des qualités dites féminines. C'est une immense majorité qui condamne l'inégalité des salaires pour un même métier (92,8 % des ouvriers, 80 % dans les milieux aisés). 50 % des enquêtés sont favorables au mi-temps, perçu, par les ouvriers comme un rêve inaccessible (car les patrons n'en veulent pas).

19 Marie-José et Paul-Henry Chombart de Lauwe, Michèle Huguet, Ella Perroy, Noëlle Bisseret, *La Femme dans la société. Son image dans les différents milieux sociaux*, (1963), CNRS, 2e éd. 1967, p. 197-272.

Nous ne disposons pas de séries continues de sondages d'opinion sur le travail féminin avant la période récente. Selon un sondage de 1978, 71 % des Français se déclarent défavorables au travail des femmes. En 1989, ils sont encore 57 %[20]. L'opposant type au travail féminin est un homme âgé sans diplôme et vivant dans une agglomération de moins de 2 000 habitants. C'est le travail des mères de jeunes enfants qui est le plus contesté : en 1989, 78 % des sondés estiment que des aides financières doivent les inciter à cesser temporairement leur activité. Pourtant, l'influence de la situation familiale sur l'activité professionnelle diminue : 80 % des femmes de 30 à 34 ans ayant un enfant de moins de 2 ans exercent une activité professionnelle. L'influence de l'activité du mari n'est pas négligeable : l'activité féminine est plus forte dans les catégories intermédiaires que dans les classes supérieures et dans le milieu ouvrier.

Ces opinions qui demeurent très mitigées sur la légitimité du travail féminin expliquent en partie les discriminations au niveau de l'emploi, des salaires. Les partenaires sociaux eux-mêmes sont ambivalents et pensent en terme d'aménagement pour, selon la formule consacrée, « concilier le travail et la famille » : un « problème » que ne connaissent pas les travailleurs de sexe masculin.

2.3 La charge de la production domestique

S'il est un travail féminin non contesté, c'est bien le travail domestique. On le voit traditionnellement sous la forme du contrat d'échange dans le mariage : travail ménager contre entretien. Mais la double journée est le lot de toutes les femmes qui ont une activité rémunérée. On l'a vu, les charges familiales des femmes sont très peu contestées avant les années 1970. Être une ménagère est pendant les Trente Glorieuses un statut légitime, qui paraît conforme à l'ordre naturel. Les organisations de gauche ne le contestent pas et certaines associations féminines le valorisent. Les travailleuses sont donc tenues de s'adapter, en s'évertuant à prouver qu'elles peuvent être aussi de bonnes « maîtresses de maison ». Lorsqu'on réalise la pénibilité du cumul des tâches, qui s'accroît dramatiquement avec le nombre d'enfants (le « surmenage féminin » est un thème commun dans les années 1950), la solution envisagée est rarement le partage des tâches au sein du couple ou le recours à des services extérieurs, mais le retour au foyer ou l'arrêt provisoire de l'activité de la femme. Et puis la modernisation de l'équipement ménager semble apporter la solution à la double journée en allégeant le temps consacré à la lessive et aux courses.

À partir de 1970, le féminisme radical rompt avec cette vision idyllique en analysant le travail domestique comme une véritable forme de servage. La sociologue Christine Delphy fait franchir à la réflexion une étape capitale : les femmes ne sont pas seulement exploitées dans le mode de production industriel, fait largement admis même si mal combattu. Leur travail est extorqué dans le mode de production domestique, sans aucune contrepartie (« alors que le salarié vend sa force de travail, la femme mariée la donne[21] ») : elles subissent donc à la fois

20 Cité par Christiane Cordero, *Le travail des femmes*, Le Monde éditions/Marabout, 1994, p. 164.

21 Christine Delphy, *L'Ennemi principal* (1970), rééd. Syllepse, 1998, p. 49.

La « femme libérée » démode la ménagère besogneuse dans les années 60

Première apparition de la « femme libérée » dans le catalogue du salon de 1962

l'exploitation capitaliste et l'exploitation patriarcale. Analyse trop révolutionnaire pour être admise. Elle remet en question les théories économiques qui ignorent que plus de la moitié des heures de travail sont des heures de travail non rémunérées[22]. Elle remet en question la stratification sociale qui estime que la femme appartient à la classe de son mari. Or, « il est à peu près aussi juste de dire que les femmes de bourgeois sont elles-mêmes bourgeoises que de dire que l'esclave d'un planteur est lui même planteur[23] ». Elle pointe la cécité de la gauche anticapitaliste, surtout soucieuse de défendre les intérêts des hommes appartenant aux classes exploitées. Elle ébranle ni plus ni moins un ordre social fondé sur la famille, lieu principal de l'exploitation des femmes non seulement en raison du travail qu'elles y font, mais des autres contraintes qu'elles y subissent (services sexuels et maternels). « En niant l'existence de ce système de production on nie l'existence de rapports de production spécifiques à ce système et on interdit aux intéressées de se rebeller contre ces rapports de production[24] ».

Le travail domestique n'est pas perçu comme un travail. Les économistes ne le prennent pas en compte dans la comptabilité nationale : un homme qui épouse sa femme de ménage fait ainsi baisser le Produit intérieur brut! Une femme sans profession est considérée comme une femme « qui ne travaille pas » ou « sans activité ». Le travail domestique est dévalorisé, y compris par celles qui le font[25]. Il est aussi invisible aux yeux de la plupart des hommes. L'apprentis-

22 En 1955, sur 105 milliards d'heures de travail, 43 étaient consacrées au travail rémunéré, 45 au travail ménager non salarié (cité, *idem*).

23 *Id.*, p. 50.

24 *Id.*, p. 51.

25 Annie Dussuet, *Logiques domestiques. Essai sur les représentations du travail domestique chez les femmes actives de milieu populaire*, L'Harmattan, 1997.

sage des tâches à effectuer est lui aussi imperceptible. Les enquêtes de « budgets temps » buttent sur des problèmes méthodologiques. Ainsi, la limite entre le facultatif et l'obligatoire est indécidable. La frontière entre le loisir et le travail dépend des perceptions individuelles. Que penser de la confection de confitures maison : auto production superflue ou économie utile au budget? Travail ou détente? Ou du repassage effectué devant la télévision tout en jetant un œil sur le pot au feu et un autre sur les enfants qui jouent? Comment mesurer, enfin, la part immatérielle de ce travail (préoccupations, organisation du temps)?

Les femmes mariées fournissent en 1958 en moyenne 60 heures de travail ménager gratuit, 35 heures pour les femmes sans enfant, 52 heures pour les femmes ayant un enfant, 64 heures pour les femmes ayant deux enfants, 70 heures pour les femmes ayant trois enfants[26]. Selon l'INSEE, en 1986, trois femmes sur quatre travaillent 68 heures par semaine : 40 heures de travail professionnel et 28 heures de travail domestique. Si les femmes ayant une activité professionnelle consacrent en moyenne 5 h 24 par jour aux taches domestiques, les hommes se contentent de 2 h 40. Chaque génération croit observer une augmentation sensible de la participation masculine, mais les sondages annoncent des progrès de l'ordre d'une minute supplémentaire par an. On décèle maintenant des zones négociables (courses, cuisine, vaisselle), mais on est loin de la « parité domestique » pourtant essentielle à la réalisation effective de l'égalité des sexes[27]. La contrainte domestique influence de manière précoce les parcours des jeunes filles qui réduisent leurs ambitions professionnelles pour s'adapter à leur futur « rôle ». Un sondage récent auprès de lycéens en seconde montre que 72 % des filles font du besoin de temps libre un critère décisif de choix d'une profession contre 11 % des garçons[28]. L'illusion de l'égalité conquise est pourtant forte. Il suffit « d'une légère fracture dans la transmission intergénérationnelle : il suffit que l'homme fasse quelque chose que le père de sa compagne ne faisait pas ou que sa belle-mère effectuait, qu'il n'exige plus à la maison quelque chose qu'à la génération précédente les hommes revendiquaient d'obtenir, pour que ce couple pense (dans les jours d'enchantement, tout au moins) avoir accompli la révolution conjugale[29] ».

2.4 Faut-il protéger les travailleuses? (1945-1965)

La Libération est un moment important dans les luttes pour l'égalité des sexes au travail. La pression de la CGT conduit le ministre du Travail (communiste), Ambroise Croizat, à décider la suppression des abattements sur les salaires féminins (30 juillet 1946). Selon la Constitution de 1946, « la loi garantit à la femme, dans tous les domaines, des droits égaux à ceux des hommes ». Le

26 Cité par Christine Delphy, *idem*, p. 43.

27 Jean-Claude Kaufmann, *La Trame conjugale. Analyse du couple par son linge*, Nathan, 1992.

28 Christian Baudelot et Roger Establet, *Allez les filles!*, Le Seuil, 1992, p. 136.

29 François de Singly, « Les habits neufs de la domination masculine », *Esprit*, n° 196, novembre 1993, p. 57.

La distribution du travail domestique dans les couples où l'homme et la femme sont professionnellement actifs

	Tâches domestiques	Selon les réponses des hommes et des femmes, la tâche est principalement effectuée par…						
		homme	femme	les deux conjoints également	autre personne du ménage	tiers rémunérés	Total	Proportion de cas où l'homme participe à titre secondaire, selon les réponses des hommes
PÔLE FÉMININ	Laver le linge à la main	1,1	96,7	0,5	0,9	0,8	100	5,7
	Laver le gros linge à la machine	2,6	94,2	1,3	0,9	1,0	100	11,7
	Laver du petit linge à la machine	2,0	95,0	1,7	0,8	0,5	100	13,3
	Repasser	2,2	89,3	0,9	2,4	5,2	100	13,7
	Recoudre un bouton	2,0	93,3	0,9	2,4	1,4	100	18,3
	Faire les sanitaires	4,4	89,7	1,9	1,2	2,8	100	14,4
TÂCHES NÉGOCIABLES	Faire la cuisine	8,3	84,0	5,1	1,9	0,7	100	37,4
	Faire les vitres	13,6	77,9	2,1	1,1	5,2	100	21,1
	Passer l'aspirateur, le balai	13,5	75,3	5,5	2,9	2,9	100	41,7
	Faire la vaisselle à la main	16,4	73,7	6,8	2,6	0,5	100	44,6
	Faire les courses	19,9	67,4	10,6	2,0	0,2	100	47,0
	Remplir et vider le lave-vaisselle	21,9	63,0	6,3	8,4	0,3	100	43,1
	Mettre le couvert	23,5	52,0	8,4	15,9	0,3	100	48,3
PÔLE MASCULIN	Porter du bois, du charbon, du mazout	74,1	20,2	2,2	3,2	0,2	100	12,8
	Laver la voiture	71,3	12,3	2,3	3,1	11,1	100	9,5

Source : INSEE, *Économie et statistique*, Division du travail domestique, 228, janvier 1990.

Bureau international du travail recommande lui aussi l'égalité des salaires (convention n° 100), principe repris dans l'article 119 du Traité de Rome en 1957. Mais l'inégalité salariale demeure un problème majeur. Les travailleuses sont cantonnées dans les emplois les moins rémunérés. L'amélioration de leur sort dépend des pressions en faveur d'augmentations des bas salaires et des revalorisations du salaire minimum. Les salariés agricoles sont les plus mal lotis avec un salaire minimum inférieur de moitié au SMIG : parmi eux, une majorité de femmes et d'immigrés.

Depuis la Libération et jusqu'au milieu des années 1960, les organisations syndicales adoptent des positions radicalement différentes à l'égard du travail féminin. La CFTC met en avant le droit des mères à rester au foyer. Elle s'oppose à la généralisation de crèches et de garderies. L'allocation de salaire unique, moyen efficace, nous l'avons vu, pour maintenir les femmes des milieux populaires au foyer, n'est plus revalorisée depuis le milieu des années 1950 et cesse donc d'être incitative. Se pose alors la question de sa transformation. Au début des années 1960, les familialistes de la CFTC aimeraient en faire une « allocation de la mère au foyer » (70 % du SMIG) qui compenserait la perte du salaire quand la mère s'arrêterait de travailler, mais ne serait attribuée qu'aux femmes qui quittent leur emploi. La commission féminine de la confédération y voit une mesure discriminatoire, et préférerait une allocation qui serait versée à toutes les mères, travailleuses ou non, ce qui compenserait pour les premières, les frais de garde et la perte de diverses allocations (bourses scolaires, aides aux vacances, etc.).

De son côté, la CGT insiste sur le droit au travail des femmes. Elle dénonce comme réactionnaire l'idéologie de la femme au foyer et se déclare opposée à l'allocation de salaire unique. Elle demande que celle-ci soit versée à toutes les mères, qu'elles aient ou non une activité professionnelle (congrès confédéral CGT, 1953). Après la suppression de l'abattement de 10 % sur les salaires féminins obtenu en 1946 grâce à une mobilisation exceptionnelle des militantes cégétistes, l'égalité des salaires masculins et féminins reste la principale revendication de celles-ci. En effet, les employeurs ne respectent pas la loi et le retour à une politique contractuelle dans la fixation des salaires creuse à nouveau l'écart. Les autres revendications de la CGT concernant la main-d'œuvre féminine sont, dans l'ordre, l'égalité professionnelle, l'amélioration des conditions de travail (la lutte contre « les cadences infernales ») et l'amélioration des droits liés à la maternité : allongement du congé, et surtout, son remboursement à 100 % du salaire afin que les salariées ne soient plus amenées à renoncer à leur congé pour ne pas amputer leur revenu.

Pour répondre aux besoins croissants de main-d'œuvre, l'État défend l'idée du temps partiel pour les femmes. Celles qui sont au foyer constituent une réserve utile, on imagine qu'elles se contenteront facilement d'un « salaire d'appoint ». Les familialistes voient d'un bon œil ce temps partiel qui permettrait aux travailleuses de continuer à s'occuper de leur foyer. Syndicalistes et féministes vont s'opposer efficacement à toute généralisation du temps partiel. Les employeurs du secteur privé, de toute façon, ne sont pas attirés, à l'époque, par cette formule.

À partir du milieu des années 1960, des changements interviennent tant à la CFTC qu'à la CGT. La « protection de la maternité » reste une préoccupation très importante. S'agit-il de garantir des droits ou d'aménager le travail féminin en raison de la fonction maternelle ? Les droits des travailleuses face à la maternité sont encore loin d'être assurés. Mais la « protection » est parfois poussée plus loin, dans des revendications qui font des travailleuses une catégorie spécifique en tant que mères. C'est la voie choisie par la CGT. Fin 1964, sa campagne « Cinq millions de femmes veulent conquérir le temps de vivre » met l'accent sur la fonction sociale de la maternité, demande la garantie du travail et la protection de la femme enceinte, des sorties et des entrées décalées à partir du 5e mois, le congé de maternité de 16 semaines à plein salaire, la possibilité de prendre un an de congé sans solde avec garantie de réembauche, le remboursement par la sécurité sociale des congés pour s'occuper d'enfants malades, l'indemnisation de la garde des enfants de moins de trois ans (égale à une journée de crèche) et des aides collectives (crèches, garderies). Plus spectaculaire, la revendication pour les femmes de la retraite à 55 ans avec 60 % du salaire. En raison des conditions de travail très dures que nombre de salariées subissent et de la fatigue qui en résulte, la revendication a un impact considérable. Ressentie par beaucoup comme une juste compensation aux tâches que les salariées effectuent comme mères et éducatrices, elle provoque aussi de vives critiques.

De nombreuses féministes contestent cette orientation différencialiste. Pour Andrée Lehmann, de la Ligue des droits des femmes, ces faveurs sont incompatibles avec l'égalité des sexes : le travail ménager doit être partagé équitablement, des crèches, des jardins, des hôpitaux d'enfants doivent être disponibles. Pour la CFDT, « tout protectionnisme… dans la mesure où il a pour conséquence d'alourdir les charges des employeurs, freine l'emploi des femmes ainsi que leur promotion et se retourne ainsi contre l'ensemble de la main-d'œuvre féminine, (de plus il) retarde une solution générale des problèmes posés par des conditions de travail inhumaines pour tous[30] ». La CFDT défend donc le droit à la retraite à 60 ans pour tous ceux dont la fatigue professionnelle est reconnue, ainsi qu'une diminution du temps de travail sans réduction du pouvoir d'achat pour tous. La CFDT (voir *infra*) se dégage progressivement du familialisme qui a tant marqué le syndicalisme.

Le ministère du Travail crée en septembre 1965 le Comité d'études et de liaison des problèmes du travail féminin, un organisme consultatif technique, sans budget, présidé par une féministe, Marcelle Devaud. Malgré des débuts difficiles, il sera un lieu d'information stimulant études et statistiques sur le travail féminin, de confrontation entre organisations syndicales et féminines, et une tribune pour s'adresser aux représentants de l'État : on y débat notamment du temps partiel, du salaire unique et du travail de nuit. On peut le voir comme le début d'un « processus conduisant en France au féminisme d'État, à partir de la constitution d'un nouveau domaine d'intervention des pouvoirs publics[31] ».

30 Rapport de la CFC, 13 juin 1965, cité par Stéphanie Batailler, *La Commission…*, *op. cit.*, p. 171.

31 Martine Lévy, *Le Féminisme d'État en France 1965-1985 : 20 ans de prise en charge institutionnelle de l'égalité professionnelle entre hommes et femmes*, thèse, IEP Paris, 1988, p. 24.

Même pour celles et ceux qui s'opposent à la politique gaulliste d'alors, l'initiative s'avère utile pour une meilleure information et une action plus efficace.

2.5 Batailles pour l'égalité (1965-1983)

En 1966, la grande grève d'Herstal, près de Liège, en Belgique permet de poser au niveau européen le problème des discriminations. Les 3 500 ouvrières de la fabrique nationale d'armes font grève contre l'inégalité des salaires (26 % d'écart entre ceux des hommes et ceux des femmes à travail égal). Les chômeurs sollicités pour briser la grève refusent, ce qui restera un exemple de la solidarité possible pour lutter contre le sexisme. Les grévistes ont gain de cause et leur exemple dynamise la campagne pour l'égalité des salaires. En France, la CGT lance une campagne pour l'égalité des salaires et réalise une large union de la gauche sur le principe de la promotion professionnelle des femmes. La mobilisation syndicale et féministe, après Mai 1968, conduit à un renforcement de la législation égalitaire. Les conventions collectives devront respecter le principe « à travail égal, salaire égal ». La loi du 11 juillet 1975 interdit toute discrimination fondée sur le sexe, « sauf motif légitime », pour réprimer notamment le refus d'embaucher fondé sur le sexe ou la situation de famille. On commence alors à mesurer les effets de la crise sur l'emploi féminin. Les discriminations s'aggravent. En mars 1981, le taux de chômage des femmes est de 9,5 %, celui des hommes de 4,9 %. François Mitterrand propose le partage du travail d'une manière égalitaire, la réduction à 35 heures pour toutes et tous, et s'insurge contre le temps partiel pour les femmes.

Élu en mai 1981, il crée un ministère des Droits de la femme confié à Yvette Roudy. La loi du 10 juillet 1982 donnant un statut professionnel aux travailleuses indépendantes à travers trois statuts possibles (collaboratrice associée, salariées du conjoint ou chef d'entreprise) est une avancée pour les droits de ces travailleuses invisibilisées en raison de leur statut matrimonial[32]. Le 13 juillet 1983 est votée la loi sur « l'égalité professionnelle entre hommes et femmes », qui devrait mettre la France au diapason de l'Europe (directive de 1976). Elle interdit les discriminations à l'égard des femmes à l'embauche, dans la qualification, la classification, la promotion et le licenciement. Cette nouvelle loi comble un vide juridique qui rendait peu efficaces les précédentes lois. Elle définit le travail « de valeur égale[33] » ; elle supprime le « motif légitime » ; elle favorise l'action en justice en autorisant les organisations représentatives dans l'entreprise à se substituer à la victime d'une discrimination pour agir, et protège la plaignante contre un licenciement consécutif à sa plainte. C'est à l'employeur désormais de prouver qu'il n'y a pas eu volonté discriminatoire. Outre son volet

32 Mais dix ans plus tard, seulement 20 % des femmes concernées ont choisi l'un de ces trois statuts.

33 « Seuls sont considérés comme ayant une valeur égale les travaux qui exigent des salariés un ensemble comparable de connaissances professionnelles consacrées par un titre, un diplôme ou une pratique professionnelle, de capacités découlant de l'expérience acquise, de responsabilités et de charge physique ou nerveuse ».

répressif (ici résumé), la loi vise aussi à promouvoir l'égalité des chances par des mesures particulières prises au seul bénéfice des femmes. Il s'agit de compenser les handicaps socioculturels en laissant l'initiative aux partenaires sociaux de négocier dans les entreprises des plans de « rattrapage » qui donneraient la priorité à des femmes pour l'embauche, la formation, la promotion, avec la possibilité d'une aide financière de l'État. Un rapport annuel chiffré devrait présenter les résultats.

L'évolution juridique (impulsée par la réflexion européenne) est considérable : on passe du principe de l'égalité des droits à celui de l'égalité de traitement (*i.e.* : des droits appliqués). Il ne s'agit plus de « protéger » les femmes, mais de combattre l'inégalité dont elles sont victimes. Une formation mieux adaptée, plus diversifiée, devrait garantir l'égalité des chances. Mais le tournant libéral de la gauche au pouvoir, va, à partir de 1983, abâtardir ces beaux principes. Dans les faits, les inégalités persistent et même s'aggravent entre les sexes.

2.6 Les inégalités s'aggravent (1983-2000)

La grande réduction du temps de travail promise en 1981 s'est limitée aux 39 heures et à la cinquième semaine de congés payés; elle n'a donc qu'un effet minime sur l'emploi. En mars 1983, le gouvernement prend le tournant de la « rigueur », acceptant la flexibilité dans les formes d'emploi[34]. En fait, il encourage la création d'emplois atypiques et s'adapte au langage et aux intérêts des chefs d'entreprise. L'incitation au temps partiel se renforce, y compris dans les administrations publiques, pour partager l'emploi, mais aussi pour une meilleure conciliation entre le travail et la famille : cette dernière justification ne laisse aucun doute sur le public visé. On parle de moins en moins d'égalité. En 1992, le gouvernement remplace ce principe par celui de « mixité » des emplois. « Le déclin général du syndicalisme et le recul des positions féministes, soit dans les organisations, soit dans les groupes autonomes, ont en fin de compte laissé carte blanche à François Mitterrand pour mener une politique économique qui remettait en cause le droit des femmes à l'emploi[35]. » Nous examinerons successivement les trois aspects majeurs de l'infériorisation économique des femmes : le développement des emplois précaires à temps partiel souvent associés à des horaires « atypiques », le surchômage, enfin, le maintien de l'écart des salaires entre les sexes.

Le temps partiel (inférieur d'au moins 1/5e à la durée légale du travail) s'est beaucoup développé, encouragé par l'État qui y voit un moyen de lutter contre le chômage[36]. Ces emplois sont aujourd'hui occupés par une écrasante majorité

34 Jane Jenson, Mariette Sineau, *Mitterrand et les Françaises. Un rendez-vous manqué*, Presses de sciences po, 1995, chapitre 7.

35 *Id.*, p. 237.

36 Il y a 16 % d'emplois à temps partiel en France aujourd'hui. Leur nombre a doublé depuis 1973. Ils concernent 3,6 M de personnes et concernent une personne active sur 6.

de femmes (85 %). C'est-à-dire qu'une femme sur quatre (en 1991) travaille à temps partiel (et seulement 3,5 % des hommes). Les 3 M de salariées concernées (1993) occupent des emplois peu qualifiés, essentiellement dans le tertiaire (commerce, services). Vanté dans les années 1980 comme une forme moderne de temps choisi, permettant d'équilibrer travail et vie familiale, le temps partiel est de plus en plus perçu comme une flexibilité avantageuse pour les employeurs, mais défavorable à leurs employées. Il crée de la précarité, sauf dans les cas minoritaires où il est réellement voulu (par les secrétaires, les fonctionnaires et les détentrices d'emplois qualifiés dans les professions libérales et les métiers de l'information). Les emplois dits atypiques (précaires, à temps partiel) sont si peu rémunérateurs (un demi-SMIC égale un RMI) qu'ils incitent à un repli domestique. Les jeunes mères voient leur accès limité aux emplois requérant une forte disponibilité dans le commerce de la grande distribution et dans la restauration-hôtellerie notamment qui imposent des horaires décalés. L'allocation parentale d'éducation, créée en 1985, étendue aux parents (mais dans la réalité aux mères) de deux enfants qui ont eu au moins deux ans d'activité dans les cinq années avant la naissance est une invitation à quitter l'emploi. Elle représente en 1997 3 000 francs mensuels, non imposables et est attribuée à un demi-million de personnes. Elle joue comme une alternative au chômage ou à un salaire faible, et dégonfle le taux du chômage (un tiers des bénéficiaires étaient au chômage en 1998)[37]. Les gardes d'enfants à domicile et les travaux de ménage sont des emplois féminins mal payés et souvent à temps partiel encouragés par l'allocation de garde d'enfants à domicile qui donne des avantages fiscaux aux employeurs (employeuses) et à travers le système du chèque emploi-service. Les bénéficiaires qui appartiennent aux catégories les plus aisées sont de plus en plus nombreux. La volonté affichée par l'État d'exploiter de nouveaux gisements d'emploi perpétue le cantonnement des femmes dans des secteurs sous-qualifiés et tend à se confondre avec la politique familiale. En effet, c'est le choix de services individualisés (pour le travail ménager, les soins aux enfants et aux personnes âgées ou malades) qui a été fait, et non celui des services collectifs. La diminution du nombre de crèches et de garderies ne peut qu'affecter l'emploi féminin.

En 2000, la France a finalement accepté de se plier à la directive européenne de 1976 qui considère la législation interdisant le travail de nuit des femmes comme discriminatoire à l'égard des femmes. En France, l'interdiction (ne portant que sur les établissements industriels) avait été supprimée en 1979 pour les femmes occupant des postes de direction ou des postes techniques à responsabilités. Dans la pratique, un certain nombre de dérogations étaient accordées : avant 1992, 450 000 femmes travaillaient la nuit. La flexibilité croissante dans le travail se traduit par une augmentation du travail de nuit qui concerne cependant une minorité de femmes (tous secteurs confondus, en 1991, 17, 3 % des hommes travaillent de nuit, contre 5,3 % des femmes)[38].

37 Françoise Battagliola, *Histoire du travail…*, *op. cit.*, p. 106-107.

38 INSEE, cité par Christiane Cordero, *Le Travail des femmes…*, *op. cit.*, p. 90.

Le taux de chômage est en 1996 de 14,2 % pour les femmes et 10,4 % pour les hommes. Les premières sont aux trois-quarts des employées, tandis que les seconds sont surtout ouvriers. Les chômeuses restent pendant des périodes plus longues à la recherche d'un emploi. Les plus jeunes sont les plus durement frappées : le chômage des moins de 25 ans est en 1996 de 22 % pour les hommes et de 32 % pour les femmes, qui éprouvent des difficultés spécifiques d'insertion. Bien souvent, les femmes se retrouvent au chômage quand leur contrat à durée déterminée prend fin, ou lorsqu'elles veulent après une interruption reprendre une activité. Les hommes, eux, sont davantage concernés par les licenciements économiques. Le chômage affecte d'une manière inégale les femmes : les diplômées sont soumises à des conditions identiques à celles de leurs homologues masculins, tandis que les femmes sous-diplômées sont surexposées à la précarité. Il existe des « noyaux durs de sur-chômage et de sous-emploi féminins, solidement installés et largement tolérés ». « Suggérer l'idée que les femmes puissent se retirer silencieusement du marché de l'emploi, pour se réfugier dans l'inactivité, signifie bien que leur droit en la matière est toujours contingent — toujours soumis aux contingences du moment. Et que leur chômage à elles est moins grave que leur chômage à eux[39] ».

Sur fond de mutations économiques et de maintien du chômage à un niveau extrêmement élevé, les discriminations sexuelles se creusent. La loi « Roudy », symbole de la volonté égalitaire de la gauche, déçoit : très peu d'entreprises négocient des plans d'égalité (ils ne concernent que 4 000 femmes). En 1989, la France doit même l'amender pour se conformer à la réglementation européenne, plus exigeante sur l'égalité effective. L'écart moyen entre les salaires masculins et féminins reste important : 27,4 % en 1982, 28,2 % en 1989, 24 % aujourd'hui. Les femmes travaillent massivement dans les secteurs les moins rémunérateurs. Surtout, des différences salariales se maintiennent au sein d'une même catégorie socioprofessionnelle : en 1992, l'écart pour les cadres est de 27 %. Il est de 23 % pour les ouvriers et de 13 à 10 % pour les employés et professions intermédiaires. Dans la fonction publique d'État où le principe d'égalité est le plus strictement appliqué, la différence est de 15,3 % en 1990[40]. Même en isolant les facteurs de différenciation tels que la durée du travail, la qualification, l'expérience professionnelle, un écart subsiste qui est de l'ordre de la discrimination pure[41]. Il est d'autant plus grand que l'on s'élève dans la hiérarchie. Mais la situation la plus préoccupante est celle de ces femmes nombreuses à travailler sans parvenir à gagner sa vie : une paupérisation dont on parle peu[42].

39 Margaret Maruani, « Les temps modernes de l'emploi féminin », *Manières de voir/Le Monde diplomatique*, n° 44, mars-avril 1999, p. 35.

40 INSEE, cité par Claire Aubin, Hélène Gisserot, *Les Femmes…, op. cit.*, p. 53.

41 Catherine Sofer, « Analyse économique des discriminations sexuelles dans les entreprises », Nicole Aubert, Eugène Enriquez, Vincent de Gaulejac dir., *Le Sexe du pouvoir. Femmes, hommes et pouvoirs dans les organisations*, Desclée de Brouwer, 1986, p. 96-106.

42 Mais qui est un des thèmes de la Marche mondiale des femmes de l'an 2000.

2.7 Femmes en grève

La grève ne dit pas tout des formes de résistance qui se manifestent au travail. On n'abordera pas ici l'absentéisme et les diverses stratégies visant à limiter l'effort demandé, à feindre l'incompétence, à « gagner du temps » quand c'est possible, car ces résistances restent individuelles et sont rarement verbalisées. La grève, phénomène collectif, est en revanche un moment exceptionnel de *prise de parole*. Elle révèle donc des situations habituellement subies. Des films en témoignent comme celui de Soazig Chappedelaine et René Vautier (*Quand les femmes ont pris la colère*, 1977) ou *La reprise du travail chez Wonder* (Hervé Leroux, 1996) qui retrouve vingt ans plus tard les actrices et acteurs d'une grève de 68. L'auteur avait été frappé par l'image d'une jeune ouvrière de cette usine de la banlieue parisienne qui s'écriait en larmes qu'elle « ne retournerait plus jamais dans cette tôle », au moment où les syndicats prônaient le retour au travail. Image emblématique en effet que celle de l'ouvrière spécialisée poussée à bout par les vexations de l'encadrement, la faiblesse des salaires et les cadences imposées et qui soudain se révolte en refusant tout compromis. Traditionnellement, ce ne sont pas les plus exploités qui entrent le plus facilement en grève. Pourtant, les grèves d'OS (en majorité féminines) se multiplient dès les années 1960 pour obtenir la fixation d'un salaire minimum garanti, des augmentations et la révision des cadences. Les grèves de Mai 1968, marquées par l'occupation des locaux, permettent une diminution des horaires et le relèvement du SMIG, mais les conditions de travail restent déplorables et les perspectives d'avenir bien noires pour celles et ceux qui se sentent condamnés à répéter le même geste jusqu'à la retraite.

Les grèves des années 1970 se distinguent par leur longueur. Lip, une fabrique de montres dont le personnel est composé pour moitié d'OS femmes — devenu un modèle d'organisation autogestionnaire — attire particulièrement l'attention : les femmes qui vivent cette expérience la transmettent dans *Lip au féminin* (Syros, 1977). On y trouve les revendications égalitaires concernant le droit au travail, les salaires, la formation et la promotion, l'abolition du travail au rendement des OS, la réduction du temps de travail pour tous, le développement des équipements collectifs contrôlés par les usagers. Mais aussi l'expression d'une révolte féministe, l'analyse collective de la vie des femmes, des pièges de l'organisation familiale traditionnelle, des discriminations subies dans le travail mais aussi dans l'organisation de la lutte (leadership masculin). Expérience proche, la CIP, occupée par son personnel féminin pendant trois ans (1975-1978)[43] qui continue la fabrication des chemises. Ces deux exemples indiquent un changement important dans la nature des grèves du secteur privé : ce sont des grèves défensives, des grèves de la dernière chance, pour éviter la fermeture de l'entreprise, des grèves de temps de crise. La désindustrialisation suscite des grèves désespérées, tantôt masculines, tantôt féminines, selon le type de production. La croissance du chômage et la précarisation des emplois provoquent une diminution des grèves qui tendent à se limiter au

43 Anni Borzeix, Margaret Maruani, *Le Temps des chemises*, Syros, 1982.

secteur public depuis une vingtaine d'années. La cinéaste Dominique Cabrera a bien saisi dans son film, *Nadia et les hippopotames* (1999), l'enjeu nouveau que posait avec force le mouvement de grève en 1995 en confrontant un groupe de cheminots syndicalistes à une femme (jouée par Ariane Ascaride), mère d'un bébé dont elle cherche le père, une femme sans emploi, paumée et sans un sou, et qui n'a pas, elle, l'arme de la grève pour se défendre.

2.8 Quel pouvoir des femmes dans les syndicats?

La réponse n'est pas simple car le monde syndical est diversifié et a connu depuis la Libération d'importantes évolutions. On ne considérera ici que les deux confédérations les plus importantes : la CGT et la CFTC-CFDT[44]. Là comme ailleurs, plus le degré de responsabilité est élevé, plus les femmes se raréfient.

Une seule femme, Marie Couette, siège au bureau confédéral de la CGT en 1946. Pourtant, les commissions féminines se multiplient depuis la Libération[45]. Dès cette époque, une politique volontariste de recrutement de syndiquées, de militantes et de responsables femmes est pratiquée. Cela ne va pas sans difficultés car les préjugés sont tenaces et les résistances très fortes. Dans la plupart des cas, l'action en direction des femmes est entièrement à la charge des femmes elles-mêmes. *La Vie ouvrière* et *Le Peuple* ont des rubriques féminines, mais le plus remarquable est l'existence d'une revue mensuelle entièrement consacrée aux travailleuses : *La Revue des travailleuses*, créée en 1952, remplacée en 1955 par *Antoinette*, dont l'impact est important (50 000 exemplaires[46]). La CGT investit également beaucoup dans la formation des militantes, en s'adaptant à leurs contraintes familiales : les stages de proximité leur permettent de rentrer le soir chez elles. Sans être spectaculaires, les résultats sont visibles. La participation des femmes aux congrès s'améliore (elles sont une poignée en 1946, 15 % dans les années 1950, 20 % à la fin des années 1960). Dans les instances dirigeantes aussi, elles sont plus nombreuses : 10,6 % à la Commission administrative en 1946, 23 % en 1953. Aucune statistique cependant ne permet de mesurer avec certitude l'évolution du nombre des syndiquées.

À la CFTC, elles sont particulièrement nombreuses (42 % des adhérents en 1949 et 48 % en 1964). Leur poids dans l'organisation est néanmoins faible. À la Libération, la CFTC a supprimé ses syndicats féminins, jugés par les uns trop conservateurs, par les autres trop féministes[47]. Est-ce un progrès de l'égalité,

44 Dans ce domaine, l'historiographie est encore très lacunaire. À la CGT-Force Ouvrière issue de la scission de 1948, une seule femme a siégé au bureau confédéral de 1948 à 1963 (Rose Étienne), aucune jusqu'en 1974, puis une (Paulette Hofman). La commission féminine a été créée très tardivement, en 1970 (Paulette Lanvin).

45 Slava Liszek, *La CGT et la défense des femmes salariées de 1944 à 1968*, DEA, Université de Paris VII, 1997.

46 Anne-Clémence Wisner, *"Antoinette", magazine féminin de la CGT de 1955 à 1969*, maîtrise, Université de Paris I, 1999.

47 Stéphanie Batailler, *La Commission féminine confédérale de la CFTC (CFTC) dans les années 1960*, maîtrise, Université de Paris I, 1997.

comme le pensent les jeunes militantes? Ou une perte de pouvoir et d'autonomie, opinion des « anciennes »? Alors qu'avant-guerre, les femmes n'avaient jamais représenté moins du 25 % des membres du bureau national, en 1947, elles ne sont que 3 sur 36. En 1961, 1 sur 22. Quant au conseil confédéral de 40 membres, il est uniquement masculin. Sans la présence statutaire de la secrétaire générale adjointe, animatrice de la Commission féminine confédérale, y aurait-il une femme à la direction confédérale? La participation des femmes aux congrès est limitée (6,6 % en 1963), et les déléguées y prennent rarement la parole. L'appareil dirigeant s'est donc fortement masculinisé, évolution que l'on doit mettre en rapport avec le contexte général : le poids du familialisme pendant ces années du baby boom, l'illégitimité accrue du travail salarié féminin, et, partant, de l'action syndicale des femmes (les épouses de militants au foyer représentent la normalité, les militantes, elles, paraissent anormales, et ce d'autant plus si elles sont célibataires et sans enfants). La commission féminine compte cependant des militantes déterminées à faire évoluer la place des femmes et à œuvrer pour la déconfessionnalisation du syndicat. Parmi elles, Jeannette Laot, ouverte aux échanges avec les intellectuelles féministes et socialistes qui analysent leur époque — le début des années 1960 — comme un moment de transition où les désirs des femmes se heurtent à la tradition.

En 1964 a lieu le congrès qui transforme la confédération chrétienne en Confédération française démocratique du travail (CFDT), une minorité continuant la CFTC. Le congrès admet qu'il faut construire une société où les femmes peuvent se réaliser en tant qu'êtres humains à égalité avec les hommes, « tout en sauvegardant le bien-être et l'équilibre de la famille ». En 1967, Jeannette Laot devient permanente du secteur femmes qui mène une bataille interne difficile (« On se bat déjà contre les patrons, on ne veut pas se battre contre les copains du syndicat », dit une militante). Mai 68 accélère l'évolution : « La libération de la femme de tout ce qui l'aliène dans la société actuelle est une condition indispensable pour le passage au socialisme » (Congrès de la CFDT, 1970). La CFDT double en quelque sorte la CGT, en défendant un socialisme autogestionnaire plus en phase avec l'époque que le communisme dogmatique, mais aussi en se faisant féministe (le mot n'est pas employé, mais le terme de « libération de la femme » est marquant en 1970). 20 % de femmes participent à ce congrès. Le poste réservé à une femme comme secrétaire générale adjointe est supprimé (le paternalisme du quota n'est pas dans l'esprit du temps). L'année suivante, la commission féminine devient mixte : les revendications des femmes doivent devenir en principe l'affaire de tous.

On n'a jamais autant débattu des questions « femmes » dans les syndicats que pendant les années 1970 : le MLF a été un aiguillon efficace, mais aussi l'extrême gauche ainsi que les intellectuelles spécialistes du travail féminin. Une révolution mentale s'opère alors : la redéfinition du champ syndical[48]. Les questions autrefois considérées comme privées, liées à la sexualité, sont désormais prises en compte : les syndicats participent aux batailles pour la contraception et

48 Margaret Maruani, *Les Syndicats à l'épreuve du féminisme*, Syros, 1979.

l'avortement. Mais plus généralement, ce ne sont plus seulement les conditions au travail, mais les conditions de vie qui sont débattues. L'embellie est de courte durée. Des facteurs politiques (le trouble introduit dans les mouvements sociaux par l'arrivée de la gauche au pouvoir) et socio-économiques (la désindustrialisation et le maintien du chômage à un niveau très élevé) affaiblissent les syndicats. Les rêves des années 1970 s'effondrent. Madeleine Colin reconnaît qu'entre le syndicalisme et le féminisme, il y a eu des occasions perdues. Pour son organisation, la CGT, le féminisme était forcément « bourgeois », qualificatif injuste, mais en même temps, elle regrette que les féministes n'aient jamais « reconnu cette forme de féminisme que les travailleuses portent en elles et expriment à leur façon. Ce féminisme qui s'exprimait largement et librement dans *Antoinette*[49] », journal qu'elle a dirigé jusqu'en 1975. De son côté, la direction de la CGT n'apprécie pas l'indépendance de ton du journal, qui se manifeste non seulement sur les luttes des femmes, mais aussi sur les questions internationales : en 1982, l'équipe de rédaction démissionne.

Dans les années 1990, on peut noter l'arrivée de femmes à la direction d'organisations syndicales. Nicole Notat, élue en 1992 à la tête de la CFDT est la plus connue. Il faudrait citer aussi SUD (issu d'une scission de la CFDT dans les PTT), le SNES (syndicat enseignant), le CNJA (Centre national des jeunes agriculteurs). Ces avancées traduisent sans doute un recul des discriminations, mais elles suscitent aussi des réactions sexistes de la part même de dirigeants syndicaux. Elles ne s'accompagnent pas d'une féminisation des instances dirigeantes. Par exemple, le bureau national de la CFDT ne compte que 8 femmes sur 32 membres (1999). La crise du syndicalisme n'est-elle pas liée à l'inadaptation de son modèle viril de fonctionnement? Cette crise a en tout cas ouvert un espace à d'autres modes de protestation collective. Les coordinations d'infirmières apparues en 1988-1989 en sont un bon exemple. Certes, il est logique qu'elles soient fortement féminisées, à l'image d'une profession à 85 % féminine. Mais l'absence de mécanismes bureaucratiques dans ce genre de mouvements sociaux joue en faveur d'une mixité réelle[50].

3 LA FORMATION DES FILLES

3.1 La mixité scolaire

Jusqu'au début des années 1960, le système scolaire obéit en principe à la règle de la séparation des sexes, mais les établissements secondaires mixtes sont de plus en plus nombreux aux côtés des établissements féminins et masculins, et les

49 Interview dans *Le Féminisme et ses enjeux…, op. cit.*, p. 93.

50 Danièle Kergoat, Françoise Imbert, Hélène Le Doaré, Danièle Senotier, *Les Infirmières et leur coordination 1988-1989*, Lamarre, 1992.

classes mixtes du primaire se multiplient, surtout dans le public[51]. Puis la mixité est instituée par décret dans les collèges d'enseignement secondaire (1963), dans les établissements d'enseignement élémentaire (1965). Le ministère de l'Éducation nationale la justifie au nom de « l'évolution des conceptions sociales » qui a fait disparaître les réticences des familles et du personnel enseignant. Il n'y a pas de débat public, c'est l'administration qui impulse la mixité, avec le souci de mieux gérer un système qui doit accueillir de plus en plus d'enfants en raison de la croissance démographique et de l'allongement de l'âge de la scolarité obligatoire passée de 14 ans à 16 ans en 1959. Implicitement, il s'agit aussi de mieux répondre au besoin de main-d'œuvre (une circulaire de 1966 demande « un effort systématique d'information des familles » sur les possibilités de formation offertes aux jeunes filles). Les classes du primaire et du secondaire sont les premières à devenir mixtes, puis survient une accélération après 1968 au niveau des lycées. La mixité devient la règle avec la loi Haby de 1975. Les partisans de la coéducation ont gagné, mais leur victoire est discrète, comme le montre l'adoption du terme de mixité (et non celui de coéducation) qui apaise le vieux débat. La perspective égalitariste et féministe n'apparaît officiellement que dans une circulaire tardive de 1982 qui présente la mixité comme un moyen « d'assurer la pleine égalité des chances » entre les garçons et les filles, de lutter contre les « préjugés sexistes » et de « faire disparaître toute discrimination à l'égard des femmes[52] ».

3.2 La réussite scolaire des filles

Dans cet enseignement de masse démocratisé, les filles réussissent avec éclat. Dès le cours préparatoire, elles redoublent moins que les garçons, même quand elles viennent de milieux défavorisés. Pourtant, à niveau moyen équivalent, l'arbitrage favorise les garçons pour le passage dans une classe supérieure. En 1990, il y a 54,8 % de filles en terminale : leurs effectifs se sont accrus très rapidement après 1969. Selon des enquêtes longitudinales, leur avance est nette en terminale, tous milieux confondus, et accentuée lorsqu'elles viennent de milieu favorisé. Le seuil des 50 % d'inscrites à l'Université a été franchi en 1971 et résulte d'une évolution continue et régulière depuis un siècle.

L'école semble faire la démonstration de l'égalité des sexes, et même d'une supériorité des filles. Serait-elle un cocon protecteur contre les inégalités? Non, car elle reproduit fortement les inégalités de classe et, plus discrètement aujourd'hui, les inégalités sexuelles. Nous le verrons à travers le problème de l'orientation mais auparavant, il s'agit de s'interroger sur le succès scolaire des filles. Aux dires des pédagogues et des sociologues, ces dernières intériorisent jusqu'à l'excès les normes scolaires. Elles sont plus sages, plus attentives, plus ordonnées que les garçons. Rien de moins naturel évidemment : hors du système

51 Françoise et Claude Lelièvre, *Histoire de la scolarisation des filles*, Nathan, 1991.

52 Sur la mixité aujourd'hui : Claude Zaidman, *La Mixité à l'école primaire*, L'Harmattan, 1996 et Nicole Mosconi, *La Mixité dans l'enseignement secondaire : un faux-semblant?*, PUF, 1989.

éducatif et dès leur plus jeune âge, par leurs jeux et sous l'influence de leurs proches, elles ont appris à se comporter ainsi. Aussi ont-elles l'avantage dans « la loi non écrite de la socialisation scolaire ». Les garçons, eux, prennent l'avantage dans « la loi non écrite de la compétition scolaire », grâce à une éducation au combat, à la rivalité (à travers leurs jeux notamment). « La culture machiste de l'*agon* [la lutte] peut permettre ces surestimations de soi si utiles pour accéder au bac C[53] » (comme elle peut aussi piéger les garçons de milieu défavorisé). Les atouts de l'école pour égaliser la situation des garçons et des filles (la scolarisation précoce dès 3 ans, la féminisation du corps enseignant, des principes éducatifs qui bannissent en principe toute différenciation selon le sexe) ne sont donc pas suffisants : à l'intérieur comme à l'extérieur des murs, les ferments d'inégalité sont actifs, sous la forme de stéréotypes sociaux largement partagés.

Ainsi au lycée, où les filles sont majoritaires, le taux de féminisation des filières A, B ou G (littéraire, économique, technique tertiaire) est de 70 % (en 1989-1990) et de 40 % en C, D ou F (scientifique ou technique industriel). L'accès des filles au bac scientifique, le plus prestigieux, ne suit pas un progrès linéaire : elles y sont moins présentes dans les années 1980 que dans les années 1970. Les filles sont aussi majoritaires dans les deux premiers cycles de l'enseignement supérieur (56 % en DEUG, 55 % en second cycle en 1989). Mais elles ne sont que 36 % en classes préparatoires aux grandes écoles, 19 % dans les écoles d'ingénieurs, 42 % dans les écoles de commerce. Les souhaits d'orientation diffèrent selon le sexe : les filles plébiscitent les métiers de l'enseignement et de la santé, sans se comparer aux garçons qui eux, ambitionnent des positions sociales plus élevées. Les uns et les autres s'orientent en fonction des rôles sociaux masculins et féminins[54]. Les filles se dirigent ainsi massivement vers les lettres, langues et sciences humaines, vers les écoles artistiques (59 %), les carrières sociales (74 %) et sanitaires (85 %) en 1987-1988. Depuis 1970, le taux de féminisation des études scientifiques stagne à 34 %, ce qui n'est pas le cas des études juridiques ou médicales où il progresse. Les enfants d'origine ouvrière ont 7 fois moins de chances que les enfants de cadres supérieurs et professions libérales d'accéder à l'université, mais notons que les filles surmontent mieux que les garçons le handicap social.

Dans les sections de techniciens supérieurs (10 000 inscrites en 1967, 70 000 en 1990), les filles représentent aujourd'hui la moitié des inscrits, un peu moins qu'en 1981 (57 %). Le « deuxième sexe » reste tertiaire, tandis que le premier est toujours secondaire. Les IUT, lorsqu'ils ouvrent leurs portes en 1965, ne comptent que 10 % d'étudiantes, en 1986, elles sont 39 %, puis leur part régresse légèrement. Elles sont majoritaires dans les formations des cadres moyens du tertiaire, mais bien peu nombreuses dans celles des techniciens industriels, et contrairement à ce que l'on pourrait supposer, cette dissymétrie s'est accrue depuis les années 1970. Les IUT s'adaptent à la demande de la production plus qu'ils ne reproduisent une situation héritée de l'éducation familiale et

53 Christian Baudelot et Roger Establet, *Allez les filles !*, Le Seuil, 1992, p. 155.

54 Marie Duru-Bellat, *L'École des filles. Quelle formation pour quels rôles sociaux ?*, L'Harmattan, 1990.

de la formation scolaire. Soulignons donc la légère régression de leur taux de féminisation, car les effectifs globaux sont en progression depuis quelques années et la valeur de la formation professionnelle des IUT est plébiscitée au moment même où les filières générales de l'Université, de ce point de vue, déçoivent. Or « les jeunes filles sont deux fois et demi plus nombreuses à se diriger vers les lettres (31,5 % contre 12,3 % en 1988-1989) » aux débouchés restreints et incertains.

Compte tenu du bilan très négatif qui a été dressé du chômage et de la précarité professionnelle des femmes, il est intéressant de vérifier si la formation initiale n'en est pas, pour partie, responsable. L'orientation vers le CAP en trois ans à l'issue de la 5e concerne surtout des garçons : les filles y sont moins nombreuses depuis les années 1970. Elles sont moins fréquemment que les garçons orientées vers les 4e et 3e technologiques. En fin de 3e, elles sont plutôt poussées vers le second cycle long, tandis que les garçons sont orientés vers des BEP qui s'avèrent parfois bien adaptés aux débouchés industriels, tandis que les BEP du tertiaire où vont les filles sont peu nombreux et ont des débouchés aléatoires.

Le CAP en deux ans, après la 3e et le BEP sont à majorité féminine (55 %) de 1970 à 1984; en 1989, l'égalité est réalisée. En dépit d'une augmentation de leur nombre, elles restent en minorité dans les formations agricoles. En revanche, l'accès des filles à l'apprentissage secondaire et tertiaire s'est amélioré. Dans le milieu ouvrier, au début des années 1960, les filles étaient plus nombreuses que les garçons à entrer au travail à 14 ans sans contrat d'apprentissage. La réorganisation de l'enseignement technologique (1971) a profité aux filles même si elles ne sont en 1988 que 28 % dans les formations d'apprentissage qui les mènent pour l'essentiel vers le commerce (87 % des apprenties). On retrouve à ce niveau de manière caricaturale la division sexuelle du travail. Très peu de formations sont effectivement mixtes et ce sont des formations marginales (métiers du verre, papier-carton, photo, industries graphiques). Les formations pour l'industrie textile sont féminisées à 97 %. Celles qui préparent à la mécanique, à l'électromécanique et à la chaudronnerie à 5 % maximum. 85 % des filles en CAP et BEP se destinent au tertiaire (surtout dans le paramédical et le secrétariat). L'éventail de leurs débouchés est beaucoup plus restreint que celui des garçons. Depuis 1974, l'État juge cette situation préoccupante et plusieurs conventions interministérielles ont tenté d'inciter à la diversification des filières empruntées par les filles. À partir de 1981, l'incitation s'est renforcée par une campagne de sensibilisation (par affiches et à la télévision), puis par la création d'une « bourse de la vocation scientifique et technique des femmes » (1985). Mais le bilan pour les « pionnières » qui se sont risquées à apprendre un métier industriel « non traditionnellement féminin » est décevant. Seulement 37 % d'entre elles exercent le métier qu'elles ont appris. Elles ont découvert les difficultés pour se faire embaucher et les statuts précaires. Parfois, les conditions de travail, trop discriminatoires, les ont conduites à abandonner. Aussi peut-on mettre en cause l'explication classique qui voit l'orientation des filles comme un simple conformisme social voire comme une forme de conservatisme. Ne sont-elles pas au contraire lucides sur les règles de l'insertion professionnelle *pour une femme*, et sur l'évaluation des risques qu'encourent les « pionnières » ? Leur choix correspondrait alors à « une adaptation raisonnable à leur situation objective[55] ».

Les enquêtes sur l'enseignement technique montrent avec force une situation d'« apartheid sexuel », logique, si l'on tient compte du marché du travail, encore plus attendu si l'on situe la question de l'orientation dans la problématique du « genre[56] ». Les adolescentes orientées vers le tertiaire ou l'habillement, les adolescents vers le bâtiment reproduisent un schéma social avec une force toute particulière puisqu'ils traversent, avec l'adolescence, une période de recherche d'eux-mêmes et ressentent le besoin d'affirmer leur identité sexuelle. Les filles en CAP et en BEP affichent une féminité ostentatoire (par exemple, elles se maquillent beaucoup). Les garçons, eux, jouent les « durs », repoussant avec violence tout signe de féminité : ils se coupent radicalement de l'univers des filles qui serait dévirilisant et manifestent un rejet très fort de l'homosexualité (les insultes privilégiées sont « tapette », « gonzesse », « pédé »). Ils se révèlent très traditionalistes (à l'image de leur milieu d'origine) dans leurs conceptions de la vie domestique et conjugale[57]. L'accès à la mixité et à un genre plutôt neutre serait-il un « privilège » de classe ?

La première leçon de ce demi-siècle écoulé, c'est que le nombre de femmes au travail progresse (45 % des actifs) en dépit de la crise et du chômage (51 % des chômeurs). Le déclin statistique de la femme au foyer, de l'interruption de l'activité pour élever les enfants, l'accès massif des femmes aux études devraient entraîner une révision radicale de la répartition sexuelle des rôles. Mais le vieux schéma garde une certaine force[58]. Malgré les progrès de l'égalité dans le droit, la disparité des salaires et des types d'emplois occupés, de même que les contraintes de la vie familiale et le partage inégal des tâches domestiques maintiennent de nombreuses femmes dans une situation dominée, c'est la seconde leçon. Leur pouvoir économique est faible, et elles disposent pour affronter les mutations économiques des dernières années de faibles moyens de pression puisque comme les hommes et sans doute plus qu'eux, elles pâtissent de l'affaiblissement du syndicalisme et des grèves. Enfin, elles n'ont quasiment aucun pouvoir de décision économique. C'est avec un optimisme prudent qu'il faut envisager l'extraordinaire gonflement des effectifs de diplômées, car la division sexuelle des connaissances perpétue la division sexuelle du travail.

55 *Id.*, p. 197.

56 Christian Baudelot et Roger Establet, *Allez les filles…*, *op. cit.*, chap. 8.

57 Pascal Duret, *Les Jeunes et l'identité masculine*, PUF, 1999.

58 Margaret Maruani, *Mais qui a peur du travail des femmes ?*, Syros, 1985.

Chapitre 10

Cultures, second 20e siècle

QUELLE EST LA PART DES FEMMES comme productrices et consommatrices de cultures au cours du second XXe siècle? La féminisation de la création artistique et ses enjeux formeront notre première partie. Nous verrons ensuite comment agit la différenciation des sexes dans les pratiques culturelles du quotidien. La culture de masse, à vocation commerciale, ne néglige pas les consommatrices à qui elle s'adresse. Le succès de la presse dite féminine ou des romans sentimentaux en est un éloquent exemple. Peut-on parler d'une « culture féminine »? Il faudra pendre la mesure de la grande rupture des années 1970 : jamais la contestation du sexisme (un mot nouveau, que les féministes inventent sur le modèle du mot racisme) n'a été aussi puissante, aussi radicale. Les transformations culturelles qui en découlent sont aussi importantes que les transformations déjà étudiées dans les domaines professionnel, éducatif, politique, sexuel. « Les femmes prennent la parole » : c'est un slogan, un vœu et déjà une réalité. Mais on n'abolit pas en une décennie le « système patriarcal »; des résistances se font jour, un nouvel agencement de la domination masculine se met en place[1], ce qui appelle un bilan nuancé.

1 LITTÉRATURE, CINÉMA, ARTS ET SPECTACLES

1.1 Littérature : scandale et subversion

Les femmes qui prennent la plume, en ce second XXe siècle, sont à bien des égards des novatrices, mais elles sont aussi des héritières (chapitre 5). Il faut noter bien sûr la persistance de leur exclusion dans les institutions de la vie littéraire. Le jury Fémina se situe à part, en raison des conditions de sa création, de même que le jury du prix Médicis, fondé en 1958 et financé par une mécène, paritaire dans sa composition mais non dans ses choix (6 lauréates depuis sa création). Dans l'ensemble, les jurys des prix littéraires restent largement dominés par les hommes (aucune au Renaudot, 3 au Goncourt en 1999)[2]. Les exceptions ne changent pas

1 *Cf.* Susan Faludi, *Backlash. La guerre froide contre les femmes* (éditions Des femmes, 1993) sur le « retour de bâton » (« *backlash* ») aux États-Unis dans les années 1980. Le succès du livre de Pierre Bourdieu, *La Domination masculine* (Le Seuil, 1998) montre que l'opinion française n'est pas indifférente.

2 Delphine Naudier, *La cause littéraire des femmes. Modes d'accès et modalités de consécration des femmes dans le champ littéraire*, 1970-1998, thèse, EHESS, 2000.

la règle du jeu. Lorsque meurt la plus célèbre de ces exceptions, Marguerite Yourcenar, première élue à l'Académie française en 1980, les « immortels » annonceront le décès de leur « confrère » et des journalistes salueront son œuvre « virile ». Cette exclusion révélatrice de la nature sexuée de la répartition du pouvoir et des honneurs, les écrivaines ont-elles à la regretter? Elles jettent un regard ironique sur ces institutions vieillies (Françoise Parturier est une des rares à réclamer l'intégration en se présentant, en 1970, à l'Académie française). Surtout, beaucoup d'entre elles tirent de leur position même d'*outsiders* la source de leur inspiration.

Afin de le démontrer, il faut réunir un corpus d'œuvres de femmes, démarche qui semble en elle-même poser problème, car elle est rarement adoptée pour les écrivains que l'on reconnaît d'emblée divers et universels. Sans doute le fait de regrouper des artistes (personnes les plus portées à exalter leur singularité individuelle) par genre est-il ressenti en France comme une violence symbolique, une démarche réductrice, simplificatrice. Ceci permet pourtant de dégager des tendances qui informent utilement l'histoire des femmes.

Nathalie Sarraute, dont le premier ouvrage, *Tropismes*, date de 1939, se situe à l'écart. Inventrice d'une nouvelle forme romanesque qui fait disparaître le sujet, l'intrigue, la psychologie et la sociologie, pour explorer à l'aide de « petits faits vrais » les limites du conscient et de l'inconscient, elle ne travaille pas particulièrement le rapport entre les sexes. La tendance du « Nouveau roman » n'est pas exclusivement masculine et Nathalie Sarraute y joue un rôle fort (mais discret), y compris dans l'élaboration théorique (*L'Ère du soupçon*, 1956). Simone de Beauvoir a le statut double d'intellectuelle engagée aux côtés de Sartre, dont le prestige est alors immense, et de romancière, s'attachant à l'analyse et à la peinture de sa vie et de la vie des femmes. Son œuvre engagée fait scandale mais s'impose (*Les Mandarins*, prix Goncourt en 1954; *Mémoires d'une jeune fille rangée*, 1958; *La Force de l'âge*, 1960; *La Force des choses*, 1963; *Une mort très douce*, 1964; *Les Belles images*, 1966; *La Femme rompue*, 1968). À la tradition réaliste et féministe se rattache également l'œuvre de Christiane Rochefort qui se fait connaître en 1958 par *Le Repos du guerrier*. Son style qu'elle appelle « l'écrit-parlé » est percutant, plein d'humour, mais aussi plein de hargne à l'égard de toutes les oppressions. « Le malheur, c'est le patron » écrit-elle dans *La Porte du fond* (prix Médicis 1988), le patron en question étant le père, violeur de sa fille. Dans cette filiation, on peut situer Annie Ernaux, qui publie son premier roman, *Les Armoires vides*, en 1974. Hypersensible au social (rapports de classes, mais aussi de sexe), elle décrit la métamorphose d'une étudiante des années 1960 devenue par le mécanisme implacable de la pression sociale *La Femme gelée* (1981).

L'inspiration autobiographique est une des forces et une des raisons du succès de la plupart de ces écrivaines. Parler de soi, c'est aussi parler des autres femmes, créer une histoire commune dont sont avides les lectrices des années 1970. Ces dernières font un succès à Marie Cardinal qui, après *Écoutez la mer* (prix international du premier roman en 1962), publie *La Clé sur la porte* (1972) puis *Les Mots pour le dire* (1975), récit d'une femme qui retrouve au fil de ses sept années de psychanalyse, les origines de son mal être, le refoulé de sa relation avec sa mère. Le débat fait rage alors sur l'« écriture-femme[3] » dans les cercles féministes. Il touche un large public avec le livre d'Annie Leclerc, *Parole de femme* (1974), qui entend valoriser l'expérience féminine dans ce qu'elle a de plus corporel et de plus tabou. Le ton est sincère, personnel, convaincu, lyrique et ne témoigne pas d'une recherche formelle particulière. Hélène Cixous au contraire recherche l'alternative au langage patriarcal.

Hélène Cixous, « Le rire de la méduse », *L'Arc*, n° 61, 1975, p. 39-40.

« Je parlerai de l'écriture féminine : de ce qu'elle fera. Il faut que la femme s'écrive : que la femme écrive de la femme et fasse venir les femmes à l'écriture, dont elles ont été éloignées aussi violemment qu'elles l'ont été de leur corps; pour les mêmes raisons, par la même loi, dans le même but mortel. Il faut que la femme se mette au texte — comme au monde, et à l'histoire — de son propre mouvement. [...] Quand je dis "la femme", je parle de la femme en sa lutte inévitable avec l'homme classique; et d'une femme-sujet universelle, qui doit faire advenir les femmes à leur(s) sens et leur histoire. [...] Ce qui me frappe c'est l'infinie richesse de leurs constitutions singulières : on ne peut parler d'*une* sexualité féminine, uniforme, homogène, à parcours codable, pas plus que d'un inconscient semblable. L'imaginaire des femmes est inépuisable, comme la musique, la peinture, l'écriture : leurs coulées de fantasmes sont inouïes. J'ai plus d'une fois été émerveillée par ce qu'une femme me décrivait d'un monde sien qu'elle hantait secrètement depuis sa petite enfance. Monde de recherche, d'élaboration d'un savoir, à partir de l'expérimentation systématique des fonctionnements du corps, d'une interrogation précise et passionnée de son érogénéité. [...] Alors je souhaitais qu'elle écrive et proclame cet empire unique : pour que d'autres femmes, d'autres souveraines inavouées, s'écrient alors : moi aussi je déborde, mes désirs ont inventé de nouveaux désirs, mon corps connaît des chants inouïs, moi aussi je me suis tant de fois sentie pleine à exploser de torrents lumineux, de formes beaucoup plus belles que celles qui encadrées se vendent pour toute la galette qui pue. Et moi aussi je n'ai rien dit, je n'ai rien montré, je n'ai pas ouvert la bouche, je n'ai pas re-peint ma moitié du monde. J'ai eu honte. J'ai eu peur et j'ai bouffé ma honte et ma peur. Je me disais : tu es folle! Qu'est-ce que c'est que ces montées, ces inondations, ces bouffées? Quelle est la femme bouillonnante et infinie qui n'a pas, immergée qu'elle était dans sa naïveté, maintenue dans l'obscurantisme et le mépris d'elle-même par la grande poigne parentale-conjugale-phallogocentrique, *eu honte de sa puissance*? qui ne s'est pas, surprise et horrifiée par le remue-ménage fantastique de ses pulsions (car on lui a fait croire qu'une femme bien réglée, normale, est d'un calme... divin) accusée d'être monstrueuse; qui, sentant s'agiter une drôle d'envie (de chanter, d'écrire, de proférer, bref de faire sortir du neuf) ne s'est pas crue malade? Or sa maladie honteuse, c'est qu'elle résiste à la mort, qu'elle donne tant de fil à retordre.

Et pourquoi n'écris-tu pas? Écris! L'écriture est pour toi, tu es pour toi, ton corps est à toi, prends-le. »

Avec Chantal Chawaf, Hélène Cixous est publiée par les éditions des Femmes fondées en 1974 par Antoinette Fouque, autour de laquelle s'est constituée la tendance Psychanalyse et Politique. L'influence de Luce Irigaray est grande dans cette recherche d'une alternative non phallique. Psychanalyste en

3 Titre de l'étude de Béatrice Didier, PUF, 1981. Voir aussi Merete Stistrup Jensen, « La notion de nature dans les théories de l'« écriture féminine », *Clio*, 2000, n° 11, p. 165-177.

marge de l'École freudienne dont elle est exclue, elle élabore au fil de ses ouvrages une théorie féministe lue en dépit de sa complexité et de son opacité parfois. Elle propose la redécouverte de la puissante relation mère-fille (*Spéculum de l'autre femme*, 1974), prône une « désassimilation des femmes » appelées à se dégager de l'impérialisme phallique de la psychanalyse, réfléchit à une symbolisation du sexe féminin (« deux lèvres qui s'embrassent continûment »). Marguerite Duras, sans se déclarer féministe, n'est guère éloignée des préoccupations de ses contemporaines, son goût pour une écriture proche de l'oralité en témoigne comme son œuvre qui cartographie des « territoires du féminin[4] » : la mère, l'amant, le silence. « La femme, c'est le désir. On n'écrit pas du tout au même endroit que les hommes. Et quand les femmes n'écrivent pas dans le lieu du désir, elles n'écrivent pas, c'est du plagiat », explique-t-elle à Xavière Gauthier dans *Les Parleuses* (1974). « Si le masculin se définit par le phallique, par l'un, par la totalisation, par l'instrumentalisation, le féminin se définit par l'ouvert, par le non-un, l'infini, l'indéfini, l'illimitation. Les métaphores ainsi déployées sont d'ailleurs explicitement référées à la morphologie de l'un et l'autre sexe. Les principales théoriciennes de ce courant contestent cependant l'existence d'une définition de "La" femme[5]. » La « féminitude » inspire surtout la création littéraire, à un moment où l'on découvre aussi la diversité de la littérature francophone des Antilles au Maghreb, en passant par le Québec (Simone Schwarz-Bart, Maryse Condé, Leila Sebbar, Antonine Maillet).

La problématique de la décolonisation s'applique alors aux femmes elles-mêmes. Dès les années 1950, en plein ordre moral, plusieurs écrivaines affrontent le tabou suprême : l'expression du désir et du plaisir féminins. Françoise Mallet-Joris publie à 21 ans *Le Rempart des béguines* (1951), histoire d'une jeune fille séduite par la maîtresse de son père. Françoise Sagan, à 19 ans, fait scandale avec *Bonjour tristesse* (1954), et ainsi débute son « mythe », entretenu par la confusion entre l'auteure et la jeune narratrice (les médias construisent un phénomène Sagan qui brûle sa vie au volant de voitures rapides, dans les casinos et les fêtes de Deauville à Saint-Tropez). Violette Leduc, protégée de Beauvoir, est plus explicite, à la fois directe et poétique dans une œuvre très autobiographique où l'homosexualité féminine tient une place majeure (*Thérèse et Isabelle*, 1955). Dérangeante, elle est censurée et longtemps sous-estimée jusqu'à son premier succès public : *La Bâtarde* (1964). L'érotisme lesbien semble bien cristalliser la révolte féministe en même temps que l'expression du désir/plaisir au féminin, ce qu'annonçaient déjà Colette, Renée Vivien et d'autres femmes de lettres du début du siècle. Avec Monique Wittig, il prend une forme vraiment nouvelle. Féministe hostile à la féminitude, elle situe le lesbianisme hors-genre, dans ses écrits politiques comme dans ses fictions (*Les Guérillères*, 1969 ; *Le Corps lesbien*, 1973). Dans son premier roman très remarqué, *L'Opoponax* (1964), où elle recherchait le langage de

4 Marcelle Marini, *Territoires du féminin avec Marguerite Duras*, Minuit, 1977.

5 Françoise Collin, « Différence et différend », Georges Duby, Michelle Perrot dir., *Histoire des femmes…*, *op. cit.*, t. V, p. 270.

l'enfance, elle évitait déjà le pronom marquant le genre en utilisant le « on ». L'érotisme diffus dans les œuvres citées n'implique pas leur classement dans une catégorie spécifiquement érotique. Dans les productions reconnues comme telles, il faut cependant mentionner certains romans de Régine Desforges et *Histoire d'O* (1954) signée par une mystérieuse Pauline Réage, dont Dominique Aury, secrétaire générale de la prestigieuse NRF, reconnaîtra tardivement la maternité. On a longtemps attribué ce récit sulfureux sur le masochisme féminin à un homme, l'auteur de la préface, Jean Paulhan.

L'érotisme continue d'inspirer la nouvelle génération des Alina Reyes (*Le Boucher*, 1988) et Virginie Despentes (*Baise-moi*, 1994)... L'autofiction trouve en Christine Angot (*L'Inceste*, 1999) une représentante provocatrice à souhait. C'est un moi féminin très incarné qui est au cœur de ces récits. Dominique Rollin, Andrée Chédid, Nancy Huston, Françoise Chandernagor, Danielle Sallenave... La liste serait longue des écrivaines actuelles et variée celle de leurs sujets de prédilection. Il n'y a pourtant pas d'explosion de leur nombre (autour du tiers de l'ensemble des écrivains), « pourcentage menacé d'être réduit encore par le tribunal de la postérité[6] ». Sur le plan quantitatif, retenons la stabilité du demi-siècle écoulé. La création cinématographique montre une évolution très différente, au départ très désavantageuse pour les femmes.

1.2 Le cinéma

1.2.1 La traversée du désert : une nouvelle vague masculine

Le cinéma « qualité française » de la fin des années 1940 au début des années 1950 laisse très peu de place aux réalisatrices. Jacqueline Audry est une brillante exception. Suivie par le public, elle réalise 16 longs métrages de 1946 à 1969, principalement des adaptations en costumes de l'œuvre de Colette et du roman de Victor Margueritte, *La Garçonne*. Cette préférence pour la thématique émancipatrice de la Belle Époque et des Années folles est en elle-même révélatrice, même si l'on peut juger, aujourd'hui, qu'elle en affadit le propos, mais n'est-ce pas en raison de l'étouffant conformisme de son époque? Et de son milieu professionnel, dont on peut mesurer le machisme tranquille dans un film à sketches de 1960, *La Française et l'amour*, qui réunit la « vieille vague » (Henri Decoin, Michel Boisrond, René Clair, Jean Delanoy, Henri Verneuil, Christian Jacques, Jean-Paul Le Chanois). Déjà triomphe un cinéma nouveau, hautement valorisé jusqu'à nos jours par les critiques, celui des Truffaut, Godard, Chabrol, etc. 150 cinéastes tournent un premier film entre 1957 et 1962. Parmi eux, pas une femme. Agnès Varda les a précédés (son premier film est *La Pointe courte*, 1954). Ce rapport privilégié entre la cinéphilie et le cinéma d'auteur (la « nouvelle vague ») peut être analysé sous l'angle du genre : rapport d'hommes à hommes, effet de miroir narcissique[7]. Le culte rendu par cette génération à des

6 Marcelle Marini, « La place des femmes dans la production culturelle. L'exemple de la France », *idem*, p. 287.

7 Noël Burch, Geneviève Sellier, « Cinéphilie et masculinité », *IRIS*, n° 26, automne 1998, p. 191-206.

actrices comme Bernadette Laffont ou la philogynie de Truffaut (*L'homme qui aimait les femmes*, 1977) n'y changent rien, mais pourraient bien au contraire confirmer cette place de muse-objet du désir que la tradition romantique et patriarcale réserve aux femmes. Nouvelle vague, mais vieux schéma, car les femmes fatales sont légion dans la plupart des films de la Nouvelle vague qui s'organisent autour d'un personnage principal masculin, saisi dans sa vie privée, dans un milieu privilégié, jaloux de sa liberté et au fond solitaire[8].

1.2.2 Les stars et leurs fans

1956 : *Et Dieu créa la femme* (Roger Vadim) fait de Brigitte Bardot une « star », c'est-à-dire une image mythique nourrie par les films, les médias et la personne réelle[9]. Trois ans plus tard, la star nationale a une envergure internationale, rivalisant avec Marilyn Monroe. Rien à voir pourtant avec la pulpeuse Hollywoodienne. Brigitte Bardot offre l'image surprenante dans la France conservatrice des années 1950 d'une femme moderne, émancipée, insolente et charismatique. Femme-enfant (son parler, ses moues boudeuses) comme l'indiquent ses initiales (bébé) à l'érotisme radicalement nouveau : direct et sans sophistication (nudité « naturelle » sans complexes de la première scène de *Et Dieu créa la femme*), ostentatoire et presque animal (scène de la danse, pieds nus, au rythme de tambours africains). Les médias s'emparent de cette jeune femme qui inspire la mode : Saint-Tropez, vie bohème, coiffure choucroute, etc. « BB » symbolise surtout une émancipation sexuelle, marquante pour le jeune public féminin, mais elle ne menace pas le pouvoir social des hommes. Bardot joue aussi sous la direction de Jean-Luc Godard (*Le Mépris*, 1963) et de Louis Malle (*Vie privée*, 1961). Star-symptôme, si l'on veut, annonçant la « libération des mœurs » et y contribuant avec une force singulière.

Antithèse de Bardot, Simone Signoret représente un autre type de star. Sa beauté (éclatante dans *Casque d'or* de Jacques Becker, 1952) tient à d'autres atouts : la force du regard, la personnalité, une ambiguïté de genre qui conjugue le féminin et le masculin. Elle incarne donc souvent à l'écran les femmes du peuple, les victimes. Dès 1961-1966, ses problèmes de santé, qui modifient son allure physique, et ses souffrances psychiques (comme épouse du volage Montand) enrichissent sa personnalité d'artiste : comme les chanteuses réalistes, elle exploite cette fragilité (voir *La Vie devant soi*, 1977, où elle incarne une vieille prostituée)[10]. Le public apprécie : Simone Signoret est « vraie »; elle bouleverse. Son humanité s'alimente aussi à ses combats politiques : amie des existentialistes, compagne de route du PC jusqu'en 1956, signataire du « manifeste des 121 » (chapitre 7).

8 Geneviève Sellier, « Images de femmes dans le cinéma de la Nouvelle vague », *Clio*, n° 10, 1999, p. 216-232.

9 Geneviève Sellier, Ginette Vincendeau, « La Nouvelle Vague et le cinéma populaire : Brigitte Bardot dans *Vie privée* et dans *Le Mépris* », *IRIS*, n° 26, automne 1998, p. 115-129.

10 Susan Hayward, « Simone Signoret 1921-1985 : the star as sign — the sign as scar », Diana Knight, Judith Still, *Women and Representation*, Nottingham, WIF Publications, 1995, p. 65.

Depuis une bonne vingtaine d'années, le star system s'est profondément modifié. Sans doute Catherine Deneuve est-elle une star. Mais au cours de sa carrière — de Jacques Demy à Lelouch, de Bunuel à Téchiné —, longue et variée, elle a su préserver sa vie privée qui ne fait pas la « une » des journaux. Juliette Binoche, oscarisée à Hollywood, semble prendre le même chemin.

Il n'est pas de stars sans fans, et dans ce dernier groupe, les femmes dominent numériquement. Qui sont ces fans dont le besoin d'adoration est qualifié d'hystérique ? Beaucoup sont des jeunes filles qui traversent ce moment, l'adolescence où les frontières du rêve et du réel sont encore mal établies ; mais aussi des « femmes de ces couches sociales intermédiaires : petites employées, petites bourgeoises, provinciales rêveuses et inassouvies, fardées[11] ». « Inassouvies » ou insatisfaites ? Les fans sont donc des amoureuses, de grandes amoureuses, qui dirigent leurs élans vers des stars masculines, incarnations d'une perfection introuvable à domicile, mais aussi féminines, sortes d'alter ego du même sexe, du même âge, modèles qu'elles s'efforcent de copier pour construire leur personnalité et leurs apparences selon l'idéal choisi.

1.2.3 Le réveil des films de femmes

Pour promouvoir la création et la distribution de films et de vidéos réalisés par des femmes, des féministes créent en 1973 l'association Musidora (hommage à l'une des pionnières du cinéma). Elles organisent en 1974 le premier festival de films de femmes, l'ancêtre du festival international annuel de Créteil. L'éveil d'un cinéma réalisé par des femmes rétablit quelque peu l'équilibre dans une industrie fortement marquée par la division sexuelle du travail. « Aux hommes revenaient la création et la maîtrise de la technique, tandis que les femmes étaient cantonnées aux travaux de "petites mains", costumes, maquillage, ou script. Même si les vedettes/stars féminines parvenaient parfois à obtenir une relative égalité avec leurs partenaires masculins, il n'en était pas de même pour la réalisation[12]. » Quels sont les facteurs du changement qui place aujourd'hui la France au premier rang mondial pour le nombre des femmes cinéastes : environ 14 %, avec une pointe à 20 % au milieu des années 1990 ?

Le début de l'accroissement se situe en 1970 : date à double signification puisqu'on peut y voir un effet de la contestation de Mai 1968 qui crée un espace pour l'expression des voix dominées (documentaires militants notamment) mais aussi un effet du mouvement de libération des femmes qui facilite la prise de parole collective. Certes, en France, les théories féministes sur le cinéma, surtout anglo-saxonnes, ont peu d'écho et les créatrices se méfient à de rares exceptions près d'une caractérisation de leurs films (« de femmes » ou « féministe ») qu'elles perçoivent comme réductrice. Il n'empêche que beaucoup d'entre elles portent le souffle féministe de leur époque, avec des actrices qui, comme Delphine Seyrig, sont solidaires de la cause des femmes. Il semble aussi que la formation

11 Edgar Morin, *Les Stars*, Le Seuil, 1972, p. 132.

12 Brigitte Rollet, « Femmes cinéastes en France : l'après-mai 68 », *Clio*, n° 10, 1999, p. 234.

dispensée par l'IDHEC, puis par la FEMIS a, au fil du temps, facilité l'entrée des femmes dans ce domaine réservé. L'utilisation de nouvelles caméras, plus légères, la reconnaissance des films à petits budgets, l'existence de l'avance sur recettes ont permis de dénouer l'un des nœuds du problème qui se posait aux femmes : le manque d'argent. La seconde étape dans l'accroissement de nombre de femmes cinéastes se situe dans les années 1990 : émerge une nouvelle génération portée par une inspiration puissante et originale. Les actrices (dont certaines sont devenues cinéastes, comme Coline Serreau, Diane Kurys, Josiane Balasko, Nicole Garcia) en ont bénéficié, après avoir souffert, dans les années 1980, du petit nombre de rôles féminins importants et de leur caractère très stéréotypé.

Les réalisatrices contemporaines ont aujourd'hui une place reconnue dans le cinéma d'auteur(e) (Pascale Ferran, Laurence Ferreira Barbosa, Noémie Lvosky, Laëtitia Masson, parmi beaucoup d'autres trop nombreuses pour être toutes citées). Certaines brouillent le clivage films d'auteurs/films populaires (ou commerciaux), bousculant la hiérarchie mise en place et défendue par la Nouvelle vague. Avec *Trois hommes et un couffin* (1985), qui bat *Rambo* au box office (10 millions d'entrées), Coline Serreau renouvelle la comédie jusque-là peu philogyne. Elle ouvre la voie d'un cinéma qui touche un public large tout en exprimant une sensibilité féministe (Josiane Balasko et Tonie Marshall illustrent cette tendance à la fois dans la comédie et le polar). D'autres choisissent d'explorer la sexualité en transgressant les représentations traditionnelles : Catherine Breillat, de *Tapage nocturne* (1979) à *Romance* (1999), Christine Pascal, *Félicité* (1979) abordent des fantasmes féminins de manière directe et controversée. Des réalisatrices de télémfilms comme Nina Companez (*Les Dames de la Côte*, 1979), Josée Dayan (*Les Misérables*, 2000) ont eu des succès publics considérables.

1.3 Les arts plastiques : peinture et performances

L'après-guerre représente un retour en arrière pour les femmes artistes en France[13], même si des individualités réalisent une œuvre marquante : Germaine Richier, Vieira da Silva, Aurélie Nemours, Geneviève Asse... Elles sont très isolées, et leurs œuvres rarement achetées par les institutions. Toutes celles qui ont participé à la vie artistique de Montparnasse sont oubliées, même la modernité des Russes est occultée. Si autour d'un mouvement surréaliste moribond des femmes surgissent (Toyen, Tanning, Meret Oppenheim), les qualités qui leur sont prêtées relèvent d'une interprétation essentialiste de la création féminine qui estime les femmes plus près d'une certaine nature et du monde onirique... Ce n'est plus en Europe que l'art prend son essor à partir de la guerre mais à New York, où des femmes sont parties prenantes de la modernité mais restent encore dans l'ombre des hommes pour les institutions et les critiques.

13 Je remercie Catherine Gonnard pour sa note d'information sur les femmes artistes, un sujet encore très peu étudié, sur lequel elle prépare avec Élisabeth Lebovici un ouvrage (à paraître chez Hazan).

Il faut attendre les années 1970 pour que le monde de l'art soit secoué par les féministes américaines : « Pourquoi n'y a-t-il pas eu de grands artistes femmes? » demande Linda Nochlin en 1971. L'une des réponses est, en 1979, l'œuvre de Judy Chicago, *The dinner Party*, où 999 noms de femmes importantes sont mis en exergue. La vague de fond est double : les historiennes découvrent des noms, des œuvres de toutes les époques (comme celle de Camille Claudel), contestent les attributions, les critiques braquent les projecteurs sur certaines, comme Louise Bourgeois, brusquement très contemporaine, alors que les artistes elles-mêmes interrogent par leur travail non seulement le monde de l'art mais aussi la féminité, le genre... et toutes les valeurs attribuées aux féminins. Les nanas de Niki de Saint-Phalle en sont l'illustration. Le Body Art, les performances permettent aux femmes artistes d'interroger aussi la violence, l'intimité et surtout le rapport au corps sous forme de dénonciation/démonstration : Gina Pane travaille sur la douleur mais en même temps affirme sa présence comme artiste dans une théâtralisation du geste et dans le refus de toute féminité. Orlan par le biais de la chirurgie esthétique reformule en démiurge son corps, en affirmant une ultime création d'elle-même, en s'offrant une renaissance. Plus sereinement, Annette Messager revisite l'intimité et l'enfermement en détournant des peluches et autres objets attribués aux femmes et aux enfants. Couture et broderie deviennent alors des éléments de création interrogeant l'art sur sa relation aux arts dits mineurs et plus souvent féminins. Des expositions collectives ont lieu; des groupes comme l'Union des Femmes Peintres et Sculpteurs en France reprennent leur essor.

Une autre onde de chocs va venir encore des États-Unis en 1988 avec les Guerillas Girls qui dénoncent avec humour la politique des institutions face aux femmes artistes, en utilisant notamment les statistiques officielles des achats d'œuvres : elles réagissent à une exposition du Museum of Modern Art, « An international survey of painting and sculpture », dans laquelle, sur 169 exposants, il n'y avait que treize femmes. Le nombre croissant de femmes dans les écoles d'Art et les expositions semble annoncer un équilibre nouveau.

1.4 Arts du spectacle

Le théâtre réunit acteurs et actrices, femmes et hommes dans le public, dans une même passion. Un couple d'égaux, Madeleine Renaud et Jean-Louis Barrault (mariés en 1940) incarne cette aventure commune, une compagnie qu'ils fondent en 1946, un théâtre, Rond-Point des Champs-Élysées, qui porte leur nom, une complicité partagée jusqu'à leur mort en 1994. Une femme de l'ombre, fonctionnaire, est à l'origine du théâtre populaire qu'a incarné en France, au festival d'Avignon, Jean Vilar : Jeanne Laurent a œuvré pour la décentralisation théâtrale et la création de Centres dramatiques nationaux. Les femmes sont cependant peu nombreuses à être jouées et à mettre en scène. Rares sont celles qui dirigent des théâtres. L'actrice Silvia Monfort a créé en 1974 le théâtre Nouveau carré qui porte son nom. Ariane Mnouchkine est la plus glorieuse exception. Elle anime le théâtre du Soleil, une troupe organisée de manière non hiérarchique en coopérative, fondée en 1964 et qui s'est installée en 1970 dans la vieille cartoucherie de Vincennes. Les actrices et acteurs travaillent à partir d'improvisations; l'esprit de 68 imprègne la création collective et politiquement engagée. La mise en scène, d'une grande originalité, séduit un public fidèle dès les années 1970 pour les représentations triomphales de *1789* et de *1793*. En 1978, après le spectacle, le film, *Molière*, touche un très large public. Le vaste répertoire d'Ariane Mnouchkine va de Shakespeare à Hélène Cixous, et s'ouvre aux luttes des peuples opprimés (en 1987, *L'Indiade ou l'Inde de leurs rêves* sur la décolonisation, en 1998, le Tibet). Nathalie Sarraute et Marguerite Duras ont été jouées au théâtre, Coline Serreau alterne cinéma et théâtre, Anne Delbée, Brigitte Jacques écrivent et mettent en scène. Yasmina Réza connaît, avec *Art* (1995), un succès international.

La présence des femmes est infiniment plus forte dans la danse contemporaine que l'on découvre en France depuis le milieu des années 1980. Elles sont nombreuses à avoir fondé et à diriger des centres chorégraphiques régionaux, sans doute parce que la *modern dance* est une invention de femmes qui ont voulu rompre avec le ballet classique, « créé et codifié par des hommes, la ballerine incarnant la féminité idéale, dans une tradition que perpétue la Française Sylvie Guillem, une des plus grandes danseuses du siècle[14] ». Citons, parmi ces novatrices, outre les Américaines Ruth Saint-Denis, Carolyn Carlson et l'Allemande Pina Bausch, les Françaises Karine Saporta, Maguy Marin, Régine Chopinot, Mathilde Monnier, Odile Duboc, Catherine Diverrès…

La scène, c'est aussi le café-théâtre qui peut déboucher sur des carrières polymorphes au cinéma, à la télévision… Le comique y a une grande place et s'est donné, après Mai 68, des allures de contestation politique, ouvrant ainsi à des femmes la possibilité d'exprimer à leur manière le féminisme de leur époque. L'émergence d'un « comique au féminin » est une des plus intéressantes évolutions des vingt dernières années, car depuis la célèbre Thérésa qui réjouissait les caf'conc' de la fin du XIXe siècle, les femmes comiques s'étaient faites rares. L'actrice Jacqueline Maillant était une exception. Jusque dans les années 1970, les hommes ont eu le privilège de faire rire (souvent aux dépens des femmes), source d'un pouvoir non négligeable. Les « trois Jeanne », féministes, puis Zouc et Sylvie Joly dans les années 1980 ont ouvert la voie à Muriel Robin, Charlotte de Turckeim, Anne Roumanoff, aux Vamps et à Valérie Lemercier[15]. Elles privilégient les thèmes qui relèvent de la vie privée, du personnel même puisqu'elles ne reculent pas devant l'autodérision. Elles exploitent l'image du corps mal aimé, « trop » gros, ou maladroit, s'approprient le grivois, le grossier, le scatologique, domaines traditionnellement masculins, mais laissent aux hommes le domaine sexuel, comme le suggère un sketch de Muriel Robin (« Moi je ne cours pas après la sexualité… elle me le rend bien, faut dire ce qui est… »). Le genre comique a tendance à conforter les stéréotypes de la mégère, la femme douce et soumise, la vieille fille frustrée et la ravissante idiote. Mais les hommes aussi en « prennent pour leur grade » et sont

14 Florence Montreynaud, *Le XXe siècle…*, *op. cit.*, p. 747.

15 Élisabeth Pillet, « Quand elles entrent en scène : le comique dans les sketches de femmes », *Humoresques*, n° 11, janvier 2000, p. 169-186.

souvent dépeints comme indifférents, puérils, irresponsables, violents, ou encore autoritaires. L'influence diffuse du féminisme est manifeste dans plusieurs innovations comme la mise en scène de personnages féminins de tous âges (et pas uniquement de trentenaires), dans la complicité (et non plus la rivalité) entre femmes, enfin dans la critique de l'aliénation féminine. La percée de l'humour au féminin est aussi notable au cinéma, on l'a vu, mais plus timide dans la BD où Claire Bretécher est assez seule à croquer ses contemporains, « frustrés » des deux sexes, depuis bientôt une trentaine d'années, dans les pages du *Nouvel Observateur* et dans ses albums.

2 LES PRATIQUES CULTURELLES DU QUOTIDIEN

Il est impossible ici de rendre compte de toutes les pratiques culturelles, trop nombreuses, trop diverses, mais aussi pour certaines encore trop peu étudiées, et lorsqu'elles le sont, l'interrogation sur le genre fait défaut et la dimension historique est peu mise en évidence. Les pratiques religieuses méritent toute notre attention, car elles continuent à singulariser les femmes, « toujours plus pratiquantes ». La religion a cependant perdu beaucoup de son influence et n'échappe pas à l'interrogation sur l'inégale répartition du pouvoir entre les sexes. Pour continuer la réflexion sur ce qui a pu façonner les mentalités de la plupart des femmes, nous nous pencherons sur le rôle des médias et particulièrement de la presse « féminine ». Elle contribue en effet à la constitution d'une « culture féminine » spécifique, comme, ce sera un autre de nos exemples, les romans à l'eau de rose. Des nourritures de l'esprit et du rêve, nous passerons aux nourritures terrestres, car elles expriment elles aussi — des pratiques culinaires à l'alimentation et à ses désordres — la vie des femmes dans sa quotidienneté. Elles nous emmèneront vers le souci du corps, c'est-à-dire vers l'une des mutations les plus importantes du demi-siècle : construire son corps, le vouloir mince, musclé, en forme et habillé selon la mode, voilà des exigences contemporaines désormais partagées par des millions de femmes (puis d'hommes) et qui appellent des interprétations nuancées : est-ce la voie vers une autonomie individuelle plus grande? Ou une modalité nouvelle de l'aliénation? Nous sèmerons les indices de notre perplexité, car comme dans d'autres domaines, on constate à la fois l'influence d'un modèle féministe émancipateur et l'efficacité des pièges que tend aux femmes la société de consommation.

2.1 Religions

« 25 % des adultes baptisés fréquentaient la messe chaque dimanche à la fin des années 1950; ils y sont peut-être moins de 10 % aujourd'hui. L'une des explications les plus plausibles d'un tel effondrement n'est autre que le détachement féminin, qui tendrait à réduire le dimorphisme sexuel, sans pour autant l'annuler complètement. Qu'il s'agisse de militantes, de religieuses ou de simples pratiquantes, les femmes semblent donc porter une large part de responsabilité dans ce qu'il convient d'appeler la crise contemporaine du catholicisme français[16]. »

Parmi les catholiques pratiquants réguliers (10 % de la population en 1993), on trouve 75 % de femmes. Cependant la baisse de la pratique religieuse dans les dernières années concerne autant les hommes que les femmes et ce sont les femmes âgées (34 % des plus de 60 ans) qui assurent la surféminité de la pratique. Elles sont aussi plus nombreuses que les hommes dans les associations confessionnelles (5 % contre 4,5 %). La pratique occasionnelle ne crée pas de différence notable entre les sexes chez les catholiques (26 % des hommes ; 28 % des femmes). 18 % des hommes contre 14 % des femmes se déclarent « sans religion », mais on peut noter chez les moins de 25 ans une inversion (31 % des hommes contre 33 % des femmes)[17].

Bien des femmes catholiques agissent en conscience, prenant leurs distances avec les interdits de l'Église. La confession, pour elles comme pour les hommes, s'est raréfiée depuis un demi-siècle. La crainte du péché et la recherche du salut ne sont plus le moteur de la foi. Sans le formuler forcément d'une manière féministe, certaines catholiques trouvent archaïques le célibat des prêtres ou les positions de l'Église sur la sexualité. Au fil des années, c'est une indifférence croissante qui accueille les déclarations du pape sur la sexualité. Dans les années 1980, seulement 25 % des pratiquantes régulières condamnent la contraception des femmes mariées. Les prêtres, eux aussi, avouent de plus en plus des désaccords avec la morale sexuelle prônée par Jean-Paul II[18].

On aurait tort d'attribuer à la seule influence du concile de Vatican II (qui s'est clos en 1965) la « participation accrue des femmes dans les divers secteurs de l'apostolat », vœu qui avait été alors émis[19]. La diminution des vocations masculines et l'effondrement de la pratique régulière expliquent tout autant sinon plus la féminisation de nombreuses activités catholiques. Ainsi dans l'enseignement religieux, qui se modernise, les dames bénévoles et les catéchistes professionnelles s'imposent : 84 % des 220 000 catéchistes dans les années 1980 sont des femmes. Certaines accèdent à la direction diocésaine de la catéchèse. Dans les aumôneries, les femmes sont majoritaires et il y a depuis plusieurs années des enseignantes dans les facultés de théologie. De plus en plus de laïcs, hommes et femmes, se chargent des tâches que les prêtres, en nombre insuffisant, ne peuvent plus accomplir. Des dizaines de femmes sont chargées de paroisses sans prêtres. Elles sont aussi de plus en plus nombreuses dans les conseils pastoraux de paroisse, dans les conseils et les synodes diocésains. Mais

---

16 Étienne Fouilloux, « Femmes et catholicisme dans la France contemporaine », *Clio*, n° 2, 1995, p. 326.

17 INSEE, *Les Femmes*, collection Contours et caractères, 1995, p. 206-207.

18 Gérard Vincent, « Les catholiques : l'imaginaire et le péché », Philippe Ariès, Georges Duby dir., *Histoire de la vie privée*, t. 5 : De la Première Guerre mondiale à nos jours, Points Le Seuil, 1985, p. 367.

19 Monique Hébrard, « L'Église catholique : dernière place forte du patriarcat ? », *Le Féminisme et ses enjeux*, FEN/Edilig, 1988, p. 414-434, dont ce développement s'inspire.

elles n'ont pas le pouvoir sacramental, réservé aux prêtres. La hiérarchie catholique maintient en effet son refus de l'ordination des femmes : l'accès de ces dernières à la prêtrise ne semble d'ailleurs pas en France être une revendication très populaire. L'Église réserve aussi aux hommes les fonctions de diacre, lecteur et acolyte. L'égalité entre les sexes revendiquée depuis 1970 par l'association internationale Femmes et hommes dans l'Église chemine cependant[20]. Selon une enquête de *La Vie*, en 1985, 36 % des ecclésiastiques voudraient voir des femmes accéder au sacerdoce. Les opinions favorables au mariage des prêtres sont en augmentation. Mais le chemin sera sans doute long pour rompre avec la pluriséculaire peur de « la femme ». Les confrontations œcuméniques pourraient sans doute accélérer le processus. Le nouveau catéchisme de 1992 prend partiellement en compte les critiques de certaines théologiennes féministes, particulièrement au sujet de la création (« homme et femme, il les créa ») et sur le péché originel (Ève n'est plus la cause de la chute), mais dans l'ensemble, les femmes y restent « un simple avatar de l'homme », « dont on ne parle qu'à l'occasion de leurs devoirs spécifiques ou des lieux et charges dont il convient de les exclure[21] ».

La culture protestante est en effet beaucoup plus favorable aux femmes : dans sa version calviniste, elle ne sacralise pas, comme la culture catholique, le célibat et la virginité; elle développe une conception plus ouverte du mariage; elle promeut, dès le XIXe siècle, l'éducation des jeunes filles. Le féminisme a donc trouvé dans ce milieu une terre d'élection. De plus, pour les protestants, le sacerdoce est universel : il n'y a pas de prêtres, mais des ministres du culte, qui peuvent être mariés. La première femme pasteur en France (1927) est issue de l'Église réformée d'Alsace-Lorraine. Les femmes accèdent dans les mêmes conditions que les hommes au pastorat en 1966 pour l'Église réformée de France, en 1968 pour l'Église réformée d'Alsace-Lorraine, en 1970 pour l'Église luthérienne d'Alsace et en 1974 pour l'Église luthérienne du pays de Montbéliard et de Paris. La France compte dans les années 1980 environ 70 femmes parmi les 900 pasteurs luthériens et réformés. Le contraste est donc saisissant avec l'Église catholique : lorsque le pape s'est rendu pour la première fois dans un culte protestant en France, en 1988, c'est une femme, Thérèse Klipffel, présidente de l'Église réformée d'Alsace et de Lorraine, qui a prononcé dans une église luthérienne de Strasbourg les mots d'accueil et la prière[22].

Comme les autres religions monothéistes dont elle est l'ancêtre, la religion juive véhicule une tradition patriarcale; elle distribue aux hommes et aux femmes des rôles distincts et inégaux. Les femmes sont honorées comme épouses et génitrices gardiennes du foyer, garantes de la lignée et de la tradition,

20 *Cf.* le témoignage d'une de ses militantes, Marie-Thérèse van Lunen Chenu, *Femmes et hommes*, Le Cerf, 1998.

21 Françoise Lautmann, « L'image brouillée des femmes dans le nouveau Catéchisme de l'Église catholique », *Clio*, n° 2, 1995, p. 274.

22 Gabrielle Cadier-Rey, « 9 octobre 1988 : quand une femme accueillait le pape à Strasbourg », *Bulletin de la Société de l'Histoire du Protestantisme français*, t. 146, janv.-mars 2000, p. 193-204.

« cependant, lorsqu'on sait la place qu'occupe la famille dans la tradition juive, lorsqu'on sait qu'un grand nombre de prescriptions religieuses se pratiquent dans le cadre domestique et que c'est aux femmes qu'il revient de veiller à leur observance et qu'à ce seul titre elles se trouvent être les plus sûres garantes de la transmission, on comprend la raison de tant d'honneurs[23] ». Pourtant, les femmes ne participent au rite de la synagogue que de loin, derrière un rideau ou du haut du balcon; elles ne peuvent prier ou lire la torah à haute voix, elles ne comptent pas dans le quorum de dix fidèles requis pour la prière communautaire; elles sont exclues de l'étude et des débats sur la loi religieuse et son application. Condamnées à être inégales, les femmes juives se sont beaucoup investies dans le monde séculier, dès le XIXe siècle. Elles trouvent, dans le courant libéral, partisan de l'adaptation à la modernité, l'occasion de jouer un rôle religieux plus important. De ce courant est issue Pauline Bèbe, qui, après des études à Londres, est devenue en 1990 la première (et la seule) femme rabbin en France. Mais le monde juif est divisé, et des jeunes femmes, élevées dans une société laïque, préfèrent le courant néo-orthodoxe, acceptant un statut inégalitaire. Manière d'affirmer leur identité? La question se pose aussi pour les jeunes femmes musulmanes vivant en France.

Elle ne s'est pas posée avant les années 1980. Jusqu'à cette date, les musulmans, principalement issus du Maghreb, ont eu en France une pratique discrète à dominante individuelle et familiale : un « islam culturel » perçu comme intégrable, compatible avec la société française séculière et multiconfessionnelle. Il n'a pas été difficile, pour les activistes islamistes, à partir des années 1980, de dénoncer les adaptations consenties comme des compromissions inadmissibles. Bien que minoritaires, ces militants politiques, stimulés la révolution iranienne de 1979, ont su influencer un courant d'« islam action ». Sa pratique religieuse se fait publique, ostentatoire. Son signe le plus visible est l'adoption du hijâb (foulard) par des jeunes femmes qui, parfois, choisissent de le porter. Maghrébines, Turques ou Françaises converties, elles ont souvent moins de trente ans, sont instruites, diplômées, vivent en milieu urbain. Le « foulard islamique » couvrant les cheveux et la nuque et censé préserver les hommes de la séduction féminine a provoqué un vif débat dans l'opinion de 1989 à 1994, sur fond d'explosion du racisme et de la xénophobie. Ce débat complexe soulève la question de la place du religieux dans l'espace public (notamment à l'école), pointe le statut particulier de l'islam en France. Mais il doit surtout sa tournure passionnelle aux interprétations divergentes de ce que représente le hijâb. Pour nombre de féministes, il est avant tout le signe de la soumission aux hommes. La solidarité avec les femmes contraintes dans le porter dans les pays où s'est imposé l'islam politique impliquerait la vigilance en France sur le respect de la laïcité. Cependant, le foulard n'a pas une signification univoque[24]. Il peut avoir une

23 Régine Azria, « La femme dans la tradition et la modernité juives », *Archives des sciences sociales des religions*, n° 95, 1996, p. 121.

24 *Cf.* Françoise Gaspard, Farhad Khosrokhavar, *Le Foulard et la République*, La Découverte, 1995 et Nadine B. Weibel, *Par delà le voile. Femmes d'islam en Europe*, Complexe, 2000.

valeur religieuse et effectivement relever d'un certain prosélytisme, mais il peut aussi permettre d'affirmer une identité culturelle ou, pour les préadolescentes, une identité familiale (complaire au désir de son père, et gagner ainsi quelques libertés comme celle de sortir). L'affaire du foulard concernant surtout des collégiennes et des lycéennes et le moyen de pression envisagé étant leur exclusion des établissements scolaires, le débat se complique singulièrement. Tout un travail de médiation entre les écoles et les familles de filles portant de voile permettra de sortir de l'impasse.

2.2 Médias et cultures de masse

En 1960, la presse destinée aux femmes se vend à plus de 15 millions d'exemplaires et est probablement lue par trois ou quatre fois plus de personnes. Dans un pays qui compte 17,7 millions de femmes de plus de 15 ans, on peut dire que quasiment aucune femme n'échappe à *Nous deux*, *Modes et travaux*, *Marie-Claire*, *Elle*, *Bonnes soirées*, *Intimité*, *Marie-France*, *Modes de Paris*, *Pour vous Madame* (pour ne citer que les tirages dépassant les 700 000 exemplaires).

Deux journaux féminins se situent nettement à l'écart de cette production : *L'Écho des Françaises*, catholique, qui vient en tête de la presse périodique avec ses 2,3 M d'exemplaires, et *Heures claires*, communiste, qui doit se contenter de 98 000 exemplaires vendus par des militantes. Mais revenons à la presse féminine, ouvertement commerciale : ses énormes bénéfices financiers, assurés par les publicités et la régularité des ventes, profitent à des groupes industriels (Dassault pour *Jours de France*; Prouvost pour *Marie-Claire*) et à de puissantes sociétés d'édition (Pierre Lazareff pour *Elle*; Cino Del Duca pour cinq hebdomadaires féminins et les romans-photos). Ce qui contraste avec la dévaluation dont elle est l'objet : c'est une presse qui emploie peu de diplômées en journalisme, dont les rédactrices, au statut incertain, ne se sentent pas vraiment journalistes. La presse féminine offre des emplois refuges pour les femmes écartées des quotidiens par l'ostracisme masculin. Moralisme et apolitisme semblent les maîtres mots de ces journaux soucieux de plaire à toutes en parlant foyer, confort, beauté, santé, loisirs, mariages princiers et livres recommandables.

La modernisation des années 1960 (dont le rôle nouveau de la télévision) oblige la presse féminine à s'adapter[25]. Le lectorat populaire, provincial et rural s'effrite; des journaux comme *Femme pratique* ou *Bonne soirée* en pâtissent. Certains titres vieillissent mal, avec un contenu immuable et des maquettes démodées. Au contraire, un marché nouveau s'ouvre avec les baby boomers de 15-20 ans. Aux côtés de *Salut les copains* (évidemment lu par de nombreuses filles), apparaît *Mademoiselle âge tendre* puis *Jacinthe* (1975) et *Vingt ans*. Mais les principaux titres féminins connaissent une baisse de leur diffusion de 30 % entre 1966 et 1976. Ils comprennent qu'elle est due, pour partie, à leur inadéquation pendant cette phase d'évolution rapide de la vie des femmes et de mise

25 Sur la presse féminine depuis les années 1960, Samra-Martine Bonvoisin, Michèle Maignien, *La Presse féminine*, PUF, Que sais-je?, 2e éd. 1996.

en cause de la société de consommation. La presse féminine est fortement critiquée par le Mouvement de libération des femmes, qui l'accuse d'être un des principaux vecteurs de l'aliénation féminine[26]. *Marie-Claire* et *Elle* s'adaptent à la nouvelle donne en reprenant le thème de la femme libérée avec bien des ambiguïtés. Cependant, la presse féministe ne sera jamais, même au mieux de sa forme, une rivale : elle touche au maximum 150 000 lectrices. Créé en janvier 1978 par Claude Servan-Schreiber, *F Magazine* tente le grand écart entre le féminin commercial et le féministe aux moyens amateurs. Le mensuel qui appartient au groupe Expansion est fait par des femmes pour des femmes dans un esprit féministe. C'est un succès pendant deux ans (200 000 exemplaires), mais l'expérience tourne court.

En diversifiant ses titres et en se spécialisant, la presse féminine surmonte ce désamour passager. *100 Idées* (1974) révolutionne le genre « Modes et travaux » ; *Santé Magazine* (1976) est bientôt suivi par d'autres titres sur le créneau de la forme physique, des médecines douces. *Cosmopolitan* (1973), au ton assez snob, vise une clientèle aisée, *Biba* (1980) adopte la formule du « *working woman magazine* » pour femmes actives qui ont envie de croire que « si on veut, on peut ». Le groupe Prisma-Presse lance avec succès *Prima* (1982), puis *Femme actuelle* (1984) occupant le créneau des titres « pratiques », puis *Voici* (1987) et *Gala* (1993) dans le créneau « people ». Dès 1980, la presse féminine a décrété la mort du féminisme et opéré un recentrage sur « le bonheur d'être une femme ». Sous le nouvel habillage de mots et d'images, il s'agit toujours de savoir « le » conquérir et « le » garder. Outre les recettes de la séduction, d'autres pôles d'intérêt — se distraire, protéger sa santé, savoir-faire (cuisine, décoration, etc.) se maintiennent et c'est en équilibrant ces rubriques que *Femme actuelle* gagne un large public.

La presse féminine est aujourd'hui le secteur le plus florissant de la presse périodique. Elle compte 76 titres (10 hebdomadaires, 33 mensuels, 30 trimestriels). Sur 20 magazines tirant à plus de 500 000 exemplaires, 9 sont des « féminins » qui rivalisent avec les journaux « télé ». Chaque mois, 15 M d'exemplaires sont vendus, les progrès ont été considérables au cours des 15 dernières années. Une femme sur deux en est lectrice, davantage dans les catégories privilégiées, jeunes, urbaines qui regardent moins longtemps la télévision et achètent fréquemment plusieurs titres.

Les journaux féminins d'opinion, comme le montre l'éphémère expérience de *F Magazine*, n'ont pas de véritable espace ; les lectrices à la recherche d'informations nationales et locales lisent les quotidiens et les hebdomadaires. Les quotidiens régionaux — les plus lus en France, autant par des femmes que par des hommes — destinent aussi rubriques et pages spéciales à leurs lectrices. On y retrouve le climat des magazines féminins, les photos et publicités en moins. Si la presse régionale détient la palme du machisme, c'est sans doute en raison de la très faible féminisation de son personnel. Aujourd'hui encore on y compte une

26 Anne-Marie Dardigna, *Femmes-femmes sur papier glacé*, Maspéro, 1975 et *La Presse féminine : fonction idéologique*, Maspéro, 1978.

femme journaliste pour 4,6 hommes[27]. La disproportion reste grande dans les quotidiens nationaux (1 pour 3) et un lien de cause à effet semble opérer entre la surmasculinité des comités de rédaction et celle du lectorat. Les *news magazines*, à l'exception du *Nouvel Observateur*, ont une majorité de lecteurs, comme les quotidiens. Si *La Croix* est une exception avec 53 % de lectrices, c'est non seulement en raison de son orientation religieuse, mais aussi parce que l'équilibre des sexes a été réalisé au sein de la rédaction, ce qui influence le contenu du quotidien.

À la télévision, malgré l'effet « Okrent-Sinclair-Chazal » et la mode récente du duo paritaire au journal télévisé, il n'y a encore qu'une femme journaliste pour 3 hommes. La radio est plus ouverte (1 pour 2,3). S'il y a aujourd'hui, après une féminisation accélérée[28] dans les années 1990, 37 % de femmes parmi les journalistes, elles ne travaillent pas à condition égale avec leurs collègues, gagnent en moyenne 2 800 francs de moins chaque mois, et accèdent rarement aux postes de direction. Leur marge de manœuvre pour changer les méthodes et le contenu de leur métier reste donc assez étroite. Le « quatrième pouvoir », celui des médias, n'est pas devenu féministe[29].

2.3 La vie en rose

« Quand il me prend dans ses bras, qu'il me parle tout bas, je vois la vie en rose » (1947). On aurait pu prendre pour source les chansons, des plus bouleversantes interprétées par Piaf aux plus mièvres de la vague yéyé, pour aborder l'histoire des rêves diurnes des femmes. On pourrait aussi souligner le succès jamais démenti de la presse du cœur : *Nous Deux* et son million d'exemplaires, *Intimité*, plutôt destiné aux jeunes filles (750 000 exemplaires) et *Confidences* (300 000 exemplaires). Mais nous nous limiterons ici aux romans à l'eau de rose. Ils ont commencé leur belle carrière entre les deux guerres, avec, entre autres, Delly (pseudonyme de Marie et Frédéric Petitjean de La Rozière) et Max du Veuzit (Alphonsine Vavasseur-Archer). Des traductions de l'anglais ont inondé depuis le marché, avec parmi les meilleures ventes, Barbara Cartland. Inventée en 1949 au Canada, la série Harlequin pénètre le marché français en 1978. 15 M d'exemplaires vendus par an, 47 nouveaux titres par mois, des sondages trimestriels pour mieux coller aux souhaits des lectrices : Harlequin reste une entreprise florissante qui touche les milieux les plus populaires, les livres, en format de poche, étant très bon marché. On observe donc tout au long du demi-siècle un besoin constant qui ne diminue pas avec la vague féministe des années 1970. Pour l'élite intellectuelle, il s'agit d'une forme méprisable de littérature, répétitive, stéréotypée : les lectrices sont-elles cyniquement exploitées?

27 Ces chiffres, ainsi que les suivants, sont donnés par Florence Beaugé, « Le "deuxième sexe" et le journalisme », *Manière de voir/Le Monde diplomatique*, n° 44, mars-avril 1999, p. 42-46.

28 En 1985, il y avait 5 225 femmes sur 20 000 journalistes, dix ans plus tard, elles sont 10 445 sur 28 471.

29 Myriame El Yamani, *Médias et féminismes. Minoritaires sans paroles*, L'Harmattan, 1998.

Comment les comprendre sans s'interroger sur les besoins que cette littérature satisfait? Pour beaucoup d'entre elles, la lecture comble un sentiment de vide, de manque.

Elle agit comme un « tranquillisant » (dont les femmes sont, beaucoup plus que les hommes, consommatrices). Le scénario est très stable : la rencontre est suivie d'une confrontation qui mène à la révélation amoureuse. Le happy end — « ils se marièrent », sans avoir beaucoup d'enfants — est obligatoire. Le mari de papier est pour la lectrice l'amant imaginaire. Il s'agit pour une part de romans d'initiation à la féminité, cela est souvent dit[30]. Alors que la presse du cœur du début des années 1950 n'osait que le baiser, Harlequin consacre des pages au rapprochement amoureux : l'extrême douceur des caresses, la longueur des préliminaires, la censure qui porte sur le sexe masculin et sur la pénétration permettent de penser que la lectrice réalise son rêve de fusion... avec sa mère! Cette littérature autorise cette douce régression aux effets euphorisants. Elle suscite même de véritables addictions, parfois vécues comme un « vice secret » : les « accros » s'épargnent ainsi « la confrontation avec la réalité[31] », et le reconnaissent facilement lorsqu'elles comparent leur lecture à celle des contes de fées. C'est pourquoi l'immense succès d'une série comme Harlequin doit être considéré comme un symptôme des plus parlants. Il repose en effet sur la vulnérabilité psychique de femmes qui aiment avec passion, pour souffrir ensuite de périodes dépressives. Là où la psychanalyse peut repérer le désir inconscient de retrouver le paradis perdu d'une relation mère-fille fusionnelle, l'histoire peut voir l'effet des frustrations affectives, sexuelles et sociales des femmes adultes. Est-ce une conséquence de l'éducation qui conduit les filles à valoriser l'amitié et l'amour, à développer une vie intérieure centrée sur les sentiments[32]?

2.4 Nourritures terrestres

Traditionnellement, ce sont les femmes qui font la cuisine, plus exactement les mères. Leurs manières de faire, influencées par l'enseignement ménager, la science et la diététique ont beaucoup évolué depuis les années 1930[33]. Symbole le plus éclatant de ce changement, le *Je sais cuisiner*, de Ginette Mathiot (1932), qui, avec sa version en livre de poche, approche aujourd'hui les 5 millions d'exemplaires vendus. L'ouvrage austère reflète bien l'esprit qui règne à l'École normale d'enseignement ménager où Ginette Mathiot a d'abord été élève, puis enseignante et enfin, inspectrice générale. Il a marqué des générations de femmes, en charge de la cuisine du quotidien, économe et simple. Les conceptions alimentaires évoluent au cours des Trente Glorieuses : les habitudes d'achats (leur périodicité et leur nature) se transforment (17 supermarchés en

30 Michelle Coquillat, *Romans d'amour*, Odile Jacob, 1988.

31 Annik Houel, *Le Roman d'amour et sa lectrice*, L'Harmattan, 1997, p. 143.

32 Le journal intime, majoritaire chez les jeunes filles est rare chez les garçons. Les échanges épistolaires et téléphoniques sont aussi beaucoup plus soutenus chez les filles.

33 Luc Rosenzweig, « Ginette Mathiot ou la République aux fourneaux », *Le Monde*, 22 février 1998.

1960, 6 500 en 1989), les appareils ménagers s'accumulent dans les cuisines; les coutumes alimentaires évoluent. On consomme plus de légumes et de fruits, de produits laitiers, de viande. Les conceptions alimentaires évoluent avec les mutations sociales : déclin de la valeur « nourrissante » destinée aux travailleurs manuels, passage du quantitatif au qualitatif dans une société prospère où l'on ne craint plus (comme du temps des guerres) de « manquer », élévation du niveau de vie et du désir d'imiter les attitudes alimentaires des classes supérieures. Médias et médecins invitent les consommatrices à « trouver l'équilibre » pour « éviter les excès ». La fréquentation des restaurants est en hausse; elle est aujourd'hui une des pratiques culturelles les plus prisées, avant la sortie au cinéma. On y a découvert à partir de 1973 la « Nouvelle cuisine » promue par Gault et Millau, qui s'affirme contre une vieille cuisine… féminine. Le prestige de la profession de cuisinier s'accroît alors considérablement et les « cheffes » sont rares dans ce milieu réputé machiste. Le contraste des genres devient éclatant entre la haute gastronomie et la cuisine de tous les jours. La mondialisation des goûts est en cours : impérialisme du « Mac do » dans la culture « jeunes » mais aussi diversification des plats et de leurs ingrédients. Les recettes se collectionnent — revues spécialisées, presse féminine — et la télévision, avec Maïté, par exemple, relaie l'écrit. On déplore souvent la rupture de la transmission orale qui s'est sans doute produite dans les années 1980. Selon un sondage récent, 53 % des personnes disent avoir appris grâce à leur mère, 53 % seules, 32 % par les livres (réponses multiples autorisées). Les mères, de plus en plus pressées, ont-elles montré l'exemple d'une cuisine simplifiée par l'usage des conserves et des surgelés et du micro-onde? Les filles ont-elles aligné leur comportement sur celui des garçons, comme simples consommatrices de la cuisine maternelle? Les femmes demeurent en tout cas majoritairement en charge de la préparation des repas et elles sont à l'avant-garde des innovations : manger « bio », « light », voire végétarien. Les publicitaires le savent, qui en font leur cible privilégiée, mais non plus seulement comme acheteuses et préparatrices de la cuisine familiale; ils prennent désormais en compte leurs goûts et leur consommation personnelle. Attitude réaliste, car effectivement, on observe dès l'enfance une différenciation sexuelle des goûts alimentaires qui se renforce à l'adolescence[34].

2.5 Soins et images du corps

Les jeunes filles (comme les jeunes garçons) ont longtemps été élevées dans le mépris de leur corps. Ce dressage chrétien des corps est en voie de disparition aujourd'hui. Aimer son corps : c'est l'idéal, prôné par les magazines, mais aussi par les psychologues. La déculpabilisation du corps a donc modifié la perception de la toilette et des soins de beauté. Tout au long du siècle se sont imposées des règles plus exigeantes d'hygiène corporelle. Pour les classes supérieures, la barrière du propre et du sale recoupait celle des classes[35]. Pourtant, un ouvrier

34 Claude Fischler, *L'Homnivore. Le goût, la cuisine et le corps*, Odile Jacob, 1990, p. 202.
35 Georges Vigarello, *Le Propre et le sale. L'hygiène du corps depuis le Moyen Âge*, Le Seuil, 1985.

mineur récuré par sa femme après le travail était sans doute autant, sinon plus propre que son patron ! Bien sûr, les classes populaires disposent très rarement avant les années 1960 des installations sanitaires qui facilitent l'hygiène corporelle (l'accès à une baignoire ou à une douche n'est cependant pas une garantie… Jusqu'à la résolution de la crise du logement dans les années 1960, l'évier de la cuisine était utilisé par toute la famille pour la toilette).

En un siècle, le corps féminin s'est profondément transformé. Grâce à l'amélioration des conditions de vie, la taille s'est accrue à un rythme plus élevé que chez les hommes : les différences, dans ce domaine aussi, s'atténuent. L'entretien du corps est soutenu par des exercices physiques destinés à le modeler, à le muscler, à le maintenir jeune et mince. La chirurgie esthétique offre la possibilité, non plus seulement de gommer certaines disgrâces, mais aussi de se conformer au look idéal et de réduire les traces du vieillissement. Cette manière de façonner son corps ne peut évidemment être tenue pour générale. Mais le fait que les mannequins soient devenus des stars, déclassant les chanteuses, les comédiennes et les têtes couronnées, indique l'apothéose du culte du corps.

Le souci de rester mince est majoritairement féminin. Selon un sondage de 1979, 24 % des hommes et 40 % des femmes s'estimaient « plutôt trop gros ». En 1989, ils sont 43 %, elles sont 57 %. L'impératif de minceur gagne et l'écart reste à peu près identique ; c'est donc plus d'une femme sur deux qui s'estime sans doute mécontente de son corps. Les femmes sont les premières victimes de la lipophobie des sociétés modernes. L'obésité, dont le seuil s'est abaissé au cours du siècle, est devenue un problème de santé publique. Dès les années 1920, les compagnies d'assurances américaines, s'appuyant sur des travaux scientifiques, abordaient le problème de la surmortalité des obèses et proposaient l'échelle du poids idéal. Cet exemple nous rappelle que l'idéal de minceur qui s'est imposé pour les femmes à partir des années 1920 est occidental et ne singularise pas la France. Comme tout idéal, il est bien difficile sinon impossible à atteindre. Une telle rupture à l'échelle de l'histoire longue de bien des civilisations depuis le paléolithique mérite une analyse approfondie. La juvénilisation qui caractérise le XXe siècle est une des pistes à suivre. Le modèle esthétique adolescent a vraiment triomphé dans les années 1960 (« les baby boomers rendent la société adolescente[36] ») et il s'oppose radicalement au modèle des déesses de la fécondité. La coïncidence est troublante avec l'avènement de femmes-sujets désirant limiter ou refusant les « grossesses ». Plus curieusement, elles érotisent souvent la minceur pour ne pas dire la maigreur, ce qui les éloigne des désirs exprimés par les hommes qui restent attachés aux « rondeurs féminines ». La minceur doit-elle son succès auprès des femmes justement parce qu'elle n'est pas codée féminine dans l'inconscient ? Est-elle alors un manifeste d'indépendance, voire pour certaines une forme de refus de leur corps sexué ? Le souci de conformation esthétique joue évidemment un rôle important. Mais suffit-il à expliquer l'explosion des troubles du comportement alimentaire ? L'anorexie est 10 à 20 fois supérieure chez les femmes que chez les hommes.

36 Claude Fischler, *L'Homnivore…*, *op. cit.*, p. 348. Ce passage s'inspire du chapitre 13 de cet ouvrage.

Elle s'accompagne souvent d'aménorrhée (l'arrêt des règles), et peut s'avérer mortelle. L'impression d'augmentation de cette pathologie qui affecte surtout les femmes de moins de 25 ans, peut être trompeuse, aucune étude ne le prouve vraiment. Les justifications avancées par les anorexiques — telle que le souci esthétique — peuvent cacher les raisons profondes de leur problème, un désir de pureté, de toute-puissance, d'anéantissement de soi[37]. Les boulimiques, elles, alternent des régimes sévères et des gavages alimentaires irrépressibles, suivis de vomissements ou de purges. Elles peuvent avoir un poids moyen, mais éprouvent un dégoût maladif de leur corps et d'elles-mêmes. La maladie, identifiée dans les années 1970, paraît plus moderne : elle révèle davantage les contradictions de la société d'abondance et la difficulté qu'éprouvent des individu(e)s de plus en plus seuls à réguler leur alimentation sans l'aide de la ritualisation collective des repas. Elle apparaît souvent à l'issue d'un régime amaigrissant draconien et semble donc plus que l'anorexie liée à l'impératif de minceur.

2.6 Travailler son corps : de la gym au body-building

Jusque dans les années 1960, le sport féminin reste sous-développé. Il a même régressé dans certains secteurs : ainsi le football féminin, qui disparut faute de subventions en 1934, ne réapparaît qu'en 1968. Ces deux dates délimitent assez bien la période de triomphe de la féminité. Seule l'esthétique conforme à cette vision de la féminité peut justifier les pratiques sportives. Ce qui explique le succès des premiers ballets nautiques en France. Ils se forment en 1945 sous l'effet de l'engouement provoqué par la comédie musicale d'Esther Williams, *Le Bal des sirènes.* Dès 1952, la natation synchronisée est admise comme discipline olympique. Elle deviendra au fil du temps de plus en plus sportive, se dépouillera de son côté « costume et paillettes », mais restera uniquement féminine. Le cantonnement des sportives dans certains domaines permet de ne pas remettre en cause le sport comme « conservatoire mythique des identités masculines[38] ». Si l'égalité, là comme ailleurs, progresse depuis une trentaine d'années, si les sportives (et les spectatrices des événements sportifs) représentent aussi un marché économique à conquérir, les femmes sont encore sous-représentées aux Jeux Olympiques (30 % à Atlanta en 1996).

L'exercice physique à un niveau plus modeste était aussi un privilège masculin. Son extension massive aux femmes commence dans les années 1980 : 32 % des femmes avaient une pratique régulière ou non en 1983, elles sont en 1994 64 % (moins que les hommes, 72 %). Là aussi, on peut observer une nette différenciation des sexes[39]. Les Clubs de gymnastique volontaire, parfaitement

37 Ginette Raimbault, Caroline Eliacheff, *Les Indomptables. Figures de l'anorexie*, Odile Jacob, 1989.

38 Annick Davisse, Catherine Louveau, *Sports, école, société : la différence des sexes*, L'Harmattan, 1998, p. 9.

39 Traversée par d'autres différences : être jeune, habiter Paris ou la région parisienne, n'avoir aucun enfant, disposer de revenus confortables, avoir fait des études supérieures, se classer parmi les cadres et les professions intellectuelles supérieures sont autant de facteurs prédisposant à une pratique sportive plus importante (Annick Davisse, Catherine Louveau, *Sports..., op. cit.*, p. 36).

mixtes à leurs débuts en 1950, comptent aujourd'hui 93 % de licenciées[40]. Inspirés du modèle suédois, ils voulaient développer une activité physique et non sportive à but hygiénique qui conviendrait fort bien aux mères de famille. Ces clubs vont effectivement satisfaire la demande féminine d'un mieux-être physique permettant de lutter contre les effets des grossesses et du vieillissement, et d'un mieux-être moral en servant de lieu de rencontres, d'échanges. Les licenciées ont la quarantaine en moyenne, elles viennent des classes intermédiaires, beaucoup sont sans profession. Elles « entretiennent » leur corps, sans exhibitionnisme, avec de modestes moyens.

L'image de la gymnastique de forme change radicalement entre 1980 et 1982. Le magazine *Vital* (1980), le succès de la méthode de Jane Fonda (1981), puis celui de l'émission « gym-tonic » animée par Véronique et Davina font connaître l'aérobic à des millions de téléspectatrices sur un rythme disco. « Leur dernière conquête : le muscle » titre *Paris-Match* en 1980. Le body-building, importé des États-Unis, s'implante avec succès en France; le culturisme cesse d'être le propre de l'homme. La presse s'enthousiasme pour ce « féminisme de l'après-barricade » (*Cosmopolitan*), « expression esthétique de l'égalité nouvelle entre les femmes et les hommes » et annonce que l'avenir appartient aux « battantes » : « Et l'assurance, cela ne s'accompagne pas d'un fessier flasque! » (*Le Nouveau F*)[41]. On parle de « réappropriation de soi », de « nouveau pouvoir féminin ». La publicité faite à la première Miss monde culturiste (1980) résume les ambiguïtés du phénomène : cette diplômée de l'Université de Californie est « trop belle pour être ethnologue », selon *Paris-Match*, mais assez pour poser dans *Playboy.* Sport et séduction : termes antinomiques pour les femmes, si l'on en croit les journalistes sportifs.

2.7 Se vêtir : l'emprise de la mode

La Seconde Guerre mondiale, comme la première, est accusée d'avoir virilisé les femmes. En 1947, Christian Dior annonce qu'il les « reféminise ». Son « new look » serre des tailles de sylphide, fait bondir des « gorges de nymphe » et transforme les jupes en amples corolles, en dessous du genou, tandis que les talons prennent de la hauteur[43]. La guêpière de Marcel Rochas est à la mode, les bas nylon arrivent en France. Les tendances androgynes font leur retour en 1965 : André Courrèges invente la *moon girl* qui porte une minijupe, des bottes, des collants opaques et des lunettes en celluloïd tandis que l'Anglaise Mary Quant crée une robe blanche et noire qui s'arrête à mi-cuisses. La réapparition du

40 Nicole Dechavanne, « La féminisation de la FFEPGV. Émergence d'une spécificité de l'expression féminine », Pierre Arnaud, Thierry Terret dir., *Histoire du sport féminin*, t. I, L'Harmattan, 1996, p. 39-49.

41 Yves Travaillot, « Les gymnastiques de forme : nouvelle conquête féminine? », *idem*, p. 51-67.

42 Cité dans Annick Davisse et Catherine Louveau, *Sports, école et société : la différence des sexes*, L'Harmattan, 1998, p. 141-142.

43 Valerie Steele, *Se vêtir au XXe siècle. De 1945 à nos jours*, Adam Biro, 1998.

genou, partie souvent méprisée de l'anatomie, suscite quelques désapprobations. La distinction que représente le tailleur Chanel, effaçant le corps, laisse la place à l'« air jeune ». On peut désormais montrer sans gêne son corps moulé dans un panty et des collants. Mais quel corps? Le modèle le plus célèbre alors est Twiggy, une squelettique Anglaise de 16 ans. La « Lolita », jeune et sexy, inspire une mode inhospitalière pour la majorité des femmes. Mais la « mini » reste néanmoins, avec les shorts, les pantys, le bikini, les collants et le maquillage, dans la mémoire collective un signe annonciateur de la « libération des mœurs » des années 1970. Elle donne aux filles de la première génération du baby boom l'occasion de s'affirmer en consommant, sans suivre nécessairement les conseils maternels. En 1963, une enquête de l'INSEE montre que ce sont les jeunes de 15 à 20 ans qui font les plus grosses dépenses vestimentaires.

Les jeunes ne cesseront plus d'annoncer les tendances les plus fortes de la mode. L'anti-mode des années 1970 s'inspire de leur culture contestataire dans toute la variété de ses inspirations : jupes et corsages rétro, emprunts exotiques à l'Inde, l'Amérique latine, la Chine..., jean unisexe et cheveux longs teints au henné. L'embourgeoisement des apparences est net dans la décennie suivante où l'on commence à désigner les vêtements par leur marque. Les grands couturiers français développent un style glamour, coloré, mais le minimalisme des créateurs de prêt-à-porter (de luxe) japonais et américains s'impose finalement, réduisant la gamme des couleurs au beige, au gris et au noir, couleur triomphante de la fin de siècle (perçue comme « chic », « sexy » et amincissante, elle n'est plus associée au deuil). La « féminité » est de retour, l'essor de la lingerie fine dans les années 1990 (soutiens-gorge pigeonnants en dentelle et soie) en témoigne, ainsi que le renouveau du porte-jarretelles et le succès des dim-up, commercialisés en 1986[44]. L'*executive woman* en tailleur qui « assure en Rodier » résiste difficilement au *backlash* vestimentaire qui promeut des vêtements moulants conçus pour des adolescentes filiformes. La fréquence des cheveux longs montre aussi que les tendances androgynes (années 1920, puis 1960) ne s'imposent pas dans tous les domaines du paraître.

Avec le recul, qui relativise les changements périodiques des tendances de la mode, quelles sont les principales évolutions du XXe siècle? La plus importante est sans doute la réduction des différences du paraître masculin et féminin. Le port du pantalon en est le meilleur exemple. Encore rare à la fin des années 1920, puis porté pour des raisons pratiques par une minorité de femmes dans les décennies suivantes, il s'impose définitivement dans les années 1960 : sa vente dépasse alors celle des jupes. Le jean et le survêtement se banalisent ensuite : ces deux grandes innovations du XXe siècle sont, d'emblée, mixtes. Les cheveux courts ont perdu leur saveur subversive et sont devenus très fréquents chez les femmes prenant de l'âge, tandis que les cheveux longs ont cessé d'être à partir des années 1970 un monopole féminin. On peut situer cette évolution dans un mouvement général d'assouplissement des règles fixant les convenances en

44 Farid Chenoune, *Les Dessous de la féminité. Un siècle de lingerie*, Assouline, 1998.

matière de « toilette » (ce mot est d'ailleurs tombé en désuétude). Les codes les plus stricts, ceux de la bourgeoisie, ont perdu leurs caractéristiques les plus voyantes (le chapeau, les gants). On peut aussi voir dans cette réduction des différences de genre un signe tangible des progrès de l'égalité des sexes.

Il faut néanmoins s'interroger sur la grande place que continue à occuper la mode dans la culture féminine[45] en dépit des critiques pourtant pertinentes des féministes, des sociologues ou encore des médecins qui y voient un phénomène d'aliénation. On sait, par exemple, que les femmes ont des comportements de consommation plus irrationnels que ceux des hommes : achat d'impulsion, frénésie des « *fashion victims* ». L'exemple des chaussures est sans doute un des meilleurs qui soient si l'on accepte de regarder avec un peu de sagesse les bouts pointus, les talons aiguilles, les chaussures à plate-forme. Pourquoi tant de femmes consentent-elles à un tel inconfort? La recherche du bien-être paraît négligeable aux yeux de celles qui s'évertuent à atteindre l'idéal de féminité du moment. L'important est de participer, en consommant, au grand mouvement collectif qu'est la mode. Or la mode s'est démocratisée grâce à l'élévation du niveau de vie, au prêt-à-porter et à la mise en spectacle des collections de la haute couture. Les grands couturiers devenus des « créateurs » gagnent en influence grâce à des shows, des mannequins vedettes, à la presse féminine et à la publicité, mais aussi grâce à des poupées-mannequins telle Barbie, lancée en 1959. La mode appartient à un univers de rêve, ce qui explique en partie la persistance de la haute couture malgré le déclin de sa clientèle (environ 1 500 clientes dans le monde de nos jours)[46]. Les femmes sont les plus nombreuses à y être attentives, pour ne pas dire soumises.

Beaucoup trouvent ainsi le moyen de s'affirmer avec cette assurance que donne le sentiment d'être séduisante. L'érotisation des éléments du paraître qui mobilisent la vue mais aussi le toucher et l'odorat n'est évidemment pas négligeable. Le paraître régulé par la mode est un phénomène complexe et paradoxal puisqu'il relève à la fois de la contrainte douce de la société de consommation et d'une liberté individuelle, illusoire peut-être, mais ressentie comme telle, et qui paraît de plus en plus grande de nos jours. Est-il encore pertinent de parler de progrès ou d'émancipation si l'on admet que la mode est le royaume du fantasme? On rétorquera que les fantasmes se fabriquent et qu'en l'occurrence, le paraître construit le genre. Il demeure un élément clé de l'identité sexuelle.

45 Gilles Lipovetsky, *L'Empire de l'éphémère. La mode et son destin dans les sociétés modernes*, Gallimard, 1987.

46 Dominique Waquet, Marion Laporte, *La Mode*, PUF, Que sais-je?, 1999. Et Yvonne Deslandres, Florence Müller, *Histoire de la mode au XXe siècle*, Somogy, 1986.

CONCLUSION

Bien d'autres thèmes de l'histoire culturelle récente mériteraient des développements. Il suffit de puiser dans l'immense production en sciences humaines des trente dernières années. Aujourd'hui, toutes les disciplines s'interrogent sur le genre. Terminons par quelques mots sur ce qui a rendu possible cette révolution intellectuelle. La contestation féministe a joué un rôle majeur. Elle s'est appuyée sur l'accès massif des femmes à l'Université et sur la féminisation de l'enseignement supérieur : 182 enseignantes (6,5 %) en 1946, 1 000 (18,7 %) en 1954, 6 320 (29,3 %) en 1968, 10 000 (27 %) en 1991[47]. L'édition, milieu très masculin, a finalement permis la diffusion de nouveaux savoirs (dès 1963, Colette Audry lançait la collection « Femmes »).

En 1982, un grand colloque sur les études féministes était organisé à l'Université de Toulouse. Yvette Roudy créait trois postes « fléchés » femmes à l'Université (en droit, en histoire et en sociologie), effort dérisoire comparé à l'explosion des *women's studies* dans d'autres pays; pour quelques années, le CNRS finançait un programme de recherches pluridisciplinaire sur les femmes.

Le colloque « Sexe et genre » organisé à Paris en 1989 montrait la richesse des travaux entrepris dans toutes les disciplines (jusqu'à l'anthropologie biologique et à l'histoire des mathématiques), particulièrement les avancées conceptuelles[48]. La même année, le bicentenaire de la Révolution réunissait à Toulouse un autre colloque sur l'histoire des femmes. Ce mouvement de contestation intellectuelle, vu par ses détracteurs comme une mode passagère, répond à une demande sociale et à des interrogations politiques[49]. C'est évidemment ce caractère militant qui dérange (ou satisfait), et ce d'autant plus que l'effondrement des idéologies crée l'illusion de sciences humaines devenues neutres politiquement.

Prendre la parole est une chose, être entendue en est une autre. Pour s'en tenir au domaine culturel et à la transmission des savoirs, un rapport parlementaire de 1997 s'inquiète du sexisme dans les manuels scolaires malgré les recommandations du ministère de l'Éducation nationale pour « une action éducative contre les préjugés sexistes » formulées dès 1982[50]; une étude sur les manuels d'histoire montre l'occultation persistante du genre[51] et un simple coup

47 Christophe Charle, « Les femmes dans l'enseignement supérieur. Dynamique et freins d'une présence, 1946-1992 », Vincent Duclert, Rémi Fabre, Patrick Fridenson dir., *Avenirs et avant-gardes en France XIXe-XXe siècles, hommage à Madeleine Rebérioux*, La Découverte, 1999, p. 84-105.

48 *Sexe et genre. De la hiérarchie entre les sexes*, éd. par Marie-Claude Hurtig, Michèle Kail, Hélène Rouch, CNRS, 1991.

49 *Cf.* Rose-Marie Lagrave, « Recherches féministes ou recherches sur les femmes? », *Actes de la recherche en sciences sociales*, n° 83, juin 1990, p. 27-39 et ANEF, « Études féministes et études sur les femmes en France », EPHESIA, *La Place des femmes*, La Découverte, 1995, p. 689-710.

50 Sur les stéréotypes sexuels dans les livres pour l'école primaire : le « classique » d'Annie Decroux-Masson, *Papa lit et Maman coud*, Denoël-Gonthier, 1979. Et Catherine Valabrègue (Association pour une éducation non-sexiste), *Filles ou garçons, une éducation sans préjugés*, Magnard, 1985.

51 Denise Guillaume, *Le Destin des femmes et l'école. Manuels d'histoire et société*, L'Harmattan, 1999.

d'œil dans les index des ouvrages récents sur l'histoire culturelle permet de vérifier que les noms de femmes représentent un pourcentage inférieur à 5 %. Ce qui appelle quelques remarques pour conclure dans ce domaine précis de l'histoire culturelle. Cette sous-estimation est non seulement quantitative, mais aussi qualitative. Comme l'on représente le genre dans la culture, voilà une question qui paraît encore en France tout à fait secondaire. Ce désintérêt fait de mépris, parfois d'antiféminisme, trouve sa justification dans une méthodologie elle-même contestable : le culte des « grands auteurs » (qui donne à l'identité masculine une généalogie prestigieuse[52]), l'analyse de la forme au détriment du fond, le mépris pour la culture populaire ou de masse, tendances qui contribuent à invisibiliser la part des femmes dans la création comme dans la réception des productions culturelles.

52 C'est encore plus vrai pour la philosophie, *cf.* Michèle Le Doeuff, *L'Étude et le rouet*, Seuil 1989 et *Le Sexe du savoir*, Aubier, 1998 et Geneviève Fraisse, *La Raison des femmes*, Plon, 1992, et, en collaboration, *L'Exercice du savoir et la différence des sexes*, L'Harmattan, 1991.

Conclusion

NOUS REVENONS DE LOIN. D'une société organisant la ségrégation des sexes, en un mot, sexiste, à une société moins sexiste qui a commencé à mettre en œuvre la mixité, envisage aujourd'hui la parité et garantit au moins en principe l'égalité des droits. Dans bien des domaines, la différenciation sexuelle s'est atténuée. Avec les mots du début du XXe siècle, on pourrait parler de « masculinisation » des femmes. Avec ceux d'aujourd'hui, d'une appropriation des droits civiques et sociaux des hommes ainsi que des signes du masculin (fumer, porter le pantalon...). Dans le puissant mouvement égalitaire, l'homme est le référent, la femme, un peu en retard, en cours de « rattrapage » pour reprendre l'image sportive des plans d'égalité professionnelle. Des comptages et des comparaisons ressortent les constats répétitifs de l'inégalité entre les sexes. Les mécanismes en sont connus. Nous ne reviendrons pas sur leur complexité, car l'infériorisation des femmes est tout à la fois le produit d'une culture patriarcale millénaire, d'un système économique, de politiques, d'idéologies, de croyances et d'habitudes. Et s'il ne fallait retenir qu'une cause parmi d'autres, nous choisirions celle-ci avec Véronique Nahoum-Grappe : « Et si accomplir les tâches dites féminines dans la maison prenait vraiment tout le temps des femmes et les empêchait vraiment de composer des symphonies fantastiques? Et si cette dernière hypothèse était trop "plate", trop évidente, pour retenir l'attention de brillants chercheurs[1] ? »

Cependant, l'histoire des femmes dans le siècle ne se résume pas à un destin de dominées. Il y eut bien des compositrices dans les domaines les plus variés. Artistes, scientifiques, mystiques, sportives, pédagogues, couturières, militantes prêtes à changer le monde... Qui connaît le nom de la première femme ministre? Un sondage récent montre que la plupart des députés ne connaissent pas la date d'obtention du droit de vote des femmes. Alors que la mémoire devient, nous dit-on, un « devoir » et que l'on s'enthousiasme pour les « lieux » où on la célèbre, que dire de la mémoire des femmes sinon qu'elle est presque inexistante? Sauf si l'on s'intéresse, bien sûr, à celle du quotidien et des familles, mémoire privée[2]. Si l'amnésie paraît inguérissable, l'histoire donne, différemment, de l'épaisseur à notre présent. Elle trahit forcément les souvenirs : les grandes dates de l'histoire de chaque femme ne sont pas celles que retiendra l'histoire qui se voudrait de toutes. De plus, ce sont sans doute à de grands

1 Véronique Nahoum-Grappe, *Le Féminin*, Hachette, 1996, p. 74.

2 *Cf.* Agnès Fine, « Écritures féminines et rites de passage », *Communications*, n° 70, 2000, p. 121-141.

événements « mixtes » que les femmes feront référence : la guerre, Mai 1968, et non le droit de vote des femmes ou la pilule. C'est dire combien il est délicat, voire erroné, de postuler une conscience de genre de type féministe dont les repères seraient la chronologie des droits des femmes. C'est aussi dire l'insuffisance d'une histoire qui ne s'intéresserait qu'aux femmes-sujets œuvrant consciemment pour leur autonomie.

Les traces que laissent les femmes dans l'histoire du XXe siècle, comment les évaluer ? Les critères de ce qui est mémorable, ou important pour le procès historique ne sont-ils pas des critères masculins ? C'est justement pour cette raison qu'il faut prendre le risque d'une histoire des femmes, c'est-à-dire de comprendre ce qui a dû compter pour la moitié de la population et, partant, sans doute pour l'ensemble, même si la conscience n'en est pas très claire. Sera-ce plus clair quand nous découvrirons, après l'histoire des femmes, l'histoire des hommes ?

Conseils bibliographiques

Ce livre rassemble des informations absentes de la plupart des manuels dits généraux. Il offre une synthèse de nombreux travaux (historiques ou plus largement issus des diverses sciences humaines) encore peu intégrés dans l'enseignement de l'histoire à l'Université. On présente ici une sélection qui en exclut beaucoup (voir pour compléter les notes infrapaginales) et qui écarte également des ouvrages utiles mais dont la problématique n'est pas centrée sur les femmes.

Sur l'histoire de l'histoire des femmes :

Thébaud Françoise, *Écrire l'histoire des femmes*, Fontenay-aux-Roses, ENS Saint-Cloud, 1998.

Sohn Anne-Marie et Thélamon Françoise dir., *L'Histoire sans les femmes est-elle possible ?*, Perrin, 1998.

Pour une synthèse sur le XXe siècle étendue au monde occidental :

Duby Georges, Perrot Michelle dir., *Histoire des femmes en Occident*, vol. V, *Le XXe siècle*, dirigé par Françoise Thébaud, Plon, 1992.

Pour élargir la documentation :

Montreynaud Florence, *Le XXe siècle des femmes*, Nathan, 1999 [encyclopédique, avec une très utile bibliographie].

Pour une réflexion méthodologique et épistémologique :

Duby Georges, Perrot Michelle dir., *Femmes et Histoire*, Plon, 1993.

Fraisse Geneviève, *La Différence des sexes*, PUF, 1996 et *La Raison des femmes*, Plon, 1992.

Guillaumin Colette, *Sexe, race et pratique du pouvoir*, Côté femmes, 1992.

Hurtig Marie-Claude, Kail Michèle, Rouch Hélène dir., *Sexe et genre. De la hiérarchie entre les sexes*, éditions du CNRS, 1991.

Laqueur Thomas, *La Fabrique du sexe. Essai sur le corps et le genre en Occident*, traduit de l'anglais, Gallimard, 1990.

Mathieu Nicole-Claude, *L'Anatomie politique. Catégorisations et idéologies du sexe*, Côté femmes, 1991.

Nahoum-Grappe Véronique, *Le féminin*, Hachette, 1996.

Perrot Michelle dir., *Une Histoire des femmes est-elle possible ?*, Rivages, 1984.

Perrot Michelle, *Les Femmes ou les silences de l'histoire*, Flammarion, 1999.

Sur l'histoire des féminismes

Bard Christine, *Les Filles de Marianne, histoire des féminismes 1914-1940*, Fayard, 1995.

Bard Christine dir., *Un siècle d'antiféminisme*, Fayard, 1999.

Chaperon Sylvie, *Les Années Beauvoir. 1945-1970*, Fayard, 2000.

Klejman Laurence, Rochefort Florence, *L'Égalité en marche. Le féminisme sous la Troisième République*, Presses de la Fondation nationale des sciences politiques et éditions Des femmes, 1989.

Picq Françoise, *Libération des femmes. Les années-mouvement*, Le Seuil, 1993.

Scott Joan, *La citoyenne paradoxale. Les féministes françaises et les droits de l'homme*, Albin Michel, 1998.

Sur la politique

Adler Laure, *Les Femmes politiques*, Le Seuil, 1993.

Guéraiche William, *Les Femmes et la République. Essai sur la répartition du pouvoir de 1943 à 1979*, L'Atelier, 1999.

Jenson Jane, Sineau Mariette, *Mitterrand et les Françaises. Un rendez-vous manqué*, Presses de Sciences-Po, 1995.

Le Bras-Chopard Armelle, Mossuz-Lavau Janine dir., *Les Femmes et la politique*, L'Harmattan, 1997.

Lesselier Claudie, Venner Fiammetta dir., *L'Extrême droite et les femmes*, Villeurbanne, Golias, 1997.

Mossuz-Lavau Janine, *Femmes/hommes pour la parité*, Presses de Sciences-Po, 1998.

Sineau Mariette, *Des femmes en politique*, Economica, 1988.

Viennot Éliane dir., *La Démocratie « à la française » ou les femmes indésirables*, Publications de l'Université Paris VII-Denis Diderot, 1996.

Première et Seconde guerres mondiales

Audoin-Rouzeau Stéphane, *L'Enfant de l'ennemi. 1914-1918*, Aubier, 1995.

Collins Weitz Margaret, *Les Combattantes de l'ombre. Histoire des femmes dans la Résistance*, Albin Michel, 1997.

Muel-Dreyfus Francine, *Vichy et l'éternel féminin*, Le Seuil, 1996.

Thalmann Rita dir., *La Tentation nationaliste 1914-1945*, Tierce, 1990.

Thébaud Françoise, *La Femme au temps de la guerre de 14*, Stock, 1986.

Virgili Fabrice, *La France « virile ». Des femmes tondues à la Libération*, Payot, 2000.

Colonisation et décolonisation

Amrane Djamila, *Les Femmes algériennes dans la guerre*, Plon, 1991.

Knibiehler Yvonne, Goutalier Régine, *La Femme au temps des colonies*, Stock, 1985.

Pour apprécier l'histoire des femmes à une échelle différente, locale :

Loiseau Dominique, *Femmes et militantismes*, L'Harmattan, 1996. [sur Saint-Nazaire]

Dubesset Mathilde, Zancarini-Fournel Michelle, *Parcours de femmes. Réalités et représentations. Saint-Étienne 1880-1950*, Presses Universitaires de Lyon, 1993.

Sur l'amour et la sexualité

Ariès Philippe, Duby Georges dir., *Histoire de la vie privée*, t. V sous la dir. d'Antoine Prost et Gérard Vincent : *De la Première Guerre mondiale à nos jours*, Le Seuil, 1987.

Bonnet Marie-Jo, *Les Relations amoureuses entre les femmes du XVIe au XXe siècle*, Odile Jacob, 1995.

Corbin Alain, *Les Filles de noce*, Aubier, 1978.

Jaspard Maryse, *La Sexualité en France*, La Découverte, 1997.

Mossuz-Lavau Janine, *Les Lois de l'amour. Les politiques de la sexualité en France (1950-1990)*, Payot, 1991.

Sur la maternité

Cova Anne, *Maternité et droits des femmes en France (XIXe-XXe siècles)*, Anthropos, 1997.

Guerrand Roger-Henri, Ronsin Francis, *Le Sexe apprivoisé. Jeanne Humbert et la lutte pour le contrôle des naissances*, La Découverte, 1990.

Knibiehler Yvonne, *La Révolution maternelle depuis 1945*, Perrin, 1997.

Knibiehler Yvonne, Fouquet Catherine, *Histoire des mères*, Montalba, 1977.

Sévegrand Martine, *Les Enfants du bon Dieu. Les catholiques et la procréation au XXe siècle*, Albin Michel, 1995.

Thébaud Françoise, *Quand nos grand-mères donnaient la vie. La maternité en France dans l'entre-deux-guerres*, Presses universitaires de Lyon, 1986.

Sur la vie quotidienne

Schwarz Olivier, *Le Monde privé des ouvriers. Hommes et femmes du Nord*, PUF, 1990.

Sohn Anne-Marie, *Chrysalides. Femmes dans la vie privée. XIXe-XXe siècles*, 2 vol., Publications de la Sorbonne, 1996.

Veillon Dominique, *Vivre et survivre en France*, Payot, 1995.

Sur le travail

Battagliola Françoise, *Histoire du travail des femmes*, La Découverte, 2000. [une très bonne synthèse avec une riche bibliographie]

Schweitzer Sylvie, *Les femmes ont toujours travaillé. Une histoire du travail des femmes aux XIXe et XXe siècles*, Odile Jacob, 2002.

Sur la culture

Aucune synthèse à ce jour. Culture « cultivée » et culture populaire ne peuvent être approchées qu'à travers des ouvrages spécialisés.

Sur le cinéma

Audé Françoise, *Ciné-modèles, cinéma d'elles. Situations de femmes dans le cinéma français 1956-1979*, Lausanne, L'Âge d'homme, 1981.

Burch Noël, Sellier Geneviève, *La Drôle de guerre des sexes dans le cinéma français 1930-1956*, Nathan, 1996.

Sur l'éducation

Baudelot Christian, Establet Christian, *Allez les filles!*, Le Seuil, 1992.

Lelièvre Françoise et Claude, *Histoire de la scolarisation des filles*, Nathan, 1991.

Mayeur Françoise, *L'Enseignement secondaire des jeunes filles sous la IIIe République*, Presses de la FNSP, 1977.

Sur les religions

Lautman Françoise éd., *Ni Ève, ni Marie. Luttes et incertitudes des héritières de la Bible*, Labor et Fides, 1998.

Sur le sport

Arnaud Pierre, Terret Thierry dir., *Histoire du sport féminin*, 2 vol., L'Harmattan 1996.

Davisse Annick, Louveau Catherine, *Sports, école, société : la différence des sexes*, L'Harmattan, 1998.

Sur la presse

Bonvoisin Samra-Martine, Maignien Michèle, *La Presse féminine*, PUF, Que sais-je?, 2e éd. 1996.

Sullerot Évelyne, *La Presse féminine*, Armand Colin, 1966.

Sur la mode

Bard Christine, *Les Garçonnes. Modes et fantasmes des Années folles*, Flammarion, 1998.

Delbourg-Delphis Marylène, *Le Chic et le look. Histoire de la mode féminine et des mœurs de 1850 à nos jours*, 1981.

Deslandres Yvonne, Muller Florence, *Histoire de la mode au XXe siècle*, Somogy, 1986.

L'inspiration de cet ouvrage doit énormément à une réflexion collective engagée depuis plus de vingt ans dans des séminaires, des colloques, des revues. Citons :

Clio. Histoire, femmes et sociétés, Toulouse, PUM, deux numéros thématiques par an depuis 1995.

n° 1 : Résistances et libérations
n° 2 : Femmes et religions
n° 3 : Métiers, corporations et syndicalismes
n° 4 : Le temps des jeunes filles
n° 5 : Guerres civiles
n° 6 : Femmes d'Afrique
n° 7 : Femmes, dots et patrimoines
n° 8 : Georges Duby et l'histoire des femmes
n° 9 : Femmes du Maghreb
n° 10 : Femmes travesties : un « mauvais » genre
n° 11 : Parler, chanter, lire, écrire
n° 12 : Le genre de la nation
n° 13 : Intellectuelles
n° 14 : Festins de femmes
n° 15 : Chrétiennes
n° 16 : L'histoire des femmes en revue
n° 17 : Prostituées
n° 18 : Mixité

Index

D

E

F

G

H

I

J

K

L

M

N

O

P-Q

R

S

T

U-V

W

Y

Z

Table des matières

Armand Colin
21, rue du Montparnasse • 75006 Paris

N° d'éditeur :
10100939

Dépôt légal : avril 2003

Achevé d'imprimer sur les presses de la
SNEL S.A.
Rue Saint-Vincent 12 - B-4020 Liège
tél. 32(0)4 344 65 60 - fax 32(0)4 343 77 50
avril 2003 – 28150